SCHILD · OSWALD · ROGIER† · SCHWEIKERT · SCHNAPAUFF · LAMERS

Bauschadensverhütung im Wohnungsbau

Schwachstellen

Schäden, Ursachen, Konstruktions- und Ausführungsempfehlungen

Band 1   Flachdächer · Dachterrassen · Balkone
Band 2   Außenwände und Öffnungsanschlüsse
Band 3   Keller · Dränagen
Band 4   Innenwände · Decken · Fußböden
Band 5   Fenster und Außentüren

BAUVERLAG GMBH · WIESBADEN UND BERLIN

SCHWACHSTELLEN

Schäden, Ursachen, Konstruktions- und Ausführungsempfehlungen

BAND II

Außenwände und Öffnungsanschlüsse

Von
Erich Schild
Rainer Oswald
Dietmar Rogier †
Volker Schnapauff
Hans Schweikert
Reinhard Lamers

4., völlig neubearbeitete und erweiterte Auflage

BAUVERLAG GMBH · WIESBADEN UND BERLIN

Die vorliegende Veröffentlichung ist das Ergebnis eines Forschungsvorhabens „Bauschadensfragen — Bauschadensverhütung im Wohnungsbau", das im Auftrag des Landes Nordrhein-Westfalen am Lehrstuhl für Baukonstruktion III — Bauphysik und Bauschadensfragen — ord. Prof. Dr. Erich Schild — Rheinisch-Westfälische Technische Hochschule Aachen, durchgeführt worden ist.
Die vorliegende, völlig neubearbeitete und erweiterte Auflage wurde im Auftrag des Ministers für Stadtentwicklung, Wohnen und Verkehr des Landes Nordrhein-Westfalen und des Landesinstitutes für Bauwesen und angewandte Bauschadensforschung Aachen (LBB) vom Aachener Institut für Bauschadensforschung und angewandte Bauphysik (AIBau) erarbeitet.

Die Forschungsgruppe besteht aus:

Erich Schild	Prof. Dr.-Ing.
Rainer Oswald	Dr.-Ing.
Dietmar Rogier†	Prof. Dr.-Ing.
Reinhard Lamers	Dipl.-Ing.
Volker Schnapauff	Dipl.-Ing.
Ruth Abel	cand. arch.
Maja Lindt	cand. arch.

Karola Horriar
Ute Mahler

CIP-Titelaufnahme der Deutschen Bibliothek

Schwachstellen: Schäden, Ursachen, Konstruktions- und
Ausführungsempfehlungen; Bauschadensverhütung im
Wohnungsbau; [ein Ergebnis des Forschungsvorhabens
„Bauschadensfragen — Bauschadensverhütung im Wohnungsbau",
das im Auftrag des Innenministeriums (Wohnungsbauabteilung)
und des Ministeriums für Stadtentwicklung, Wohnen und
Verkehr des Landes Nordrhein-Westfalen am Lehrstuhl für
Baukonstruktion III — Bauphysik und Bauschadensfragen,
Rheinisch-Westfälische Technische Hochschule Aachen,
durchgeführt worden ist]/[vom Aachener Inst. für
Bauschadensforschung u. angewandte Bauphysik — AIBau
erarb.]. Von Erich Schild... — Wiesbaden; Berlin: Bauverlag.
    Früher hrsg. von d. Arbeitsgemeinschaft Schild-Oswald-Rogier
    ⟨Aachen⟩
NE: Schild, Erich [Mitverf.]; Aachener Institut für
    Bauschadensforschung und Angewandte Bauphysik; Arbeitsgemeinschaft
    Schild-Oswald-Rogier ⟨Aachen⟩
Bd. 2. Außenwände und Öffnungsanschlüsse. — 4. Aufl. — 1990
    ISBN 978-3-322-87214-2   ISBN 978-3-322-87213-5 (eBook)
    DOI 10.1007/978-3-322-87213-5

1. Auflage 1977
2. Auflage 1979
3. Auflage 1983
4., völlig neu überarbeitete und erweiterte Auflage 1990

Inhaltsverzeichnis

Vorbemerkung 7

A   Wände aus Sichtmauerwerk und Sichtbeton

A 1   Regelquerschnitt

1.1   Schichtenfolge und Einzelschichten 13

1.1.0   Einleitung 13
1.1.1   Merkliste 14
1.1.2   Regendichtigkeit des Wandquerschnitts 16
1.1.3   Wärmedämmwert der Wand 18
1.1.4   Lage der Wärmedämmschicht im Querschicht . 19
1.1.5   Herstellung von Sichtmauerwerk 21
1.1.6   Betonkorrosion 22
1.1.7   Herstellung von Sichtbeton 24
1.1.8   Imprägnierungen als zusätzlicher Wandschutz . 26

A 2   Detailpunkte

2.1   Sockel und Dachanschluß 29

2.1.0   Einleitung 29
2.1.1   Merkliste 30
2.1.2   Sperrschicht am Aufsetzpunkt der Außenwand 31
2.1.3   Anschluß von horizontalen Flächen 32
2.1.4   Sperrschichten in der Sockelzone 33
2.1.5   Wärmedämmung am Außenwandsockel 34
2.1.6   Abdeckungen von Mauerwerk 35

2.2   Dach- und Geschoßdeckenauflager 37

2.2.0   Einleitung 37
2.2.1   Merkliste 38
2.2.2   Unverschiebbare Auflagerung von Dach- und
Geschoßdecken 39
2.2.3   Verschiebbare Auflagerung von Dachdecken . . 40
2.2.4   Wärmedämmung bei Dach- und Geschoßdek-
kenauflagern 41

2.3   Bereich der Bauwerksöffnungen 43

2.3.0   Einleitung 43
2.3.1   Merkliste 44
2.3.2   Wärmedämmung an Sturz und Laibung 45
2.3.3   Anschluß des Blendrahmens an Sturz und Laibung 46
2.3.4   Sohlbank 48
2.3.5   Heizkörpernische und Fensterbrüstung 49
2.3.6   Anschluß von Glasbausteinflächen 50

2.4   Fugen 51

2.4.0   Einleitung 51
2.4.1   Merkliste 52
2.4.2   Dimensionierung des Fugenquerschnitts und
Wahl der Dichtung 53
2.4.3   Konstruktive Ausbildung der Fuge 55
2.4.4   Ausführung der Fugendichtung 57

B   Wände mit Außenputz

B 1   Regelquerschnitt

1.1   Schichtenfolge und Einzelschichten 59

1.1.0   Einleitung 59
1.1.1   Merkliste 60
1.1.2   Regendichtigkeit des Wandquerschnitts 62
1.1.3   Wärmedämmwert der Wand 64
1.1.4   Lage der Wärmedämmschicht im Querschnitt
— Außendämmung 66
1.1.5   Lage der Wärmedämmschicht im Querschnitt
— Innendämmung 68
1.1.6   Mauerwerk als Putzgrund 70
1.1.7   Materialwahl und Herstellung des Putzes 72

B 2   Detailpunkte

2.1   Sockel und Dachanschluß 75

2.1.0   Einleitung 75
2.1.1   Merkliste 76
2.1.2   Sperrschichten in der Sockelzone 77
2.1.3   Anschluß von horizontalen Flächen 78
2.1.4   Putzgrund und Herstellung des Sockelputzes . 79
2.1.5   Wärmedämmung am Außenwandsockel . . . 80

2.2   Dach- und Geschoßdeckenauflager 81

2.2.0   Einleitung 81
2.2.1   Merkliste 82
2.2.2   Unverschiebbare Auflagerung von Dach- und
Geschoßdecken 83
2.2.3   Verschiebbare Auflagerung von Dachdecken . 85
2.2.4   Putzgrund am Deckenauflager 86
2.2.5   Wärmedämmung bei Dach- und Geschoßdek-
kenauflagern 87

2.3   Bereich der Bauwerksöffnungen 89

2.3.0   Einleitung 89
2.3.1   Merkliste 90
2.3.2   Sturz als Putzgrund 92
2.3.3   Wärmedämmung von Sturz und Laibung . . . 93
2.3.4   Anschluß des Blendrahmens an Sturz und Laibung 94
2.3.5   Sohlbank 95
2.3.6   Heizkörpernische und Fensterbrüstung 96
2.3.7   Rolladen 97

C   Wände mit Bekleidungen

C 1   Regelquerschnitt

1.1   Schichtenfolge und Einzelschichten 99

1.1.0   Einleitung 99
1.1.1   Merkliste 100

1.1.2 Regendichtigkeit des Wandquerschnitts 103
1.1.3 Wärmedämmwert der Wand 105
1.1.4 Lage der Wärmedämmschicht im Querschnitt . 106
1.1.5 Längenänderungen der Bekleidung 108
1.1.6 Herstellung der angemörtelten Bekleidung . . . 110
1.1.7 Verankerung und Abfangung der angemörtelten Bekleidung 112
1.1.8 Konzeption und Herstellung der Luftschicht/ Unterkonstruktion 114
1.1.9 Konzeption und Herstellung der hinterlüfteten Bekleidung 116
1.1.10 Herstellung des inneren Wandquerschnitts . . . 118

C 2   Detailpunkte

2.1 Sockel und Dachanschluß 119

2.1.0 Einleitung . . . . · · · 119
2.1.1 Merkliste 120
2.1.2 Sperrschicht am Aufsetzpunkt der Bekleidung . 121
2.1.3 Anschluß von horizontalen Flächen 122
2.1.4 Sperrschichten in der Sockelzone 123
2.1.5 Wärmedämmung am Außenwandsockel 124
2.1.6 Abdeckungen von Mauerwerk mit angemörtelten Bekleidungen 125

2.2 Dach- und Geschoßdeckenauflager 127

2.2.0 Einleitung 127
2.2.1 Merkliste 128
2.2.2 Unverschiebbare Auflagerung von Dach- und Geschoßdecken 129
2.2.3 Verschiebbare Auflagerung von Dachdecken . 131
2.2.4 Sperrschicht am Aufsetzpunkt der Bekleidung . 133
2.2.5 Wärmedämmung bei Dach- und Geschoßdeckenauflagern 134

2.3 Bereich der Bauwerksöffnungen 137

2.3.0 Einleitung 137
2.3.1 Merkliste 138
2.3.2 Anschluß der Bekleidung im Sturzbereich . . . 139
2.3.3 Wärmedämmung von Sturz und Laibung . . . 140
2.3.4 Anschluß des Blendrahmens an Sturz und Laibung 141
2.3.5 Sohlbank 142
2.3.6 Heizkörpernische und Fensterbrüstung 143

D   Zweischaliges Verblendmauerwerk

D 1   Regelquerschnitt

1.1 Schichtenfolge und Einzelschichten 145

1.1.0 Einleitung 145
1.1.1 Merkliste 146

1.1.2 Regendichtigkeit des Wandquerschnitts 149
1.1.3 Wärmedämmwert der Wand 151
1.1.4 Lage der Wärmedämmschicht im Querschnitt . 152
1.1.5 Längenänderungen der Verblendschale 153
1.1.6 Herstellung der Verblendschale 155
1.1.7 Verankerung und Abfangung der Verblendschale 157
1.1.8 Herstellung und Dimensionierung der Schalenfuge 158
1.1.9 Konzeption und Herstellung der Luftschicht . . 159
1.1.10 Herstellung des inneren Wandquerschnitts . . . 161

D 2   Detailpunkte

2.1 Sockel und Dachanschluß 163

2.1.0 Einleitung 163
2.1.1 Merkliste 164
2.1.2. Sperrschicht am Aufsetzpunkt der Verblendschale 166
2.1.3 Anschluß von horizontalen Flächen 167
2.1.4 Sperrschichten in der Sockelzone 168
2.1.5 Wärmedämmung am Außenwandsockel 169
2.1.6 Abdeckungen von Verblendschalen 170

2.2 Dach- und Geschoßdeckenauflager 171

2.2.0 Einleitung 171
2.2.1 Merkliste 172
2.2.2 Unverschiebbare Auflagerung von Dach- und Geschoßdecken 173
2.2.3 Verschiebbare Auflagerung von Dachdecken . . 174
2.2.4 Sperrschicht am Aufsetzpunkt der Verblendschale 176
2.2.5 Wärmedämmung bei Dach- und Geschoßdeckenauflagern 177

2.3 Bereich der Bauwerksöffnungen 179

2.3.0 Einleitung 179
2.3.1 Merkliste 180
2.3.2 Anschluß der Verblendung an Sturz und Rolladenkasten 181
2.3.3 Anschluß des Blendrahmens an Sturz und Laibung 182
2.3.4 Sohlbank 183
2.3.5 Heizkörpernische und Fensterbrüstung 184

Literaturhinweise 185

Symbole und Sinnbilder zu den Abbildungen . 189

Sachwortregister 190

Vorbemerkung

Die vorliegende Veröffentlichung stellt eine vollständig überarbeitete, um neue Schadensschwerpunkte und Konstruktionsarten erweiterte und auf den Stand neuester technischer Erkenntnisse gebrachte Veröffentlichung dar.

Diese Überarbeitung wurde vom Minister für Stadtentwicklung, Wohnen und Verkehr des Landes Nordrhein-Westfalen gefördert.

Die wichtigste Grundlage für diesen Bericht bildet unverändert eine breit angelegte Schadensuntersuchung. Hierzu dienten als Quellen:

- Zunächst eine Befragung unter den öffentlich bestellten und vereidigten Bausachverständigen in Nordrhein-Westfalen zu Schadensfällen an Außenwände und Öffnungsanschlüssen. Um eine Zufallsauswahl und damit eine statistisch repräsentative Aussage zu erreichen, machten die Sachverständigen auf einheitlichen Fragebogen Angaben über die beiden letzten von ihnen bearbeiteten Schadensfälle.
  Dieser Befragung kam im Hinblick auf statistische Aussagekraft besondere Bedeutung zu. Sie ergab die wissenschaftliche Grundlage zur Feststellung der quantitativen Verteilung der Schäden an den untersuchten Konstruktionen und zur Ermittlung von ausgesprochenen Problempunkten und Schwachstellen bei den zur Zeit hauptsächlich im Wohnungsbau angewandten Ausführungsformen der Außenwände und Öffnungsanschlüsse.
- Eine Auswertung der Literatur unter Einbeziehung von Produktinformationen der industriellen Fertigung
- Erfahrungen, die die Auftragnehmer des Forschungsvorhabens als Sachverständige bei der Begutachtung von zahlreichen Schadensfällen an Außenwände und Öffnungsanschlüsse gesammelt haben.

Unser besonderer Dank gilt in diesem Zusammenhang den Sachverständigen für ihre Mitarbeit. Über 69% der Befragten antworteten auf unsere Anfrage; von den mit Schäden an Außenwänden befaßten Bausachverständigen in NW beteiligten sich ca. 54% an der detaillierten Umfrage durch Ausfüllen der Fragebogen.

Die zusammenfassende Auswertung der von den Sachverständigen detailliert beschriebenen Schadensfälle erbrachte erstmalig ein objektives Bild der Schadensanfälligkeit verschiedener Bauteile und Konstruktionen.

Entsprechend dem Sachverhalt, daß der überwiegende Anteil der Schäden mit 56,8% auf Detailpunkte entfällt, nimmt die Behandlung der Ausbildung des Bereichs der Bauwerksöffnung (23,3%), der Dach- und Geschoßdeckenauflager (19,3%), der Sockel- und Wandanschlüsse (9,0%) einen breiten Raum ein. Bei den Schäden am Regelquerschnitt ist die etwa gleich große Schadenszahl bei einschaligen (19,0%) und zweischaligen Wänden (20,6%) hervorzuheben, bei den einschaligen Wänden entfällt der Großteil auf Putzbauten, bei zweischaligen Wänden der Großteil auf Bekleidungen und Verblendungen ohne Luftschicht (alle Prozentangaben beziehen sich auf die Gesamtzahl der ermittelten Schäden).

Konstruktionen, die nach statistischer Erhebung seltener schadhaft wurden, entweder da sie keine ausgesprochenen Schwachstellen aufweisen oder da sie nur in geringem Umfang im Wohnungsbau zur Anwendung kommen, werden hier nicht behandelt. So stellt diese Veröffentlichung keine vollständige Baukonstruktionslehre der Außenwände und Öffnungsanschlüsse dar.

Dies war auch nicht beabsichtigt, da die gezielte Verhinderung häufig auftretender Schäden die vordringliche Aufgabe dieser Arbeit und den Sinn statistisch abgesicherter Schwerpunktermittlungen darstellt.

Der Stand der Erkenntnisse bei der Befragung der Bausachverständigen entsprach dem des Jahres 1975. Die nunmehr vorgelegte Veröffentlichung entspricht dem Erkenntnisstand des Jahres 1989 und berücksichtigt dabei eigene Erfahrungen der Verfasser in der Gutachtpraxis sowie Ergebnisse der von ihnen bearbeiteten Forschungsvorhaben[1].

Zahlreiche neue Regelwerke wurden bei der Beurteilung der Schäden und bei den daraus hergeleiteten Empfehlungen zur Schwachstellenvermeidung berücksichtigt.

Als neue Konstruktionen wurden

- Wärmedämmungsverbundsysteme
- zweischalige Außenwände mit Kerndämmung

in die erweiterten Untersuchungen mit einbezogen.

Die Gliederung und Abfassung dieses Berichtes erfolgte unverändert im Hinblick auf eine unmittelbare Anwendung als Arbeitsunterlage bei der Konzeption, Überprüfung und Ausführung der Bauteile. Zur möglichst großen Übersichtlichkeit und leichten Auffindbarkeit wurde ein strenges einheitliches Gliederungsschema zugrundegelegt.

Unabhängig voneinander und in sich abgeschlossen werden die vier **Querschnittstypen**

A – Wände aus Sichtmauerwerk und Sichtbeton
B – Wände mit Außenputz
C – Wände mit Bekleidungen
D – Zweischaliges Verblendmauerwerk

abgehandelt. Unter »Bekleidungen« werden dabei die in DIN 18515 und DIN 18516 angesprochenen Wandoberflächen verstanden: Unmittelbar mit Mörtel angebrachte, kleinformatige Platten, angemauerte Riemchen und mit Abstand vom Untergrund mit Ankern oder auf Rosten befestigte tafelförmige Elemente. »Zweischaliges Verblendmauerwerk« betrifft die Ausführungsformen mit 11,5 cm dicken Vormauerschalen gemäß DIN 1053. Innerhalb der Hauptkapitel werden der Regelquerschnitt und die unterschiedlichsten Detailbereiche als gesonderte **Problempunkte** dargestellt.
Die Abhandlung der den einzelnen Problempunkten zugeordneten **Schwachstellen** wurde bewußt nicht auf rezepthafte Merksätze beschränkt. Den **Empfehlungen zur Schwachstellenvermeidung** gehen vielmehr jeweils Schadensbeschreibungen voraus, die die Notwendigkeit der vorgeschlagenen Maßnahmen begründen. Daran an-

---

[1] Schweikert, Hans Wärmedämmverbundsysteme — Außenwärmedämmsysteme für Fassaden mit gewebebewehrten Oberflächenbeschichtungen; Forschungsauftrag II B 5 — FA 8176 des Ministers für Wissenschaft und Forschung des Landes NW, Aachen 1981 (unveröffentlicht)
Langzeitbewährung und Schadensanfälligkeit von neuartigen Baukonstruktionen mit erhöhtem Wärmeschutz — Grundlagenuntersuchung — Forschungsauftrag II B 5 — FA 8176 und IV B 5 — FA 8856 des Ministers für Wissenschaft und Forschung des Landes NW, Aachen 1982 (unveröffentlicht)
Schäden an ausgeführten Außenwänden mit Kerndämmung — Forschungsbericht T 83 — 255; Hrsg.: Bundesminister für Forschung und Technologie, Bonn, 1983
Oswald, R.; Rogier, D.; Dahmen, G.: Schwachstellen beim Wärmeschutz — Problemstellung — Ursachen — Planungs- und Ausführungsempfehlungen; Forschungsauftrag B I 6 — 80 01 82 — 11 des Bundesministers für Raumordnung Bauwesen und Städtebau, Aachen 1986 (unveröffentlicht).

PHASE 1

ALLGEMEINE REPRÄSENTATIVE UNTERSUCHUNG DER BAUSCHÄDEN IM WOHNUNGSBAU

ERGEBNISSE
AUSMASS DER BAUSCHÄDEN
SCHWERPUNKTE DER BAUSCHÄDEN
ZEITLICHE ABHÄNGIGKEIT

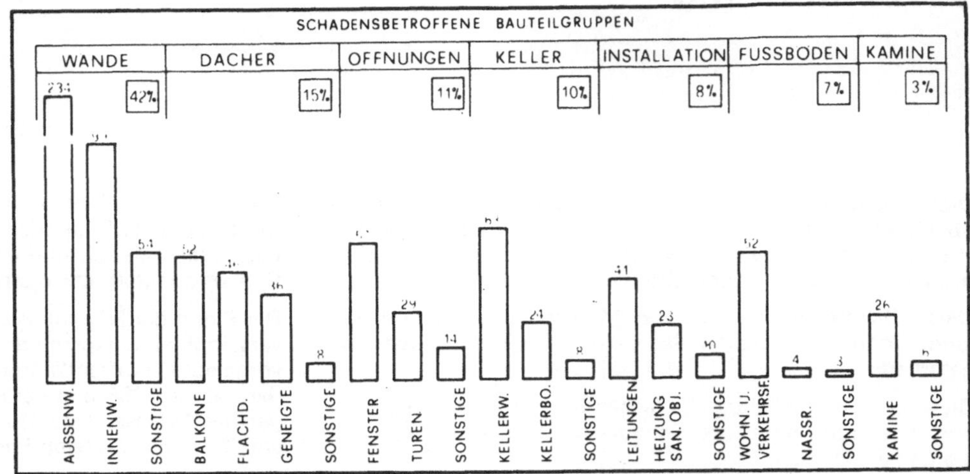

PHASE 2

SCHWERPUNKTUNTERSUCHUNG EINZELNER BAUTEILGRUPPEN

ERGEBNISSE
SCHADENSHÄUFIGKEIT EINZELNER KONSTRUKTIONSARTEN.
SCHADENSART.
SCHADENSURSACHEN UND FEHLER

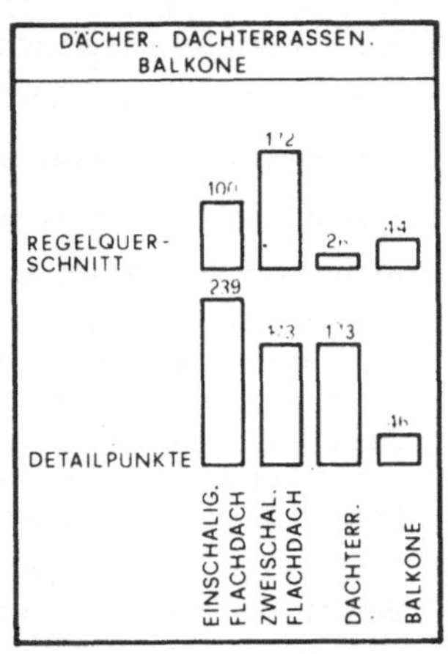

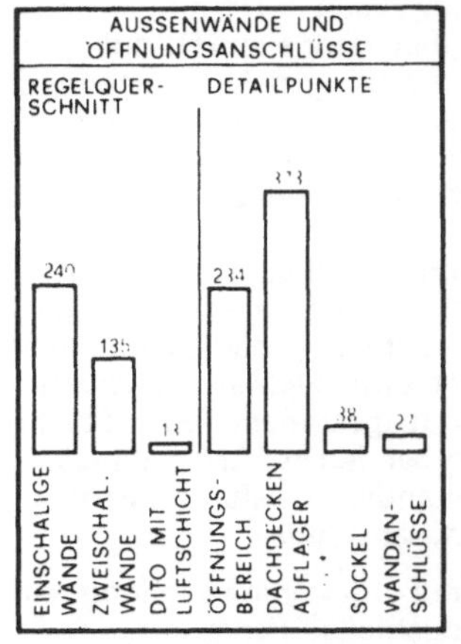

PHASE 3

DARSTELLUNG UND ANALYSE DER SCHWACHSTELLEN
SCHÄDEN.
URSACHEN.
KONSTRUKTIONS- UND AUSFÜHRUNGSEMPFEHLUNGEN

ZIEL

ANWENDUNG IN DER BAUPRAXIS —— VERMINDERUNG DER BAUSCHÄDEN
—— VERMEIDUNG VON FEHLERN BEI PLANUNG UND AUSFÜHRUNG ——

schließend werden die aus der Analyse der Schäden abgeleiteten zu bedenkenden bauphysikalischen und bautechnischen Zusammenhänge dargestellt. Nur durch die Vermittlung der Einsicht in die Notwendigkeit der formulierten Empfehlungen wird eine Veränderung bisheriger Verhaltensweisen erreicht werden können. Durch die Begründung der empfohlenen Maßnahmen wird die Möglichkeit eröffnet, aufgrund eines prinzipiellen Problembewußtseins diese Empfehlungen auf die sich ständig ändernden Situationen anzuwenden. Diese ausführliche, begründete Fassung der Empfehlungen fordert vom Leser längere Aufmerksamkeit. Zur schnellen Information wurden daher die wichtigsten Merksätze in **Merklisten** zusammengestellt. Andererseits wurden für den an einer vertiefenden Beschäftigung mit den Problemkreisen interessierten Leser **Literaturhinweise** angefügt, die in dieser Überarbeitung auf den neuesten Stand gebracht wurden.

Den einzelnen Schwachstellen sind Abbildungen zugeordnet, jeweils ein Schadensbeispiel und eine richtige konstruktive Lösung. Zur Verdeutlichung der angesprochenen Schwachstellen sind die Negativbeispiele teilweise gegenüber dem Fallbeispiel auf die wesentlichen Einzelheiten reduziert. Die Positivbeispiele stellen komplexe konstruktive Lösungsmöglichkeiten dar.

Sie sind jedoch nicht als Konstruktionszeichnungen gedacht und stellen meist nur eine aus mehreren grundsätzlich möglichen positiven Lösungen dar, wobei versucht worden ist, das Konstruktionsprinzip darzustellen. Vermieden worden ist, Produkte bestimmter Herstellerfirmen unmittelbar zu empfehlen oder abzulehnen, da die Darstellung möglichst vielseitig anwendbarer Prinzipien und Konstruktionsregeln beabsichtigt ist. Anhand der Empfehlungen besteht jedoch

die Möglichkeit, angebotene Baustoffe, -elemente und -konstruktionen hinsichtlich ihrer Eignung vor ihrer Anwendung zu überprüfen.

Erst wenn die Ergebnisse von den in der Praxis Stehenden zur Kenntnis genommen und angewendet worden sind, kann davon gesprochen werden, daß die vorliegende Arbeit ihr Ziel − die Vermeidung der Bauschäden − erreicht hat. Die weite Verbreitung und das große Interesse für die in den letzten Jahren veröffentlichten Empfehlungen zur Vermeidung von Schwachstellen bei Dächern, Dachterrassen und Balkonen, bei Außenwänden und Öffnungsanschlüssen, bei Kellern und Dränagen, Innenbauteilen und Fenster und Außentüren [2]) scheinen zu bestätigen, daß die vorliegende Konzeption geeignet ist, im Hinblick auf den beschleunigten Informationsfluß diesem Ziel einen Schritt näher zu kommen. Über die Erfahrungen in der Anwendung der Ergebnisse ist jedoch ein lebhafter Meinungsaustausch erwünscht. Wir fordern daher auch diesmal zur kritischen Stellungnahme auf.

---

[2] Schild, E.; Oswald, R.; Rogier, D.; Schweikert, H.; Schnapauff, V.; Lamers R.: Schwachstellen − Schäden, Ursachen, Konstruktions- und Ausführungsempfehlungen;
Band I: Flachdächer, Dachterrassen, Balkone, 4. Auflage 1987;
Band II: Außenwände und Öffnungsanschlüsse, 3. Auflage 1983;
Band III: Keller, Dränagen, 3. Auflage 1982;
Band IV: Innenwände, Decken, Fußböden, 2. Auflage 1980;
Band V: Fenster und Außentüren, 2. Auflage 1985;
Bauverlag, Wiesbaden und Berlin; ILS Dortmund Band 3.004, 3.006, 3.008; Verlag Wingen, Essen, 1976, 1977, 1979, Band 3.024, WAZ−Druck Vertrieb und Verlag, Duisburg 1980; Band 3.016, Wiesbadener Graphische Betriebe GmbH, Wiesbaden, 1982.

Adam, Karl-Heinrich, Obervermessungsdirektor i. R., Bochum
Arnds, Wolfgang, Dr.-Ing., Bonn
Bäcker, Helmut, Köln
Banz, Friedrich, Dipl.-Ing., Bochum
Baum, Hermann-Josef, Dipl.-Ing. Architekt, Düsseldorf
Bayer, Helmut, Köln
Becker, Rolf, Prof. Dipl.-Ing., Wilnsdorf
Bergander, Helmut, Bau-Ing., Meerbusch
Bergemann, Walter, Dipl.-Ing. Architekt, Düren
Beyerling, Karl-Heinz, Dipl.-Ing., Soest
Brockmann, Karl, Architekt, Siedlinghausen
Bröhl, Willi, Architekt BDA, Siegburg
Brück, Willi, Köln-Königsforst
Brüg, Hans, Ing. (grad.), Aachen
Brundieck, Hermann, Bauing., Mönchengladbach
Brüning, Wolfgang, Prof. Dipl.-Ing., Detmold
Bühler, Karl, Stukkateur- u. Maurermeister, Mönchengladbach
Busch, Friedrich-Karl, Malermeister, Löhne
Busch, Josef, Bau-Ing. (grad.), Nuttlar
Capeller, Bernd, Prof. Dipl.-Ing., Letmathe
Conrad, Artur, Bauing., Mönchengladbach
Crayen, Rudolf, Dipl.-Ing., Bielefeld
Dicken, Heinrich, Stukkateurmeister, Allerheiligen
Dirks, Gerhard, Köln
Doetsch, Paul, Dipl.-Ing., Köln
Döhner, Hans-Jürgen, Prof. Dipl.-Ing., Siegen
Dorn, Joachim, Dipl.-Ing., Mönchengladbach
Dossmann, Ernst, Dipl.-Ing., Iserlohn
Eller, Willi W., Ing. (grad.), Rheydt
Engelstädter, Horst, Dipl.-Ing., Weiss
Erdmann, Fritz, Fliesen-Platten-Mosaiklegemeister, Schwelm
Erdmann, Willi, Dipl.-Ing., Bad Oeynhausen
Eschenburg, Kurt, Dipl.-Ing., Essen-Bredeney
Ewers, Walter, Reg.-Baumeister a. D., Gladbeck
Flade, Gerhard, Prof. Dipl.-Ing., Kreuztal-Buschhütten
Franzen, Erich, Maler- u. Lackierermeister, Aachen
Franzius, Walter, Architekt BDA, Düsseldorf
Geilenberg, Wilhelm, Architekt, Wuppertal
Gerling, Hugo-Wilhelm, Ing., Duisburg
Gorski, Max, Fachhochschullehrer, Siegen
Grappendorf, Hermann, Baumeister, ber. Ing., Lüdenscheid
Grassnick, Arno, Prof. Dipl.-Ing. Architekt, Ratingen
Grau, Artur, Architekt, Bau-Ing., Siegen-Eiserfeld
Grobe, Axel, Architekt, Rodenkirchen
Grubert, Horst, Meerbusch
Grün, Eckard, Obering., Hösel
Grün, Wolfgang, Dr. agr., Hösel
Grunau, Edvard B., Dr. rer nat., Erftstadt
Günther, Karl, Prof. Dr., Bonn-Bad Godesberg
Hammerath, Hans K., Ing. (grad.), Köln
Hanrath, Jakob, Dipl.-Ing. Reg.-Baurat a. D., Düren
Härig, Siegfried, Dr.-Ing., Eikamp-Bechen
Harre, Willi, Ing. (grad.), Essen
Hase, Friedrich, Prof. Dipl.-Ing., Oberbaurat, Biesfeld
Heddenhausen, Karl, Fliesenlegermeister, Dinslaken
Heller, Otto, Dipl.-Ing., Lippstadt
Henkel, Wolfgang, Stukkateurmeister, Essen
Hennes, Erich, Dr., Köln
Hermann, Paul, Bau-Ing., Spenge
Hesse, Albert, Architekt BDA, Detmold
Hesse, Helmut, Architekt, Meschede
Hoffmann, Armin, Dipl.-Ing., Bonn-Ippendorf
Hölscher, Paul, Baumeister, Büderich
Höffmann, Heinz, Bau-Ing., Mülheim/Ruhr
Isenlar, Ernst, Bau-Ing., Porz-Urbach

Jacobs, Norbert, Dachdeckermeister, Aachen
Janssen, Heinz, Dipl.-Ing., Aachen
Jordan, Erich, Architekt, Höxter
Jung, Leo Engelbert, Architekt VfA, Düsseldorf
Jungen, Ernst, Dipl.-Ing., Stolberg
Jürgensen, Nikolai, Architekt, Gelsenkirchen-Buer
Kaldenberg, Joachim, Ing. (grad.), Essen
Van Kann, Gerhard, Stukkateurmeister, Aachen
Kanya, Josef, Dipl.-Ing., Mülheim/Ruhr
Karge, Joachim, Architekt VfA, Sennestadt
Kasemiresch, Richard, Wermelskirchen
Kayser, Rolf, Ing. (grad.), Architekt BDB, Ratingen
Keck, Walter, Dipl.-Ing., Dortmund-Brackel
Kiküm, Wilhelm, Dipl.-Ing., Warendorf
Kirchhoff, Gernot, Bau-Ing., Minden-Hahlen
Kirchner, Willy, Dipl.-Ing., Brackwede
Klein, Friedrich, Architekt, Viersen
Klein, Wolfgang, Prof. Dr.-Ing., Hagen
Klotz, Horst, Ing. (grad.), Schalksmühle
Knoche, Helmut, Bau-Ing., Düsseldorf
Koch, Karl, Architekt, Remscheid
Kohlhage, Ernst-Ulrich, Dipl.-Ing., Hagen
König, Günter, Baumeister, Iserlohn
Kolb, Karl, Dipl.-Ing., Mülheim/Ruhr
Köppen, Bruno H. A., Bauingeneur u. Baumeister, Herne
Krafft, Helmar, Architekt, Münster
Krasberg, Martin, Bau-Ing. Architekt, Bochum
Kratz, Artur, Dr.-Ing., Leverkusen
Kreiß, Burkhard, Prof. Dipl.-Ing., Kettwig
Kremer, Carl, Bau-Ing., Gladbeck
Kröselberg, Franz, Maurermeister, Düsseldorf
Krug, Siegfried, Dr.-Ing., Aachen
Kunze, Hellmut, Dipl.-Ing., Heiligenhaus
Langhagen, Hans-Heinrich, Bauing., Homberg
Lathwesen, Hans, Dipl.-Ing., Detmold
Leifeld, Giesbert, Bau-Ing., Dortmund-Huckarde
Lücken, Gert, Stukkateurmeister, Wuppertal
Ludwig, Udo, Prof. Dr., Aachen-Vaalserquartier
Mantscheff, Jack, Prof. Dipl.-Ing., Rodenkirchen
May, Heinrich, Architekt BDA, Köln
Möller, Horst, Ing., Siegen-Geiswind
Mols, K. J., Dipl.-Ing., Köln
Mootz, Hans, Moers
Motschull, Siegfried, Bau-Ing., Roxel
Müller-Baronsky, Fritz, Dipl.-Ing., Hagen
Müller-Koch, Walter H., Ing. (grad.), Architekt BDA, Bonn
Murschall, Günter, Ing. (grad.), Architekt, Leopoldshöhe
Neuhaus, Erich, Baumeister Architekt BDB, Erkrath
Niemer, Wilfried, Dipl.-Ing., Hagen
Nierste, Karl, Bau-Ing., Bielefeld
Nolte, Albert, Bau-Ing., Höxter
Nowotny, Wolfgang, Stukkateurmeister, Düsseldorf
Osthus, Emil, Stukkateurmeister, Gütersloh
Palm, Willy, Dipl.-Architekt, Nettetal
Pantel, Hans, Dipl.-Architekt, Mettmann
Peters, Heinz, Ing. (grad.), Architekt, Viersen
Petrick, Friedrich, Gladbeck
Pfefferle, Helmut, Dipl.-Ing., Pelkum
Plassmann, Hans-Willi, Hochbau-Ing., Arnsberg
Plöger, Hans-Günther, Dipl.-Ing., Detmold
Rabanus, Karl, Dipl.-Ing., Unna
Ramm, Hermann, Dipl.-Ing., Baurat a.D., Essen
Rein, Hans Uwe, Dipl.-Ing. Architekt VfA, Bad Honnef
Reum, Friedrich, Architekt, Bochum
Rödder, Paul, Stukkateur, Waldbröl
Röhrig, Erwin, Architekt, Bonn
Rosenkranz, Rudolf, Architekt, Lippstadt
Röver, Wilhelm, Architekt BDA, Duisburg

Saarbourg, Otto, Dipl.-Ing., Neuss
Sand, Friedhelm, Dipl.-Ing., Mülheim/Ruhr
Schellscheidt, Rudolf, Dipl.-Ing. Architekt, Kettwig
Schiffner, Karl-Heinz, Architekt, Olpe-Biggesee
Schink, Walter, Dr.-Ing., Rheydt
Schmidt, Bernhard, Bau-Ing., Münster
Schild, Erich, Prof. Dr.-Ing., Aachen
Schlotmann, Bernard, Prof. Dr.-Ing., Nienberge
Schmitz, Josef, Beton- u. Stahlbetonbauermeister, Jülich
Schrodt, Jürgen, Baumeister, Hemer
Schröder, Paul, Dipl.-Ing., Detmold
Schüren, Heinz, Architekt u. Baumeister, Bonn-Bad Godes-
    berg
Schüring, Heinrich, Dipl.-Ing., Krefeld
Schulte, Karl, Prof. Dr.-Ing., Höxter
Schwanke, Waldemar, Architekt BDA, Duisburg
Seidl, Franz, Dipl.-Ing., Architekt, Ahaus
Siebeneicher, Gerold, Heinsberg
Siewert, Hans, Bau-Ing., Moers
Siffert, Franz, Dipl.-Ing., Bonn-Beul
Siller, Jürgen, Dipl.-Ing., Duisburg
Simons, Leo, Ing. (grad.), Herzogenrath-Kohlscheid
Spelz, Edgar, Ing. (grad.), Wuppertal
Stoschek, Rudolf, Bauing., Neuss
Stuhldreier, Kurt, Krefeld
Supe, Horst Dieter, Dipl.-Ing., Lage/Lippe
Taubitz, Kurt, Bau-Ing., Kreuztal

Tenge, Adalbert, Bau-Ing., Paderborn
Teuber, Alfons, Prof. Dipl.-Ing., Bensberg-Frankenforst
Thiele, Hermann B., Architekt BDA, Wesel
Thomas, Herbert, Architekt, Gelsenkirchen-Buer
Thomass, Siegfried, Dipl.-Ing., Bad Honnef
Tönsmann, Friedrich Arnold, Bau-Ing., Bielefeld
Tovar, Heribert, Architekt, Biemenhorst
Varnhagen, Hans, Dachdeckermeister, Handorf
Vieth, C. H., Architekt BDA, Bielefeld
Viethen, Josef, Dipl.-Ing., Erkelenz
Vogdt, Antonius, Bau-Ing., Salzkotten
Volz, August, Dipl.-Ing., Architekt BDA, Bochum-Linden
Voth, Gottfried, Dipl.-Ing., Bocholt
Voussem, Norbert, Kreuzweingarten
Wagner, Wolfgang, Dipl.-Ing., Brüggen
Walterfang, Heinz, Architekt BDB, Düsseldorf
Warnick, Heinrich, Dipl.-Ing., Reg.-Baumeister a. D.,
    Bielefeld
Weineck, Rudolf, Dipl.-Ing., Rheine
Wellmann, Hans, Dipl.-Ing., Bocholt
Werner, Ernst, Prof. Dr.-Ing., Duisburg
Wesselmann, Fritz, Maurermeister, Bockum-Hövel
Wiesing, Heinz, Architekt, Ahlen
Wilke, Heinz, Architekt, Lippstadt
Wrede, Friedrich, Dipl.-Ing. Architekt, Hamm/Westf.
Zeller, Siegfried, Architekt, Dorsten
Zurek, Otto, Baumeister, Münster

Problempunkt: Schichtenfolge und Einzelschichten

Einschalige Wände ohne zusätzliche außenseitige, gegen Klimaeinflüsse schützende Beschichtungen stellen hinsichtlich Konstruktion und Aufwand die einfachsten Wandtypen dar, und werden als Ziegel- oder Natursteinsichtmauerwerk seit vielen Jahrhunderten angewendet.

Für die Wahl von Wandkonstruktionen dieser Art sind folgende bauphysikalische – aber auch wirtschaftliche – Kriterien ausschlaggebend.

Der Querschnitt allein muß neben der Tragfunktion die verschiedenen Schutzfunktionen gegen Temperaturwechsel, Wärme, Schall, Feuchtigkeit und Wind erfüllen. Dabei wird jedoch offensichtlich häufig übersehen, daß Sichtmauerwerkswände in den heute üblichen Dicken bei starker Schlagregenbeanspruchung versagen. Auch mit Hilfsmaßnahmen wie Anstrichen oder Imprägnierungen kann keine absolute Sicherheit gegen Durchfeuchtung erreicht werden, wie sie z. B. zweischalige Wände mit Luftschicht geben.

»Sichtmauerwerkskonstruktionen« eignen sich somit lediglich für Außenwände, die vor Niederschlag und Wind gut geschützt sind. An Material und handwerkliche Ausführung werden hohe Anforderungen gestellt: Als Material eignet sich nur solches, das frostbeständig ist, nicht zuviel Wasser infolge großen Saugvermögens aufnimmt und die Wasserdampfdiffusion von innen nach außen nicht weitgehend behindert; die Vermauerung muß hohlraumfrei sein.

Da die neueren, hochwärmedämmenden Mauerwerksmaterialien nicht unmittelbar bewittert werden dürfen, ist bei Sichtmauerwerk üblicher Dicke und erst recht bei Sichtbetonwänden eine zusätzliche innenseitige Dämmschicht erforderlich, die bauphysikalische Probleme aufwirft.

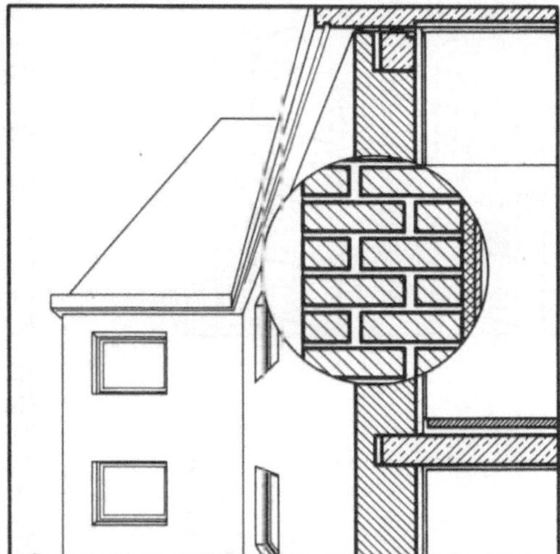

Häufigstes Schadensbild bei Sichtmauerwerkskonstruktionen sind Durchfeuchtungen an den Schlagregenseiten. Besonders an Außenecken traten überlagernd Oberflächen-Tauwasserschäden mit Schimmelpilzbefall und Tapetenablösungen auf, wenn keine innenseitigen Dämmaßnahmen erfolgten. An Sichtbetonwänden sind in äußerst großer Zahl Betonabplatzungen und Rostbildungen beobachtet worden, deren Sanierung sehr hohe Kosten verursachte.

Die einzelnen Schwachstellen, deren Schadensbilder und Ursachen, sowie die daraus abgeleiteten Empfehlungen, werden nachfolgend im einzelnen dargestellt.

Wände aus Sichtmauerwerk und Sichtbeton

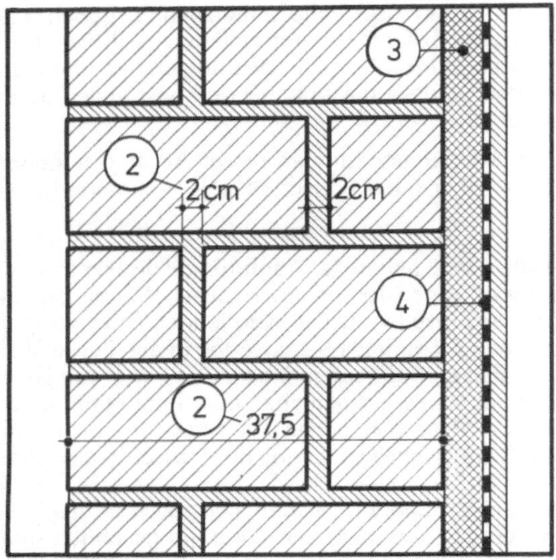

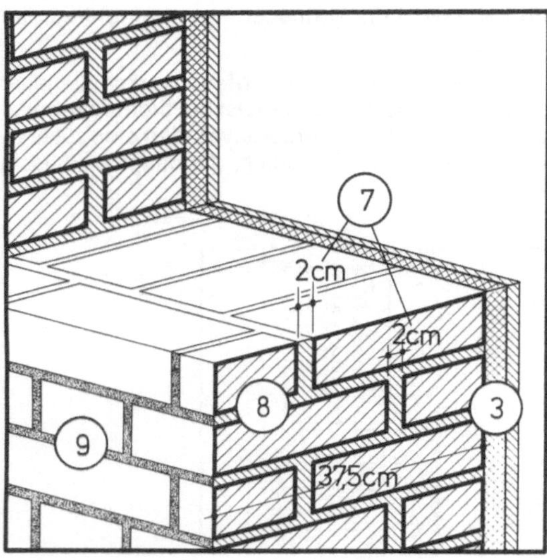

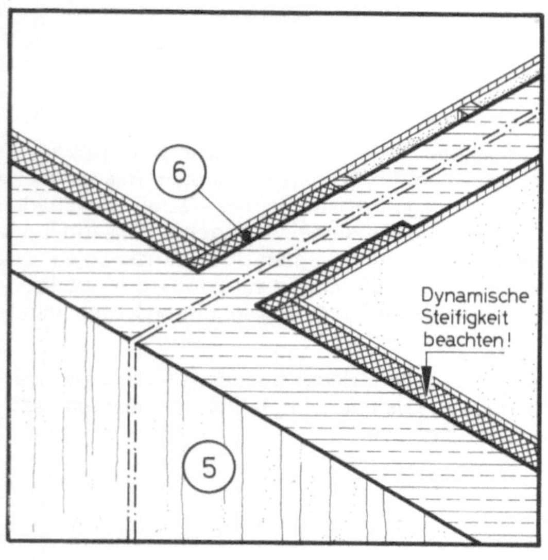

① Außenwände aus einschaligem Sichtmauerwerk sollten nur dann ausgeführt werden, wenn eine Überprüfung der Einflüsse durch Regen und Wind aufgrund der topographischen Verhältnisse, des örtlichen Klimas sowie der Gebäudeausrichtung zur Himmelsrichtung nur geringe Schlagregenbeanspruchung erwarten läßt (siehe A 1.1.2).

② Auch bei nur geringer Schlagregenbeanspruchung ist folgendes zu beachten:

– Die Wanddicke sollte das Maß von 37,5 cm nicht unterschreiten.

– Stein- und Mörtelmaterial müssen in ihrer Saugfähigkeit bzw. Kapillarität aufeinander abgestimmt sein. Die Anwendung von Klinker oder Mörteln mit Dichtmittelzusätzen ist nicht sinnvoll.

– Vor- und Hintermauerung sollten aus Steinen gleicher Saugfähigkeit, Festigkeit und kapillarer Leitfähigkeit bestehen.

– Alle Mörtelfugen — besonders die innerhalb des Mauerwerks liegende versetzte 2 cm dicke Längsfuge — müssen frei von Hohlräumen sein (siehe A 1.1.2 und A 1.1.5).

③ Außenwände aus Sichtmauerwerk und Sichtbeton, die den wärmetechnischen Anforderungen an Oberflächentemperatur, Oberflächentauwasser, Behaglichkeit und Energieersparnis genügen sollen, sind — will man auf Erscheinungsbild und Charakter der Sichtwände nicht verzichten — entweder mit zusätzlichen Dämmaßnahmen auf der Innenseite wirtschaftlich realisierbar, oder es sind andere Konstruktionen — zweischaliges Mauerwerk bzw. Sichtbeton mit Kerndämmung — zu wählen. Für den Wärmedämmwert des gesamten Wandquerschnittes sollte dabei ein Wert von 1,3 m² K/W ($k \leq 0{,}68$ W/m² K) angestrebt werden (siehe A 1.1.3).

④ Bestehen innenseitig angebrachte Wärmedämmschichten nicht aus einem Material mit hohem Dampfsperrwert (z. B. aus Polystyrol- oder PUR.Hartschaumplatten), so sollen sie durch eine raumseitig angebrachte Dampfsperre geschützt werden. Dies gilt besonders für Sichtbetonwände (siehe A 1.1.4).

⑤ Bei Wandkonstruktionen mit innenliegenden Dämmschichten sind die verstärkten thermischen Längenänderungsbestrebungen konstruktiv zu berücksichtigen, ggf. sind Dehnfugen anzuordnen. Dies gilt besonders für Stahlbetonwände mit Kerndämmung. Günstiger ist die Ausführung einer hinterlüfteten Vorsatzschale (siehe A 1.1.4).

⑥ In Innendämmungen einbindende Innenbauteile sind an der Einbindestelle ebenfalls zu dämmen. Werden an das einbindende Bauteil Schallschutzanforderungen gestellt, so sollten zur Innendämmung Dämmstoffe mit geringer dynamischer Steifigkeit (z. B. Mineralfaserdämmstoffe) verwendet werden (siehe A 1.1.4).

⑦ Die als Feuchtigkeitsbremse wirkende, innerhalb des Wandquerschnitts verlaufende und schichtweise verspringende Längsfuge ist 2 cm dick anzulegen und mit gießfähigem Mörtel hohlraumfrei auszufüllen. Von Schlagregen stark beanspruchte Außenwände sollten jedoch besser zweischalig ausgeführt werden (siehe A 1.1.5).

⑧ Das Sichtmauerwerk sollte möglichst aus Steinen gleichen Formats und gleicher Qualität hinsichtlich bauphysikalischer Merkmale und Kenndaten bestehen. Stein- und Mörtelmaterial sollten frei von Fremdkörpereinschlüssen und frostbeständig sein. Fabrikfertiger Trockenmörtel schließt eine Reihe von Unsicherheitsfaktoren aus und sollte daher bevorzugt werden (siehe A 1.1.5).

⑨ Ein vollfugiges Vermauern mit Fugenglattstrich in einem Arbeitsgang ist einer nachträglichen Verfugung vorzuziehen (siehe A 1.1.5).

Wände aus Sichtmauerwerk und Sichtbeton

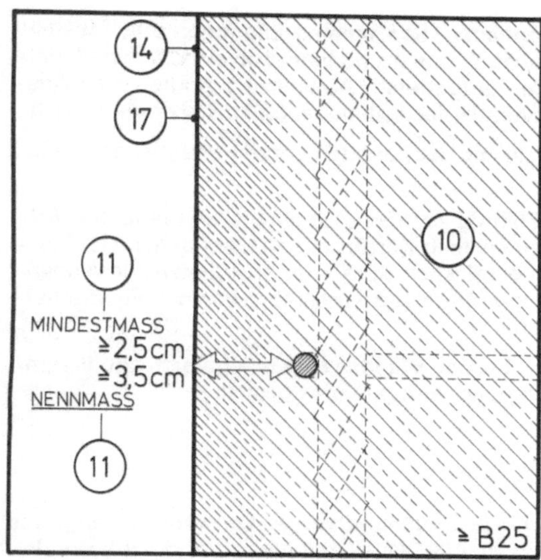

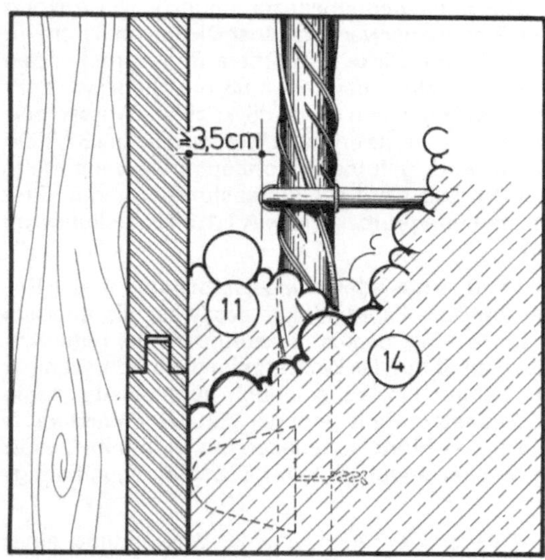

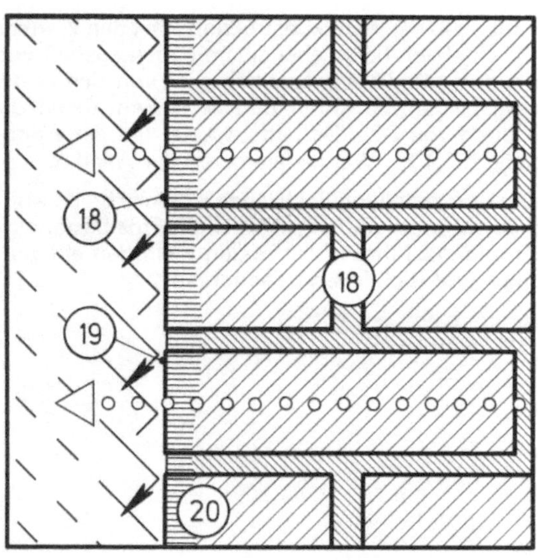

⑩ Der Wasserzementwert von Sichtbetonbauteilen sollte im allgemeinen 0,55 nicht überschreiten. Der Zementgehalt sollte mindestens 300 kg/m³ betragen. Die Verwendung von Portlandzement ist empfehlenswert. Es sollten dichte Zuschlagsstoffe mit günstiger Sieblinie verwendet werden (siehe A 1.1.6).

⑪ Die Überdeckung der Bewehrung sollte bei Bauteilen aus Ortbeton 25 mm (Mindestmaß) nicht unterschreiten. Bei der Planung, Dimensionierung und Ausführung der Betonbauteile ist von einer Deckung von mindestens 35 mm (Nennmaß) auszugehen. Das Mindestmaß der Betonüberdeckung sollte größer als das Größtkorn des Zuschlags sein (siehe A 1.1.6).

⑫ Sichtbetonteile im Außenwandbereich sind so zu bemessen, daß eine Rißweite von 0,2 mm (höchstzulässige Einzelwerte 0,3 mm) nicht überschritten wird (siehe A 1.1.6).

⑬ Beschichtungssysteme zur Erhöhung des Kohlendioxidwiderstandes sollten einen Diffusionswiderstand gegenüber Kohlendioxid von mind. 50 m besitzen. Sie sollten nur als zusätzliche Maßnahme angewandt werden (siehe A 1.1.6).

⑭ Besonders bei Sichtbetonbauteilen ist darauf zu achten, daß sich der Beton beim Betonieren nicht entmischt (keine großen Schütthöhen, keine zu engen Bewehrungsabstände), und daß der frisch eingebrachte Beton sorgfältig verdichtet wird.
Weiterhin ist auf maßgenaue Herstellung der Bewehrung, den Einbau einer ausreichenden Zahl von Abstandshaltern und sonstige Lagesicherung der Bewehrung vor allen Dingen während des Betoniervorgangs zu achten.
Bei ungünstigen Witterungsbedingungen sind die frisch betonierten Betonbauteile durch Abdecken, Feuchthalten oder Dämmen nachzubehandeln (siehe A 1.1.7).

⑮ Die Arbeiten sind mit besonderer Sorgfalt zu überwachen, ggf. ist die Einhaltung der erforderlichen Überdeckungen mit Überdeckungsmeßgeräten vor der endgültigen Abnahme zu überprüfen (siehe A 1.1.7).

⑯ Art, Farbe und Struktur des herzustellenden Sichtbetons sollten vertraglich eindeutig — z. B. durch Anfertigung von Grenzmusterstücken – festgelegt werden (siehe A 1.1.7).

⑰ Bei deckenden Farbanstrichsystemen müssen alle Teile des Systems alkalibeständig und untereinander verträglich sein (siehe A 1.1.6 und A 1.1.7).

⑱ Imprägnierungen und Anstriche können bei durch Niederschlag beanspruchten Sichtmauerwerk- bzw. Sichtbetonwänden als zusätzliche Schutzmaßnahme Verwendung finden. Jedoch muß jede Wand auch ohne Imprägnierung funktionsfähig sein (siehe A 1.1.8).

⑲ Zu imprägnierendes Mauerwerk und Beton muß sauber, frei von Ausblühungen und saugfähig sein. Risse sollen eine Breite von 0,15 mm nicht überschreiten (siehe A 1.1.8).

⑳ Um die Wirksamkeit zu erhalten, muß der Anstrich oder die Imprägnierung in ausreichenden Zeitabständen erneuert werden (siehe A 1.1.8).

Wände aus Sichtmauerwerk und Sichtbeton
Schichtenfolge und Einzelschichten

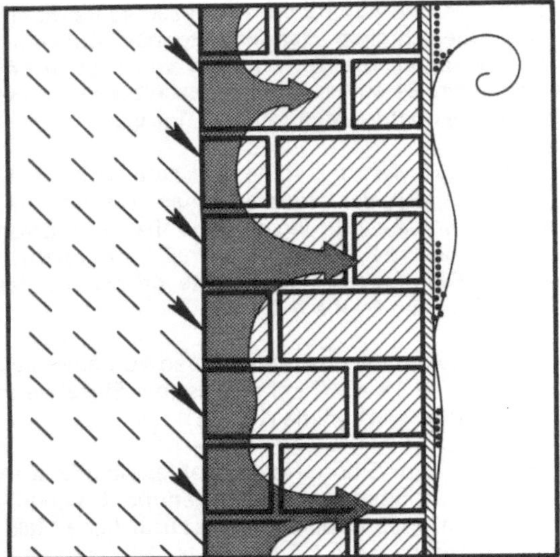

Durchfeuchtungsschäden, Schimmelpilzbildungen und Tapetenablösungen im Gebäudeinnern sind häufig an einschaligen Sichtmauerwerkswänden aufgetreten. Außenseitig zeigten sich Ausblühungen, Kalkhydratläufer, seltener auch Frostabsprengungen.

Meist waren nur die zur Hauptwetterrichtung orientierten Wandflächen betroffen.

Die Schäden sind häufig auch an 37,5 cm dicken Wänden aufgetreten und betrafen vielfach Konstruktionen, bei denen als Steinmaterial für die Außenflächen Klinker und bei denen zur Vermauerung und Verfugung Mörtel mit wasserabweisenden Eigenschaften verwendet wurden.

In der Regel wurde bei den Wänden eine mangelhafte, hohlraumreiche Vermauerung und Verfugung festgestellt.

Zu bedenken ist:

– Die Schlagregenbeanspruchung von Außenwänden hängt mit der Niederschlagsmenge, der Windintensität und der besonderen topographischen Lage des Standortes zusammen. DIN 4108, Teil 3 »Wärmeschutz im Hochbau; Klimabedingter Feuchteschutz« unterscheidet drei Beanspruchungsgruppen (geringe, mittlere und starke Schlagregenbeanspruchung). Diese Norm läßt einschaliges Sichtmauerwerk mit einer Dicke von 31 cm für geringe und mit 37,5 cm Dicke für mittlere Beanspruchungen zu. Bei Wänden aus Sichtmauerwerk muß die Niederschlagsschutzfunktion im wesentlichen durch die kapillare Wasserspeicherfähigkeit des Querschnitts erbracht werden. Die bei 37,5 cm dickem Sichtmauerwerk geforderte hohlraumfreie vermörtelte Längsfuge ist in der Praxis nur schwer ausführbar und in ihrer Vollständigkeit nicht überprüfbar (siehe A 1.1.5 Herstellung von Sichtmauerwerk).

– Durchfeuchtungen durch Niederschlagswasser sind in der Regel nicht auf die kapillare Saugfähigkeit des Materials, sondern auf Fehlstellen im Fugensystem zurückzuführen. Bei hoher kapillarer Saugfähigkeit dringt das Wasser zwar mehr oder weniger tief in den Querschnitt ein, kann jedoch auch wieder zügig austrocknen. Steinmaterial mit geringer kapillarer Wasseraufnahme (Klinker) sowie Mörtelmaterialien mit Dichtmittelzusatz wirken sich daher eher ungünstig auf die Schlagregendichtigkeit aus.

– Durch falsche Anlage des Fugensystems, Verwendung eines ungeeigneten Mauer- bzw./und Fugmörtels, fehlerhaftes Steinmaterial, vor allem aber durch mangelhafte Verarbeitung sind die Voraussetzungen für ein ungehindertes Wassereindringen gegeben.

– Feuchtigkeit innerhalb der Wandkonstruktion setzt den Wärmedämmwert z.T. erheblich herab (bei einem Feuchtegehalt von 10 Vol.% erhöht sich z.B. die Wärmeleitfähigkeit von Ziegeln der Rohdichteklasse 1,5 um ca. 50%) und es besteht damit die Gefahr der Bildung von Oberflächentauwasser auf der Wandinnenseite (siehe A 1.1.3: »Wärmedämmwert der Wand«).

– Bei der Planung und Erstellung der Wände ist hinsichtlich Mindestwanddicken, Mörtel- und Steinmaterial (Frostbeständigkeit!), System und Ausführung der Fugen nach den entsprechenden Normen und Richtlinien zu verfahren:

DIN 1053: Mauerwerk, Teil 1
DIN 18330: Mauerarbeiten

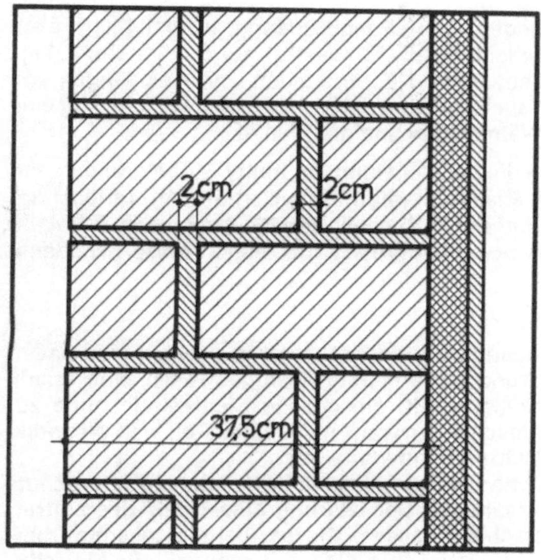

Daraus folgt als
Empfehlung zur Schwachstellenvermeidung:

● Außenwände aus einschaligem Sichtmauerwerk sollten nur dann ausgeführt werden, wenn eine Überprüfung der Einflüsse durch Regen und Wind aufgrund der topographischen Verhältnisse, des örtlichen Klimas sowie der Gebäudeausrichtung zur Himmelsrichtung nur geringe Schlagregenbeanspruchung erwarten läßt.

● Auch bei nur geringer Schlagregenbeanspruchung ist folgendes zu beachten:

– Die Wanddicke sollte das Maß von 37,5 cm nicht unterschreiten.

– Stein- und Mörtelmaterial müssen in ihrer Saugfähigkeit bzw. Kapillarität aufeinander abgestimmt sein. Die Anwendung von Klinker oder Mörteln mit Dichtmittelzusätzen ist nicht sinnvoll.

– Vor- und Hintermauerung sollten aus Steinen gleicher Saugfähigkeit, Festigkeit und kapillarer Leitfähigkeit bestehen.

– Alle Mörtelfugen – besonders die innerhalb des Mauerwerks liegende versetzte 2 cm dicke Längsfuge – müssen frei von Hohlräumen sein.

Wände aus Sichtmauerwerk und Sichtbeton
Schichtenfolge und Einzelschichten

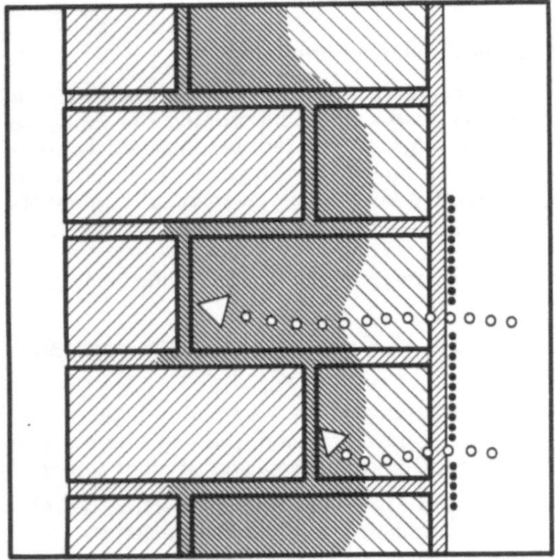

Dunkle Verfärbungen, Schwärzepilzbildung, in extremen Fällen Feuchtigkeitserscheinungen (Tauwasser) auf den inneren Oberflächen der Außenwände, z.T. verbunden mit Ablösungen von Innenputz oder Tapeten, waren die typischen Kennzeichen für eine unzureichende Wärmedämmung der Wände.

Bevorzugt traten diese Erscheinungen hinter Möbeln und in den Raumecken auf, ebenso in Räumen mit erhöhtem Luftfeuchtigkeitsgehalt (Schlafräume, Küchen, Bäder). Auch nach DIN 4108 ausreichend wärmegedämmte Wände zeigten diese Schadensbilder.

Zu bedenken ist:

– Die für Sichtmauerwerk und -beton verwendbaren Materialien besitzen aufgrund ihres dichten Gefüges meist eine relativ hohe Wärmeleitfähigkeit. Einschalige Sichtwände ohne zusätzliche Dämmschichten weisen daher bei üblichen Wanddikken geringe Wärmedämmwerte auf.

– Einschalige Sichtwände erfüllen häufig den Schlagregenschutz durch vorübergehende Speicherung eines Teils des auftreffenden Niederschlagswassers. Dieses über die gesamte Oberfläche oder auch durch Fehlstellen (z.B. mangelhafte Mörtelfugen) eingedrungene Wasser setzt den Wärmedämmwert herab und erhöht so die Gefahr von Tauwasserbildung.

– Tauwasserbildung wird ebenfalls durch hohe relative Luftfeuchtigkeit im Innenraum begünstigt. Besonders tauwassergefährdet sind Wandbereiche, die an wenig bewegte Raumluft grenzen, da ruhende Luftschichten den Wärmeübergangswiderstand erhöhen und daher die Oberflächentemperaturen der Wand absenken.

– Der Wärmedämmwert der Außenwand hat großen Einfluß auf das Raumklima des Gebäudes. Das Raumklima ist unbehaglich, wenn aufgrund eines zu geringen Dämmwertes der Außenwand die Oberflächentemperatur mehr als 3°C unter der Raumlufttemperatur liegt. Behagliche Oberflächentemperaturen setzen Wärmedämmwerte der Wand voraus, die über dem Mindestwert nach DIN 4108 liegen.

– Der Heizenergiebedarf ist besonders bei mehrgeschossigen Gebäuden mit großem Außenwandanteil wesentlich vom Wärmedämmwert der Außenwand abhängig. Nach den Bestimmungen der Wärmeschutzverordnung (1982) sind zwar unter gewissen Bedingungen (z.B. geringer Fensterflächenanteil etc.) auch weiterhin Außenwände zulässig, deren Wärmedurchlaßwiderstand nur den Mindestanforderungen der DIN 4108 ($1/\Lambda = 0{,}55$ m² K/W) entsprechen. Wirtschaftliche Überlegungen lassen jedoch Werte zwischen 1,3 und 3,0 m² K/W ($k = 0{,}68 - 0{,}32$ W/m² K) sinnvoll erscheinen. Mit Sicherheit tauwasserfreie Wände mit behaglichen Innenoberflächentemperaturen machen Mindestwerte von 1,3 m² K/W ($k = 0{,}68$ W/m² K) notwendig. Dieser Wert ist jedoch mit für Sichtwände geeigneten Materialien — bei noch wirtschaftlicher Dicke der Wand — ohne zusätzliche Dämmschicht nicht erreichbar.

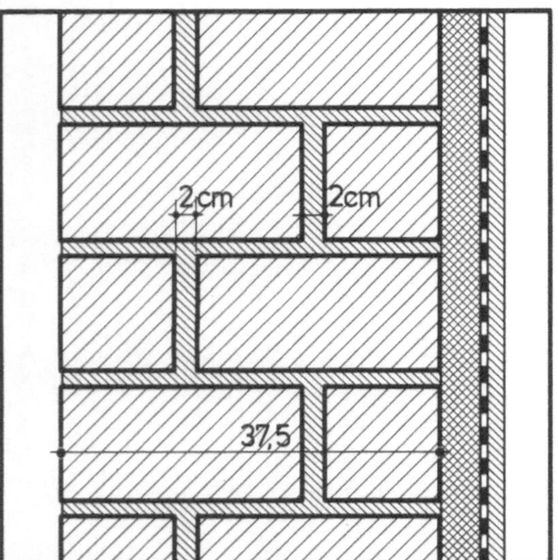

Daraus folgt als
Empfehlung zur Schwachstellenvermeidung:

● Außenwände aus Sichtmauerwerk und Sichtbeton, die den wärmetechnischen Anforderungen an Oberflächentemperatur, Oberflächentauwasser, Behaglichkeit und Energieersparnis genügen sollen, sind – will man auf Erscheinungsbild und Charakter der Sichtwände nicht verzichten – entweder mit zusätzlichen Dämmaßnahmen auf der Innenseite wirtschaftlich realisierbar, oder es sind andere Konstruktionen – zweischaliges Mauerwerk bzw. Sichtbeton mit Kerndämmung – zu wählen. Für den Wärmedämmwert des gesamten Wandquerschnittes sollte dabei ein Wert von 1,3 m² K/W ($k \leq 0{,}68$ W/m² K) angestrebt werden.

Wände aus Sichtmauerwerk und Sichtbeton
Schichtenfolge und Einzelschichten

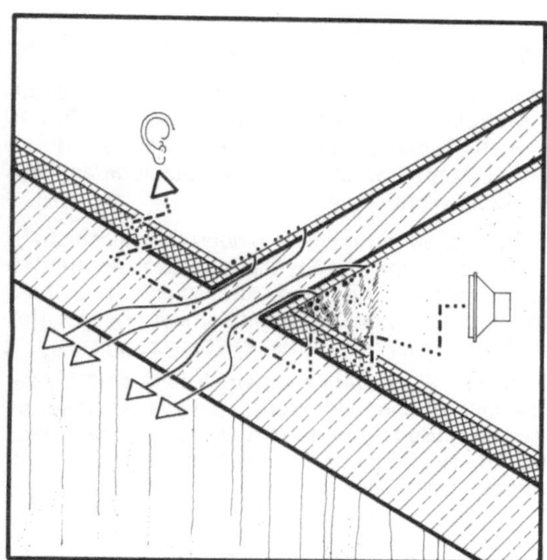

An Wandkonstruktionen mit innenliegenden Wärmedämmschichten bzw. Betonwänden mit Kerndämmung sind Durchfeuchtungen beobachtet worden. Sie lassen sich jedoch nicht eindeutig auf die Schichtenfolge als Primärursache zurückführen, da gleichzeitig andere Fehler (z. B. undichte Fugen im Mauerwerk durch zu geringen Feinstkornanteil im Mörtel bzw. Risse in der außenliegenden Betonschale) genannt wurden, die für die Schäden mit verursachend waren.

Zu bedenken ist:

– Bei Wänden aus Sichtbeton und Sichtmauerwerk ist eine außenliegende Wärmedämmschicht nicht möglich, so daß bei diesen Wandtypen entweder auf eine zwischen zwei massiven Schichten liegende sogenannte »Kerndämmung« oder auf eine innenseitig angebrachte Wärmedämmschicht zurückgegriffen werden muß (Verblendmauerwerk mit Kerndämmung wird im Abschnitt D behandelt).

– Bei innenseitig angebrachten Dämmschichten besteht im Winter bei hohen Raumluftfeuchten Durchfeuchtungsgefahr innerhalb der Wandkonstruktion und damit auch der Wärmedämmschicht selbst, da durch die Dämmschicht diffundierender Wasserdampf sich an der kalten Außenwand bei Taupunktunterschreitung niederschlägt. Dabei können die durch die Fugen der Dämmplatten oder sonstige Fehlstellen geringer Größe (z. B. Nagellöcher) diffundierenden Wasserdampfmengen als unbedenklich angesehen werden.

– Wärmedämmschichten verlieren deutlich an Dämmwirkung, wenn sie durchfeuchtet werden. So steigt z. B. bei Polystyroldämmplatten bei einem Feuchtegehalt von 10 Vol% die Wärmeleitfähigkeit um 40%. Wärmedämmschichten sollen feuchtigkeitsbeständig und unverrottbar sein.

– Werden Innendämmungen durch einbindende Bauteile (z. B. Zwischendecken, Trennwände) unterbrochen, so kann an der Einbindestelle im Winter die Oberflächentemperatur so tief absinken, daß die Gefahr von Tauwasserbildung besteht.

– Die Außenbauteile (Beton, Mauerwerk) sind in vollem Maße den Temperaturschwankungen des Außenklimas und damit größeren Längenänderungen ausgesetzt, die z. B. bei Haftspannungsüberschreitung des Mörtels zum Stein häufig zu Rißbildungen oder auch infolge des Temperaturunterschiedes innerhalb des Querschnitts zu Wölbungserscheinungen der Wand führen. Durch unterschiedlich hohe Wärmeausdehnungskoeffizienten der Baustoffe, geringe Dicke der außenliegenden Schale (z. B. bei Betonkonstruktionen mit Kerndämmung), dunkle Oberfläche und direktes Aussetzen der Sonnenstrahlung können die genannten Erscheinungen verstärkt werden.

– Bei Innendämmungen unter Verwendung von im akustischen Sinne steifen Dämmstoffen (z. B. Polystyrolhartschaum) verschlechtert sich der Schallschutz sowohl der Außenwand als auch der Trennwand zwischen benachbarten Räumen, verursacht durch eine verstärkte Schall-Längsleitung über die Außenwand.

Wände aus Sichtmauerwerk und Sichtbeton
Schichtenfolge und Einzelschichten

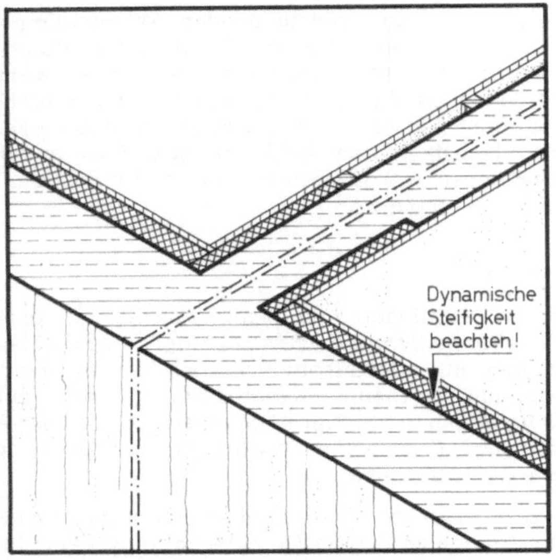

Daraus folgt als
Empfehlung zur Schwachstellenvermeidung:

● Bestehen innenseitig angebrachte Wärmedämmschichten nicht aus einem Material mit hohem Dampfsperrwert (z. B. aus Polystyrol- oder PUR-Hartschaumplatten), so sollen sie durch eine raumseitig angebrachte Dampfsperre geschützt werden. Dies gilt besonders für Sichtbetonwände.

● Bei Wandkonstruktionen mit innenliegenden Dämmschichten sind die verstärkten thermischen Längenänderungsbestrebungen konstruktiv zu berücksichtigen, ggf. sind Dehnfugen anzuordnen. Dies gilt besonders für Stahlbetonwände mit Kerndämmung. Günstiger ist die Ausführung einer hinterlüfteten Vorsatzschale.

● In Innendämmungen einbindende Innenbauteile sind an der Einbindestelle ebenfalls zu dämmen. Werden an das einbindende Bauteil Schallschutzanforderungen gestellt, so sollten zur Innendämmung Dämmstoffe mit geringer dynamischer Steifigkeit (z. B. Mineralfaserdämmstoffe) verwendet werden.

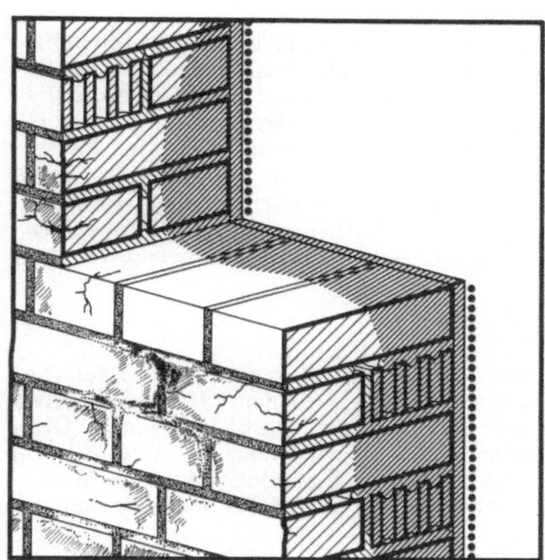

Wände aus Sichtmauerwerk und Sichtbeton
Schichtenfolge und Einzelschichten

Eine Reihe von Schäden bei Sichtmauerwerkswänden sind eindeutig auf deren mangelhafte Erstellung zurückzuführen.
Es traten vorwiegend Durchfeuchtungen des Wandquerschnitts auf, häufig zusammen mit Schwärzepilzbildung an der Innenseite. Weiter zeigten sich Ausblühungen und Ausblutungen sowie Zerstörungen meist in Form von Abplatzungen der äußeren Steinschichten.

Zu bedenken ist:

– Der Schutz gegen Klimaeinflüsse, insbesondere gegen Niederschlagsdurchfeuchtung, der bei Sichtmauerwerkswänden allein vom Querschnitt gewährleistet werden muß, ist bei dieser Wandkonstruktion im wesentlichen von der Materialwahl, der Sorgfalt der handwerklichen Ausführung und der Dicke der Wand abhängig. Einmal entstandene Schäden sind, sollen Erscheinungsbild und Charakter der Sichtwände erhalten bleiben, nicht oder nur schwer reparabel.

– Wände geringer Dicke haben ein entsprechend geringes Feuchtespeichervermögen; das bedeutet besonders bei Schlagregenbeanspruchung ein erhöhtes Risiko hinsichtlich des Durchschlagens der Feuchtigkeit bis zur Innenseite. Dieses ist dadurch vermeidbar, daß, wie es die DIN 1053 fordert, »jede Mauerschicht mindestens zwei Steinreihen gleicher Höhe aufweist, zwischen denen eine durchgehende, schichtweise versetzte, hohlraumfrei vermörtelte, 2 cm dicke Längsfuge verläuft (z. B. 37,5 cm statt 36,5 cm dickes Mauerwerk im Kreuz- oder Blockverband)«.

– Steine mit unterschiedlichem Verhalten bei Beanspruchung durch Temperatur, statische Belastung und Niederschlag führen bei im Verband gemauerten Sichtwänden zu Gefügelockerungen und Rissebildungen mit den bekannten Folgeschäden. Zudem entziehen saugfähige und trockene Steine dem frischen Mörtel frühzeitig zuviel Wasser, wodurch der Mörtel »verdurstet«, so daß die Festigkeit des Mörtels herabgesetzt wird und auch hierdurch ein sicherer Verbund nicht gewährleistet ist. Stein- und auch Mörtelmaterial mit Fremdstoffeinschlüssen wie Mergel, Kalk (»Kalkknollen«), Sand, Lehm, Salze zeigen schon nach kurzer Zeit Ausblühungen, Auslaugungen, Aussinterungen, Ausblutungen und Absprengungen.
Ursache hierfür ist das diese Stoffe aufnehmende oder lösende und auf kapillarem Wege oder über offene Stellen an die Wandoberfläche wandernde Wasser.

– Eine nachträgliche Verfugung der Sichtmauerwerksfläche kann durch den notwendig werdenden neuen Arbeitsgang, durch die unterschiedliche Mörtelart und das Entstehen von Hohlräumen zu einer weiteren Schwachstelle führen.

Daraus folgt als
Empfehlung zur Schwachstellenvermeidung:

● Sichtmauerwerkswände sollten in einer Mindestdicke von 37,5 cm ausgeführt werden. Die als Feuchtigkeitsbremse wirkende, innerhalb des Wandquerschnitts verlaufende und schichtweise verspringende Längsfuge ist 2 cm dick anzulegen und mit gießfähigem Mörtel hohlraumfrei auszufüllen. Von Schlagregen stark beanspruchte Außenwände sollten jedoch besser zweischalig ausgeführt werden.

● Das Sichtmauerwerk sollte möglichst aus Steinen gleichen Formats und gleicher Qualität hinsichtlich bauphysikalischer Merkmale und Kenndaten bestehen. Stein- und Mörtelmaterial sollten frei von Fremdkörpereinschlüssen und frostbeständig sein. Fabrikfertiger Trockenmörtel schließt eine Reihe von Unsicherheitsfaktoren aus und sollte daher bevorzugt werden.

● Ein vollfugiges Vermauern mit Fugenglattstrich in einem Arbeitsgang ist einer nachträglichen Verfugung vorzuziehen.

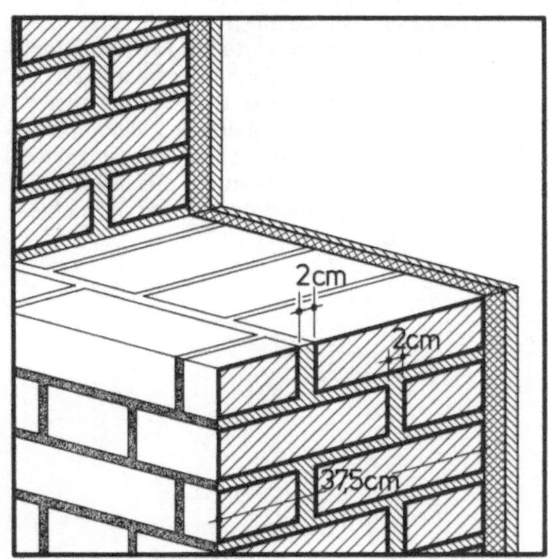

Wände aus Sichtmauerwerk und Sichtbeton
Schichtenfolge und Einzelschichten

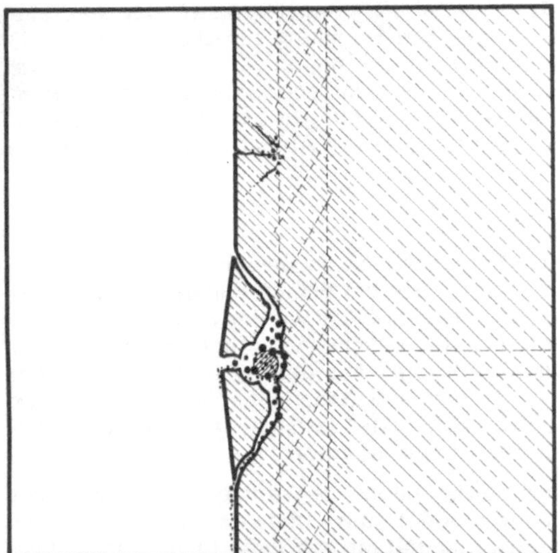

An den Oberflächen von Sichtbetonbauteilen zeigten sich auffällige Häufungen von Netzrissen, Rostfahnen, breite Risse im Bewehrungsverlauf sowie Aufwölbungen und Abplatzungen des Betons über der rostenden Bewehrung. Besonders bei schlank dimensionierten tragenden Stahlbetonbauteilen (Stützen, Unterzügen) waren die Korrosionsschäden teilweise so weit fortgeschritten, daß die Standsicherheit gefährdet war. Die Schäden traten häufig erst weit nach Ablauf der üblichen Gewährleistungsfristen (5 Jahre) auf – der Sanierungsaufwand war meist sehr erheblich.

Zu bedenken ist:

- Das Wasser in den Poren eines frisch hergestellten Betons besitzt eine relativ hohe Alkalität mit einem pH-Wert von etwa 12,6. Diese Alkalität ist bedingt durch die Bildung von $Ca(OH)_2$ bei der Hydratation. Das alkalische Milieu führt zur Bildung einer Passivierungsschicht auf der Stahloberfläche der Bewehrung, die diese auch bei Zutritt von Wasser und Sauerstoff vor Korrosion schützt.

- Durch Eindringen des Kohlendioxids (CO_2) der Luft wird das Porenwasser von außen nach innen fortschreitend neutralisiert. Das CO_2 reagiert dabei mit dem im Porenwasser befindlichen $Ca(OH)_2$ zu $Ca(OH)_3$ und Wasser, wodurch der pH-Wert absinkt. Dieser Vorgang wird als Karbonatisation bezeichnet.

- Bei pH-Werten unter 9,5 ist die Passivierung der Stahlbewehrung aufgehoben. Unter Einwirkung von Wasser und Sauerstoff rostet dann die Stahlbewehrung. Dieser Vorgang ist mit einer Volumenvergrößerung verbunden, die zunächst zur Bildung von Netzrissen, im weiteren Fortgang zu auffälligen Rissen im Bewehrungsverlauf, zu Rostfahnen und schließlich zu Abplatzungen über der rostenden Bewehrung führen kann. Die dann freiliegende Bewehrung rostet mit großer Geschwindigkeit weiter.

- Die Dichtigkeit des die Bewehrung überdeckenden Betons gegenüber Kohlendioxid beeinflußt entscheidend die Karbonatisation. Sie hängt im wesentlichen von der Porosität und der Rissefreiheit des Betons ab. Bei einem Wasser-Zement-Wert des Bindemittels deutlich über 0,55 verbleibt im Zementstein viel nicht gebundenes Wasser – ein Beton mit großem Porenanteil ist die Folge. Ein hoher Wasserzementwert und eine ungünstige Körnung (Sieblinie) des Zuschlags führen weiterhin zu größeren Schwindverkürzungen, die verstärkte Rißbildungen verursachen können. Eine gute Dichtigkeit und hohe Alkalität setzen einen Mindestzementgehalt von 300 kg/m³ voraus, auch die Verwendung von Portlandzementen führt zur Erhöhung des die Alkalität gewährleistenden Gehalts an $Ca(OH)_2$.

- Rißbildungen sind in Betonbauteilen selbst bei hohem Bewehrungsanteil und günstigsten Herstellungsbedingungen aufgrund der ungleichmäßigen Temperaturverteilung im abbindenden Bauteil und aufgrund der unvermeidlichen Schwindverkürzungen des Betons nicht völlig vermeidbar. Durch einen ausreichenden Bewehrungsanteil – vor allem aber eine gleichmäßige Verteilung der Bewehrung – kann die Weite der einzelnen Rißbildungen jedoch so weit begrenzt werden, daß weder der Korrosionsschutz der Bewehrung noch das optische Erscheinungsbild beeinträchtigt sind.

Wände aus Sichtmauerwerk und Sichtbeton
Schichtenfolge und Einzelschichten

– Die Geschwindigkeit, mit der die Karbonatisation ins Bauteilinnere vordringt, verringert sich mit zunehmender Tiefe, da der Kohlendioxiddiffusionswiderstand mit dem Abstand von der Bauteiloberfläche wächst. Die Bewehrung muß daher so tief unter der Bauteiloberfläche liegen, daß während der Gebäudestandzeit die karbonatisierte Zone die Bewehrung nicht erreicht. Bei qualitativ gut hergestelltem Beton der Fertigkeitsklasse B 25 kann davon ausgegangen werden, daß die karbonatisierte Zone einen Stahl mit 25 mm Überdeckung nicht erreicht. Um eine derartige Überdeckung unter Berücksichtigung der üblichen Maßtoleranzen und Ungenauigkeiten des Baustellenbetriebs sicherzustellen, muß bei der Dimensionierung ein um 10 mm größeres Nennmaß eingeplant werden. Auf die herstellungsbedingten Ursachen von Betonkorrosionsschäden wird in der Schwachstelle A 1.1.7 – Herstellung von Sichtbeton eingegangen.

– Auch durch Oberflächenbeschichtungen mit hohem Kohlendioxiddiffusionswiderstand kann die Karbonatisation verzögert und damit die Korrosion des Stahlbetons verhindert werden. Derartige Maßnahmen sind jedoch wartungs- und erneuerungsbedürftig.

Daraus folgt als
Empfehlung zur Schwachstellenvermeidung:

● Der Wasserzementwert von Sichtbetonbauteilen sollte im allgemeinen 0,55 nicht überschreiten. Der Zementgehalt sollte mindestens 300 kg/m³ betragen. Die Verwendung von Portlandzement ist empfehlenswert. Es sollten dichte Zuschlagstoffe mit günstiger Sieblinie verwendet werden.

● Die Überdeckung der Bewehrung sollte bei Bauteilen aus Ortbeton 25 mm (Mindestmaß) nicht unterschreiten. Bei der Planung, Dimensionierung und Ausführung der Betonbauteile ist von einer Deckung von mindestens 35 mm (Nennmaß) auszugehen. Das Mindestmaß der Betonüberdeckung sollte größer als das Größtkorn des Zuschlags sein.

● Hinsichtlich der Rissebeschränkung sind Sichtbetonteile im Außenwandbereich so zu bemessen, daß eine Rißweite von 0,2 mm (höchstzulässige Einzelwerte 0,3 mm) nicht überschritten wird.

● Beschichtungssysteme zur Erhöhung des Kohlendioxidwiderstandes sollten einen Diffusionswiderstand gegenüber Kohlendioxid von mind. 50 m besitzen. Sie sollten nur als zusätzliche Maßnahme angewandt werden. Alle Teile des Systems müssen alkalibeständig und untereinander verträglich sein.

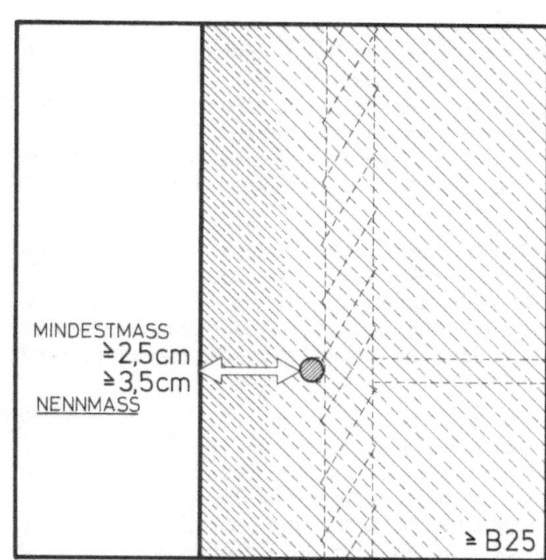

Wände aus Sichtmauerwerk und Sichtbeton
Schichtenfolge und Einzelschichten

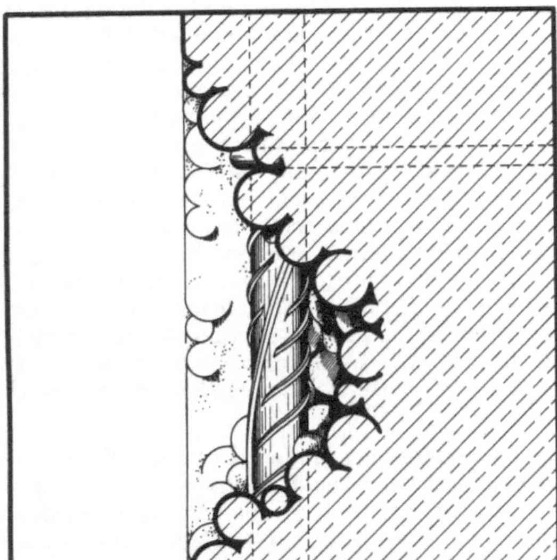

Viele Schadensbilder an Sichtbetonwänden, wie Eckausbrüche, Kiesnester, unmittelbar unter der Bauteiloberfläche liegende Bewehrungsstäbe sowie weniger gravierende Schäden wie Absandungen und Farbunterschiede, unterschiedliche Eindunklung der Flächen nach Regenfällen sind auf Mängel bei der Herstellung von Sichtbetonbauteilen zurückzuführen. Eine große Zahl von schwerwiegenden Betonkorrosionsschäden (siehe A 1.1.6) sind allerdings auch auf Herstellungsfehler zurückzuführen. Betroffen waren überwiegend Bauteile aus Ortbeton, in geringer Zahl aber auch Stahlbetonfertigteile.

Zu bedenken ist:

– Neben Fehlern bei der Materialwahl und Dimensionierung von Sichtbetonbauteilen (siehe A 1.1.6) beeinflußt auch die Herstellungsqualität die Dauerhaftigkeit von Sichtbetonbauteilen entscheidend.

– Eine zu große Schütthöhe des Frischbetons und zu enge Lage der Bewehrung führt zur Entmischung des Betons. Werden bei enger Bewehrungslage Rüttellücken vergessen oder wird aufgrund von Nachlässigkeit nur unzureichend verdichtet, so weist der Beton auch bei sonst sachgerechter Zusammensetzung eine hohe Porosität auf.

– Werden die Bewehrungsstähle nur ungenau gebogen, nicht ausreichend mit Abstandshaltern versehen, die Bügel vor allen Dingen an ihren Enden nicht richtig fixiert und wird schließlich die eingebaute Bewehrung während des Betoniervorgangs verbogen (z. B. Begehen), so werden auch bei sonst sachgerechter Planung der Überdeckung die zulässigen Mindestüberdeckungsmaße unterschritten.

– Trocknet der frisch eingebrachte Beton aufgrund starker Sonneneinstrahlung und Trockenheit aus oder wird er dem Frost ausgesetzt, so kann kein porenarmes, dichtes Gefüge entstehen. Der junge Beton muß daher ggf. durch Abdeckung und Feuchthalten gegen Austrocknung geschützt werden bzw. ggf. durch Dämmaßnahmen vor Frost.

– Da der Karbonatisationsvorgang langsam abläuft, werden die zu erheblichen Betonschäden führenden Herstellungsmängel meist erst weit nach Ablauf der üblichen Gewährleistungsfristen (2 bzw. 5 Jahre) sichtbar. Wegen der häufig sehr hohen Schadensbeseitigungskosten ist daher eine sehr genaue Überwachung der Arbeiten und sehr sorgfältige Abnahme — ggf. unter Einsatz von Überdeckungsmeßgeräten — sinnvoll.

– Geringfügige Farbunterschiede haben ihre Ursache u.a. in unterschiedlichen Feinstoffablagerungen, Art der Verdichtung und Zementsorte. Im Merkblatt »Sichtbeton«, 1982, wird zwar das Fehlen einer völlig einheitlichen Farbtönung und völlig einheitlichen Porenstruktur nicht als Verstoß gegen eine vertragsgemäße Leistungserfüllung bewertet. Je nach Stärke der Abweichungen stellen diese jedoch eine ästhetische Beeinträchtigung dar, die zu strittigen Auseinandersetzungen führt, wenn nicht eindeutig vertraglich geregelt ist, welche Abweichungen zulässig sind.

– Wegen der allgemeinen Luftverschmutzung neigen auch Sichtbetonoberflächen zu Verschmutzungserscheinungen. Deckende Anstriche auf Sichtbeton sind daher zu empfehlen.

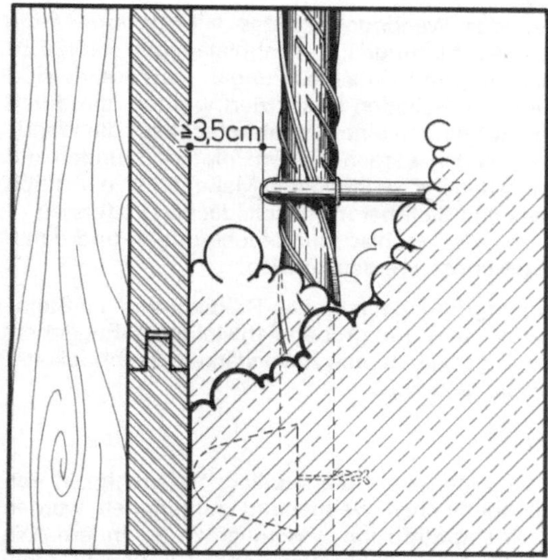

Daraus folgt als
Empfehlung zur Schwachstellenvermeidung:

● Besonders bei Sichtbetonbauteilen ist darauf zu achten, daß sich der Beton beim Betonieren nicht entmischt (keine großen Schütthöhen, keine zu engen Bewehrungsabstände), und daß der frisch eingebrachte Beton sorgfältig verdichtet wird (bei enger Bewehrungslage ggf. Rüttellücken vorsehen).

Weiterhin ist auf maßgenaue Herstellung der Bewehrung, den Einbau einer ausreichenden Zahl von Abstandshaltern und sonstige Lagesicherung der Bewehrung vor allen Dingen während des Betoniervorgangs zu achten.

Bei ungünstigen Witterungsbedingungen sind die frisch betonierten Betonbauteile durch Abdecken, Feuchthalten oder Dämmen nachzubehandeln.

● Die Arbeiten sind mit besonderer Sorgfalt zu überwachen, ggf. ist die Einhaltung der erforderlichen Überdeckungen mit Überdeckungsmeßgeräten vor der endgültigen Abnahme zu überprüfen.

● Art, Farbe und Struktur des herzustellenden Sichtbetons sollten vertraglich eindeutig — z. B. durch Anfertigung von Grenzmusterstücken — festgelegt werden.

● Bei deckenden Farbanstrichsystemen müssen alle Teile des Systems alkalibeständig und untereinander verträglich sein (siehe auch A 1.1.8).

Wände aus Sichtmauerwerk und Sichtbeton
Schichtenfolge und Einzelschichten

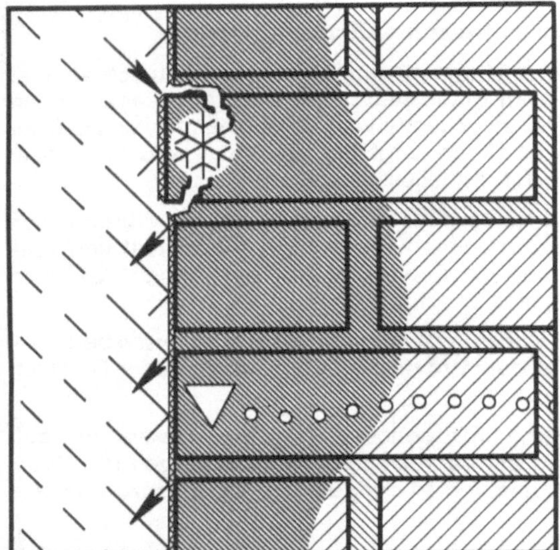

Durchfeuchtungen des Wandquerschnittes bis zur Innenseite, Ausblühungen und Ausblutungen, Frostabplatzungen infolge zu großer Wasserbelastung und Verschmutzungen der Fassade sind von den Gutachtern als Schäden klassifiziert worden, die durch ein nachträgliches Aufbringen einer Schutzschicht auf die Wandoberfläche hätte vermieden werden können. Imprägnierungen und Farbanstriche stellen dabei die wichtigsten Maßnahmen dar, durch die Sichtmauerwerk und Sichtbeton vor schädlichen Einflüssen — im wesentlichen vor Niederschlagsdurchfeuchtungen und deren Folgeschäden — geschützt werden können.

Bei Mauerwerksuntergründen mit breiten Rißbildungen im Steinmaterial (z. B. Brandrissen) und groben Fehlstellen im Fugennetz führten Imprägnierungsmaßnahmen zu verstärkten Feuchtigkeitsschäden und Frostabplatzungen.

Zu bedenken ist:

– Durch Imprägnierungen kann die kapillare Saugfähigkeit von porösen Bauteiloberflächen weitgehend aufgehoben werden ohne die Wasserdampfdiffusion wesentlich zu behindern. Die Oberfläche und oberflächennahe Baustoffporen werden dabei von einem dünnen Film des Imprägnierungsmittels überzogen, der die Wasserbenetzbarkeit des Baustoffes durch Erhöhung der Grenzflächenspannung vermindert.

– Voraussetzung für eine gute Imprägnierwirkung ist ein gutes Eindringvermögen des Imprägniermittels. Dieses ist abhängig von Saugfähigkeit und Feuchtigkeitsgehalt des Untergrundes sowie der Menge und Art des aufgetragenen Mittels.

– Beim Imprägnieren von Materialien mit hoher Alkalität (frischer Beton, Mörtel, Kalksandstein) ist die Alkalibeständigkeit des Imprägniermittels von ausschlaggebender Bedeutung.

– Es sollten nur solche Imprägniermittel verwendet werden, die mindestens folgende Anforderungen erfüllen:

  – gutes Eindringvermögen,
  – hohe Alkalibeständigkeit,
  – lange Wirkungsdauer,
  – ausreichende Wasserdampfdurchlässigkeit,
  – klebfreies Auftrocknen,
  – UV-Beständigkeit,

– Für frisch hergestelltes Mauerwerk und Beton eignen sich besonders Silan-Lösungen, die hoch alkalibeständig sind und auch auf feuchtem Untergrund verarbeitet werden können.

– Die Wasseraufnahme von Rissen und Fehlstellen über 0,2 mm Breite kann durch Imprägnierungen nicht unterbunden werden. Einmal hinter die imprägnierte Oberfläche eingedrungenes Wasser kann nur auf dem Weg der Dampfdiffusion wieder nach außen gelangen. Da dieser Austrocknungsprozeß im Vergleich zu einer Trocknung durch kapillares Saugen wenig leistungsfähig ist, trocknet eine imprägnierte Wand nur langsam aus. Nach einer längeren Periode von Regen im Wechsel mit Austrocknungsphasen hat eine imprägnierte Wand mit Rissen und Fehlstellen u. U. einen höheren Feuchtegehalt als eine nicht imprägnierte Wand.

Wände aus Sichtmauerwerk und Sichtbeton
Schichtenfolge und Einzelschichten

– Um Schäden durch Nachlassen der Imprägnierwirkung auszuschließen, muß über Wirkungsdauer der angewendeten Mittel
genaue Kenntnis bestehen: Jer nach Feststoffanteil und Alkali-
festigkeit des Imprägniermittels beträgt die Lebensdauer zwischen 10 und 15 Jahren (z. B. bei Silikonharzen). Dagegen
haben Fassadenanstriche eine wesentlich kürzere Beständigkeit
(bei Kunstharzdispersionsfarben beträgt sie max. 8 Jahre).
Nicht fachgerechte Ausführung und Verwendung eines für den
Untergrund nicht geeigneten Materials verkürzen die Lebensdauer beträchtlich oder heben die vorgesehene Wirkung gegebenenfalls ganz auf. Auf die Notwendigkeit der Erneuerung
sowie auf die damit verbundenen Kosten (z. B. für Gerüsterstel-
lung) sollte der Bauherr in jedem Fall hingewiesen werden,
insbesondere da die Erforderlichkeit einer Erneuerung in den
meisten Fällen erst nach dem Auftreten von Feuchtigkeitsschäden erkannt wird.

Daraus folgt als
Empfehlung zur Schwachstellenvermeidung:

● Imprägnierungen und Anstriche können bei durch Niederschlag beanspruchten Sichtmauerwerk- bzw. Sichtbetonwänden
als zusätzliche Schutzmaßnahme Verwendung finden. Jedoch
muß jede Wand auch ohne Imprägnierung funktionsfähig sein.

● Zu imprägnierendes Mauerwerk und Beton muß sauber, frei
von Ausblühungen und saugfähig sein. Risse sollen eine Breite
von 0,15 mm nicht überschreiten.

● Um die Wirksamkeit zu erhalten, muß der Anstrich oder die
Imprägnierung in ausreichenden Zeitabständen erneuert werden.

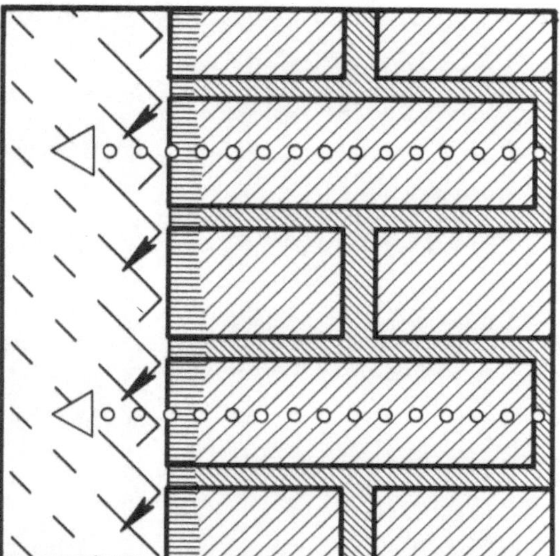

Problempunkt: Sockel und Dachanschluß

In der Sockelzone unmittelbar oberhalb des Geländes erfahren die Außenwände besonders starke Beanspruchungen durch Niederschläge, Bodenfeuchtigkeit, Spritzwasser und Temperaturwechsel. Es bietet sich daher an, eine Kellerwand aus Stahlbeton oder Mauerwerk einschließlich der vertikalen Sperrschicht bis über das Gelände zu führen und die vorgesehene Konstruktion der Außenwand erst oberhalb der Spritzwasserzone beginnen zu lassen.

Weitgehend ähnlichen Beanspruchungen sind Außenwände im Anschlußbereich an waagerechte oder schwachgeneigte Gebäudeaußenflächen – z.B. Flachdächer, Dachterrassen, Balkone – ausgesetzt. Hier sollen daher diese beiden Sockelzonen der Außenwände in ihren Problemen gemeinsam dargestellt werden.

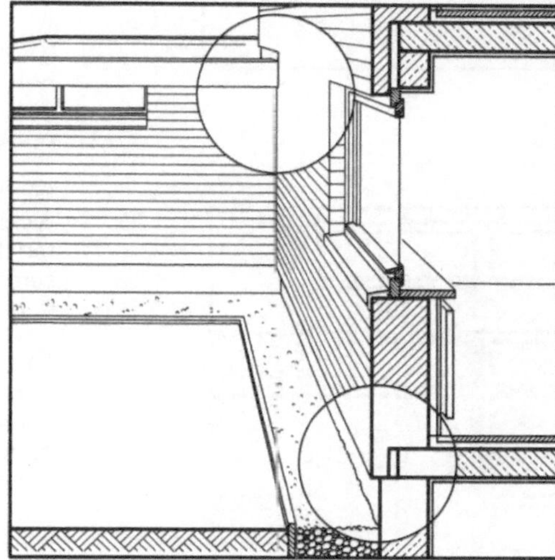

Die zusammenfassende Analyse der untersuchten Schadensfälle zeigt, daß vielfach weder bei den Sockelzonen der Außenwände in Geländehöhe noch im Anschluß an Bauwerksaußenflächen den besonderen Beanspruchungen durch das Oberflächenwasser, das Spritzwasser und das im Wandquerschnitt absickernde Wasser konstruktiv oder materialtechnisch entsprochen worden war. Die Schadensbilder an einschaligen Sichtkonstruktionen waren fast ausschließlich Durchfeuchtungen und deren Folgeschäden.

An dieser Stelle werden nur schadensbetroffene Sockelausbildungen mit Sichtmauerwerk oder Sichtbeton behandelt. Andere Konstruktionsformen sind aufzufinden unter den entsprechenden Abschnitten B – Außenputz, C – Bekleidungen, D – Verblendschalen.

Nachfolgend sollen die Sockel- und Wandanschlüsse bei Sichtmauerwerk und Sichtbeton mit ihren typischen Schwachstellen dargestellt und analysiert werden, wobei jeweils Empfehlungen zur Vermeidung der Schäden abgeleitet werden.

Wände aus Sichtmauerwerk und Sichtbeton

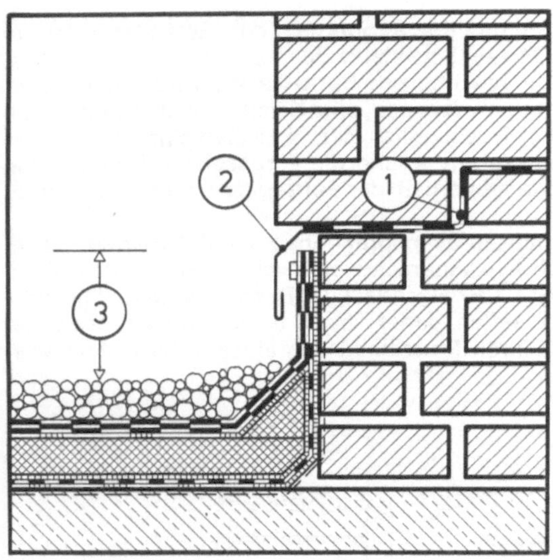

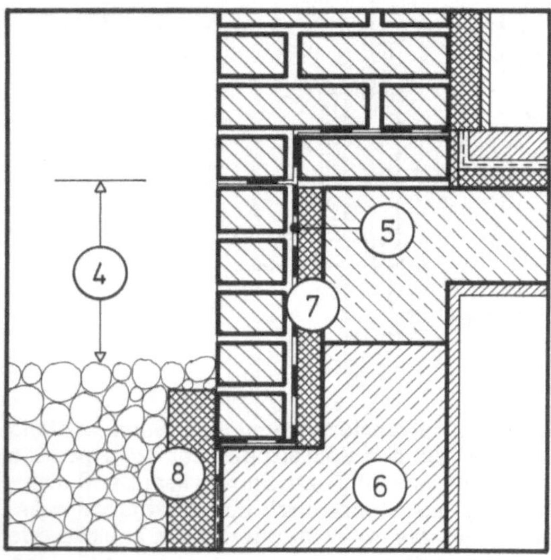

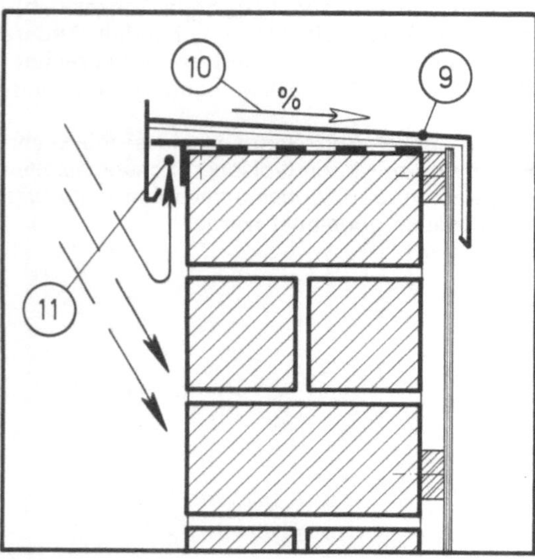

① Am Aufsetzpunkt von schlagregenbeanspruchten Sichtmauerwerkswänden (z.B. auf Deckenplatten) sollte eine horizontale Sperrschicht (z.B. eine Lage 500er Bitumendachpappe) vorgesehen werden, die innerhalb der Wand um eine Steinschicht verspringt und bis zur Innenseite durchgeführt wird (siehe A 2.1.2).

② Wird eine horizontale Gebäudeaußenfläche (z.B. Balkonfläche) an die aufgehende Wand angeschlossen, dann muß die horizontale Sperrschicht oberhalb des Randes der aufgekanteten Dichtungsschicht angeordnet werden und über diese (z.B. mittels eines eingelegten Kappstreifens) übergreifen (siehe A 2.1.2).

③ Im Anschlußbereich horizontaler Bauteilaußenflächen an Außenwände muß die Dichtungsschicht über den in der speziellen Situation ungünstigstenfalls zu erwartenden Wasserandrang hochgeführt werden. Die Aufkantung muß mindestens 15 cm höher sein als die Oberfläche des Daches – Dachhaut, Kiesschüttung, Belag (siehe A 2.1.3).

④ In Spritzwasserhöhe, ca. 30 cm über dem Gelände, muß eine horizontale Sperrschicht in der Breite der Wand eingebaut werden. Diese ist möglichst gleichzeitig als Sperrschicht am Aufsetzpunkt der Wand auszubilden (siehe A 2.1.4).

⑤ In der Sockelzone muß eine vertikale Sperrschicht vorgesehen werden, die dicht an die horizontalen und vertikalen Sperrschichten der Kellerwand anschließt oder der Wandquerschnitt muß wasserdicht (z.B. aus wasserundurchlässigem Beton) hergestellt werden (siehe A 2.1.4).

⑥ Der Wärmedurchlaßwiderstand der Kelleraußenwände muß entsprechend der Nutzung der Kellerräume bemessen werden. Bei beheizten Kellerräumen sollte ein Wärmedurchlaßwiderstand von mindestens 1,3 m² K/W ($k \leq 0,68$ W/m² K) vorgesehen werden (siehe A 2.1.5).

⑦ Die Stirnseiten der Kellerdecken im Auflagerbereich auf den Kellerwänden sind durch Wärmedämmschichten mit einem Wärmedurchlaßwiderstand von ca. 1,3 m² K/W ($k \leq 0,68$ W/m² K) zu schützen; liegt die Kellerdecke innerhalb der Spritzwasserzone, so muß die vertikale Sperrschicht auf der Außenseite der Wärmedämmschicht liegen (siehe A 2.1.5).

⑧ Soll bei Kelleraußenwänden die Wärmedämmung außen aufgebracht werden, so sind hierfür feuchtigkeitsbeständige, bauaufsichtlich zugelassene Dämmstoffe einzusetzen. Innenseitig angeordnete Dämmschichten sollten einen hohen Wasserdampfdiffusionswiderstand aufweisen oder es sind zusätzliche Dampfsperren auf der Raumseite anzubringen (siehe A 2.1.5).

⑨ Brüstungen, Mauerkronen und Pfeiler in Sichtmauerwerk sind mit völlig dichten, korrosionsbeständigen Materialien wie z.B. Blechen, Werkstein, Schiefer abzudecken.
In allen Situationen mit verstärkter Schlagregenbeanspruchung (exponierte Lage; große, auf die Fensterbank entwässernde Fensterflächen) sollten keine Abdeckungen mit Ziegelrollschichten oder Ziegelflachschichten hergestellt werden (siehe A 2.1.6).

⑩ Die Abdeckungen müssen ein Gefälle aufweisen und sollten möglichst 50 mm weit auskragen. Es ist eine Tropfkante auszubilden. Abdeckungen von Attiken sollten zum Dach und nicht auf die Fassadenoberfläche entwässern (siehe A 2.1.6).

⑪ Der vordere Anschluß der Abdeckung ist so zu gestalten, daß vom Wind kein Wasser unter die Überdeckung zurückgetrieben werden kann. Es sind je nach Gebäudehöhe in vertikaler Richtung Überdeckungen von 50 bis 100 mm erforderlich, wenn nicht auf andere Weise für eine Abdichtung des Anschlusses gesorgt wird (siehe A 2.1.6).

Wände aus Sichtmauerwerk und Sichtbeton
Sockel und Dachanschluß

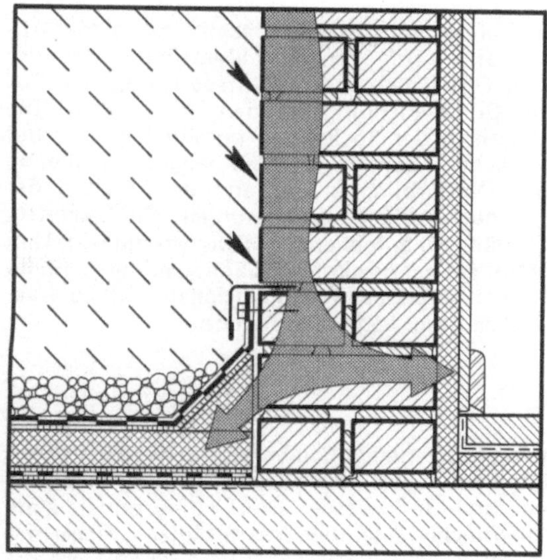

Bei den meisten Sichtmauerwerkswänden, die in der Fläche der Wand Durchfeuchtungen aufwiesen, da sie hohlfugig gemauert oder besonders starkem Schlagregenangriff ausgesetzt waren, waren zugleich am Aufsetzpunkt der Wände auf Dachdeckenplatten oder vorkragenden Balkonplatten verstärkt Feuchtigkeitsschäden anzutreffen, die besonders deutlich bei gelochten Mauersteinen in Erscheinung traten. Neben den Schäden an den Wänden wurden auch Schäden an den angrenzenden Dachkonstruktionen, insbesondere den Wärmedämmschichten, beobachtet.

In einigen Fällen traten die beschriebenen Durchfeuchtungsschäden auch an Fußpunkten solcher Außenwände auf, die noch nicht mit zusätzlichen Oberflächenschichten (Putz, Bekleidung) versehen worden waren.

Zu bedenken ist:

– Sichtmauerwerk nimmt auf die Oberflächen auftreffendes Regenwasser kapillar auf. Bei hohlfugiger Oberfläche, bei Fehlstellen und Rissen in Stein- und Fugmörtel dringt das Wasser auch aufgrund der Windeinwirkung in den Wandquerschnitt ein.

– Ist der Wandquerschnitt mit durchgehenden Hohlräumen (Lochung der Steine) oder Fehlstellen (unverfüllte Fugen) ausgeführt, wird das eingedrungene Wasser nicht von dem Steinmaterial und dem Mörtel kapillar aufgenommen und gleichmäßig verteilt und gespeichert, sondern es folgt der Schwerkraft und sammelt sich an den tiefsten Punkten, spätestens am Aufsetzpunkt der Außenwand auf einer durchgehenden Stahlbetonplatte.

– Dichtungsschichten angrenzender Dachflächen, die im Anschluß an die aufgehende Wandfläche hochgeführt und z. B. mit einem in die Lagerfuge eingesetzten Kappstreifen geschützt sind, sichern den Dachrand nur gegen das auf der Oberfläche der Wand abrinnende Wasser.

Daraus folgt als
Empfehlung zur Schwachstellenvermeidung:

● Am Aufsetzpunkt von schlagregenbeanspruchten Sichtmauerwerkswänden (z. B. auf Deckenplatten) sollte eine horizontale Sperrschicht (z. B. eine Lage 500er Bitumendachpappe) vorgesehen werden, die innerhalb der Wand um eine Steinschicht verspringt und bis zur Innenseite durchgeführt wird.

● Wird eine horizontale Gebäudeaußenfläche (z. B. Balkonfläche) an die aufgehende Wand angeschlossen, dann muß die horizontale Sperrschicht oberhalb des Randes der aufgekanteten Dichtungsschicht angeordnet werden und über diese (z. B. mittels eines eingelegten Kappstreifens) übergreifen.

Wände aus Sichtmauerwerk und Sichtbeton
Sockel und Dachanschluß

War die Dichtungsschicht von Dächern, Dachterrassen oder Balkonen im Anschluß an die aufgehenden Außenwände nicht oder nur wenig über die Oberfläche hochgeführt, so waren zum Teil schwerwiegende Durchfeuchtungsschäden die Folge. Die Außenwände zeigten in der Sockelzone unmittelbar über der Oberfläche der Dächer nach Regenfällen länger anhaltende Durchfeuchtungen, Verfärbungen und an den Rändern der Durchfeuchtungszonen weißliche Ablagerungen. Bei Balkonen, deren Belag mit Gefälle zur aufgehenden Wand verlegt war, kam es zu Durchfeuchtungen der gesamten Außenwandquerschnitte bis zu den Rauminnenseiten und in einigen Fällen auch zu Wasserdurchtritt in die darunter liegenden Räume.

Zu bedenken ist:

– Im Übergang von horizontalen Bauwerksaußenflächen erfahren Außenwände neben der Regenbeanspruchung zusätzlich eine Belastung durch Spritzwasser. Diese ist besonders stark über glatten Oberflächen und über Wasserpfützen. Kiesschüttungen lassen Regen schnell versickern und vermindern die Spritzwasser- und mögliche Schmutzbelastung.

– Bei fehlerhaftem Gefälle der Dichtungsschicht oder der Belagsoberfläche, bei mangelhafter Entwässerung, bei Schneeschmelze und Windeinwirkung kann Wasser am Rand der Dachfläche in Pfützenform anstehen und die aufgehende Wand unmittelbar beanspruchen. Anstehendes Wasser dringt dabei aufgrund der kapillaren Saugfähigkeit des Stein- und Mörtelmaterials bzw. des Betons oder auch unter hydrostatischem Druck bei Fehlstellen und Rissen in den Wandquerschnitt in großen Mengen ein.

– Weitere Einzelheiten zu diesem Problempunkt sind »Schwachstellen, Band I – Flachdächer, Dachterrassen, Balkone« zu entnehmen.

Daraus folgt als
Empfehlung zur Schwachstellenvermeidung:

● Im Anschlußbereich horizontaler Bauteilaußenflächen an Außenwände muß die Dichtungsschicht über den in der speziellen Situation ungünstigstenfalls zu erwartenden Wasserandrang hochgeführt werden. Die Aufkantung muß mindestens 15 cm höher sein als die Oberfläche des Daches – Dachhaut, Kiesschüttung, Belag.

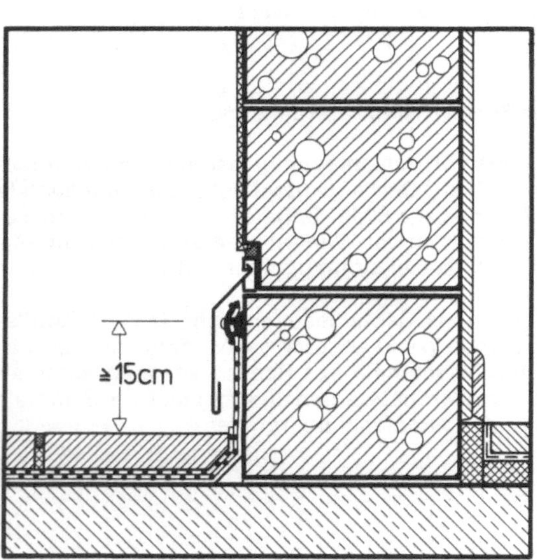

Wände aus Sichtmauerwerk und Sichtbeton
Sockel und Dachanschluß

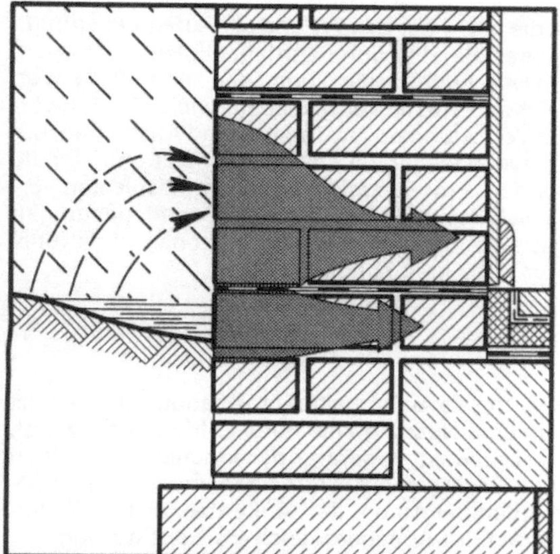

An einschaligen Außenwänden aus Sichtmauerwerk, die bis in Höhe des Geländes geführt waren und die keine Sperrmaßnahme oberhalb des Erdreiches aufwiesen, wurden außen und innen Schäden beobachtet. Wenn die Kellerdecken in Höhe des Geländes lagen, traten an den Innenseiten der Erdgeschoßwände oberhalb der Kellerdecken und besonders im oberen Bereich der Kelleraußenwände Durchfeuchtungen auf, die zu Oberflächenschäden mit Verfärbungen der Anstriche und zur Beschädigung der Tapeten und Putze führten.

An den Außenseiten wurden deutlich sichtbare Durchfeuchtungszonen oberhalb des Erdreichs mit Verschmutzungen festgestellt, an deren Rändern sich weißliche Ablagerungen zeigten.

Zu bedenken ist:

– In Höhe des Geländes erfährt die Außenwand eine extrem starke Wasserbeanspruchung. Zu dem unmittelbaren Regenangriff kommt das Spritzwasser, das auch Erdreich bzw. Schmutzteile auf die Sockelfläche bringt.

– Zusätzlich wird die Außenwand je nach Topographie, Bodenart, Oberflächenbeschaffenheit und Gefälle, möglicherweise von dem oberirdisch abfließenden Wasser beansprucht. Im Erdreich kommen noch die Bodenfeuchtigkeit und das Sickerwasser hinzu.

– Mauerwerksschalen, auch aus Klinkersteinen, sind bei diesen Beanspruchungen nicht als Sperrschicht anzusehen. Durch die unvermeidlichen Haarrisse zwischen Stein und Fugmörtel kann Wasser in den Wandquerschnitt eindringen.

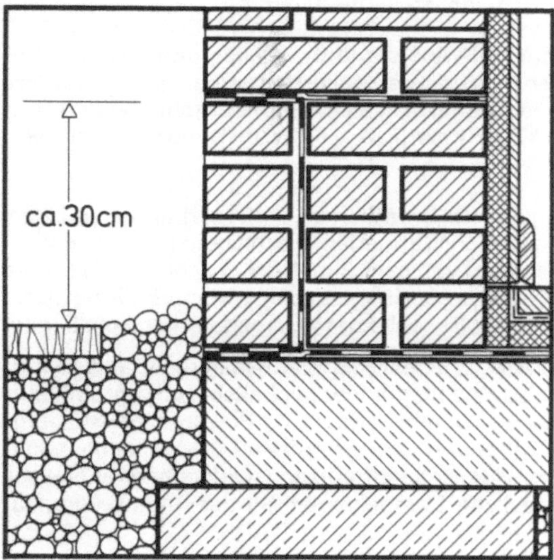

Daraus folgt als
Empfehlung zur Schwachstellenvermeidung:

● In Spritzwasserhöhe, ca. 30 cm über dem Gelände, muß eine horizontale Sperrschicht in der Breite der Wand eingebaut werden. Diese ist möglichst gleichzeitig als Sperrschicht am Aufsetzpunkt der Wand auszubilden (siehe A 2.1.2 – Sperrschicht am Aufsetzpunkt der Wand).

● In der Sockelzone muß eine vertikale Sperrschicht vorgesehen werden (z. B. ein mehrlagiger bituminöser Sperranstrich entsprechend DIN 18195 Teil 4), die dicht an die horizontalen und vertikalen Sperrschichten der Kellerwand anschließt oder der Wandquerschnitt muß wasserdicht (z. B. aus wasserundurchlässigem Beton) hergestellt werden.

● Nicht feuchtigkeitsbeständige Baumaterialien (z. B. Wärmedämmschichten) müssen auf der Innenseite der vertikalen Sperrschicht liegen.

Wände aus Sichtmauerwerk und Sichtbeton
Sockel und Dachanschluß

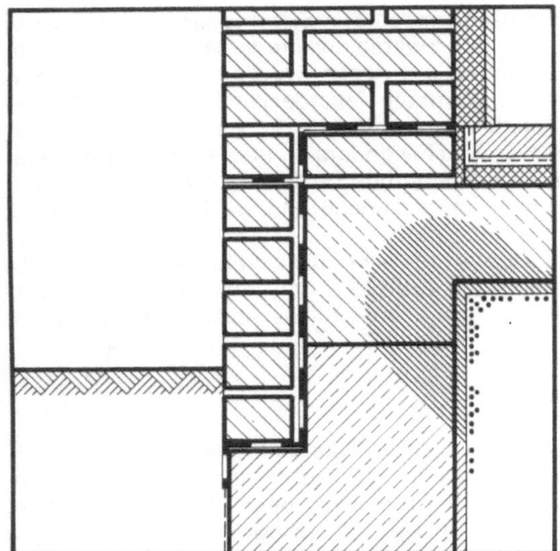

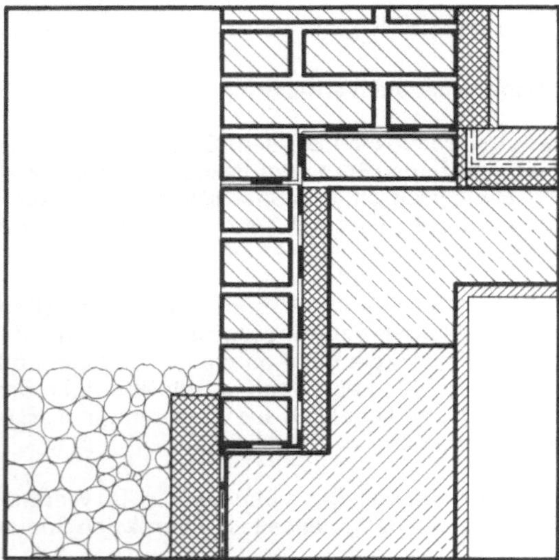

In Kellerräumen, die entweder beheizt und als Aufenthaltsräume genutzt wurden oder die eine hohe Luftfeuchtigkeit aufwiesen, waren an den Deckenunterseiten und den anschließenden Außenwandbereichen Feuchtigkeitsschäden, wie z. B.: Schwärzepilzbildung und Verrottungen von Tapeten und Anstrichen, beobachtet worden, wenn weder die Kellerdeckenplatten noch die Kellerwände über dem Erdreich mit Wärmedämmschichten versehen waren. Vielfach waren gleichzeitig auch Durchfeuchtungen von außen eingetreten, da es sich um Sockelzonen ohne funktionsgerechte Sperrschichten handelte.

Zu bedenken ist:

– Werden Kellerräume als Aufenthaltsräume benutzt und beheizt bzw. wird durch eine Nutzung eine hohe Luftfeuchte erzeugt, dann steigt die Taupunkttemperatur der Innenluft. Um einen schädlichen Tauwasseranfall zu vermeiden, müssen die inneren Oberflächentemperaturen der Außenbauteile – Kellerwände und -decken im Auflagerbereich – erhöht werden.

– Kelleraußenwände oberhalb des Erdreichs und bis in den Boden hinein sind den gleichen Temperaturwechseln ausgesetzt wie die aufgehenden Außenwände.

– Kellerdecken stellen aufgrund der hohen Wärmeleitfähigkeit des Stahlbetons im Auflagerbereich auf den Kellerwänden materialbedingte Wärmebrücken dar mit entsprechend niedrigen Oberflächentemperaturen. Hier werden besondere Wärmedämmaßnahmen notwendig.

Daraus folgt als
Empfehlung zur Schwachstellenvermeidung:

● Der Wärmedurchlaßwiderstand der Kelleraußenwände muß entsprechend der Nutzung der Kellerräume bemessen werden. Bei beheizten Kellerräumen sollte ein Wärmedurchlaßwiderstand von mindestens 1,3 m²K/W ($k \leq 0,68$ W/m²K) vorgesehen werden.

● Die Stirnseiten der Kellerdecken im Auflagerbereich auf den Kellerwänden sind durch Wärmedämmschichten mit einem Wärmedurchlaßwiderstand von ca. 1,3 m²K/W zu schützen. Liegt die Kellerdecke innerhalb der Spritzwasserzone, so muß die vertikale Sperrschicht auf der Außenseite der Wärmedämmschicht liegen.

● Soll bei Kelleraußenwänden die Wärmedämmung außen aufgebracht werden, so sind hierfür feuchtigkeitsbeständige, bauaufsichtlich zugelassene Dämmstoffe (z. B. Polystyrolhartschäume o. ä.) einzusetzen. Innenseitig angeordnete Dämmschichten sollten einen hohen Wasserdampfdiffusionswiderstand aufweisen oder es sind zusätzliche Dampfsperren auf der Raumseite anzubringen.

Wände aus Sichtmauerwerk und Sichtbeton

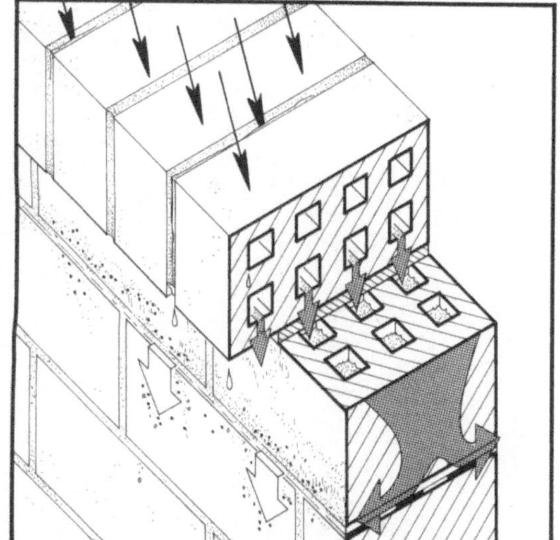

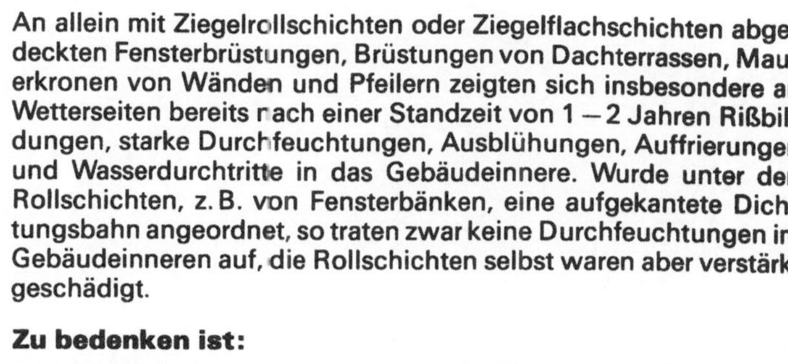

An allein mit Ziegelrollschichten oder Ziegelflachschichten abgedeckten Fensterbrüstungen, Brüstungen von Dachterrassen, Mauerkronen von Wänden und Pfeilern zeigten sich insbesondere an Wetterseiten bereits nach einer Standzeit von 1 – 2 Jahren Rißbildungen, starke Durchfeuchtungen, Ausblühungen, Auffrierungen und Wasserdurchtritte in das Gebäudeinnere. Wurde unter den Rollschichten, z. B. von Fensterbänken, eine aufgekantete Dichtungsbahn angeordnet, so traten zwar keine Durchfeuchtungen im Gebäudeinneren auf, die Rollschichten selbst waren aber verstärkt geschädigt.

Zu bedenken ist:

– Rollschichten unterliegen als obere Mauerabdeckungen einer besonders starken Niederschlagsbeanspruchung, einer erhöhten Sonnenbestrahlung und Frosteinwirkung. Da die durch die extremen Außenklimabeanspruchungen hervorgerufenen Längenänderungsbestrebungen aufgrund des fehlenden Verbandes und der fehlenden Auflast nicht als Zwängungsspannungen schadensfrei aufgenommen werden können, kommt es zu Rißbildungen und Ausbrüchen im Fugenbereich.

– Wegen des erhöhten Anteils von Fugen in der horizontalen Fläche dringt Nässe schnell und in großen Mengen über die Mörtelfugen in die unteren Mauerwerkschichten ein. Die oben beschriebenen Schäden sind die Folge.

– Zwei oder drei Schichten unterhalb der Mauerkrone, z. B. an Brüstungen horizontal eingelegte Dichtungsbahnen, können zwar den weiteren Wasserdurchtritt verhindern, zugleich wird aber das Wasser aufgestaut und läuft mit Ausblühsalzen angereichert an der Fassade ab.

– Je knapper die Abdeckung auskragt, je geringer ihre Neigung ist, desto weniger ist sie in der Lage, das Wasser von der Fassade fernzuhalten. Auskragungen von nur 2 cm schützen wegen der üblichen Maßtoleranzen der Mauerwerksoberflächen nur unzuverlässig.

– Ungeeignet sind Ziegelrollschichten oder Ziegelflachschichten aus Steinen mit Luftkammern. Wenn die Ziegelscherben mit Wasser gesättigt sind, werden die Hohlräume zu Wasserspeichern.

– Als Klinker gebrannte Verblendsteine weisen eine geringe Saugfähigkeit auf und dadurch füllen sich ihre Hohlräume schneller mit Wasser. Auch ihre Austrocknung verläuft langsamer. Sie sind aus diesem Grunde als Abdeckungen schadensanfällig.

– Eine Hydrophobierung der Roll- und Flachschichten kann wegen der zu erwartenden Risse, Fugenausbrüche und Abplatzungen das Niederschlagswasser nur sehr begrenzt abhalten, in den Rißbereichen tritt es verstärkt ein.

Daraus folgt als
Empfehlung zur Schwachstellenvermeidung:

● Brüstungen, Mauerkronen und Pfeiler in Sichtmauerwerk sind mit völlig dichten, korrosionsbeständigen Materialien wie z. B. Blechen, Werkstein, Schiefer abzudecken.

Es wird empfohlen, zumindest in allen Situationen mit verstärkter Schlagregenbeanspruchung (exponierte Lage; große, auf die Fensterbank entwässernde Fensterflächen) von Abdeckungen mit Ziegelrollschichten oder Ziegelflachschichten abzusehen.

● Diese Abdeckungen müssen ein Gefälle aufweisen und sollten möglichst 50 mm weit auskragen. Es ist eine Tropfkante auszubilden. Abdeckungen von Attiken sollten zum Dach und nicht auf die Fassadenoberfläche entwässern.

● Der vordere Anschluß der Abdeckung ist so zu gestalten, daß vom Wind kein Wasser unter die Überdeckung zurückgetrieben werden kann. Es sind je nach Gebäudehöhe in vertikaler Richtung Überdeckungen von 50 bis 100 mm erforderlich, wenn nicht auf andere Weise für eine Abdichtung des Anschlusses gesorgt wird.

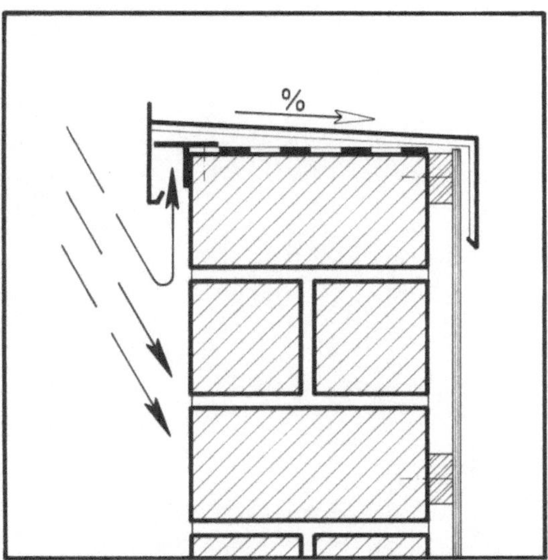

Problempunkt: Dach- und Geschoßdeckenauflager

Bei der Konzeption und Ausführung der Auflager von Dach- und Geschoßdecken auf Außenwänden aus Sichtmauerwerk werden besondere Überlegungen notwendig. Die Unterschiede in der Tragwerksart, in den Materialien und in der Lage am Gebäude zwischen den meist aus Stahlbeton in Ortbauweise hergestellten Deckenplatten und den meist als Mauerwerk errichteten Außenwänden erfordern besondere konstruktive Lösungen.

Bei Auflagern von Dachdecken müssen, unabhängig von der Konstruktionsart des Daches (ein- oder zweischaliges Flachdach, geneigtes Dach), die sich aus der Funktion als Außenbauteil mit den damit verbundenen klimatischen Belastungen und der bei Mauerwerksaußenwänden meist fehlenden Auflast oder Randeinspannung ergebenden hohen Beanspruchungen des auflagerbildenden Mauerwerks berücksichtigt werden. Oft müssen gleichzeitig gestalterische Forderungen bei der Dachrandausbildung mit Attiken oder Gesimsen erfüllt werden. Als weiterer Gesichtspunkt kommt hinzu, daß die gegenüber den Mauersteinen hohe Wärmeleitfähigkeit des Stahlbetons zu einer Störung des Wärmeschutzes der Gebäudeaußenwand führt, die möglichst gering gehalten werden muß.

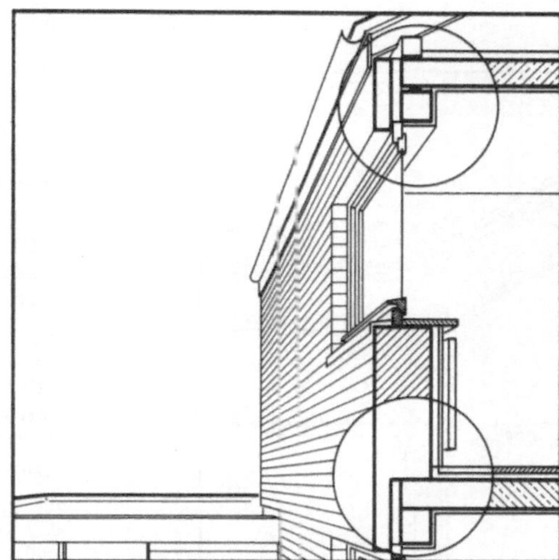

Die repräsentativen Schadenserhebungen haben gezeigt, daß diese angeführten Gesichtspunkte wiederholt bei der Planung und Ausführung von Geschoß- und besonders von Dachdeckenauflagern auf Sichtmauerwerkswänden nicht berücksichtigt worden sind.

Die meisten Schäden im Bereich der Dach- und Geschoßdeckenauflager waren auf schädliche Form- und Längenänderungsdifferenzen zwischen Stahlbetondeckenplatten und Mauerwerkswänden zurückzuführen. Bei Sichtbetonwänden sind Auflagerschäden nicht benannt worden. Eine zweite Gruppe von Schäden war auf Tauwasserbildung an den inneren Oberflächen der Deckenplatten zurückzuführen.

Diese Schadensarten werden nachfolgend detailliert dargestellt, analysiert und daraus Empfehlungen zur nachhaltigen Vermeidung dieser Schäden formuliert.

Wände aus Sichtmauerwerk und Sichtbeton

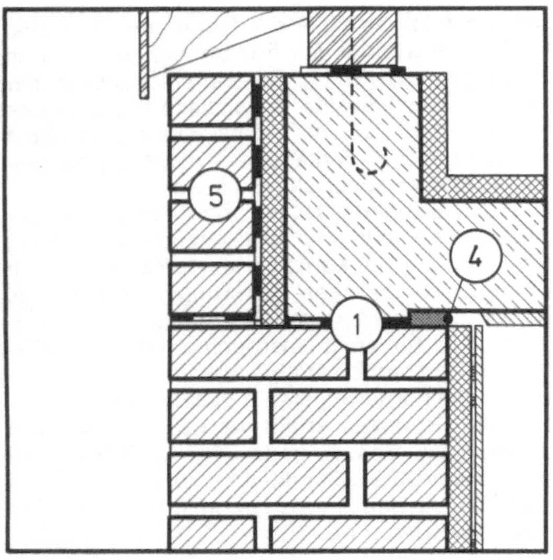

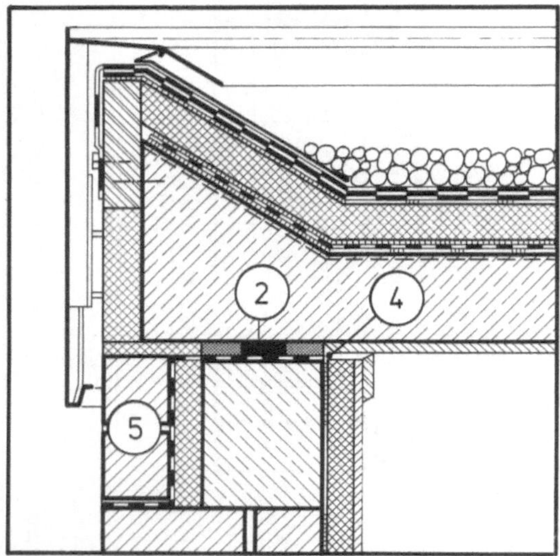

① Kann die Dachdeckenplatte unverschiebbar auf eine Mauerwerkswand aufgelagert werden, so sollen in die Auflagerfuge vor dem Betonieren eine Trennschicht (z. B. Bitumen- oder Kunststoffbahn) und im inneren Drittel der Auflagerfläche ein weiches Material, z. B. ein Wärmedämmstoffstreifen, von ca. 1 cm Dicke eingelegt werden (siehe A 2.2.2).

② Sollen die zu erwartenden Längenänderungen durch verschiebbare Auflagerung aufgenommen werden, so sind neben der Ringankerbewehrung der Deckenplatte ein Ringbalken über allen tragenden Wänden und funktionsfähige Gleitlager in der Gleitfuge anzuordnen. Nichttragende Wände müssen von der Decke getrennt werden (siehe A 2.2.3).

③ Die Flächen der Gleitfuge müssen mit besonderer Sorgfalt geglättet werden. Bei der Verwendung von Gleitfolien sollten durch zusätzliche Elastomerlagerstreifen die verbleibenden Unebenheiten ausgeglichen werden können. Punktförmige, hochwertige Gleitlager sollten Gleitfolien vorgezogen werden (siehe A 2.2.3).

④ Der Innenputz muß im Bereich der Gleitfuge getrennt werden. Die Außenfuge ist so zu überdecken, daß das Eindringen von Niederschlagsfeuchte vermieden wird (siehe A 2.2.3).

⑤ Vor Dach- und Geschoßdecken sowie vor Stahlbetonringankern soll außen eine $^1/_2$-Stein dicke Vormauerung gesetzt werden. Ein Kontakt zwischen Deckenplatte und Vormauerung muß z. B. durch Einlegen einer weichen Wärmedämmschicht mit einem Wärmedurchlaßwiderstand von ca. 1,3 m²K/W verhindert werden. Zwischen Vormauerung und Wärmedämmschicht sollte eine Sperrschicht (z. B. eine Lage 500er Bitumendachpappe) eingebaut werden, die am Fußpunkt der Wärmedämmschicht nach außen zu führen ist (siehe A 2.2.2 und A 2.2.4).

⑥ Ist eine außenliegende Wärmedämmung der Dach- und Geschoßdecken nicht möglich, so müssen die Decken unterseitig längs der Außenwände mit einer 0,5 m breiten Wärmedämmschicht der Wärmeleitfähigkeitsgruppe 040 in mindestens 2 cm Dicke versehen werden (siehe A 2.2.4).

⑦ Soll außen an der Fassade Beton in Erscheinung treten, so sind z. B. im Geschoßdeckenbereich bandartige Fertigteile vor einer Wärmedämmschicht zu versetzen; Attiken sind als auf der Dachdecke verschiebbar gelagerte (Trennfolie) und verankerte Fertigteile auszubilden (siehe A 2.2.4).

⑧ Ist die monolithische Ausbildung von Attiken und Gesimsen als auskragende Teile der Deckenplatten nicht zu vermeiden, dann müssen diese in maximal 5 m Abstand durch Dehnungsfugen bis zum Auflagerbereich unterteilt werden oder es muß durch eine entsprechende zusätzliche Bewehrung die Rißbreite auf ein unschädliches Maß begrenzt werden. Auf der Rauminnenseite der zugehörigen Deckenplatten muß ein 0,5 m breiter Streifen Wärmedämmschicht angeordnet werden (siehe A 2.2.4).

Wände aus Sichtmauerwerk und Sichtbeton
Dach- und Geschoßdeckenauflager

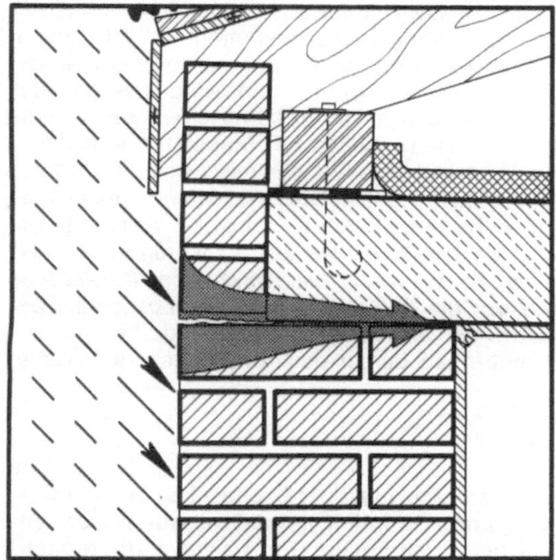

Auch an den Auflagern von Dachdecken mit kleinen Abmessungen, meist unter 12 m, die auf ihren Oberseiten entsprechend den Forderungen der DIN 4108 wärmegedämmt waren, wurden Rißschäden beobachtet. Die klaffenden Risse waren meist auf den Bereich der Gebäudeecken beschränkt oder waren dort besonders breit. Sie verliefen horizontal in Höhe der aufgelagerten Deckenplatten in den Lagerfugen des Mauerwerks, in einzelnen Fällen auch einige Steinschichten unterhalb des Auflagers. Bei besonders schwerwiegenden Schäden gingen die Risse durch den gesamten Wandquerschnitt einschließlich des Innenputzes hindurch.

An durch Schlagregen beanspruchten Außenwänden traten im Zusammenhang mit den Rißschäden Durchfeuchtungen an den Wandinnenseiten auf.

Zu bedenken ist:

– Stahlbetondeckenplatten und -balken erfahren aufgrund der Eigenlasten und Nutzlasten elastische Durchbiegungen, daneben auch materialbedingt plastische Durchbiegungen aufgrund von Kriech- und Schwindvorgängen. Das Maß der Durchbiegung hängt dabei unter anderem von der Schlankheit der Deckenplatte, der Art der Lastabtragung (ein- oder zweiachsig) und von den Bedingungen bei der Herstellung des Bauteils (Nachbehandlung des Betons, Zeitpunkt des Ausschalens bzw. der ersten Belastung) ab.

– Diese Durchbiegung verursacht über dem Auflager eine Verdrehung der Deckenplatte gegenüber der Wand, die zu einer außermittigen Krafteinleitung in das Mauerwerk mit eventueller Strukturzerstörung durch Kantenpressung auf der Wandinnenseite und zu einem Abheben der Deckenunterseite von der Wand und damit außen zu einem Riß führt, wenn diese Verdrehung nicht z. B. durch eine Auflast, wie sie bei Geschoßdeckenauflagern in Form der aufgehenden Außenwand besteht, behindert wird.

– Wenn die Verbindung der Stahlbetondeckenplatte mit dem Mauerwerk sehr fest ist (z. B. bei rauhen Steinen), dann kann sich der Abhubriß in einer der darunterliegenden Lagerfugen des Mauerwerks zeigen. Dies kann durch Einlegen von Trennlagen in die Auflagerfuge verhindert werden.

– Weitere Einzelheiten zu diesem Problempunkt sind »Schwachstellen, Band I – Flachdächer, Dachterrassen, Balkone« zu entnehmen.

Daraus folgt als
Empfehlung zur Schwachstellenvermeidung:

● Kann die Dachdeckenplatte unverschiebbar auf eine Mauerwerkswand aufgelagert werden, so sollen in die Auflagerfuge vor dem Betonieren eine Trennschicht (z. B. Bitumen – oder Kunststoffbahn) und im inneren Drittel der Auflagerfläche ein weiches Material, z. B. ein Wärmedämmstoffstreifen, von ca. 1 cm Dicke eingelegt werden. Der Innenputz muß über der Auflagerfuge der Dachdeckenplatte durch eine Fuge getrennt werden.

● Vor Dach- und Geschoßdecken soll außen eine ½-Stein dicke Vormauerung gesetzt werden. Ein Kontakt zwischen Deckenplatte und Vormauerung muß z. B. durch Einlegen von weichen Wärmedämmstoffstreifen verhindert werden.

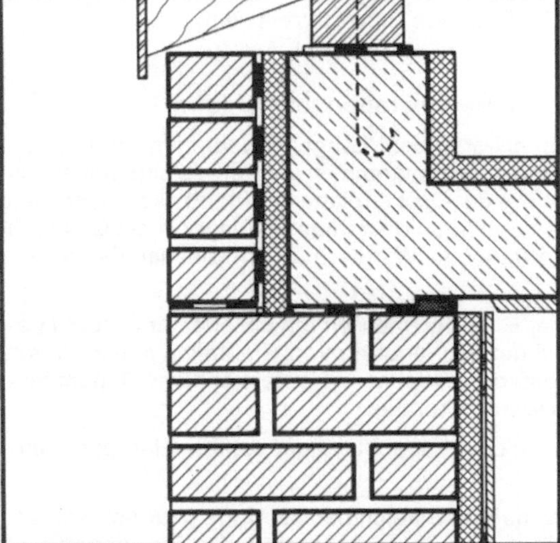

Wände aus Sichtmauerwerk und Sichtbeton
Dach- und Geschoßdeckenauflager

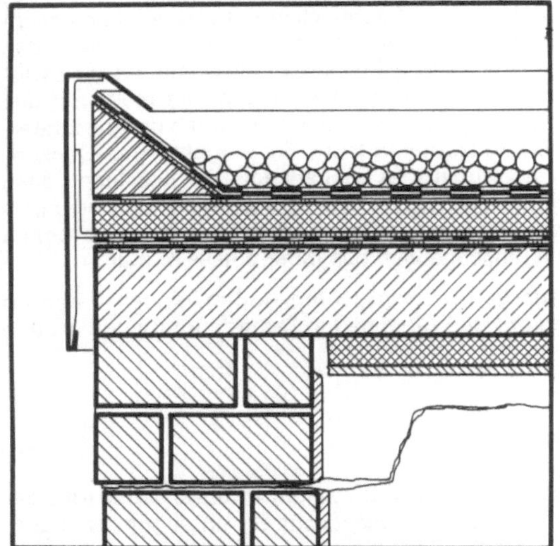

An den Auflagern von Deckenplatten flacher und geneigter Dächer, deren zusammenhängende Länge mehr als 12 m betrug oder bei denen der Wärmedurchlaßwiderstand oberseitig angeordneter Wärmedämmschichten unter den Mindestwerten der DIN 4108 lag bzw. die auch an ihren Unterseiten wärmedämmende Schichten aufwiesen, ebenso bei Stahlbetonringankern, die außen nicht mit Wärmedämmschichten geschützt waren, wurden zum Teil schwerwiegende Rißschäden im Mauerwerk festgestellt. Die klaffenden Risse verliefen im mittleren Wandteil vornehmlich horizontal, an den Gebäudeecken oft schräg nach unten abfallend. In einigen Fällen waren die Wand- oder Deckenteile oberhalb der Risse vor die übrige Wandecke hinausgeschoben. Mit diesen Schäden waren an schlagregenbeanspruchten Außenwänden Durchfeuchtungen bis zu den Innenseiten der Wände verbunden.

Zu bedenken ist:

– Werden Längenänderungen massiver Dachdecken durch unverschiebliche Auflagerung behindert, treten Zwängungsspannungen auf, die bei Überschreitung der Bruchlasten zu Rissen führen. In der Vergangenheit ging man davon aus, daß bei maßgeblichen Verschiebelängen >6 m (dies entspricht bei mittiger Festpunktlage einer Bauteillänge von 12 m) die kritischen Dehnungsdifferenzen zwischen Dachdecke und darunterliegender Decke überschritten werden können. Die DIN 18530 – Massive Deckenkonstruktionen für Dächer – fordert daher ab dieser Länge einen rechnerischen Nachweis der Unschädlichkeit der Verformungen. Da aber seit den Wärmeschutzverordnungen von 1977 und 1982 die Dämmung der Dächer im allgemeinen wesentlich verbessert wurde, wird heute eine rechnerische Überprüfung i.d.R. größere zulässige Verschiebelängen ergeben.

– Die Gefahr des Auftretens schädlicher Dehnungsdifferenzen kann gemindert werden durch die Wahl geeigneter Baustoffe, durch hohe äußere Wärmedämmung auf der Dachdecke, durch die Anordnung von Gebäudedehnungsfugen oder die Anordnung von Gleit- oder Verformungslagern.

– Einfache Gleitlager, z.B. mit dünnen Gleitfolien, haben vielfach nicht die versprochene Wirkung, sind also nicht funktionsfähig. Hochwertige Lösungen sind dagegen u.U. unverhältnismäßig aufwendig, so daß sich statt dessen meist die anderen oben genannten Maßnahmen zur Begrenzung auf unschädliche Dehnungsdifferenzen anbieten.

– Bei gleitender Auflagerung steht die Stahlbetondecke nicht mehr zur Aussteifung zur Verfügung. Die Horizontalaussteifung der Wände muß also anderweitig, z.B. durch einen Ringbalken auf dem oberen Wandende sichergestellt sein.

Daraus folgt als
Empfehlung zur Schwachstellenvermeidung:

● Sollen die zu erwartenden Längenänderungen durch verschiebbare Auflagerung aufgenommen werden, so sind neben der Ringankerbewehrung der Deckenplatte ein Ringbalken über allen tragenden Wänden und funktionsfähige Gleitlager in der Gleitfuge anzuordnen. Nichttragende Wände müssen von der Decke getrennt werden.

● Die Flächen der Gleitfuge müssen mit besonderer Sorgfalt geglättet werden. Bei der Verwendung von Gleitfolien sollten durch zusätzliche Elastomerlagerstreifen die verbleibenden Unebenheiten ausgeglichen werden können.

● Punktförmige, hochwertige Gleitlager sollten Gleitfolien vorgezogen werden.

● Der Innenputz muß im Bereich der Gleitfuge getrennt werden. Die Außenfuge ist so zu überdecken, daß das Eindringen von Niederschlagsfeuchte vermieden wird.

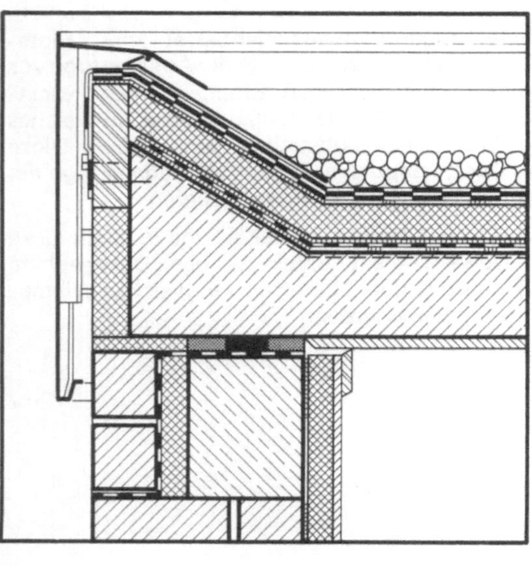

Wände aus Sichtmauerwerk und Sichtbeton
Dach- und Geschoßdeckenauflager

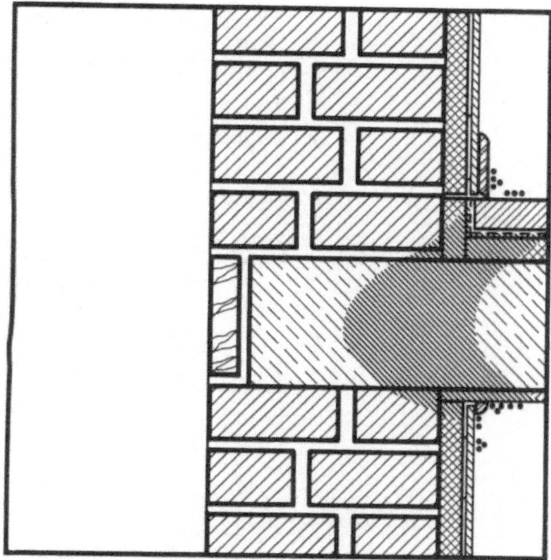

An Unterseiten von Dach- und Geschoßdecken und an den Innenseiten von Stahlbetonringankern war es zu Verfärbungen, Schwärzepilzbildungen und in schwerwiegenden Fällen auch zu Putzschäden gekommen. Die Stahlbetonteile waren an ihren äußeren Stirnseiten nicht oder nur unzureichend wärmegedämmt, da sie z. B. als Sichtbetonbänder bis zur Außenfläche geführt waren oder als Kragplatten bzw. bei Dachdecken als Attiken oder Gesimse aus dem Baukörper hinausragten.
Solche auskragenden Stahlbetonteile wiesen vielfach auch Risse senkrecht zur Hausfront auf. Gerade bei solchen Dachrandausbildungen waren oft Auflagerschäden aufgetreten (siehe A 2.2.3 – Verschiebbare Auflagerung von Dachdecken).

Zu bedenken ist:

– In Ecken, z. B. zwischen Außenwand und Decke, sind die Oberflächentemperaturen niedriger als in der Fläche der Wand. Dies ist auf die verminderte Luftbewegung und auf die hohe Wärmeleitfähigkeit des Stahlbetons zurückzuführen. Verschlechtert wird diese Situation, wenn die äußere »kalte« Oberfläche der Stahlbetonteile z. B. durch Auskragungen oder Attiken noch vergrößert wird.

– Ragen Bauteile aus dem Baukörper hinaus, dann sind sie in ihrem ganzen Querschnitt den Temperaturschwankungen des Außenklimas ausgesetzt. Durch die »warmen« Teile der Deckenplatten über den Innenräumen werden die Längenänderungen der außenliegenden Teile behindert, was zu Eigenspannung in der Deckenplatte und bei Zugbeanspruchung zu Rissen führt. Eine Ummantelung solcher Bauteile mit Wärmedämmstoffen beeinflußt die Temperaturschwankungen nur unwesentlich.

– Durch eine entsprechende Bewehrung kann die Rißbreite auf ein unschädliches Maß verringert werden.

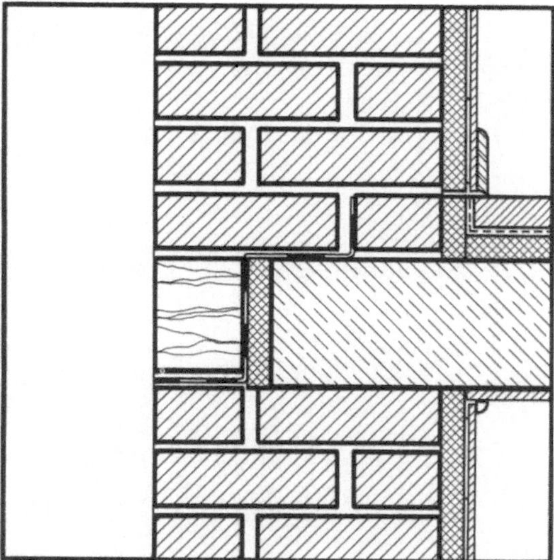

Daraus folgt als
Empfehlung zur Schwachstellenvermeidung:

● Dach- und Geschoßdecken, ebenso Stahlbetonringanker, müssen an ihren äußeren Stirnseiten durch eine Wärmedämmschicht mit einem Wärmedurchlaßwiderstand von ca. 1,3 m²K/W geschützt werden. Zwischen Vormauerung und Wärmedämmschicht sollte eine Sperrschicht (z. B. eine Lage 500er Bitumendachpappe) eingebaut werden, die am Fußpunkt der Wärmedämmschicht nach außen zu führen ist.

● Ist eine außenliegende Wärmedämmung der Dach- und Geschoßdecken nicht möglich, so müssen die Decken unterseitig längs der Außenwände mit einer 0,5 m breiten Wärmedämmschicht der Wärmeleitfähigkeitsgruppe 040 in mindestens 2 cm Dicke versehen werden.

● Soll außen an der Fassade Beton in Erscheinung treten, so sind z. B. im Geschoßdeckenbereich bandartige Fertigteile vor einer Wärmedämmschicht zu versetzen; Attiken sind als auf der Dachdecke verschiebbar gelagerte (Trennfolie) und verankerte Fertigteile auszubilden.

● Ist die monolithische Ausbildung von Attiken und Gesimsen als auskragende Teile der Deckenplatten nicht zu vermeiden, dann müssen diese in maximal 5 m Abstand durch Dehnungsfugen bis zum Auflagerbereich unterteilt werden oder es muß durch eine entsprechende zusätzliche Bewehrung die Rißbreite auf ein unschädliches Maß begrenzt werden. Auf der Rauminnenseite der zugehörigen Deckenplatten muß ein 0,5 m breiter Streifen Wärmedämmschicht angeordnet werden.

Problempunkt: Bereich der Bauwerksöffnungen

Durch die Bauwerksöffnungen wird in der Regel das Erscheinungsbild eines Bauwerks sowie die Innenraumwirkung entscheidend geprägt. Die Nutzbarkeit der Räume wird im Hinblick auf Belichtung, Belüftung, Wärmeschutz und Schallschutz durch die Öffnungen stark beeinflußt. Bei der Vielzahl dieser – bei der Planung zu berücksichtigenden – formalen und funktionalen Aspekte ist es nicht verwunderlich, daß im Bereich der Bauwerksöffnungen Fehler unterlaufen, insbesondere, wenn man bedenkt, daß die hier notwendige Verknüpfung verschiedener Bauteile – Fensterblendrahmen, Sturz, Sohlbank, Heizkörpernische – auch eine große Zahl konstruktiver, bauorganisatorischer und ausführungstechnischer Erfordernisse mit sich bringt.

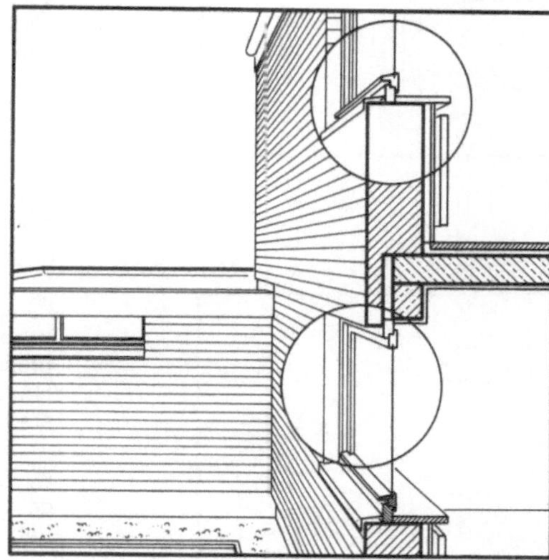

Diese Faktoren haben dazu geführt, daß ein Viertel aller an Außenwänden im Rahmen der Bauschadensforschung beobachteten Schäden im Öffnungsbereich auftreten. Dabei sind Schäden an den Schwellenausführungen von Balkon- und Dachterrassentüren nicht berücksichtigt, da diese im Rahmen der Schadensuntersuchung des Bauteilbereiches »Flachdächer, Dachterrassen, Balkone« (siehe »Schwachstellen, Band I«) bereits abgehandelt wurden; ebenso sind Schäden an der Fenster- und Türrahmenkonstruktion selbst nicht einbezogen.

Neben den unabhängig vom Querschnittstyp aufgetretenen Schäden, die im wesentlichen auf die anschlaglose, außenflächenbündige Montage der Fensterblendrahmen sowie das stumpfe Einsetzen der Sohlbankabdeckungen zurückzuführen sind, ergibt sich eine größere Zahl von Schäden im Fensterbereich aus typischen Sichtbeton- bzw. Sichtmauerwerksproblemen.

Bei Sichtbetonwänden handelt es sich dabei um Schäden, die sich aus der hohen Wärmeleitfähigkeit des Betons und bei Fertigteilen (Sturz, Brüstung etc.) aus den Anschlußschwierigkeiten – besonders an unverputztes Mauerwerk – ableiten. Bei Sichtmauerwerkswänden ist es vor allem die begrenzte Schlagregensicherheit des Mauerwerks, die sich besonders an den geschwächten Querschnittsbereichen am Anschlag und in der Heizkörpernische als Feuchtigkeitsschaden bemerkbar macht.

Auf den folgenden Seiten werden die wesentlichen Schadensfälle, die konstruktiv und ausführungstechnisch bedenkenswerten Gesichtspunkte und die daraus abgeleiteten Empfehlungen für diesen Problembereich dargestellt.

Wände aus Sichtmauerwerk und Sichtbeton

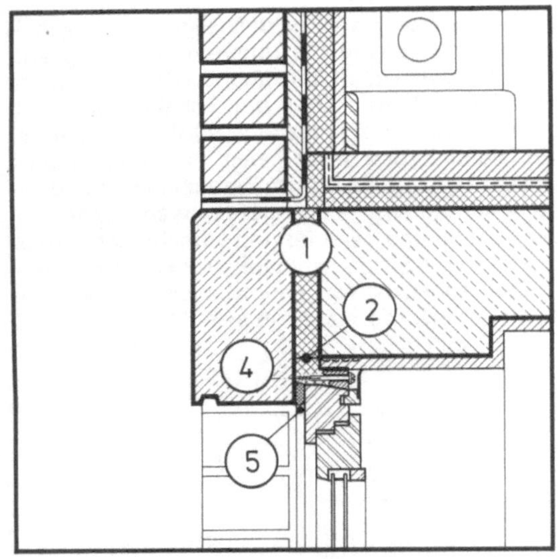

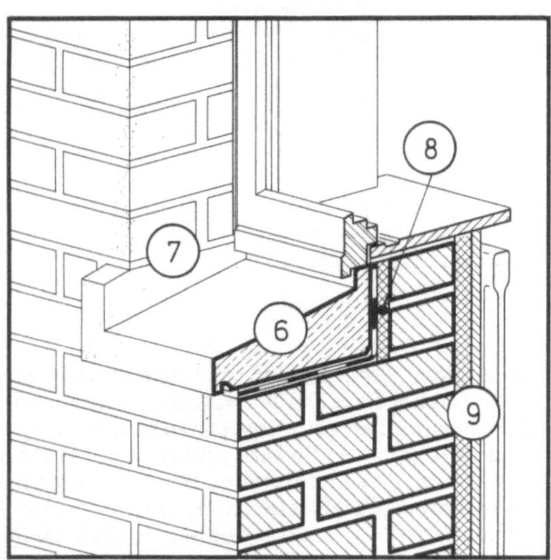

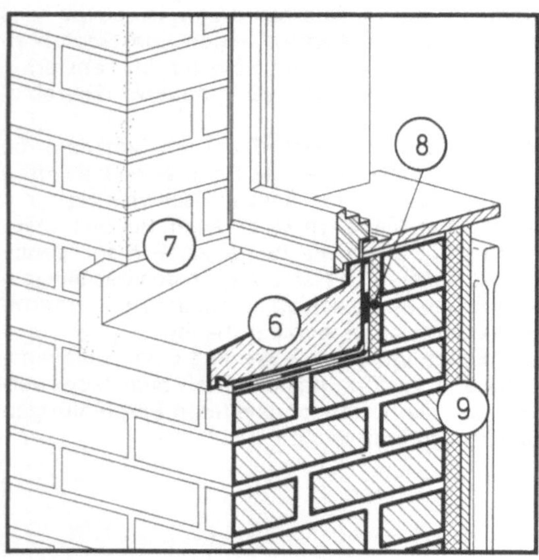

① Stahlbetonbauteile im Fensterbereich sollten durch Wärmedämmschichten einen Wärmedurchlaßwiderstand von 1,3 m² K/W erhalten. Bei innengedämmten Stahlbetonstürzen sollte die Wärmedämmung 50 cm in den anschließenden Deckenbereich reichen. Im Bereich der Heizkörper muß der Wandquerschnitt durch zusätzliche Wärmedämmschichten den gleichen Wärmedämmwert wie der übrige Regelquerschnitt besitzen. Deutlich höhere Werte sind wirtschaftlich sinnvoll (siehe A 2.3.2 und A 2.3.5).

② Im Wandquerschnitt und/oder Sturz angeordnete Wärmedämmschichten sollten lückenlos bis zum Blendrahmen geführt werden (siehe A 2.3.2).

③ Bei Sichtmauerwerkskonstruktionen ohne Wärmedämmschichten im Querschnitt sollten die inneren Sturz- und Laibungsflächen im Anschluß an den Blendrahmen zusätzliche Wärmedämmschichten erhalten (siehe A 2.3.2).

④ Sturz und Laibung sollten — besonders bei Sichtmauerwerkskonstruktionen — so mit einem Anschlag versehen werden, daß das Fenster möglichst nach Abschluß der Putzarbeiten von innen angeschlagen werden kann (Innenanschlag). Das Fenster sollte etwa in der Mitte des Wandquerschnitts angeordnet werden (siehe A 2.3.3).

⑤ Der Blendrahmen ist entweder nach Einlegen eines Dichtungsstreifens gegen die fluchtgerechte, glatte Anschlagfläche zu pressen, oder die mindestens 1 cm breite Anschlußfuge ist mit Dichtungsmassen fachgerecht zu schließen. Außenseitige Leistenabdeckungen sind zu vermeiden (siehe A 2.3.3).

⑥ Die Oberfläche der äußeren Sohlbank sollte eine Neigung von ca. 10° erhalten und das Wasser ca. 5 cm vor der Außenwandoberfläche abtropfen lassen (Tropfnase) (siehe A 2.3.4).

⑦ Am seitlichen Laibungsabschluß und am Blendrahmen sollte die Sohlbankoberfläche so aufgekantet werden, daß die Aufkantungen hinter der Blendrahmen- und Laibungsoberfläche liegen. Kann die Laibungsoberfläche nicht oder nur geringfügig hinterfahren werden, so sind die Anschlüsse mit Dichtungsmassen abzudichten. Abdeckungen sollten besonders an den seitlichen Laibungsanschlüssen und bei Stoßfugen in der Fläche ausreichendes Spiel für die zu erwartenden Längenänderungen erhalten. Unter Sohlbänken oder Sohlbankabdeckungen aus Sichtbeton, Werkstein, Keramikplatten oder Ziegelrollschichten sollte eine seitlich und auf der Hinterseite aufgekantete Sperrschicht in Form einer Pappe oder eines Bleches angeordnet werden (siehe A 2.3.4).

⑧ Der innere und äußere Bereich der Sohlbankabdeckungen sollte durch eine Wärmedämmung voneinander getrennt werden (siehe A 2.3.4).

⑨ Besonders an Schlagregenseiten sollte bei Sichtmauerwerksaußenwänden möglichst auf Heizkörpernischen verzichtet werden (Flachheizkörper) (siehe A 2.3.5).

⑩ Glasbausteinflächen sind am seitlichen und oberen Rand und in der Fläche im Abstand von maximal 6 m mit einer mindestens 10 mm breiten Dehnungsfuge zu versehen. Der Anschluß sollte an einem Innenanschlag erfolgen. Durch Gleitflächen und Hinterfüllungen ist die Fuge so auszubilden, daß keine lotrechten Lasten der umgebenden Bauteile übertragen werden, die aus der horizontalen Beanspruchung der Glasbausteinfläche sich ergebenden Kräfte jedoch sicher abgeleitet werden. Bei Verwendung von Montagerahmen aus thermisch getrennten Aluminiumprofilen sind diese Anforderungen gut zu erfüllen (siehe A 2.3.6).

⑪ Glasbausteinwände sollten nur in Räumen mit geringer absoluter Luftfeuchte verwendet werden (siehe A 2.3.6).

Wände aus Sichtmauerwerk und Sichtbeton
Bereich der Bauwerksöffnungen

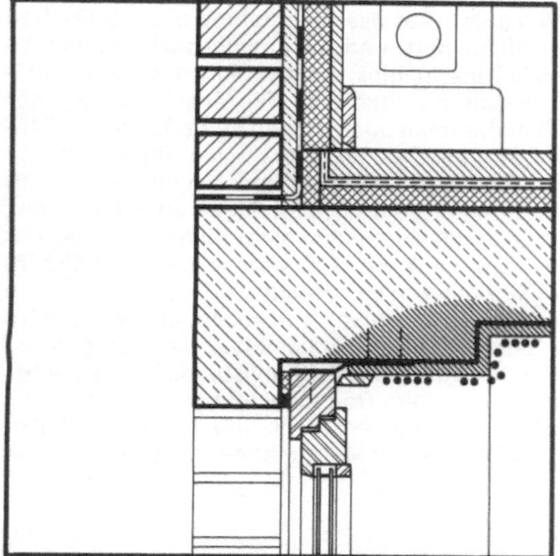

Bei nicht oder nur geringfügig wärmegedämmten Fensterpfeilern und Fensterstürzen aus Sichtbeton wurden auf der Innenseite feuchte Flecken und Schimmelpilz festgestellt. Ähnliche Schäden wurden bei bündig in die Außenfläche von Sichtmauerwerk eingesetzten Fenstern beobachtet, wenn die innenseitige Wärmedämmung der Wand nicht auch in den Laibungsbereich reichte. In diesen Fällen war zugleich Niederschlagswasser durch den Wandquerschnitt und die Anschlußfuge an die innere Laibungsoberfläche gelangt.

Zu bedenken ist:

– Der Fensteranschlußbereich an Sturz und Laibung bildet in der Regel aus konstruktiven Gründen eine Wärmebrücke, da – besonders bei anschlaglos eingesetzten Fenstern – der Wandquerschnitt nur in der Dicke des Blendrahmens wirksam wird und die im Öffnungsbereich bestehenden Innen- und/oder Außenecken einen erhöhten Wärmeaustausch bewirken. In extremen Fällen kann sich allein aus diesen konstruktiven Gründen bereits eine 75%-ige Minderung des Wärmedämmwertes ergeben. Werden in diesem Bereich zusätzlich noch stark wärmeleitfähige Materialien (z. B. Stahlbeton) verwendet oder wird der Wärmedämmwert durch Niederschlagswasser herabgesetzt, wie dies bei Sichtmauerwerk leicht möglich ist, so entstehen aufgrund der niedrigen Oberflächentemperaturen Tauwasserschäden, obwohl der meist unter dem Fenster angeordnete Heizkörper raumklimatische Bedingungen im Fensterbereich ergibt, die Tauwasserbildungen nicht begünstigen.

Daraus folgt als
Empfehlung zur Schwachstellenvermeidung:

● Stahlbetonbauteile im Fensterbereich sollten durch Wärmedämmschichten einen Wärmedurchlaßwiderstand von 1,3 m² K/W erhalten. Bei innengedämmten Stahlbetonstürzen sollte die Wärmedämmung 50 cm in den anschließenden Deckenbereich reichen.

● Im Wandquerschnitt und/oder Sturz angeordnete Wärmedämmschichten sollten lückenlos bis zum Blendrahmen geführt werden.

● Bei Sichtmauerwerkskonstruktionen ohne Wärmedämmschichten im Querschnitt sollten die inneren Sturz- und Laibungsflächen im Anschluß an den Blendrahmen zusätzliche Wärmedämmschichten erhalten. Der Blendrahmen sollte etwa in Querschnittsmitte angeordnet werden.

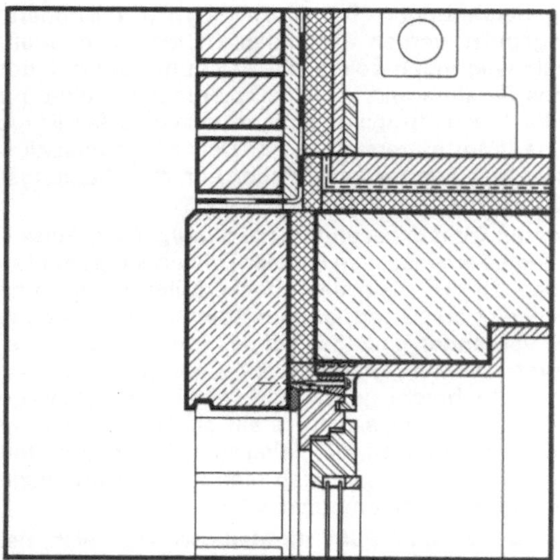

Wände aus Sichtmauerwerk und Sichtbeton
Bereich der Bauwerksöffnungen

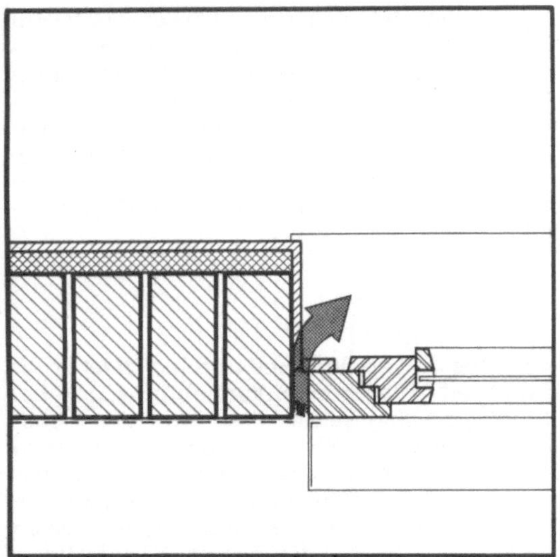

Schäden im Anschlußbereich des Blendrahmens an Sturz und Laibung sind bei Sichtbeton- und Sichtmauerwerksaußenwänden ausnahmslos bei anschlaglos, meist bündig in die Außenfläche eingesetzten Fenstern aufgetreten. Die Anschlußfugen der Holz- und Metallblendrahmen oder -zargen von z. T. großen Längen waren gar nicht gedichtet, nur mit Leisten abgedeckt, mit Mörtel oder unzureichend mit Dichtungsmassen verfüllt, so daß das Regenwasser durch diese undichten Fugen entweder direkt in den Innenraum gelangte, oder entlang des Blendrahmens oder der Zarge bis zum Sohlbankanschluß sickerte und dort Durchfeuchtungen im Rauminneren verursachte.

Bei außenflächenbündig, anschlaglos in Sichtmauerwerkswänden eingesetzten Fenstern bildete in das Mauerwerk eingedrungenes Wasser, das im Sturz- und Laibungsbereich den Blendrahmen hinterlief, eine weitere Durchfeuchtungsursache.

Schimmelpilzflecken, zerstörte Anstriche und Tapeten, Quellen von Gipsputzen und Schäden an Marmorabdeckungen waren die Folgen.

Zu bedenken ist:

– Bei bündig in die Außenfläche, anschlaglos eingesetzten Fenstern ist die Anschlußfuge voll dem an der Wandoberfläche herabrinnenden Niederschlagswasser ausgesetzt. An die dauerhafte Dichtigkeit der Fuge sind daher besonders hohe Anforderungen gestellt. Die Maßtoleranzen zwischen Fenster und Rohbauöffnung und die sich daraus ergebenden unterschiedlich breiten Fugen sowie die bei Sichtmauerwerk unebenen Fugenflanken erschweren jedoch gerade bei anschlaglosen Fenstern das Abdichten der Fuge.

– Die bei Metall- und Kunststoffenstern thermisch bedingten großen Längenänderungen, bei Holzfenstern – besonders, wenn sie eingeputzt werden – feuchtigkeitsbedingten Quell- und Schwindbewegungen sowie die Erschütterung bei der Bedienung des Fensters und bei Windböen machen eine mit Mörtel verfüllte Anschlußfuge undicht, da sich eine Abrißfuge bildet oder der Mörtel zerstört wird. Der Fugenverschluß stumpf eingesetzter Fenster kann daher nur mit Dichtungsmassen vorgenommen werden.

– Dichtungsmassen können besonders bei bündig in die Außenfläche, anschlaglos eingesetzten Fenstern die an sie gestellten Dichtungsaufgaben nur dann dauerhaft erfüllen, wenn eine ausreichende Fugenbreite und saubere, ebene, vorbehandelte Fugenflanken vorhanden sind, das auf das umgebende Material abgestimmte Dichtungsmaterial auf einer fachgerechten Hinterfüllung aufgebracht wird und eine turnusmäßige Erneuerung der Abdichtung sichergestellt ist. Aus der Vielzahl der möglichen Fehlerquellen, dem Wartungsbedarf und den hohen Beanspruchungen ergibt sich eine schadensträchtige Schwachstelle. (Siehe Problempunkt A 2.4 – Fugen).

– Da bei Sichtmauerwerk, im äußeren Mauerwerksbereich, bei Schlagregenbeanspruchung Regenwasser gespeichert wird, kann bei außenflächenbündigen Fenstern diese Zone bis hinter den Blendrahmen reichen und so den Sturz- und Laibungsputz durchfeuchten.

– Am Innenanschlag angeschlossene Fenster sind nicht nur unabhängiger von den Maßtoleranzen, sondern die durch den Rücksprung geschützte, weniger beanspruchte Fuge läßt sich auch zuverlässiger abdichten. Zudem liegt ein um die Breite des Innenanschlags zurückversetztes Fenster auch eher außerhalb der schlagregendurchfeuchteten Wandzone des Sichtmauerwerkes.

– Leistenabdeckungen ergeben allein keinen regendichten Fugenverschluß. Selbst ihre Funktion als Fugenabdeckung können außenseitige, der Witterung ausgesetzte Holzleisten nur vorübergehend erfüllen, da sie schnell zerstört sind.

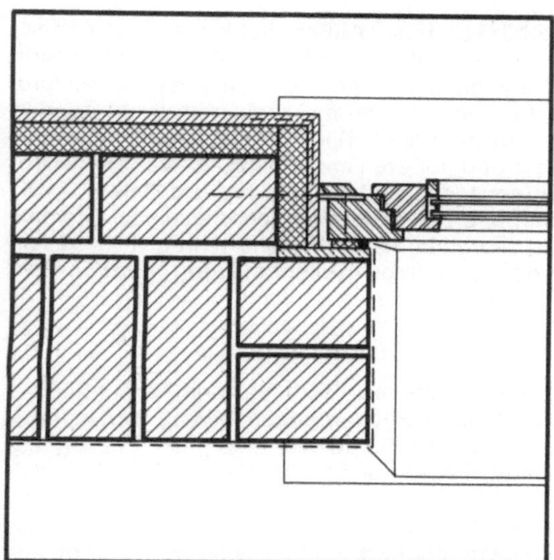

Wände aus Sichtmauerwerk und Sichtbeton
Bereich der Bauwerksöffnungen

– Das Einputzen des Blendrahmens in die Fensteröffnung ist nicht nur wegen des Kontaktes des Rahmens mit der Baufeuchtigkeit und der Beanspruchung des Rahmens durch die laufenden Bauarbeiten ungünstig, sondern die damit verbundene starke Verflechtung von Schreiner-, Maurer-, Putzer- und Malerarbeiten an der Baustelle birgt viele Fehlerquellen und Verzögerungen.

Daraus folgt als
Empfehlung zur Schwachstellenvermeidung:

● Sturz und Laibung sollten – besonders bei Sichtmauerwerkskonstruktionen – so mit einem Anschlag versehen werden, daß das Fenster möglichst nach Abschluß der Putzarbeiten von innen angeschlagen werden kann (Innenanschlag). Das Fenster sollte weder außen- noch innenbündig sondern etwa in der Mitte des Wandquerschnitts angeordnet werden.

● Der Blendrahmen ist entweder nach Einlegen eines Dichtungsstreifens gegen die fluchtgerechte, glatte Anschlagsfläche zu pressen, oder die mindestens 1 cm breite Anschlußfuge ist mit Dichtungsmassen fachgerecht zu schließen. Außenseitige Leistenabdeckungen sind zu vermeiden.

**Wände aus Sichtmauerwerk und Sichtbeton
Bereich der Bauwerksöffnungen**

Sichtbetonfensterbänke, deren Außenoberflächen nur geringe Neigung aufwiesen und die keine weiteren Abdeckungen oder Sperrschichten erhielten, wurden bei Schlagregenbeanspruchung durchfeuchtet und leiteten auf kapillarem Wege Niederschlagswasser in den Innenraum. Bildeten die Sichtbetonbauteile zugleich die innere und äußere Fensterbank, so war Tauwasser als Durchfeuchtungsursache nicht auszuschließen. Die Anschlußfuge stumpf an die Laibung angeschlossener Stahlbetonfertigteile und Aluminiumabdeckbleche wurde trotz Verfüllung mit Mörtel oder Dichtungsmassen undicht.

Zu bedenken ist:

– Die an Schlagregenseiten von Fassaden- und Fensterflächen herabrinnenden großen Regenmengen beanspruchen horizontale Flächen – wie sie Sohlbänke darstellen – besonders stark. Die äußeren Fensterbänke können ihre Funktion nur dann erfüllen, wenn sie das Wasser durch ausreichendes Gefälle von den Anschlüssen an Blendrahmen und Laibung zügig abführen und von der Fassadenfläche so weit entfernt abtropfen lassen, daß keine Schmutzfahnen entstehen.

– Konstruktive Dichtungsmaßnahmen, wie sie das Hinterfahren der wasserführenden Laibungsoberfläche und des unteren Blendrahmens durch die aufgekanteten Ränder der Abdeckung oder der Sohlbank darstellen, sind sicherer als mit Dichtungsmassen verfüllte, stumpfe Stöße. Diese sind nämlich der Feuchtigkeit stark ausgesetzt, stärker von der schwer kontrollierbaren, handwerklichen Sorgfalt abhängig, nicht wartungsfrei und werden besonders bei Faserzement- und Metallabdeckungen aufgrund thermischer Längenänderungen leicht überbeansprucht. Zudem wird bei Sichtmauerwerksoberflächen wegen der unebenen Fugenflanke das Abdichten erschwert.

– Weil das Einlassen schräg verlaufender seitlicher Aufkantungen von Abdeckflächen besonders bei Sichtmauerwerkslaibungen Schwierigkeiten bereitet, bieten sich bei diesem Außenwandtyp Sichtbeton- oder Werksteinausführungen an, die während des Aufmauerns miteingesetzt werden. Eine zuverlässige Dichtigkeit von Sohlbankabdeckungen aus Sichtbeton, Werkstein, Spaltplatten oder Ziegelrollschichten ist nur durch Unterlegen einer aufgekanteten Sperrschicht zu erreichen. (siehe auch A 2.1.6 – Abdeckungen von Mauerwerk).

– Unter dem Blendrahmen durchlaufende Stahlbetonsohlbänke stellen Wärmebrücken dar, die bei normalem Heizbetrieb zu hohen Wärmeverlusten, bei schwachem Heizbetrieb in Räumen mit hoher relativer Luftfeuchtigkeit zu Oberflächentauwasser führen können.

Daraus folgt als
Empfehlung zur Schwachstellenvermeidung:

● Die Oberfläche der äußeren Sohlbank sollte eine Neigung von ca. 10° erhalten und das Wasser ca. 5 cm vor der Außenwandoberfläche abtropfen lassen (Tropfnase).

● Am seitlichen Laibungsanschluß und am Blendrahmen sollte die Sohlbankoberfläche so aufgekantet werden, daß die Aufkantungen hinter der Blendrahmen- und Laibungsoberfläche liegen. Kann die Laibungsoberfläche nicht oder nur geringfügig hinterfahren werden, so sind die Anschlüsse mit Dichtungsmassen abzudichten. Abdeckungen sollten besonders an den seitlichen Laibungsanschlüssen und bei Stoßfugen in der Fläche ausreichendes Spiel für die zu erwartenden Längenänderungen erhalten. Unter Sohlbänken oder Sohlbankabdeckungen aus Sichtbeton, Werkstein, Keramikplatten oder Ziegelrollschichten sollte eine seitlich und auf der Hinterseite aufgekantete Sperrschicht in Form einer Pappe oder eines Bleches angeordnet werden.

● Der innere und äußere Bereich der Sohlbankabdeckung sollte durch eine Wärmedämmschicht voneinander getrennt werden.

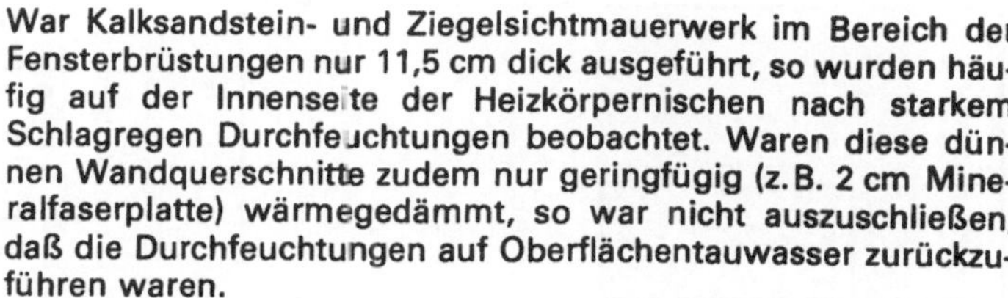

Wände aus Sichtmauerwerk und Sichtbeton
Bereich der Bauwerksöffnungen

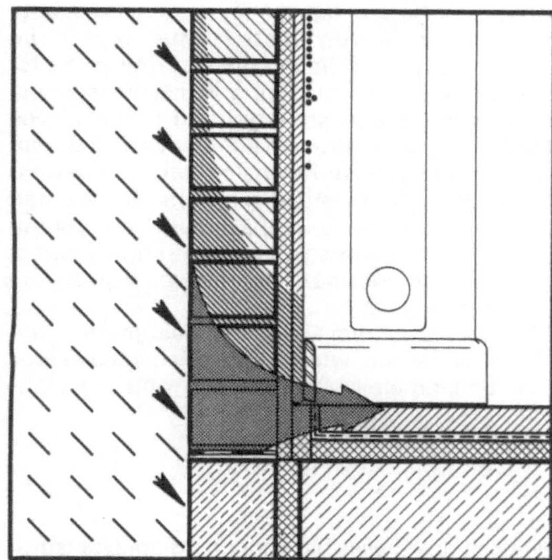

War Kalksandstein- und Ziegelsichtmauerwerk im Bereich der Fensterbrüstungen nur 11,5 cm dick ausgeführt, so wurden häufig auf der Innenseite der Heizkörpernischen nach starkem Schlagregen Durchfeuchtungen beobachtet. Waren diese dünnen Wandquerschnitte zudem nur geringfügig (z. B. 2 cm Mineralfaserplatte) wärmegedämmt, so war nicht auszuschließen, daß die Durchfeuchtungen auf Oberflächentauwasser zurückzuführen waren.

Ähnliche Schäden wurden bei dünnen, schlecht wärmegedämmten Sichtbetonbrüstungen beobachtet. War die Betonbrüstung als Fertigteil seitlich stumpf in die Fensteröffnung gesetzt, so war zudem diese Anschlußfuge trotz Verfüllung mit Dichtungsmassen undicht geworden.

In einem Fall wurden in der 15 m langen Front einer kerngedämmten Sichtbetonwand in der 7,5 cm dicken äußeren Ortbetonschale, ausgehend von den Fensterecken, senkrechte Risse im Bereich der Fensterbrüstung beobachtet.

Zu bedenken ist:

– Bei Sichtmauerwerkswänden muß – selbst nach hydrophobierenden Oberflächenbehandlungen – davon ausgegangen werden, daß Niederschlagsfeuchtigkeit im Wandquerschnitt vorübergehend gespeichert wird. Wird die Wand im Bereich der Fensterbrüstung als Heizkörpernische ausgebildet und daher stark geschwächt, so wird das Wasseraufnahmevermögen des Querschnitts in diesem Bereich am ehesten überschritten.

– Wird im Bereich der Heizkörpernische der Wandquerschnitt auch im Hinblick auf den Wärmedämmwert geschwächt, so ist bei geringem Heizbetrieb (z. B. Schlafzimmern) Oberflächentauwasser an der kalten Innenoberfläche möglich. Andererseits ergeben bei vollem Heizbetrieb die hohen Temperaturen an der Innenoberfläche – selbst bei einer Nischenausführung, die im Wärmedämmwert dem Regelquerschnitt gleichkommt – einen verstärkten Wärmestrom, d. h. höhere Wärmeverluste. Die Wärmeschutzverordnung fordert, daß der Wärmedämmwert der Wand im Bereich der Heizkörpernische nicht geringer als im übrigen Regelquerschnitt sein darf.

– Voll der Witterung ausgesetzte Anschlußfugen stumpf gegen Sichtmauerwerk stoßender Betonfertigteile lassen sich wegen der unebenen Fugenflanken in der Regel nur schwierig mit Dichtungsmassen dauerhaft schließen.

– Besonders auf Wärmedämmschichten aufgebrachte dünne Außenschalen führen große thermisch- und feuchtigkeitsbedingte Längenänderungen aus, die bei fehlenden Dehnungsfugen bevorzugt im Bereich der Fensterbrüstungen (Querschnittsschwächung), ausgehend von den Fensterecken (Kerbwirkung), zu Rissen führen.

Daraus folgt als
Empfehlung zur Schwachstellenvermeidung:

● Besonders an Schlagregenseiten sollte bei Sichtmauerwerksaußenwänden möglichst auf Heizkörpernischen verzichtet werden (Flachheizkörper).

● Im Bereich der Heizkörper muß der Wandquerschnitt durch zusätzliche Wärmedämmschichten mindestens den gleichen Wärmedämmwert wie der übrige Regelquerschnitt besitzen. Deutlich höhere Werte sind wirtschaftlich sinnvoll. Beim Anschluß von Stahlbetonfertigteilen an Sichtmauerwerk sollte möglichst eine verspringende Fuge vorgesehen werden.

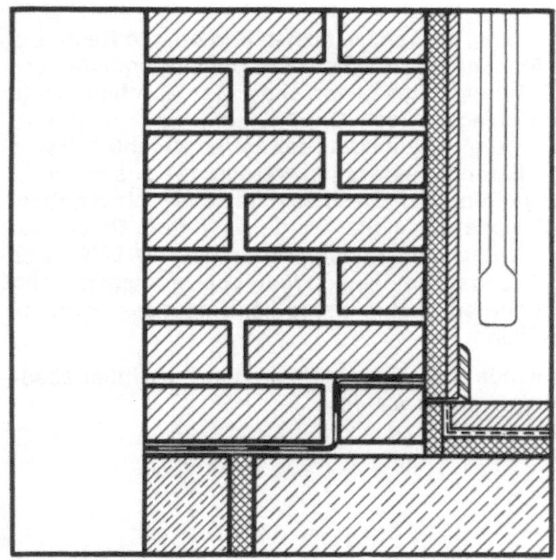

Wände aus Sichtmauerwerk und Sichtbeton
Bereich der Bauwerksöffnungen

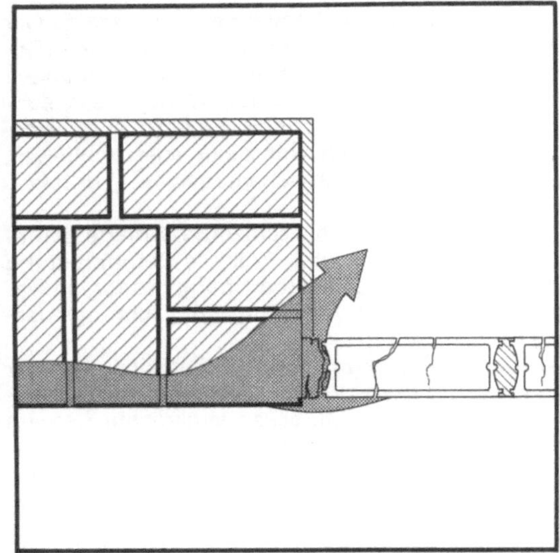

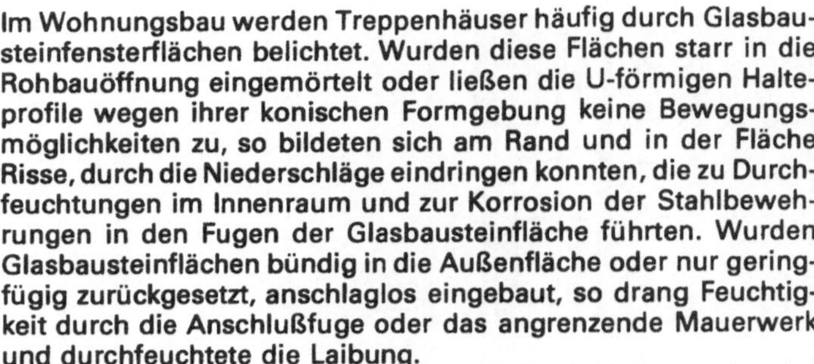

Im Wohnungsbau werden Treppenhäuser häufig durch Glasbausteinfensterflächen belichtet. Wurden diese Flächen starr in die Rohbauöffnung eingemörtelt oder ließen die U-förmigen Halteprofile wegen ihrer konischen Formgebung keine Bewegungsmöglichkeiten zu, so bildeten sich am Rand und in der Fläche Risse, durch die Niederschläge eindringen konnten, die zu Durchfeuchtungen im Innenraum und zur Korrosion der Stahlbewehrungen in den Fugen der Glasbausteinfläche führten. Wurden Glasbausteinflächen bündig in die Außenfläche oder nur geringfügig zurückgesetzt, anschlaglos eingebaut, so drang Feuchtigkeit durch die Anschlußfuge oder das angrenzende Mauerwerk und durchfeuchtete die Laibung.

Auf der Innenseite von Aluminium- und Stahlhalteprofilen am Rande der Glasbausteinflächen wurde Oberflächentauwasser beobachtet, das zu Schimmelpilzbildungen am angrenzenden Innenputz führte.

Zu bedenken ist:

– Die geringe Festigkeit des Glases bei Zug- und Biegebeanspruchungen, die relativ geringe Dicke der Hohlglasbausteinwandungen und der schwache Verbund zwischen Glas und Mörtel machen bei Glasbausteinfensterflächen eine besonders sorgfältige Detailplanung notwendig, damit Verformungen des Auflagers und der übrigen angrenzenden Außenwandflächen, die thermischen Längenänderungen der Glasbausteinfläche und die Biegebeanspruchung durch Horizontalkräfte (Wind, Stoß) nicht zu Brüchen in der Fläche führen.

– Besonders im Bereich der Glas- und Mörtelstege und der Randhalteprofile aus Metall weisen Glasbausteinflächen ausgeprägte Wärmebrücken auf, die bei Luftfeuchten, wie sie in Wohnräumen häufiger auftreten können, bereits zu Oberflächenkondensat führen. Da dieses Kondensat auf wenig speicherfähigen Materialien ausfällt, ergeben sich bereits bei relativ kleinen Mengen Schäden.

– Für den Wandanschluß von Glasbausteinwänden gilt wie für den Anschluß von Fenstern, daß bei außenflächenbündiger, anschlagloser Anbringung die Anschlußfuge besonders stark durch herabrinnendes Wasser beansprucht wird, die Dichtigkeit allein von der Funktionsfähigkeit der Verfüllung mit Fugenmassen abhängig ist und Niederschlagswasser schon bereits bei geringer Eindringtiefe in das umgebende Mauerwerk den Anschluß hinterlaufen und die Laibungsflächen durchfeuchten kann.

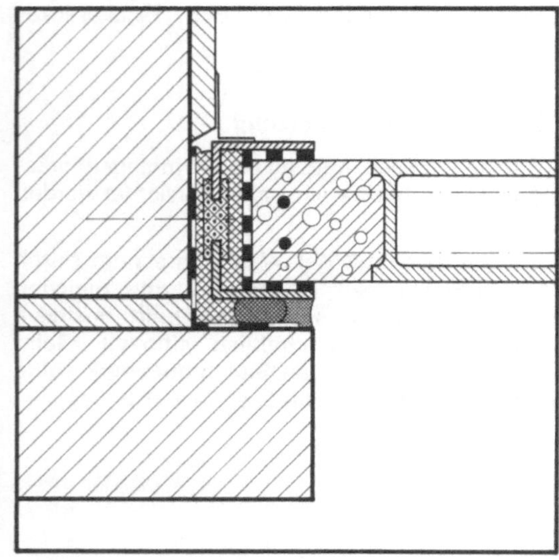

Daraus folgt als
Empfehlung zur Schwachstellenvermeidung:

● Glasbausteinflächen sind am seitlichen und oberen Rand und in der Fläche im Abstand von maximal 6 m mit einer mindestens 10 mm breiten Dehnungsfuge zu versehen. Der Anschluß sollte an einem Innenanschlag erfolgen. Durch Gleitflächen und Hinterfüllungen ist die Fuge so auszubilden, daß keine lotrechten Lasten der umgebenden Bauteile übertragen werden, die aus der horizontalen Beanspruchung der Glasbausteinfläche sich ergebenden Kräfte jedoch sicher abgeleitet werden. (Weitere Details zur Bewehrung, Bemessung und Ausführung enthält die DIN 4242 »Glasbaustein – Wände«. Bei Verwendung von Montagerahmen aus thermisch getrennten Aluminiumprofilen sind diese Anforderungen gut zu erfüllen.

● Glasbausteinwände sollten nur in Räumen mit geringer absoluter Luftfeuchte verwendet werden.

Problempunkt: Fugen

Gebäude, Bauteile und Materialien unterliegen unvermeidlichen Bewegungen, die im wesentlichen durch Setzungen, Belastung, Feuchtigkeit und Temperatur hervorgerufen werden, und die je nach Baugrundbeschaffenheit, Gebäudegrundrißform, Konstruktionsart, Fundamentausbildung, Gebäude- oder Bauteilabmessung, Materialart, Orientierung zur Himmelsrichtung, Oberflächenfarbe usw. in ihrer Art (Dilatation, Kontraktion, Scherbewegung) und Größenordnung recht unterschiedlich ausfallen. Formänderungen müssen bei größeren zu erwartenden Bewegungen bereits im Planungsstadium ggf. unter Zuhilfenahme des Fachingenieurs (Statiker) berücksichtigt werden. Das Anlegen von Fugen bietet dafür eine Möglichkeit.

Während Gebäudefugen unabhängig vom im Regelquerschnitt verwendeten Material die gesamte Baukonstruktion (bei zu erwartenden Setzungen einschließlich der Fundamente) trennen und in mehrere, voneinander unabhängige Baukörper unterteilen, stellen Bauteil(anschluß)fugen in der Regel eine Verbindung (bzw. Trennung) zwischen Bauelementen und unterschiedlichen Materialien dar. Diese werden in den entsprechenden Abschnitten angesprochen. Eine weitere Gruppe bilden die Dehnungs- oder Bewegungsfugen, die großflächige Bauteilschichten in kleinere Flächen trennen und somit die absolute Größe der sich addierenden Bewegungen reduzieren. Fugen kleinformatiger Bauteile – »harte« Mörtelfugen zwischen Steinen, Verblendern, Plattenbekleidungen und dgl. – sollen hier nicht behandelt werden. Sie stellen ein Problem des Regelquerschnitts dar. Ebenso sind in diesem Problempunkt alle die Schäden als »Regelquerschnittsschäden« ausgeklammert, die auf mangelhafte Planung der Fugenabstände (Fugenraster) oder auf Fehlen von Fugen (z. B. Rißbildungen bei nicht getrennten, unterschiedlich hohen Baukörpern) zurückzuführen sind.

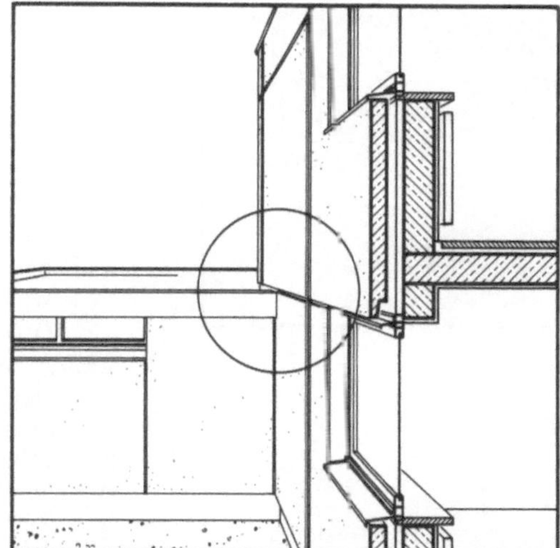

Aufgrund der oben genannten Beanspruchungsgrößen ist bei der Planung von Fugen die Anlage des Fugenrasters, Ausbildung im Detail und Materialauswahl zu beachten. Bei der Ausführung ist zudem eine besondere Sorgfalt und Gewissenhaftigkeit der Handwerker erforderlich. Entsprechend der Aufgaben- und Anforderungsvielfalt besteht im Fugenbereich erhöhtes Schadensrisiko und man sollte daher – auch aus Kostengründen – grundsätzlich die Fugen auf die konstruktiv/bauphysikalisch unbedingt notwendige Anzahl beschränken.

Bei allen angegebenen Schäden handelt es sich primär um Beschädigungen der angelegten Fuge, des eingefüllten Dichtungsmaterials oder der angrenzenden Randbereiche und sekundär um Durchfeuchtungen der Wandkonstruktion.

Wände aus Sichtmauerwerk und Sichtbeton

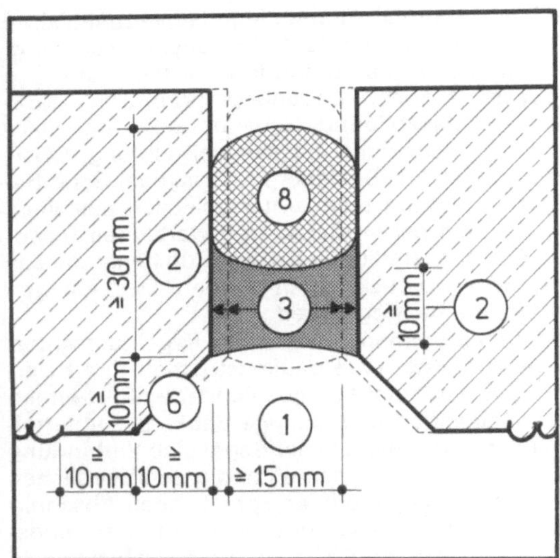

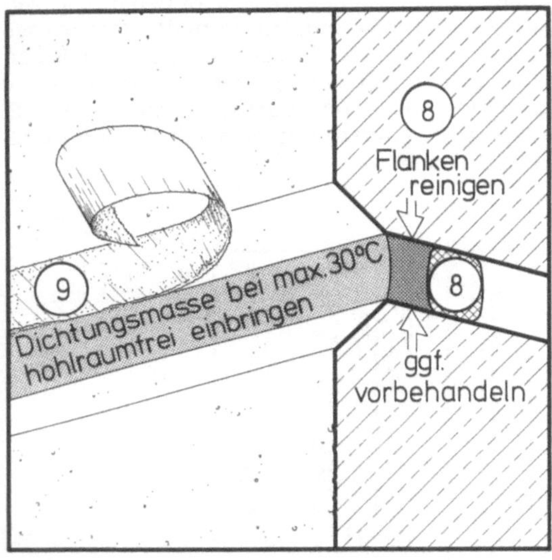

① Bei Betonbauteilen und Mauerwerk sollte die Fugenbreite das Maß von 15 mm nicht unterschreiten. Je nach verwendetem Material sollten die Fugen nicht breiter als 30–35 mm und zum Schutz gegen mechanische Beschädigung und übermäßige Feuchtigkeitsbeanspruchung etwas vertieft, z. B. durch Anordnen von Fasen angelegt werden (siehe A 2.4.2 und A 2.4.3).

② In Abhängigkeit von der Fugenbreite muß die Fugentiefe so angelegt werden, daß nach Einlegen eines geeigneten Hinterfüllmaterials sowohl eine ausreichend große Haftfläche an den Bauteilflanken als auch eine genügende Dicke der Fugendichtungsmasse verbleibt. Allgemein sollte die Dicke der Dichtungsmasse — bezogen auf den dünnsten Bereich in Fugenmitte — mindestens 10 mm, bei breiteren Fugen (> 20 mm) etwa die Hälfte der Fugenbreite betragen (siehe A 2.4.2 und A 2.4.4).

③ Vor allem bei größeren zu erwartenden Bauteilbewegungen sollte die Fugenbreite zumindest überschläglich berechnet werden. Dabei sollte — selbst bei Verwendung guter Fugendichtungsmassen (z. B. Polysulfide oder Silikonkautschuke) bzw. Fugenbänder — eine Dauerbelastbarkeitsgrenze von maximal 20 bis 25% der Fugenbreite berücksichtigt werden (siehe A 2.4.2).

④ Die Fugenflanken müssen in ihrer gesamten Länge parallel verlaufen und sie sollten keine querschnittsverengenden Unebenheiten aufweisen (siehe A 2.4.2).

⑤ Zweistufige Dichtungsmaßnahmen stellen grundsätzlich, besonders aber bei dem Niederschlag und Wind extrem ausgesetzten Bauteilen und deren Fugen eine größere Sicherheit gegen Regen und Wind dar.
Bauteile sollten an ihren horizontalen Stoßstellen immer mit einer Überfalzung (Aufkantungshöhe der Schwelle ≥ 100 mm) oder im Anschlußbereich von Öffnungen mit einem genügend breiten Anschlag ausgebildet werden (siehe A 2.4.3).

⑥ Die Fugendichtungen sollten von der Außenwandoberfläche zurückgesetzt eingebracht werden. Dazu sind die Fugenkanten mindestens 10 mm breit und tief abzuschrägen. In jedem Fall sollte eine einwandfreie Verfüllmöglichkeit bzw. Verklebung gewährleistet sein. Bei grobstrukturiertem Sichtbeton (z. B. Waschbeton) sollte zusätzlich eine mindestens 10 mm breite Fasche angelegt werden (siehe A 2.4.3).

⑦ Im Griffbereich liegende Fugen — insbesondere breite Fugenbänder oder weiche Dichtungsmassen — sind ggf. gegen mutwillige Beschädigung durch Abdeckungen zu schützen (siehe A 2.4.3).

⑧ Die Bauteilflanken sind von Stoffen und Bestandteilen, die die Haftfähigkeit beeinträchtigen, zu reinigen; vor einer evtl. notwendigen Vorbehandlung der Flanken mit haftverbessernden chemischen Mitteln (Primer) ist in die Fuge ein geeignetes Hinterfüllmaterial (z. B. ein weichelastisches, rundes, geschlossenzelliges Schaumstoffprofil aus Polyester oder Polyäthylen) oder eine Trennfolie einzulegen. Die Tiefenlage ist zu überprüfen, damit eine ausreichende Dicke der Dichtungsmasse und Breite der Haftfläche gewährleistet ist (siehe A 2.4.4).

⑨ Die Fugenränder sollten, besonders bei fehlenden Abfasungen, vor Verunreinigung durch unsauber eingefüllte Dichtungsmassen geschützt werden (z. B. durch Abdecken mit geeigneten Klebebändern) (siehe A 2.4.4).

⑩ Fugenbänder sollten in möglichst großer Länge eingebaut werden, damit die Zahl der handwerklich schwierig auszuführenden Stöße möglichst gering bleibt. Es ist besonderer Wert auf die Ebenheit der Klebezonen zu legen (siehe A 2.4.2 und A 2.4.4).

⑪ Abdichtungsarbeiten sollten vorzugsweise bei Temperaturen (der Bauteile) zwischen 10°C und 30°C durchgeführt werden (siehe A 2.4.4).

Wände aus Sichtmauerwerk und Sichtbeton
Fugen

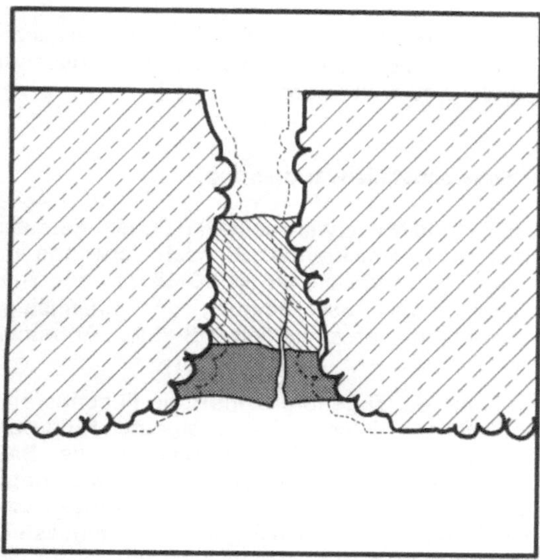

Undichtigkeiten im Fugenbereich traten dann auf, wenn das Dichtungsmaterial sich entweder von den Bauteilflanken löste oder Einrisse im Querschnitt selbst aufwies. Zum Teil handelte es sich um Elementfugen von Waschbetonschalen, zum Teil um Anschlußfugen von Sichtbeton bzw. Sichtmauerwerk an stumpf in die Laibung gesetzte Fensterelemente oder Glasbausteinwände. Die Fugen selbst wiesen in diesen Fällen geringe Breiten (4 – 8 mm) oder Tiefen und an ihren Kanten und Flanken zum Teil erhebliche Toleranzen auf.

Zu bedenken ist:

– Die Dimensionierung der Fugenbreite ist entscheidend von zwei Bestimmungsgrößen abhängig: der Längenänderung der zu verfugenden Bauteile und der Belastbarkeit der gewählten Fugendichtungsmasse.

– Die Formänderungen eines Bauteils (Längungen, Verkürzungen und Scherbewegungen), resultierend aus Bauteilabmessung, Material und der jeweiligen spezifischen Kenngröße und möglichen maximalen jahreszeitlich bedingten Temperaturschwankungen unter Berücksichtigung der Farbe der Oberfläche und Orientierung zur Himmelsrichtung, werden in der Fuge selbst als Erweiterung oder Verengung wirksam.

– Sind die Fugen in ihrer Breite nicht ausreichend bemessen, so kommt es entweder zu Ausbrüchen an den Fugenkanten infolge Zwängungsdrücken oder die Fugendichtung wird durch die im Verhältnis zur Fugenbreite relativ große Bewegung (> 20 – 25%) überbeansprucht, so daß sie sich je nach Dichtungsmaterial von den angrenzenden Bauteilflanken löst oder im Querschnitt — hier besonders durch die zu geringe Dicke der Fugendichtungsmasse — aufreißt. Ab einer bestimmten maximalen Breite verliert die Fugendichtungsmasse je nach Material ihr Standvermögen. Zudem stellen breite, mit weichen Dichtungsmassen verfüllte Fugen ein erhöhtes Risiko für mechanische Beschädigung dar (siehe auch A 2.4.3.).

– Sichtmauerwerk und grobstrukturierter Sichtbeton (z.B. Waschbeton) weisen in der Regel erhebliche Toleranzen auf, die zu unerwünschten Querschnittsverengungen führen können. Werden darüber hinaus Unebenheiten, z.B. einer Waschbetonoberfläche, in den Fugenquerschnitt hineingezogen, so kann eine einwandfreie Haftung der Dichtungsmasse an den Flanken nicht erwartet werden und es besteht die Gefahr des Hinterlaufens von Wasser. Ähnliches gilt für die Klebezonen von Fugenbändern.

– Die zum Abdichten von Fugen und Übergängen von Mauerwerk und Beton z.Z. vorwiegend verwendeten Dichtungsmassen mit hohem Rückstellvermögen (sog. weich-elastische Dichtstoffe) sind nicht in der Lage, Spannungen selbst abzubauen. Die höchste Beanspruchung ist bei diesen Stoffen an den Bauteilflanken zu erwarten, deren ausreichend breite Haftflächen neben ihrer sorgfältigen Ausführung und Vorbehandlung für eine dauerhafte Funktionsfähigkeit entscheidend sind.

– In zunehmendem Umfang werden für die Abdichtung von Arbeits- und Bewegungsfugen bei Sichtbeton außenliegende, geklebte Fugenbänder (z.B. aus Polysulfidkautschuk) verwendet, für die die Fugenabmessungen der DIN 18540 »Abdichten von Außenwandfugen im Hochbau mit Fugendichtstoffen« sinngemäß gelten sollten. An die Ebenheit der Fugenränder (Klebezonen) werden hohe Anforderungen gestellt (Hinterläufigkeit).

– Die Breite außenliegender Fugenbänder richtet sich nach der erforderlichen Fugenbreite, der Dauerbelastbarkeit (ca. 20% der Fugenbreite) und der notwendigen Breite der Klebeflächen. Es sind daher meist breite Bänder einzubauen, die das Erscheinungsbild des Gebäudes beeinflussen können.

Wände aus Sichtmauerwerk und Sichtbeton
Fugen

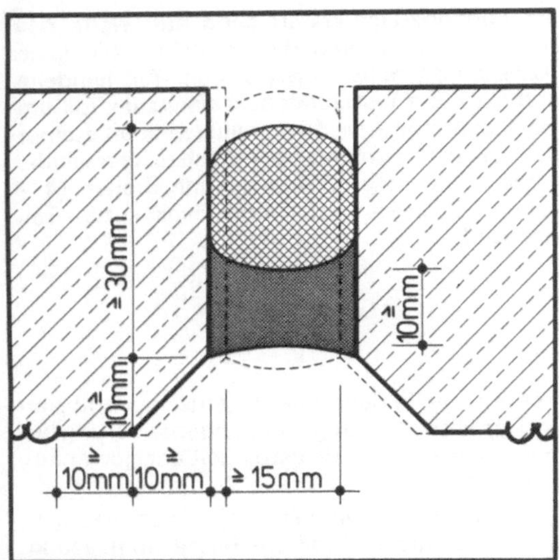

– Für Fugen mit unregelmäßigen Fugenflanken, z. B. bei Sichtmauerwerk, können auch selbstdichtende, expandierende Schaumstoffbänder verwendet werden.

Daraus folgt als
Empfehlung zur Schwachstellenvermeidung:

● Bei Betonbauteilen und Mauerwerk sollte die Fugenbreite das Maß von 15 mm nicht unterschreiten. Je nach verwendetem Material sollten die Fugen nicht breiter als 30–35 mm und zum Schutz gegen mechanische Beschädigung und übermäßige Feuchtigkeitsbeanspruchung etwas vertieft, z. B. durch Anordnen von Fasen angelegt werden.

● In Abhängigkeit von der Fugenbreite muß die Fugentiefe so angelegt werden, daß nach Einlegen eines geeigneten Hinterfüllmaterials sowohl eine ausreichend große Haftfläche an den Bauteilflanken als auch eine genügende Dicke der Fugendichtungsmasse verbleibt. Allgemein sollte die Dicke der Dichtungsmasse – bezogen auf den dünnsten Bereich in Fugenmitte – mindestens 10 mm, bei breiteren Fugen (> 20 mm) etwa die Hälfte der Fugenbreite betragen.

● Vor allem bei größeren zu erwartenden Bauteilbewegungen sollte die Fugenbreite zumindest überschläglich berechnet werden. Dabei sollte – selbst bei Verwendung guter Fugendichtungsmassen (z. B. Polysulfide oder Silikonkautschuke) bzw. Fugenbänder – eine Dauerbelastbarkeitsgrenze von maximal 20 bis 25% der Fugenbreite berücksichtigt werden. Entsprechende Hinweise gibt die DIN 18540 für Fugendichtstoffe.

● Die Fugenflanken müssen in ihrer gesamten Länge parallel verlaufen und sie sollten keine querschnittsverengenden Unebenheiten aufweisen.

● Besonders bei Unregelmäßigkeiten in der Oberfläche (z. B. bei Waschbeton) und um Kantenabbrüche zu vermeiden, sind die Fugenkanten mindestens 10 mm breit und tief abzufasen, damit eine saubere und einwandfreie Verfüllmöglichkeit gewährleistet ist.

● Bei der Verwendung von Fugenbändern ist besonderer Wert auf die Ebenheit der Klebezonen zu legen.

Wände aus Sichtmauerwerk und Sichtbeton
Fugen

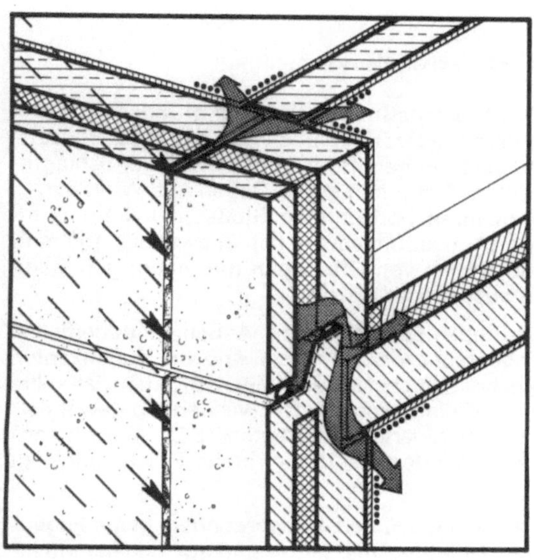

Fugendichtungen, die die Funktion einstufiger Dichtungen, besonders bei geschoßhohen Betonfertigteilen, übernehmen sollten, zeigten an den Bauteilflanken Abrisse. Niederschlagswasser konnte die Dichtungen hinterlaufen und den Wandquerschnitt, gegebenenfalls die Kerndämmung, durchfeuchten und bis zum Deckenanschluß heruntersickern, wo sich Verfärbungen und Anstrichabplatzungen auf der Innenseite zeigten. Besonders gravierend waren die Schäden dann, wenn die Flanken durch die in den Fugenquerschnitt hineingezogene, grobe Oberflächenstruktur (Waschbeton) keine ebenen oder nicht parallel verlaufende Haftflächen bildeten und die Bauteile ohne jede Überfalzung stumpf aneinandergestoßen waren.

Ebenso wiesen die nach dem gleichen Prinzip der einstufigen Dichtung ausgeführten Anschlüsse – lediglich mit »weichen Massen« abgedichtete, ohne Anschlag stumpf in die Laibung gesetzte Bauelemente wie Brüstungen aus Stahlbetonfertigteilen, Glasbausteinwände und großformatige Fensterelemente – im Fugenbereich Undichtigkeiten auf. Eindringende Nässe konnte hier an den Innenseiten der Brüstungen und an den Laibungen Stockflecken, Tapeten-, Anstrich- und Putzablösungen hervorrufen.

Zu bedenken ist:

- Einstufige Fugendichtungen, wie sie an stumpf aneinanderstoßenden oder anschlaglos in Öffnungen eingesetzten und lediglich mit weichen Dichtungsmassen abgedichteten Bauelementen vorkommen, sollen gleichzeitig die Funktion der Abdichtung gegen Regen und Wind übernehmen. Die Funktionsfähigkeit dieser »einfachen« Sicherheit ist von einer Vielzahl von Unsicherheitsfaktoren – Fugengröße, Qualität der Fugendichtungsmasse besonders von der Dauerbelastbarkeit, der Haftfähigkeit und dem Alterungsverhalten, handwerklicher Ausführung – abhängig. Bei der geringsten Undichtigkeit im Fugenbereich kann das Wasser, besonders bei Schlagregeneinwirkung, unmittelbar in den Wandquerschnitt bzw. hinter die Bauteile (z.B. bei anschlaglos ausgebildeten Fensterelementen) eindringen.

- Zweistufige Fugenausbildungen (belüftete Fugen) trennen durch den dazwischenliegenden, mit der Außenluft in Verbindung stehenden »Druckausgleichsraum« die Dichtfunktion von außenliegender Regenbremse und innerer Winddichtung und bieten bei sorgfältiger handwerklicher Ausführung einen erhöhten Regenschutz.

- Bündig in der Außenoberfläche liegende Fugendichtungsmaterialien werden wesentlich stärker dem Regenwasser, Licht (UV- und IR-Strahlung können bei einigen Materialien frühzeitige Versprödung und Alterung hervorrufen) und der Möglichkeit mechanischer Beschädigung ausgesetzt. Darüber hinaus ist bei nicht ebenen Bauteilflanken, wie sie z.B. von Mauerwerk gebildet werden, die Gefahr des Hinterlaufens von Wasser besonders groß.

- Unebenheiten, z.B. eine grobstrukturierte Betonoberfläche, bilden keine ausreichend gute Haftfläche und verhindern gegebenenfalls eine hohlraumfreie Verfüllung. Ein nicht paralleler Verlauf der Bauteilflanken führt zu unerwünschten Querschnittsverengungen und damit gegebenenfalls zu Überdehnungserscheinungen (Abrisse) der Dichtungsmasse in den verengten Fugenbereichen.

Wände aus Sichtmauerwerk und Sichtbeton
Fugen

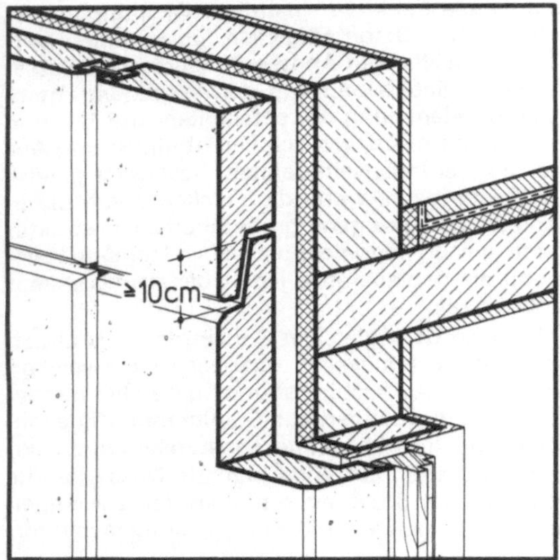

Daraus folgt als
Empfehlung zur Schwachstellenvermeidung:

● Zweistufige Dichtungsmaßnahmen stellen grundsätzlich, besonders aber bei dem Niederschlag und Wind extrem ausgesetzten Bauteilen und deren Fugen (Hochhaus, freie Lage, Schlagregenseite) eine größere Sicherheit gegen Regen und Wind dar. Bauteile sollten an ihren horizontalen Stoßstellen immer mit einer Überfalzung (Aufkantungshöhe der Schwelle ≧ 100 mm) oder im Anschlußbereich von Öffnungen mit einem genügend breiten Anschlag ausgebildet werden.

● Die Fugendichtungen sollten von der Außenwandoberfläche zurückgesetzt eingebracht werden. Dazu sind die Fugenkanten mindestens 10 mm breit und tief abzuschrägen. In jedem Fall sollte eine einwandfreie Verfüllmöglichkeit bzw. Verklebung gewährleistet sein. Bei grobstrukturiertem Sichtbeton (z. B. Waschbeton) sollte zusätzlich eine mindestens 10 mm breite Fasche angelegt werden.

● Im Griffbereich liegende Fugen – insbesondere breite Fugenbänder oder weiche Dichtungsmassen – sind ggf. gegen mutwillige Beschädigung durch Abdeckungen zu schützen.

Wände aus Sichtmauerwerk und Sichtbeton
Fugen

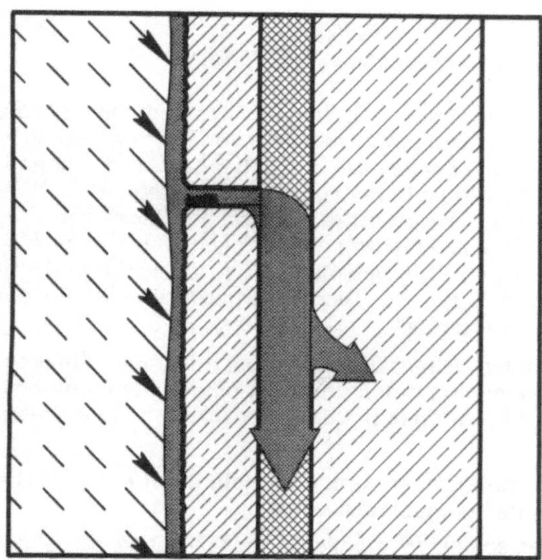

Schäden im Fugenbereich sind zu einem großen Anteil auf mangelhafte handwerkliche Herstellung zurückzuführen.

Fehlende oder nur unzureichende Vorbehandlung der Fugenhaftflächen, Fehler beim Einbringen des Hinterfüllmaterials oder der Fugendichtstoffe selbst waren die Ursachen für Fugenabrisse oder Herauslösen des gesamten Dichtungsstreifens, Hohlstellen hinter den Dichtungsmassen oder auch »nur« unschöne, unsaubere, mit Dichtungsmassen verschmierte Fugenränder. Häufig überlagerten sich diese Ursachen mit anderen Fehlerarten (z. B. durch eine bereits in der Detailplanung festgelegte, zu schmale Fuge) oder aber die Fehler waren nachträglich nicht mehr eindeutig feststellbar, so daß nicht in allen Fällen ein alleiniges Verschulden dem ausführenden Handwerker angelastet werden konnte.

Hiervon waren sowohl Fugen von Stahlbetonelementen als auch von Bauteilanschlüssen im Öffnungsbereich betroffen.

Zu bedenken ist:

- Die Dauerhaftigkeit der Dichtungsfunktion von Fugendichtungen ist wesentlich von ihrem Haftvermögen an den Bauteilflanken abhängig. So beeinträchtigt neben unzureichender Größe (Breite bzw. Tiefe) der Haftfläche (siehe A 2.4.2 – Dimensionierung des Fugenquerschnittes), Verunreinigung (Farbreste, Schalöle, Staub, lose Bestandteile usw.) und – je nach verwendetem Dichtungsmittel – auch Nässe die Adhäsion bzw. Verklebung der Dichtung.

- Eine Haftung der Dichtungsmasse am Fugengrund (Dreiflächenhaftung) führt zu Behinderung ihrer freien Verformbarkeit: Unkontrollierbare Ab- und Einrisse sind die Folge.

- Fugenhinterfüllungen sollen die Fugentiefe und den erforderlichen Dichtungsmassenquerschnitt begrenzen, eine Haftung der Dichtungsmasse mit dem Fugenboden verhindern und genügend großen Widerstand beim Einbringen und Glätten der Dichtungsmasse leisten. Starre Mörtelverfüllungen, ebenso wassersaugende, verrottbare und grobporige Materialien sind für diesen Zweck nicht geeignet. Ist ein Einlegen von Hinterfüllmaterialien nicht möglich (z. B. aus Platzmangel infolge ungenügend dimensionierter und angelegter Fugentiefe), so sind Fugenmasse und Untergrund mit Hilfe eines Folienstreifens (z. B. aus Polyäthylen) voneinander zu trennen.

- Hinterfüllmaterialien in Form von Vierkantprofilen können sich leicht verdrehen und verkanten und führen so zu Einkerbungen und Einrissen auf der Rückseite der Fugendichtungsmassen.

- Bei Fugenausbildungen ohne Randabfasungen ist ein sauberes Einpressen der Füllmassen ohne Verschmutzungen der Ränder nur schwer zu erreichen.

- Die »Einbringtemperatur« hat entscheidenden Einfluß auf Aushärtungsreaktion und den Grad der Formänderungsbeanspruchung (Dehnung und Stauchung). Bei hohen Bauteiltemperaturen (> 40°C) eingebrachte Fugendichtungsmassen neigen eher zu Abrissen, da sie besonders bei kurzzeitig folgender Abkühlung und möglicherweise vor abgeschlossener Aushärtung bzw. Abbindung extrem auf Zug beansprucht und überdehnt werden.

- Bei der Anwendung von Fugenbändern bilden die zahlreichen, ggf. sich überlappenden Stöße mögliche Schwachstellen für eine Hinterläufigkeit.

- Bei der Verklebung von Fugenbändern muß die Breite der Klebezonen berücksichtigt werden, damit nicht durch zusätzliche Klebestellen die erforderliche freie Bandbreite reduziert wird.

Wände aus Sichtmauerwerk und Sichtbeton
Fugen

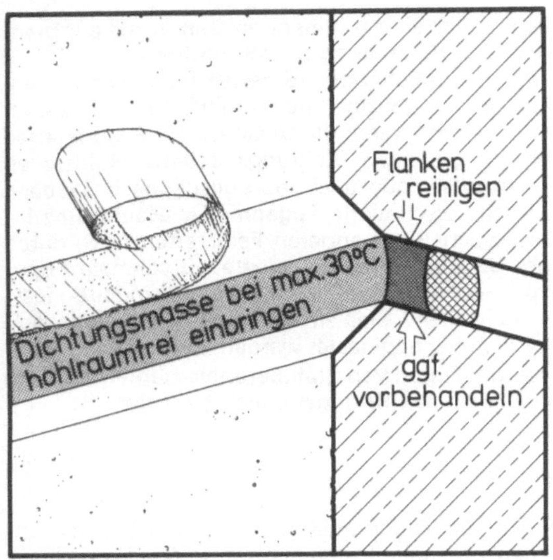

Daraus folgt als
Empfehlung zur Schwachstellenvermeidung:

● Die Bauteilflanken sind von Stoffen und Bestandteilen, die die Haftfähigkeit beeinträchtigen, zu reinigen; vor einer evtl. notwendigen Vorbehandlung der Flanken mit haftverbessernden chemischen Mitteln (Primer) ist in die Fuge ein geeignetes Hinterfüllmaterial (z. B. ein weichelastisches, rundes, geschlossenzelliges Schaumstoffprofil aus Polyester oder Polyäthylen) oder eine Trennfolie einzulegen. Die Tiefenlage ist zu überprüfen, damit eine ausreichende Dicke der Dichtungsmasse und Breite der Haftfläche gewährleistet ist.

● Die Fugenränder sollten, besonders bei fehlenden Abfasungen, vor Verunreinigung durch unsauber eingefüllte Dichtungsmassen geschützt werden (z. B. durch Abdecken mit geeigneten Klebebändern).

● Die Fugendichtungsmassen müssen hohlraumfrei mit geeigneten Spritzgeräten eingebracht werden.

● Fugenbänder sollten in möglichst großer Länge eingebaut werden, damit die Zahl der handwerklich schwierig auszuführenden Stöße möglichst gering bleibt.

● Abdichtungsarbeiten sollten vorzugsweise bei Temperaturen (der Bauteile) zwischen 10°C und 30°C durchgeführt werden.

Problempunkt: Schichtenfolge und Einzelschichten

Für eine Vielzahl von einschaligen Mauerwerksquerschnitten stellen Außenputze die wirtschaftlichste Form der Außenverkleidung dar. Gerade die heute vielfach verwendeten hochwärmedämmenden Wandbaustoffe (z. B. Leichtziegel) bedürfen eines Schutzes gegen Niederschlag.

Ebenso müssen die immer häufiger eingesetzten außenliegenden Dämmstoffe in der Regel aus Gründen des Erscheinungsbildes und des Witterungsschutzes abgedeckt werden. Dies geschieht am kostengünstigsten durch im Verbund aufgebrachte Putze oder Beschichtungen.

Die Vielfalt der Außenputze hat erheblich zugenommen – sie reicht von den wenige Millimeter dicken, gewebearmierten Beschichtungen der Wärmedämmverbundsysteme über die in der Regel 2 cm dicken traditionellen Außenputze bis hin zu 6 cm dikken Wärmedämmputzen. Die traditionellen mineralischen Außenputzmörtel – Kalk-, Kalk-Zement-, Zementmörtel – werden häufig durch Zusätze und besondere Zuschläge modifiziert; reine Kunstharzbeschichtungen und Kunstharz/Zementgemische sind hinzugekommen. Ebenso variiert die Art des Putzauftrages erheblich.

Voraussetzung für die Funktionsfähigkeit aller Putze ist eine fehlstellenfreie, geschlossene Oberfläche, ein möglichst geringes Saugvermögen bei gleichzeitiger Wasserdampfdurchlässigkeit.

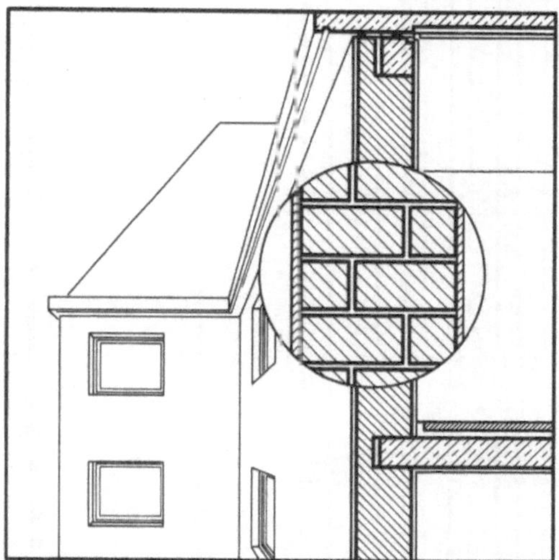

Da der Außenputz meist eine relativ dünne und spröde Materialschicht ist, die kraftschlüssigen Verbund mit dem Untergrund hat, zeigen sich Schäden fast ausschließlich als Risse und andere Strukturzerstörungen. Durchfeuchtungsschäden stellten sich meist nur als Folge derartiger Zerstörungen und Fehlstellen ein. Die große Häufigkeit dieser Putzschäden läßt sich auf die Vielzahl der die Putzqualität und -beanspruchung beeinflussenden Faktoren zurückführen:

Für sehr unterschiedliche putzbare Wandbaumaterialien muß die richtige Putzsorte und der richtige Putzaufbau ausgewählt werden; an die Qualität des Putzgrundes (Einheitlichkeit des Materials, Ebenheit, Vollfugigkeit, Formbeständigkeit) sind hohe Anforderungen gestellt; die vielen manuellen Arbeitsgänge vom Vermischen des Mörtels bis zur Nachbehandlung des Putzes bergen viele Fehlerquellen; die klimatischen Beanspruchungen sind stark und vielfältig.

Auch die mangelhafte Erfahrung mit neuen Putz- und Beschichtungssystemen ist eine Ursache für die aufgetretenen Schäden.

Aus der Vielzahl der Faktoren sind hier nur die Aspekte ausgewählt worden, die auf der Grundlage von Bauschadenserhebungen sich als besonders bedeutend erwiesen haben.

Wände mit Außenputz

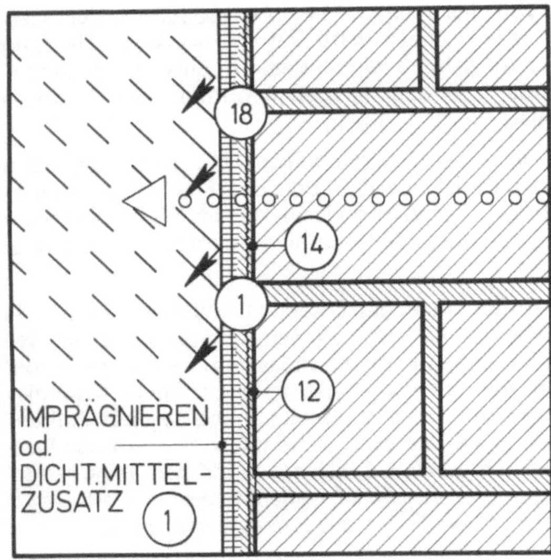

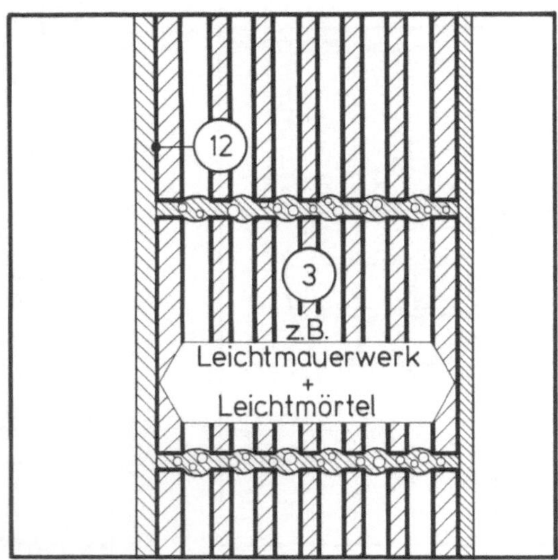

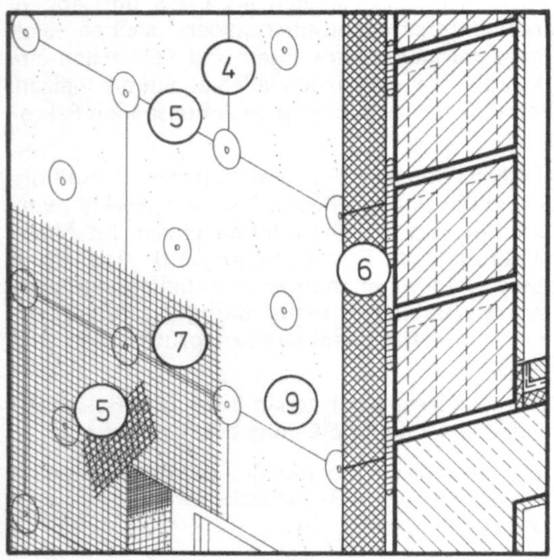

① Auf verstärkt durch Schlagregen beanspruchten Außenwänden (Beanspruchungsgruppe II – III, DIN 4108, Teil 3) sollen wasserabweisende oder zumindest wasserhemmende Putze ausgeführt werden. Die Mörtelzusammensetzung von Unterputz und Oberputz sollte nach DIN 18550, Teil 1, vorgenommen werden. Dichtungsmittelzusätze sollten vorzugsweise einem mindestens 5 mm dicken Oberputz beigegeben werden. Die Putze müssen jedoch einen ausreichenden Wasserdampfaustausch zwischen Wandquerschnitt und Außenluft zulassen (siehe B 1.1.2 und B 1.1.7).

② Anschlüsse an andere Bauteile müssen sorgfältig abgedichtet werden (z. B. mit dauerelastischen Dichtungsmassen). Sie sollten in der Regel nicht überputzt werden. Dies gilt besonders für wasserabweisende Putze an stark schlagregenbeanspruchten Wandflächen (siehe B 1.1.2).

③ Auch bei einschaligen, verputzten Wandquerschnitten, die ohne zusätzliche Wärmedämmschichten ausgeführt werden sollen, muß der Wärmedämmwert den Anforderungen der Wärmeschutzverordnung entsprechen. Konstruktionen, deren Wärmedämmwert unter 1,3 m² K/W ($k \geq 0{,}68$ W/m² K) liegt, sollten nicht ausgeführt werden. Bei der Anwendung von hochdämmendem Leichtmauerwerk sollte dieser Dämmwert auch an den statisch hoch beanspruchten Außenwandzonen erreicht werden. Die Anordnung zusätzlicher Wärmedämmschichten, z. B. in Form eines Wärmedämmverbundsystems, und damit die Erzielung höherer Wärmedämmwerte ($\geq$ 1,3 m² K/W) sollte angestrebt werden (siehe B 1.1.3).

④ Bei Wärmedämmverbundsystemen müssen alle Komponenten (Dämmaterial, Kleber, Dübel, Beschichtungsmaterial, Armierung, Eckschutzschienen), aufeinander abgestimmt sein und daher vom gleichen Systemhersteller stammen. Es sollten nur Systeme mit nachgewiesener Langzeitbewährung verwendet werden (siehe B 1.1.4).

⑤ Die Dämmplatten sind im Verband zu verlegen und an den Rändern sorgfältig auf dem Untergrund zu verkleben und ggf. zusätzlich zu dübeln. Von den Ecken der Bauwerksöffnungen sollten keine Dämmplattenfugen ausgehen. Die Oberfläche der Dämmplatten darf keine Höhenversprünge aufweisen (abschmirgeln!) (siehe B 1.1.4).

⑥ Polystyroldämmplatten sollten vor dem Einbau mindestens 6 Wochen abgelagert sein (siehe B 1.1.4).

⑦ Die durch eine Appretur ausreichend gegen Alkaliangriff beständigen Gewebeeinlagen sind mit Überlappungen an den Gewebestößen und mit zusätzlichen Eck- und Öffnungsanschlußverstärkungen zu versehen (siehe B 1.1.4).

⑧ Bei Mehrschichtenleichtbauplatten als Putzuntergrund ist in einen deckend aufgebrachten Spritzbewurf aus Zementmörtel eine Putzbewehrung aus verzinktem Drahtnetz (Dicke 1 mm, Maschenweite 20 bis 25 mm) einzulegen. Diese Bewehrung muß mindestens 10 cm (besser 20 cm) über die Ränder des wärmegedämmten Bereichs hinausgeführt werden. Die Holzwolledeckschichten sind – z. B. durch frühzeitigen Auftrag des Spritzbewurfs – gegen Durchfeuchtung zu schützen (siehe B 1.1.4).

⑨ Wärmedämmverbundsysteme sollten nur in Bereichen eingesetzt werden, wo mit einer geringen mechanischen Beanspruchung zu rechnen ist – zumindest ist in diesen Bereichen die Putzschicht z. B. durch zusätzliche Armierung zu verstärken (siehe B 1.1.4).

⑩ Bestehen innenseitig angebrachte Wärmedämmschichten nicht aus einem Material mit hohem Dampfsperrwert (z. B. aus Polystyrol- oder PUR-Hartschaumplatten), so sollten sie durch eine raumseitig angebrachte Dampfsperre (z. B. Polyäthylenfolien) geschützt werden (siehe B 1.1.5).

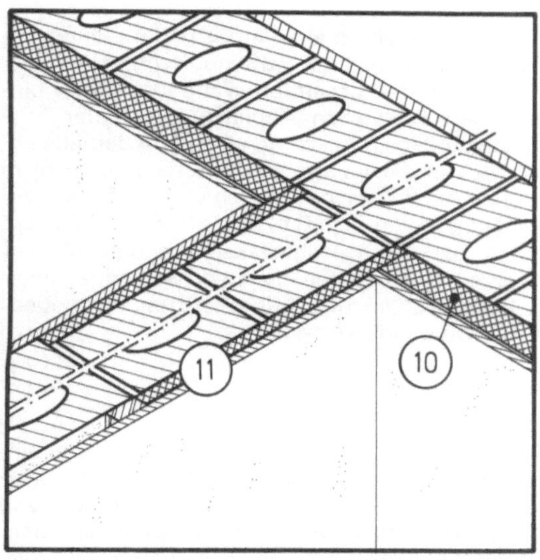

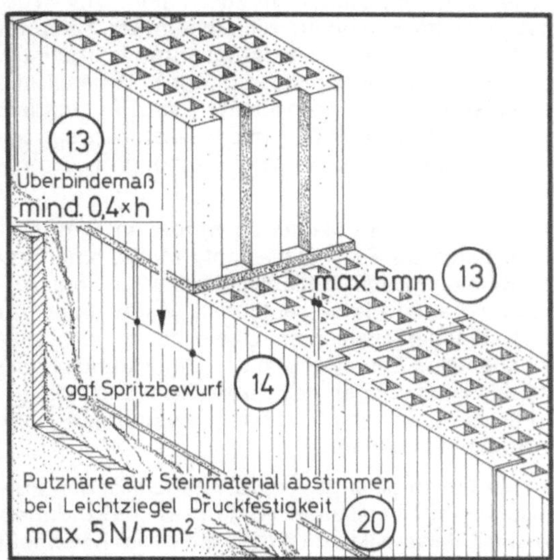

⑪ In Innendämmungen einbindende Innenbauteile sind an der Einbindestelle i.d.R. ebenfalls zu dämmen (Breite des Streifens ca. 50 cm, Dicke des Dämmstoffs mindestens 20 mm). Werden an das einbindende Bauteil Schallschutzanforderungen gestellt, so sollten zur Innendämmung Dämmstoffe mit geringer dynamischer Steifigkeit (z.B. Mineralfaserdämmstoffe) verwendet werden, die dann eine innere Dampfsperre benötigen (siehe B 1.1.5).

⑫ Die Oberfläche von zu verputzenden Außenwänden soll aus einem einheitlichen, festen Material ohne Fehlstellen und Unebenheiten ausgeführt werden (siehe B 1.1.6).

⑬ Besonders bei großformatigen Mauersteinen ist auf die Einhaltung der Überbindemaße (mind. 40% der Steinhöhe), auf die vollständige Vermörtelung der Lagerfuge und bei Stoßfugenverzahnungen auf eine maximale Fugenbreite von 5 mm zu achten. Rissiges und stark beschädigtes Steinmaterial sollte unter Außenputzen nicht verwendet werden (siehe B 1.1.6).

⑭ Trockene, saugende Putzgründe sind vorzunässen, glatte und stark saugende Untergründe sind mit einem Spritzbewurf (je nach Festigkeit des Untergrundes MG II oder III mit grobkörnigem Sand bis ∅ 7 mm) mindestens 12 Stunden vor Beginn der Putzarbeiten zu versehen (siehe B 1.1.6).

⑮ Nach dem Vermauern ist das Mauerwerk bis zum Verputzen vor starken Durchfeuchtungen zu schützen. Besonders die Kronen von Mauerwerk aus Hochlochsteinen (Attiken, Fensterbrüstungen) sind abzudecken (siehe B 1.1.6).

⑯ Schmale Zonen unterschiedlichen Materials im Untergrund (z.B. Stahlbetonstützen) sollten mit verzinkten Putzträgern mit mindestens 10 cm seitlicher Überlappung überbrückt werden (siehe B 1.1.6).

⑰ Aus stark saugendem, weichem, großformatigem Steinmaterial (z.B. Holzspanbeton) hergestellte Außenwände, Außenwände mit starken Unebenheiten sowie Außenwände mit häufigem unregelmäßigem Materialwechsel im Untergrund sollten möglichst nicht mit mineralischen Außenputzen versehen werden. Müssen derartige Untergründe geputzt werden, so sollten mit Baustahlgewebe bewehrte Putzschalen oder ein Wärmedämmverbundsystem ausgeführt werden (siehe B 1.1.6).

⑱ Mineralische Außenputze sollen im Mittel 2 cm dick ausgeführt werden. Die bei Luftporenmörteln einlagige, bei den üblichen Putzmörteln zweilagige Putzschicht soll nur auf sorgfältig vorbereitetem Putzgrund durch Anwerfen von Hand oder mit der Putzmaschine so aufgebracht werden, daß eine Verzahnung mit dem Untergrund entsteht (siehe B 1.1.7).

⑲ Putzschichten müssen vom Putzgrund ausgehend ein Festigkeitsgefälle von innen nach außen aufweisen (siehe B 1.1.7).

⑳ Bei Leichthochlochziegel- und Leichtbetonmauerwerk sollten Putze verwendet werden, deren im Labor ermittelte Druckfestigkeit im Bereich zwischen 2,5 und 5 N/mm² liegt. Dies kann am sichersten durch die Verwendung von speziellen Werkmörteln erreicht werden (siehe B 1.1.7).

㉑ Wenn möglich, sollte nicht bei direkter Sonneneinstrahlung und starkem Wind geputzt werden, gegebenenfalls sind die frischen Putzflächen durch Planen zu schützen oder während des Abbindens feucht zu halten (siehe B 1.1.7).

㉒ Putze sollten möglichst eine mäßig rauhe Oberfläche erhalten — Kratzputzoberflächen sind zu bevorzugen (siehe B 1.1.7).

㉓ Gerüste sollten im Abstand von 30 cm vor der Wand aufgestellt und z.B. durch Verwendung von Gerüstdübeln so verankert werden, daß keine Nacharbeiten an der geputzten Wandfläche notwendig werden. Die Arbeiten sind so einzuteilen, daß zusammenhängende Flächen ohne Arbeitsunterbrechung fertiggestellt werden können (siehe B 1.1.7).

Wände mit Außenputz
Schichtenfolge und Einzelschichten

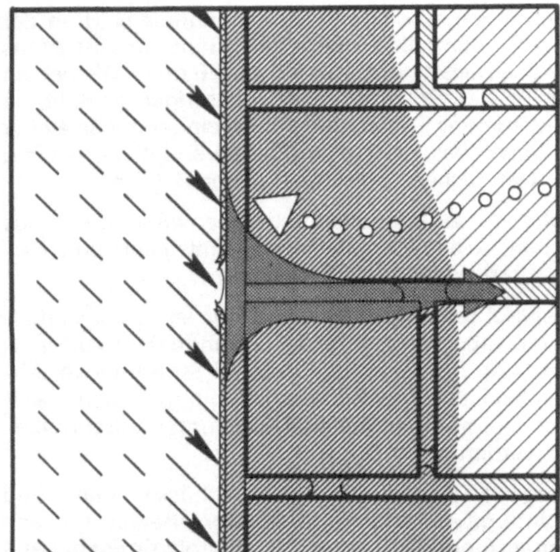

Den Niederschlagsdurchfeuchtungen verputzter Außenwände gingen in allen Fällen Schäden in der Außenputzschicht voraus. Risse, die zum Teil durch den gesamten Wandquerschnitt hindurchgingen und andere Fehlstellen (Abplatzungen) in der Putzschicht oder Undichtigkeiten im Anschluß an andere Bauteile ließen Niederschlagswasser, besonders an Wetterseiten, leicht in die Wand eindringen. Als Folgeschäden zeigten sich Schwärzepilzbefall und Ablösungen von Tapeten, Anstrichen und Putzen. Die Schäden traten bei den verschiedensten gebräuchlichen Wandbaumaterialien auf und betrafen ein- und zweilagige unterschiedlich dicke Putzschichten und Kunststoffbeschichtungen, auch bei Wärmedämmverbundsystemen.

Zu bedenken ist:

- Der Außenputz erfüllt nicht nur die optische Funktion einer einheitlichen Außenverkleidung, sondern stellt einen funktionsfähigen Schlagregenschutz dar, der bei einer Vielzahl von Wandbaustoffen, besonders bei stark saugfähigen oder porösen Materialien (z. B. Leichtziegeln, Leichtbeton- und Gasbetonsteinen und Wärmedämmstoffen) unentbehrlich ist.

- Die Schlagregenbeanspruchung von Außenwänden hängt mit der Niederschlagsmenge, der Windintensität und der besonderen topografischen Lage des Standortes zusammen. DIN 4108, Teil 3 »Wärmeschutz im Hochbau; Klimabedingter Feuchteschutz« unterscheidet drei Beanspruchungsgruppen (geringe, mittlere und starke Schlagregenbeanspruchung). Mineralische Putze mit wasserhemmenden Eigenschaften sind für mittlere Beanspruchung, mineralische Putze mit wasserabweisenden Eigenschaften und Kunstharzputze sind für hohe Beanspruchungen geeignet.

- Durchfeuchtungsschäden bei Putzbauten werden im wesentlichen durch Fehlstellen im Putz verursacht; Maßnahmen zur Erzielung eines rißfreien Putzes und fehlstellenfreier, dichter Anschlüsse stellen also auch die wesentlichen Maßnahmen zur Erlangung eines schlagregensicheren Querschnitts dar. Ursachen für Rißschäden sind Bewegungen des Untergrundes oder des Putzes und das Unvermögen des Putzes oder des Haftverbundes zwischen den Schichten, diese Bewegungen ohne Strukturzerstörungen aufzunehmen.

- Niederschlagsfeuchtigkeit gelangt auch bei mineralischen Putzen ohne Fehlstellen auf kapillarem Wege in den Wandquerschnitt. Das Ausmaß der kapillaren Leitfähigkeit wird beeinflußt durch die Mörtelzusammensetzung, durch die Saugfähigkeit des Untergrundes, durch die Nachbehandlung des Mörtels während des Erhärtens und durch hydrophobierende Mörtelzusätze und Oberflächenimprägnierung.

- Der dauerhafte Schlagregenschutz hängt schließlich davon ab, wie das auf kapillarem Weg oder durch Fehlstellen hinter den Putz gelangende Wasser im Untergrund gespeichert bzw. weitergeleitet wird und in Trocknungsperioden wieder abgegeben werden kann. Enden z. B. die Haarrisse in einer Kunstharzbeschichtung auf einem kaum wasseraufnehmenden Dämmstoff, so sind die Durchfeuchtungsfolgen gering — gleichartige Risse über Dämmplattenstößen können erhebliche Durchfeuchtungen verursachen, da das Wasser nach innen weitergeleitet wird. Besonders ungünstig wirken sich Fehlstellen in wasserabweisenden Putzen über speicherfähigen Untergründen aus, da das Wasser durch Kapillarzug oder Staudruck über die Fehlstellen in großen Mengen schnell eindringen, aber nur über den wesentlich langsameren Diffusionsweg wieder austrocknen kann. Bei Beschichtungen mit hohem Diffusionswiderstand ist selbst dieser Austrocknungsvorgang abgeschnitten.

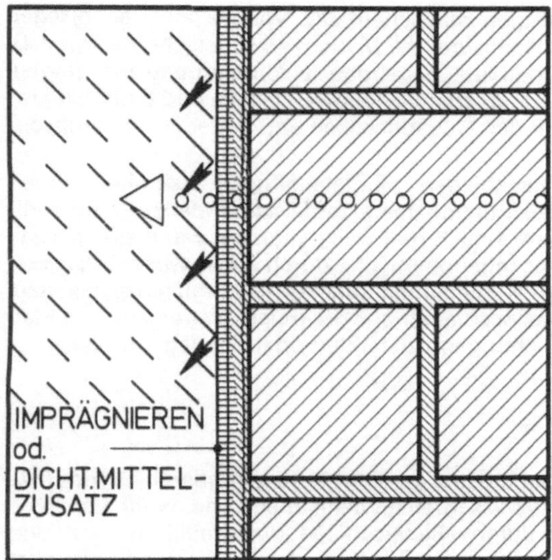

Daraus folgt als
Empfehlung zur Schwachstellenvermeidung:

● Zur Erzielung einer schlagregendichten Außenwand sind bei der Herstellung und Vorbereitung des Putzgrundes und der Materialwahl, Verarbeitung und Nachbehandlung des Putzes Bedingungen anzustreben, die eine rißfreie Putzfläche garantieren (siehe B 1.1.6 und B 1.1.7).

● Auf verstärkt durch Schlagregen beanspruchten Außenwänden (Beanspruchungsgruppe II–III, DIN 4108, Teil 3) sollen wasserabweisende oder zumindest wasserhemmende Putze ausgeführt werden. Die Mörtelzusammensetzung von Unterputz und Oberputz sollte nach DIN 18550, Teil 1, vorgenommen werden. Die Putze müssen jedoch einen ausreichenden Wasserdampfaustausch zwischen Wandcuerschnitt und Außenluft zulassen.

● Anschlüsse an andere Bauteile müssen sorgfältig abgedichtet werden (z. B. mit dauerelastischen Dichtungsmassen). Sie sollten in der Regel nicht überputzt werden. Dies gilt besonders für wasserabweisende Putze an stark schlagregenbeanspruchten Wandflächen.

Wände mit Außenputz
Schichtenfolge und Einzelschichten

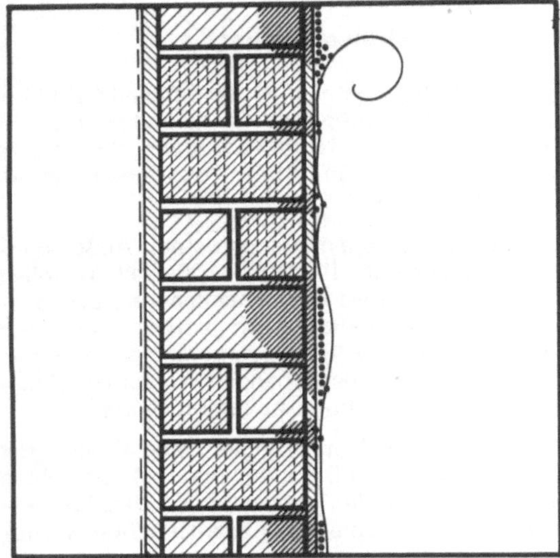

Nach den zulässigen statischen und wärmeschutztechnischen Mindestwerten dimensionierte Mauerwerksquerschnitte, wie z. B. 24 cm dicke Wände aus Ziegel oder Leichtbetonsteinen, zeigten häufig auf der Innenoberfläche feuchte Flecken und Eindunkelungen, besonders in den Gebäudeecken und hinter Einrichtungsgegenständen.

Wurde zudem verschieden wärmeleitfähiges Steinmaterial verwendet (z. B. Leichtbetonsteine und Kalksandsteine) oder die Mörtelfuge ungewöhnlich breit ausgeführt, so war dieser Materialwechsel auf der Innenoberfläche durch zonenweise Eindunkelungen abzulesen. Kamen hohe Raumluftfeuchten hinzu, so bildeten sich Schwärzepilze auch auf der freien Wandfläche. Niederschlagsbeanspruchungen verstärkten oder überlagerten teilweise die Schäden.

Zu bedenken ist:

– Die Mindestdämmwerte der DIN 4108 garantieren nur dann die Oberflächentauwasserfreiheit der Außenwand, wenn der Querschnitt nicht durch Niederschläge durchfeuchtet wird oder durch Wärmebrücken großflächig oder zonenweise geringeren Wärmedämmwert besitzt, wenn nur durchschnittliche relative Luftfeuchtigkeit im Innenraum herrscht und wenn eine ausreichende Luftbewegung an der Innenoberfläche gegeben ist.

– Vor der Außenwand angeordnete Einrichtungsgegenstände bzw. die hinter diesen Gegenständen ruhende Luftschicht wirken wie eine innenliegende zusätzliche Wärmedämmung, die besonders bei wärmeschutztechnisch schwach dimensionierten Außenwänden eine starke Absenkung der Oberflächentemperatur der Wand und damit Tauwassergefahr zur Folge haben.

– Nach der Wärmeschutzverordnung (Februar 1982) ist es möglich, daß zumindest bei Teilbereichen der Außenwände eines Gebäudes lediglich der Mindestwärmeschutz nach DIN 4108 $(1/\Lambda = 0{,}55\ m^2K/W)$ eingehalten wird. Bei solch geringem Wärmeschutz treten aber nicht selten Oberflächentauwasserschäden auf.

– Außenwände können selbst bei relativ ungünstigen Bedingungen frei von Oberflächentauwasser auch in den Gebäudeecken gehalten werden, wenn der Wärmedurchlaßwiderstand über 1,3 m^2K/W $(k \leq 0{,}68\ W/m^2\ K)$ liegt. Eine wesentliche Erhöhung des Wärmedämmwertes legt jedoch vor allem die Forderung nach behaglichen Oberflächentemperaturen und energiesparendem Wärmeschutz nahe. Wirtschaftliche Überlegungen lassen Werte zwischen 1,3 und 3,0 $m^2\ K/W$ $(k = 0{,}68–0{,}32\ W/m^2K)$ sinnvoll erscheinen.

– Wärmedurchlaßwiderstände um 1,3 m^2K/W lassen sich mit Leichtmauerwerk, z. B. aus Leichtziegeln, Leichtbeton- oder Gasbetonsteinen, bei wirtschaftlichen Wanddicken auch ohne zusätzliche Wärmedämmstoffe erreichen. Bei hochdämmenden Steinen ist aber u. U. die Druckfestigkeit so gering, daß hinsichtlich der Geschoßzahl und auch der Grundrißgestaltung starke Einschränkungen beachtet werden müssen; z. B. dürfen Fensteröffnungen nicht zu breit sein, da sonst die Kantenpressungen aus der Auflagerung des Sturzes zu groß werden. Wird dieser Sachverhalt nicht frühzeitig bei der Gesamtkonzeption des Gebäudes beachtet, muß an den statisch hoch beanspruchten Stellen (z. B. Pfeiler) mit druckfesterem, aber auch wärmeleitfähigerem Steinmaterial gearbeitet werden. Die Mischmauerwerksbereiche mit schlechterem Wärmeschutz sind tauwassergefährdet und meist auch ein unsicherer Putzgrund.

– Das Erscheinungsbild einer verputzten Außenwand läßt sich auch durch Anordnung eines außenliegenden Wärmedämmverbundsystems (siehe B 1.1.4) oder einer Innendämmung (siehe B 1.1.5) erzielen. Gleichzeitig kann damit ein hoher Wärmedurchlaßwiderstand erreicht werden.

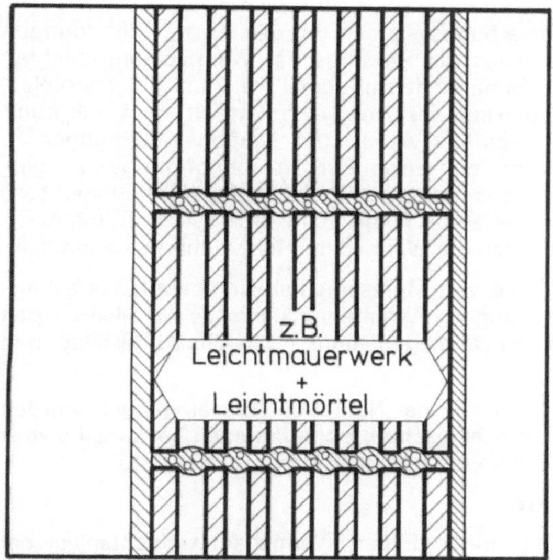

Daraus folgt als
Empfehlung zur Schwachstellenvermeidung:

● Auch bei einschaligen, verputzten Wandquerschnitten, die ohne zusätzliche Wärmedämmschichten ausgeführt werden sollen, muß der Wärmedämmwert den Anforderungen der Wärmeschutzverordnung entsprechen. Konstruktionen, deren Wärmedämmwert unter $1{,}3\ \text{m}^2\text{K/W}$ ($k \geq 0{,}68\ \text{W/m}^2\text{K}$) liegt, sollten nicht ausgeführt werden. Bei der Anwendung von hochdämmendem Leichtmauerwerk sollte dieser Dämmwert auch an den statisch hoch beanspruchten Außenwandzonen erreicht werden.

● Die Anordnung zusätzlicher Wärmedämmschichten, z.B. in Form eines Wärmedämmverbundsystems, und damit die Erzielung höherer Wärmedämmwerte ($\geq 1{,}3\ \text{m}^2\text{K/W}$) sollte angestrebt werden.

Wände mit Außenputz
Schichtenfolge und Einzelschichten

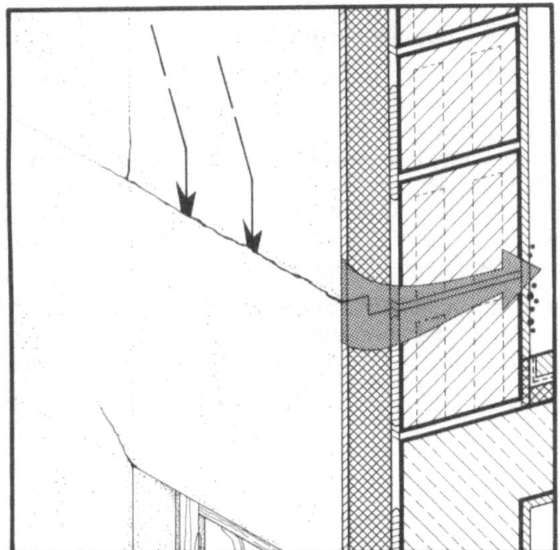

An Wärmedämmverbundsystemen wurden häufig Rißbildungen beobachtet, die meist die Stoßfuge der Wärmedämmschichten nachzeichneten. Es handelte sich dabei meist um Polystyrolplatten, die breite Fugen aufwiesen und sich zum Teil vom Untergrund abgelöst hatten. Häufiger waren auch Diagonalrißbildungen zu beobachten, die von den Ecken der Gebäudeöffnungen ausgingen. Die Rißbildungen hatten zum Teil erhebliche Durchfeuchtungen im Gebäudeinneren zur Folge. Teilweise ist es auch zum Ablösen ganzer Teilflächen der Wärmedämmbeschichtung gekommen.

Bei der Verwendung von Mehrschichtenleichtbauplatten als außenseitiger Dämmung von Wärmebrücken ist es vor allen Dingen an den Rändern des wärmegedämmten Bereichs zu Rißbildungen gekommen.

Im Sockelbereich und in der Nähe von Hauseingängen wurden weiterhin häufig mechanische Beschädigungen bei kunstharzbeschichteten Dämmplatten beobachtet.

Zu bedenken ist:

– Mit außenseitig angeordneten Wärmedämmschichten ist der lückenlose Wärmeschutz der gesamten Gebäudehülle wesentlich einfacher als durch innenliegende Dämmungen zu erreichen. Ebenso werden bei außenseitiger Dämmung die konstruktiven Bauteile vor den Temperaturschwankungen des Außenklimas geschützt. Soll die notwendige außenseitige Abdeckung der Wärmedämmung durch Putze oder Beschichtungen erzielt werden, so treten jedoch folgende Probleme auf:

– Die Längenänderungsbestrebungen der Putzschichten und Beschichtungen sind besonders groß und schwanken kurzfristig, da die thermische Belastung und die Temperaturschwankungen aufgrund der geringen Dicke der Putzschichten selbst und der geringen Wärmeleitfähigkeit des Putzgrundes (Wärmestau) besonders hoch sind. Besonders extreme sommerliche Temperaturbeanspruchungen sind bei dunkelfarbigen Oberflächen zu erwarten.

– Da es technisch nicht sinnvoll ist, die durch die Temperaturbeanspruchung hervorgerufenen Längenänderungsbestrebungen sowie die Schwindverkürzungen durch ein enges Raster von Dehnfugen aufzufangen, können Putze auf Wärmedämmungsuntergrund nur rissefrei bleiben, wenn die behinderten Verformungsbestrebungen keine großen Spannungen erzeugen, wenn ein kontinuierlicher Haftverbund mit dem Untergrund sichergestellt ist und wenn durch das Einlegen von Bewehrungsmatten oder Armierungsgeweben die Zugfestigkeit der Oberflächenschicht verbessert wird.

– Die seit etwa 20 Jahren in größerem Umfang vorliegenden Erfahrungen vor allem an Wärmedämmverbundsystemen mit Hartschaumplatten und gewebearmierten Kunstharzbeschichtungen zeigen, daß Systeme, die in allen Komponenten aufeinander abgestimmt wurden, voll funktionsfähig sind. Die notwendigen Anforderungen an die wesentlichen Materialkenngrößen von Wärmedämmverbundsystemen sind jedoch noch nicht völlig geklärt und nicht genormt. Aussagen über die langfristige Schadensfreiheit sind daher im wesentlichen nur aufgrund von Praxiserfahrungen möglich. Insbesondere hinsichtlich der neueren mineralischen Wärmedämmverbundsysteme bestehen daher noch Unsicherheiten über die Langzeitbewährung.

– Mit Spannungsspitzen in der Oberflächenschicht ist vor allen Dingen an Unterbrechungen des Untergrundes – so z.B. an den Dämmplattenstößen oder am Übergang zu anderen Baumaterialien zu rechnen. Ebenso geht von den Ecken der Bauwerksöffnungen eine Kerbwirkung aus.

– Besonders dünne Putzschichten (Kunstharzbeschichtungen) auf weichem Dämmplattenuntergrund sind erheblich weniger widerstandsfähig gegenüber Stoßbeanspruchungen als mineralische Putze auf Mauerwerksuntergrund.

Wände mit Außenputz
Schichtenfolge und Einzelschichten

– Risse und Beschädigungen in Putzen und Beschichtungen auf Dämmschichten können zu erheblichen Durchfeuchtungen führen, wenn das z. B. unter Staudruck in den Rißverlauf eindringende Niederschlagswasser über die Dämmplattenstöße oder aufgrund der Porosität des Dämmaterials in den Untergrund weitergeleitet wird. Aufgrund der in der Regel wasserabweisenden Eigenschaften des Putzes kann das einmal eingedrungene Wasser nämlich nur noch über den Diffusionsweg langsam austrocknen (s. auch B 1.1.2).

– Die Beanspruchung des Putzes bzw. der Beschichtung und damit die Rissegefahr nimmt weiter zu, wenn zusätzlich zu den Eigenspannungen Verformungen des Untergrundes auf die Beschichtung einwirken. Dies ist z. B. der Fall, wenn die Dämmplattenränder unzureichend verklebt werden; unzureichend abgelagerte Polystyrolplatten schrumpfen oder durchfeuchtete Holzwolleleichtbauplatten schwinden.

– Besonders bei den insgesamt nur ca. 6 mm dicken Kunstharzbeschichtungen können bereits geringe Höhenversprünge in der Dämmplattenoberfläche zu erheblichen Dickenschwankungen der Beschichtung führen. Auch diese Dickenschwankungen sind Schwachstellen, die zur Rißbildung neigen.

Daraus folgt als
Empfehlung zur Schwachstellenvermeidung:

● Bei Wärmedämmverbundsystemen müssen alle Komponenten (Dämmaterial, Kleber, Dübel, Beschichtungsmaterial, Armierung, Eckschutzschienen), aufeinander abgestimmt sein und daher vom gleichen Systemhersteller stammen. Es sollten nur Systeme mit nachgewiesener Langzeitbewährung verwendet werden.

● Die Dämmplatten sind im Verband zu verlegen und an den Rändern sorgfältig auf dem Untergrund zu verkleben und ggf. zusätzlich zu dübeln. Von den Ecken der Bauwerksöffnungen sollten keine Dämmplattenfugen ausgehen. Die Oberfläche der Dämmplatten darf keine Höhenversprünge aufweisen (abschmirgeln!).

● Polystyroldämmplatten sollten vor dem Einbau mindestens 6 Wochen abgelagert sein.

● Die durch eine Appretur ausreichend gegen Alkaliangriff beständigen Gewebeeinlagen sind mit Überlappungen an den Gewebestößen und mit zusätzlichen Eck- und Öffnungsanschlußverstärkungen zu versehen.

● Es sind Oberflächen mit heller Farbe zu bevorzugen.

● Bei Mehrschichtenleichtbauplatten als Putzuntergrund ist in einen deckend aufgebrachten Spritzbewurf aus Zementmörtel eine korrosionsgeschützte Putzbewehrung (Dicke 1 mm, Maschenweite 20 bis 25 mm) einzulegen. Diese Bewehrung muß mindestens 10 cm (besser 20 cm) über die Ränder des wärmegedämmten Bereichs hinausgeführt werden. Die Holzwolledeckschichten sind – z. B. durch frühzeitigen Auftrag des Spritzbewurfs – gegen Durchfeuchtung zu schützen.

● Wärmedämmverbundsysteme sollten nur in Bereichen eingesetzt werden, wo mit einer geringen mechanischen Beanspruchung zu rechnen ist – zumindest ist in diesen Bereichen die Putzschicht z. B. durch zusätzliche Armierung zu verstärken.

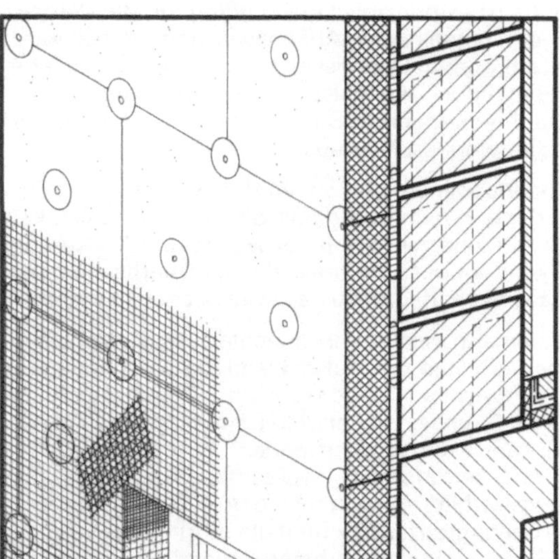

Wände mit Außenputz
Schichtenfolge und Einzelschichten

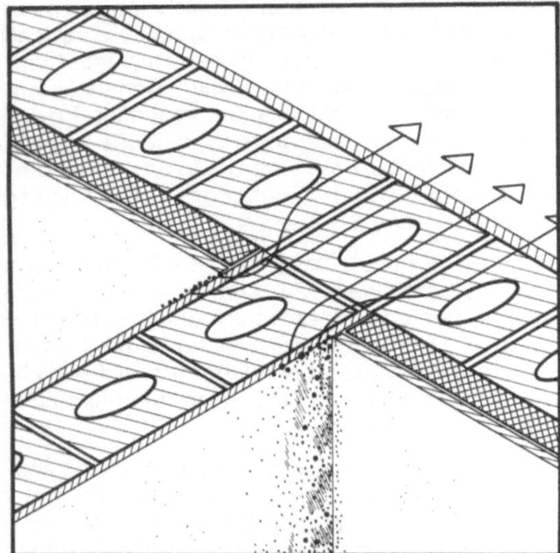

In innengedämmte Außenwände einbindende Trennwände und Decken zeigten in der Nähe der Einbindestelle Oberflächentauwasser und Schwärzepilzverfleckungen. Wohnungstrennwände, die an innenseitig mit verputzten Leichtbauplatten wärmegedämmte Außenwände anschlossen, wiesen nicht die erforderliche Luftschalldämmung auf.

Im Winter froren nicht durch gesonderte Dämmaßnahmen geschützte Installationsleitungen in innenseitig gedämmten Außenwänden ein.

Durchfeuchtungsschäden, die eindeutig auf Tauwasserbildung im Wandquerschnitt zurückzuführen waren, konnten bei verputzten Mauerwerksquerschnitten mit innenliegenden Wärmedämmungen nicht beobachtet werden.

Zu bedenken ist:

– Will man bei Putzbauten einen Außenwandquerschnitt mit hohem Wärmedämmwert nicht durch außenseitige Dämmaßnahmen (Wärmedämmverbundsysteme) herstellen – z. B. wegen der höheren mechanischen Widerstandsfähigkeit eines Putzes auf Mauerwerksuntergrund – so können Innendämmungen eingesetzt werden. Für den Gesamtwärmedämmwert eines Wandquerschnitts ist es prinzipiell gleichgültig, ob die Wärmedämmung auf der Innen- oder Außenseite angeordnet wird. Besonders bei sehr großen Dämmschichtdicken wirken sich bei Innendämmungen jedoch die meist nicht vermeidbaren Unterbrechungen durch einbindende Bauteile sehr negativ auf den erzielbaren Gesamtwärmeschutz aus.

– Auch durch Innendämmaßnahmen wird die innere Oberflächentemperatur angehoben und damit die Wohnbehaglichkeit verbessert. Durchbrechen jedoch Innenwände und Decken die Dämmung, so kann an der Einbindestelle die Oberflächentemperatur so tief absinken, daß es zu Tauwasserschäden kommt.

– Durch Innendämmaßnahmen verschlechtert sich das diffusionstechnische Verhalten der Außenwand, da die Temperatur im Grenzbereich zwischen Mauerwerk und Dämmschicht im Winter sehr tief ist. Sind der verwendete Dämmstoff (z. B. Mineralfaserplatten) und die angrenzenden Innenoberflächenschichten (z. B. Gipskartonplatten) wasserdampfdurchlässig, so kann es zu Tauwasserbildungen kommen. Aufgrund der großen Speichermasse der angrenzenden Bauteile führt dieser Vorgang jedoch in aller Regel nicht zu sichtbaren Feuchtigkeitsschäden, allerdings können feuchtigkeitsempfindliche Dämmstoffe verrotten.

– Innendämmungen mit im akustischen Sinne steifen Dämmstoffen (z. B. Hartschaum und innenseitigem Trockenputz) verschlechtern sowohl den Schallschutz der Außenwand als auch von einbindenden Bauteilen. Die Innendämmaßnahme stellt nämlich ein Feder-Masse-System dar, dessen Resonanzfrequenz im hörbaren Bereich liegt. Infolge Schall-Längsleitung wird über die tragende Schale Schallenergie in den Nachbarraum übertragen und dort abgestrahlt. Verwendet man Dämmstoffe mit geringer dynamischer Steifigkeit, so verbessert sich aufgrund der sehr tiefen Resonanzfrequenzen der Schallschutz.

– Räume mit Innendämmungen sind bei intermittierendem Heizbetrieb rascher aufheizbar, sie kühlen zugleich aber auch schneller aus. Bei stationärer Beheizung sind diese Vorgänge unerheblich.

– Bei Innendämmungen ist die tragende Wandschale voll den Schwankungen des Außenklimas ausgesetzt. Damit nehmen die thermisch bedingten Längenänderungsbestrebungen der Wand zu. Überlagern sich diese in ungünstiger Weise mit Schwind-, Quell- und Kriechvorgängen, so besteht besonders bei vielgeschossigen Gebäuden erhöhte Rißgefahr.

Wände mit Außenputz
Schichtenfolge und Einzelschichten

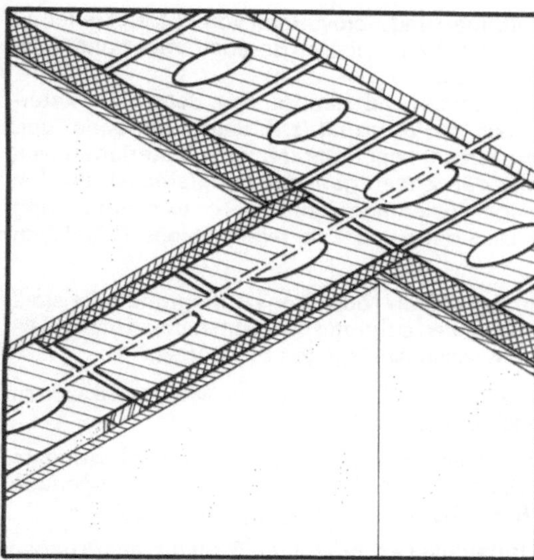

– Verlaufen Installationsleitungen ohne besonderen Wärmeschutz in Außenwänden, die innenseitig gedämmt sind, so wirkt die Wärme des Innenraums im Winter nicht temperaturausgleichend. Die Leitungen frieren leichter ein.

Daraus folgt als
Empfehlung zur Schwachstellenvermeidung:

● Bestehen innenseitig angebrachte Wärmedämmschichten nicht aus einem Material mit hohem Dampfsperrwert (z.B. aus Polystyrol- oder PUR-Hartschaumplatten), so sollten sie durch eine raumseitig angebrachte Dampfsperre (z. B. Polyäthylenfolien) geschützt werden.

● In Innendämmungen einbindende Innenbauteile sind an der Einbindestelle i.d.R. ebenfalls zu dämmen (Breite des Streifens ca. 50 cm, Dicke des Dämmstoffs mindestens 20 mm). Werden an das einbindende Bauteil Schallschutzanforderungen gestellt, so sollten zur Innendämmung Dämmstoffe mit geringer dynamischer Steifigkeit (z. B. Mineralfaserdämmstoffe) verwendet werden, die dann eine innere Dampfsperre benötigen.

Wände mit Außenputz
Schichtenfolge und Einzelschichten

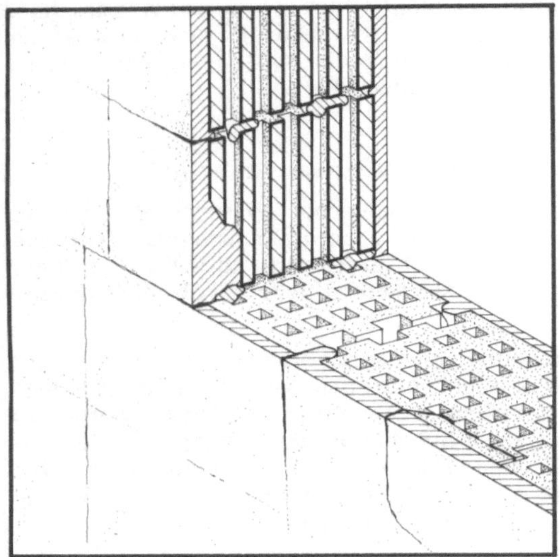

Die meisten Rißbildungen und Ablösungen von Putzen stehen in ursächlichem Zusammenhang mit der Beschaffenheit und Ausführung des Putzgrundes.
Große Putzrisse zeichneten die Ränder von Bereichen unterschiedlichem Materials im Putzgrund (z.B. Beton, Kalksand- und Leichtbetonsteine) nach oder der Putz platzte bei Materialwechsel im Untergrund über den Zonen geringer Saugfähigkeit ab. Die Fugen großformatiger Leichthochlochziegel-, Gasbeton- und Leichtbetonsteine zeichneten sich als regelmäßiges Rißbild im Putz ab.

Absprengungen im Stahlbeton- oder Ziegeluntergrund oder stark unterschiedliche Putzdicken aufgrund eines unebenen Untergrundes führten zu zonenweisen Ablösungen des Putzes.

Über vor dem Verputzen stark durchnäßten Mauerwerkszonen löste sich die Putzschale großflächig ab.

Netzartige Risse durch den Ober- und Unterputz waren besonders bei harten Putzen (Zementmörtel) und weichen, stark saugenden Untergründen (z.B. Gasbeton, Leichtziegel) zu beobachten.

In vielen Fällen schufen die beschriebenen Strukturzerstörungen der Putzfläche die Vorraussetzung für Durchfeuchtungsschäden im gesamten Querschnitt.

Zu bedenken ist:

– Die Erzielung einer guten Haftung auf dem Putzgrund und Rißfreiheit stellen die wesentlichen Aspekte bei der Beurteilung, Planung und Ausführung von Putzen und Putzgründen dar, da nur so eine ausreichende Standfestigkeit des Putzes und ein guter Wetterschutz erreicht werden kann.

– Für eine gute Putzhaftung ist die Rauhigkeit und die Saugfähigkeit des Untergrundes von besonderer Bedeutung. Bei rauhem Untergrund (z.B. Bimsleichtbetonsteine, Leichtziegel mit profilierter Oberfläche) wird die Haftung durch die mechanische Verzahnung des Mörtels erreicht, bei wenig rauhem, aber gut saugendem Untergrund (z.B. Ziegel) entsteht die Haftung durch die kittende Wirkung des in die Oberfläche dringenden Zementleims.

– Glatte, schlecht saugende Untergründe (z.B. Beton) können daher nur dann mit Putz versehen werden, wenn ihre Oberfläche entweder aufgerauht wird (z.B. grober Spritzbewurf) oder durch chemische Zusätze die Haftfähigkeit des Mörtels erhöht wird.

– Die Saugfähigkeit des Untergrundes beeinflußt auch die Saugfähigkeit des Putzes, da die vom Untergrund angesaugte Mörtelfeuchtigkeit vor dem Erhärten ein zum Untergrund gerichtetes Kapillarsystem hinterläßt. Weiterhin wird die Festigkeit des Putzes beeinflußt, da zu starke Feuchtigkeitsabgabe an den Untergrund eine unvollständige Aushärtung ergibt (»Verdursten«). Schließlich beeinflußt die Saugfähigkeit des Untergrundes die Verarbeitbarkeit des Putzmörtels, da ein schnell anziehender Mörtel nur kurzzeitig bearbeitbar ist. Ein schädlicher Feuchtigkeitsentzug kann bei gut saugenden Untergründen durch Vornässen, durch einen Spritzbewurf oder durch das Wasserrückhaltevermögen des Frischmörtels verbessernde Mörtelzusätze verhindert werden.

– Verarbeitungsmängel beim Vermauern wie

– Nichtbeachtung der Überbindemaße

– zu breite, schlecht vermörtelte Stoß- und Lagerfugen

– Einbau von rissigem oder stark beschädigtem Steinmaterial

– Ausfüllen von Verzahnungen an Wandenden und -ecken mit Mörtel- und Steinresten
führen besonders bei großformatigen Mauersteinen (z.B. Leichthochlochziegel) zu Rissen in der Putzschale.

– Im Hinblick auf die Rißfreiheit des Putzes ist an den Untergrund einmal die Forderung zu stellen, daß er die thermischen Bewegungen und Schwindbewegungen des Putzes behindert, er sollte also eine höhere Festigkeit als der Putz besitzen. Bei Leichtmauerwerksmaterialien ist dies sicher nur mit speziellen Werkmörteln, die eine nicht zu hohe Druckfestigkeit haben (siehe B 1.1.7), zu realisieren. Zum anderen dürfen die Längenänderungen des Untergrundes nicht zur Überbeanspruchung der Putzschicht führen. Dies ist besonders am Rand von Zonen unterschiedlichen Untergrundmaterials, bei großformatigen Steinen und am Anschluß verschiedener Bauteile der Fall.

– Wird vor allem bei stark saugenden Hochlochsteinen das fertiggestellte Mauerwerk bis zum Verputzen nicht vor starker Durchfeuchtung geschützt, so kann der aufgebrachte Putz auf dem wassergesättigten Untergrund nicht haften.

– Bei wechselndem Untergrund muß der Mauermörtel in der Regel wegen der Verarbeitbarkeit auf den saugfähigeren Untergrundteil eingestellt werden, der Mörtel über den weniger saugfähigen Teilen hat dann bei der Bearbeitung noch nicht genug angezogen und es ergeben sich Ablösungen. Ähnlich wirken sich stark unterschiedliche Putzdicken aus, da die dickeren Stellen langsamer anziehen.

Daraus folgt als
Empfehlung zur Schwachstellenvermeidung:

● Die Oberfläche von zu verputzenden Außenwänden soll aus einem einheitlichen, festen Material ohne Fehlstellen und Unebenheiten ausgeführt werden.

● Besonders bei großformatigen Mauersteinen ist auf die Einhaltung der Überbindemaße (mind. 40% der Steinhöhe), auf die vollständige Vermörtelung der Lagerfuge und bei Stoßfugenverzahnungen auf eine maximale Fugenbreite von 5 mm zu achten. Rissiges und stark beschädigtes Steinmaterial sollte unter Außenputzen nicht verwendet werden.

● Trockene, saugende Putzgründe sind vorzunässen, glatte und stark saugende Untergründe sind mit einem Spritzbewurf (je nach Festigkeit des Untergrundes MG II oder III mit grobkörnigem Sand bis $\varnothing$ 7 mm) mindestens 12 Stunden vor Beginn der Putzarbeiten zu versehen.

● Nach dem Vermauern ist das Mauerwerk bis zum Verputzen vor starken Durchfeuchtungen zu schützen. Besonders die Kronen von Mauerwerk aus Hochlochsteinen (Attiken, Fensterbrüstungen) sind abzudecken.

● Schmale Zonen unterschiedlichen Materials im Untergrund (z.B. Stahlbetonstützen) sollten mit verzinkten Putzträgern mit mindestens 10 cm seitlicher Überlappung überbrückt werden (siehe B 2.2.4 und B 2.3.2).

● Aus stark saugendem, weichem, großformatigem Steinmaterial (z.B. Holzspanbeton) hergestellte Außenwände, Außenwände mit starken Unebenheiten sowie Außenwände mit häufigem unregelmäßigem Materialwechsel im Untergrund sollten möglichst nicht mit mineralischen Außenputzen versehen werden. Müssen derartige Untergründe geputzt werden, so sollten mit Baustahlgewebe bewehrte Putzschalen oder ein Wärmedämmverbundsystem ausgeführt werden.

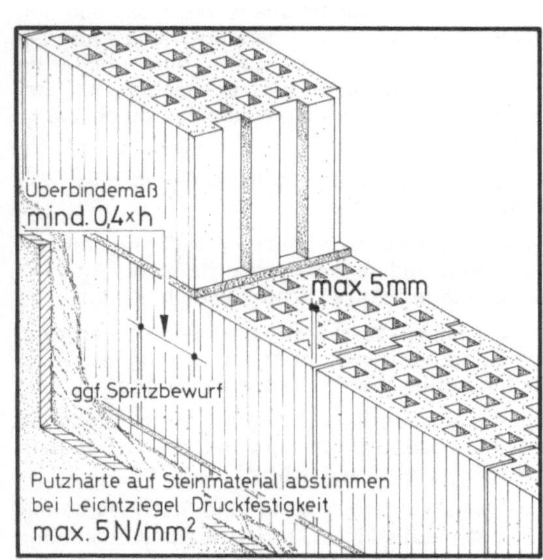

Wände mit Außenputz
Schichtenfolge und Einzelschichten

Trotz eines einwandfreien, putzfähigen Untergrundes sind an einer großen Zahl von Putzoberflächen netzartige Risse und großflächige Abplatzungen aufgetreten, die auf Fehler bei der Materialzusammensetzung und der Herstellung des Putzes zurückzuführen waren. Besonders häufig wurden diese Schäden bei dünnen, harten (bindemittelreichen) Putzen mit glatter Oberfläche und dunkler Farbgebung auf hochdämmendem Leichtmauerwerk beobachtet. Offensichtlich herstellungsbedingt waren Risse und Flecken, die Arbeitsabschnitte und nachgearbeitete Stellen markierten.

Zu bedenken ist:

– Außenputze mit weniger als 2 cm Dicke neigen stark zu Rißbildung, insbesondere, da dann bereits bei kleinen Unebenheiten im Untergrund sehr geringe Dicken entstehen können.

– Bei üblichen Putzmörteln macht eine Mindestdicke von 2 cm das Putzen in zwei Arbeitsgängen (Unterputz und Oberputz), notwendig.

– Werden bindemittelreiche, harte Oberputzschichten auf weicherem Untergrund aufgebracht, so führen die entstehenden Schwindspannungen leicht zu Rissen und Abplatzungen.

– Die meisten üblichen Außenputze der Mörtelgruppe P II sind daher für hochdämmende Leichtmauerwerksmaterialien mit niedriger Druckfestigkeit zu hart. Auf derartigen Untergründen darf daher die Putzfestigkeit bestimmte, eng umgrenzte Festigkeitseigenschaften nicht über- bzw. unterschreiten. Unter üblichen Baustellenbedingungen kann dies nur durch Werkmörtel sichergestellt werden.

– Die starken thermischen Belastungen dunkler Oberflächen wirken sich besonders nachteilig aus.

– Wird der Putzgrund oder der Unterputz mit Dichtungsmitteln versehen, so wird aufgrund der herabgesetzten Saugfähigkeit die Haftung der folgenden Putzschichten verschlechtert.

– Frischen Putzen kann durch Wasserabgabe an den Untergrund und durch hohe Temperaturen, Sonnenbestrahlung und Wind das zum Abbinden nötige Wasser entzogen werden.

– Bei glatt geriebenen Putzoberflächen bildet sich eine bindemittelangereicherte Außenzone, die zu Schwindrissen neigt. Sehr rauhe Oberflächen verschmutzen schnell.

– Anschlüsse bei Arbeitsunterbrechung und nachgearbeitete Stellen in der Fläche (Gerüstlöcher) ergeben zumindest einen Farbunterschied, häufig jedoch auch einen Abriß im Putz.

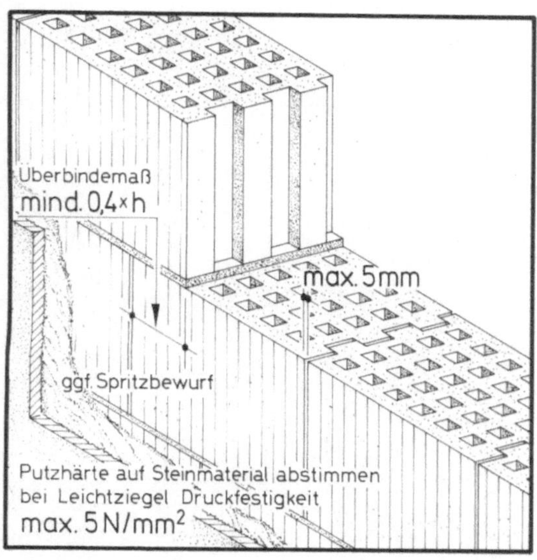

Daraus folgt als
Empfehlung zur Schwachstellenvermeidung:

● Mineralische Außenputze sollen im Mittel 2 cm dick ausgeführt werden. Die bei Luftporenmörteln einlagige, bei den üblichen Putzmörteln zweilagige Putzschicht soll nur auf sorgfältig vorbereitetem Putzgrund (siehe B 1.1.6) durch Anwerfen von Hand oder mit der Putzmaschine so aufgebracht werden, daß eine Verzahnung mit dem Untergrund entsteht.

● Putzschichten müssen vom Putzgrund ausgehend ein Festigkeitsgefälle von innen nach außen aufweisen.

● Bei Leichthochlochziegel- und Leichtbetonmauerwerk sollten Putze verwendet werden, deren im Labor ermittelte Druckfestigkeit (Prüfung gemäß DIN 18555, Teil 3) im Bereich zwischen 2,5 und 5 N/mm² liegt. Dies kann am sichersten durch die Verwendung von speziellen Werkmörteln erreicht werden.

● Dichtungsmittelzusätze, die besonders bei schlagregenbeanspruchten Wänden sinnvoll sind, sollten vorzugsweise einem mindestens 5 mm dicken Oberputz beigegeben werden.

● Wenn möglich, sollte nicht bei direkter Sonneneinstrahlung und starkem Wind geputzt werden, gegebenenfalls sind die frischen Putzflächen durch Planen zu schützen oder während des Abbindens feucht zu halten.

● Putze sollten möglichst eine mäßig rauhe Oberfläche erhalten – Kratzputzoberflächen sind zu bevorzugen.

● Gerüste sollten im Abstand von 30 cm vor der Wand aufgestellt und z. B. durch Verwendung von Gerüstdübeln so verankert werden, daß keine Nacharbeiten an der geputzten Wandfläche notwendig werden. Die Arbeiten sind so einzuteilen, daß zusammenhängende Flächen ohne Arbeitsunterbrechung fertiggestellt werden können.

Problempunkt: Sockel und Dachanschluß

Außenwände sind in Höhe des Geländes extremen Beanspruchungen ausgesetzt. Zu dem unmittelbaren Regenangriff kommen die Belastungen durch das Spritzwasser, evtl. unmittelbar anstehendes Oberflächenwasser und im Erdreich durch die Bodenfeuchtigkeit. Weiter wird – besonders im Bereich von Gehwegen, Hauseingängen und Parkflächen – die Wandoberfläche im Sockelbereich häufig starken Stoßbeanspruchungen ausgesetzt. Aus diesem Grunde werden dort besondere konstruktive Maßnahmen erforderlich. Ähnlich sind die Beanspruchungen im Anschlußbereich der horizontalen oder schwach geneigten Gebäudeaußenflächen an die aufgehenden Wände. Daher kann in beiden Situationen von Sockelzonen der Außenwände gesprochen werden.

Sockelzonen, ausgebildet als einschalige Wandquerschnitte mit Außenputz, stellen eine wirtschaftliche und bei fehlerfreier Planung und Ausführung funktionsgerechte Konstruktionsform dar. Sie werden nicht nur bei »Putzbauten« angewandt, sondern ebenfalls bei aufgehenden Außenwänden mit Bekleidungen oder Verblendschalen gewählt.

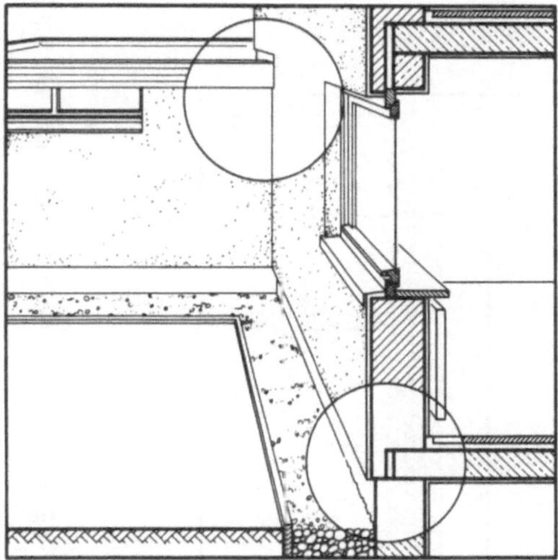

Die Schäden an »Putzsockeln« aus den traditionellen mineralischen Putzen stellten sich bei der zusammenfassenden Analyse überwiegend als Durchfeuchtungen und deren Folgeschäden dar. Bei Wärmedämmverbundsystemen sind Beschädigungen der Oberfläche durch Stoßbeanspruchungen häufig. Ein Teil der Schäden beruhte auf Mängeln in der Ausführung. Überwiegend lag die Ursache jedoch in ungenügender Berücksichtigung der besonderen und extremen Beanspruchungen, denen die Bauteile in den Sockelzonen ausgesetzt waren. Es waren falsche Materialien oder fehlerhafte Schichtenfolgen vorgesehen worden.

Waren die Sockelzonen von verputzten Außenwänden in einer anderen Konstruktionsform ausgeführt, so sind sie hier nicht behandelt. Diese sind aufzufinden unter den entsprechenden Abschnitten: A – Sichtmauerwerk und Sichtbeton, C – Bekleidungen, D – Verblendschalen. Die einzelnen typischen Schwachstellen an verputzten Außenwandsockelzonen werden nachfolgend eingehend dargestellt, analysiert und daraus folgende Empfehlungen zur Schadensvermeidung abgeleitet.

Wände mit Außenputz

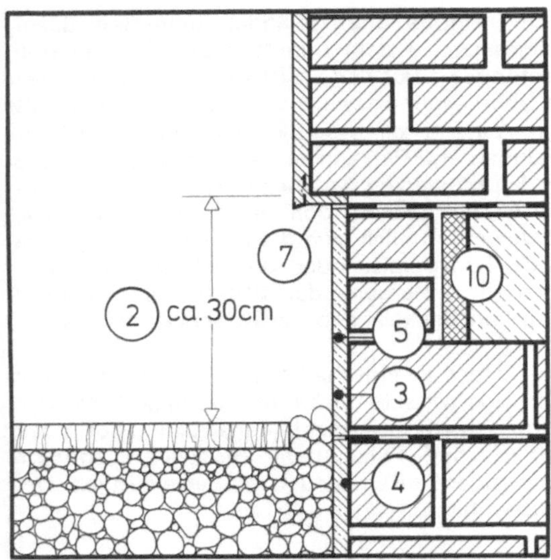

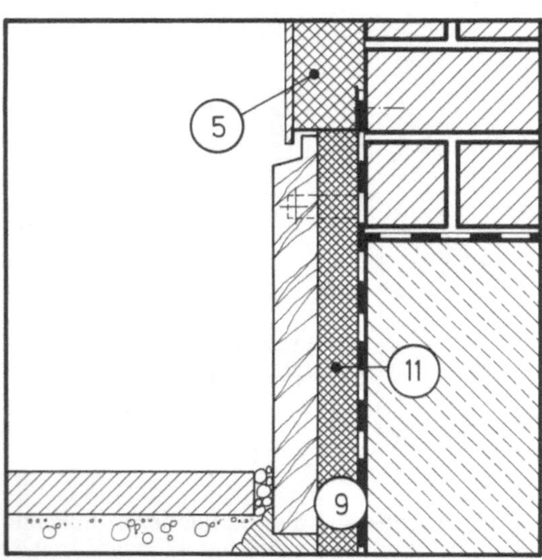

① Im Anschlußbereich horizontaler Gebäudeaußenflächen an aufgehende verputzte Außenwände muß die Dichtungsschicht über den in der speziellen Situation ungünstigenfalls zu erwartenden Wasserandrang hochgeführt werden. Die Abdichtung sollte die wasserführende Putzoberfläche hinterfahren. Die Aufkantung muß mindestens 15 cm höher sein als die Oberfläche des Daches — Dachhaut, Kiesschüttung, Belag (siehe B 2.1.3).

② In Spritzwasserhöhe, ca. 30 cm über dem Gelände, muß eine horizontale Sperrschicht in der Dicke der Wand eingebaut werden (siehe B 2.1.2).

③ In der Sockelzone muß eine vertikale Sperrschicht vorgesehen werden, die dicht an die horizontalen und vertikalen Sperrschichten der Kellerwand anschließt. Entweder ist der Putz in der Sockelzone wasserundurchlässig herzustellen (Sperrputz) oder auf einen 2 cm dicken mehrlagigen Putz III werden mehrlagige bituminöse Anstriche oder Spachtelmassen entsprechend DIN 18195, Teil 4, aufgebracht (siehe B 2.1.2).

④ Sockelzonen, die verputzt werden sollen, müssen einen einheitlichen, formbeständigen Putzgrund hoher Festigkeit ohne Fehlstellen aufweisen (siehe B 2.1.4).

⑤ Wärmedämmstoffe als Putzgrund sollten nur in Bereichen eingesetzt werden, wo mit einer geringen mechanischen Beanspruchung zu rechnen ist (siehe B 2.1.3 und B 2.1.4).

⑥ Der Sockelputz ist mindestens 2 cm dick in mehreren Lagen aus Putz der Mörtelgruppe III nach DIN 18550, Teil 1, auf einem sorgfältig vorbereiteten Untergrund herzustellen. Durch geeignete Zusammensetzung und Zusatz von Dichtungsmitteln kann dieser Sockelputz als Sperrputz ausgeführt werden (siehe B 2.1.4).

⑦ Die Sockelzone sollte gegenüber der verputzten aufgehenden Wand im Bereich der horizontalen Sperrschicht in Spritzwasserhöhe um mindestens 2 cm zurückspringen (siehe B 2.1.4).

⑧ Metallteile im Untergrund und Putz müssen einen ausreichenden Korrosionsschutz aufweisen, z. B. Feuerverzinkung (siehe B 2.1.4).

⑨ Der Wärmedurchlaßwiderstand der Kelleraußenwände muß entsprechend der Nutzung der Kellerräume bemessen werden. Bei beheizten Kellerräumen sollte ein Wärmedurchlaßwiderstand von mindestens 1,3 m² K/W ($k \leq 0,68$ W/m² K) vorgesehen werden (siehe B 2.1.5).

⑩ Die Stirnseiten der Kellerdecken im Auflagerbereich auf den Kellerwänden sind durch Wärmedämmschichten mit einem Wärmedurchlaßwiderstand von ca. 1,3 m² K/W zu schützen. Liegt die Kellerdecke innerhalb der Spritzwasserzone, so ist die Wärmedämmung außen mit einer Vormauerung aus dem Material der Sockelzone als Putzuntergrund zu versehen (siehe B 2.1.5).

⑪ Soll bei Kelleraußenwänden die Wärmedämmung außen aufgebracht werden, so sind hierfür feuchtigkeitsbeständige, bauaufsichtlich zugelassene Dämmstoffe einzusetzen. Innenseitig angeordnete Dämmschichten sollten einen hohen Wasserdampfdiffusionswiderstand aufweisen oder es sind zusätzliche Dampfsperren anzuordnen (siehe B 2.1.5).

Wände mit Außenputz
Sockel und Dachanschluß

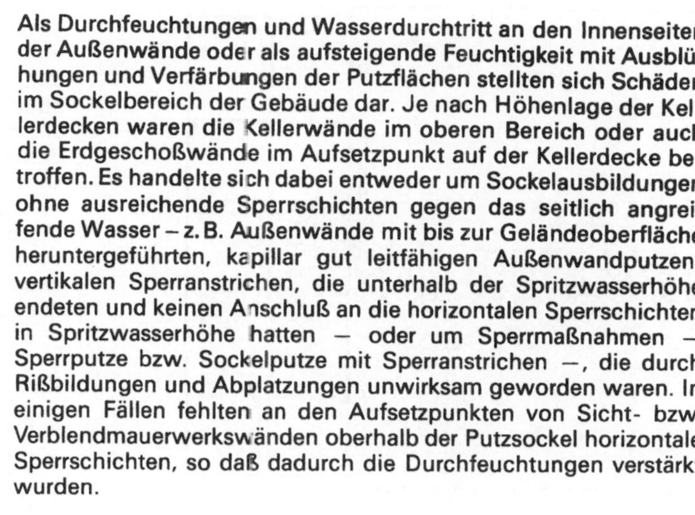

Als Durchfeuchtungen und Wasserdurchtritt an den Innenseiten der Außenwände oder als aufsteigende Feuchtigkeit mit Ausblühungen und Verfärbungen der Putzflächen stellten sich Schäden im Sockelbereich der Gebäude dar. Je nach Höhenlage der Kellerdecken waren die Kellerwände im oberen Bereich oder auch die Erdgeschoßwände im Aufsetzpunkt auf der Kellerdecke betroffen. Es handelte sich dabei entweder um Sockelausbildungen ohne ausreichende Sperrschichten gegen das seitlich angreifende Wasser – z. B. Außenwände mit bis zur Geländeoberfläche heruntergeführten, kapillar gut leitfähigen Außenwandputzen; vertikalen Sperranstrichen, die unterhalb der Spritzwasserhöhe endeten und keinen Anschluß an die horizontalen Sperrschichten in Spritzwasserhöhe hatten – oder um Sperrmaßnahmen – Sperrputze bzw. Sockelputze mit Sperranstrichen –, die durch Rißbildungen und Abplatzungen unwirksam geworden waren. In einigen Fällen fehlten an den Aufsetzpunkten von Sicht- bzw. Verblendmauerwerkswänden oberhalb der Putzsockel horizontale Sperrschichten, so daß dadurch die Durchfeuchtungen verstärkt wurden.

Zu bedenken ist:

- In Höhe des Geländes erfahren die aufgehenden Außenwände besondere Beanspruchungen. Zusätzlich zum Regen tritt Spritzwasser auf, das sich bis ca. 30 cm Höhe auswirken kann und Erdreich bzw. Schmutzteilchen auf die Sockelfläche bringt.

- Auf der Geländeoberfläche kann sich Wasser in Pfützenform ansammeln und bei Gefälle zur Wand diese unmittelbar beanspruchen. Im Erdreich wirken Bodenfeuchtigkeit und Sickerwasser auf die Kellerwand ein.

- Die meisten Außenwandputze ohne besondere Eigenschaften und der Wandquerschnitt sind gegen diese Beanspruchungen nicht dicht. Das Wasser wird auf kapillarem Wege aufgenommen und auch aufwärts verteilt.

- Wird die horizontale Sperrschicht in der Sockelzone nicht konsequent bis in die Putzoberfläche geführt, weil sie dort störend in Erscheinung tritt, dann bildet der durchgehende Wandputz eine Brücke für kapillar aufsteigende Feuchtigkeit, wenn er nicht wasserabweisende Eigenschaften hat.

- Die Wandmaterialien, insbesondere im Sockelbereich, werden durch den dauernden Wechsel des Feuchtigkeitsgehaltes und durch möglichen Frostangriff stark beansprucht und eventuell zerstört.

Daraus folgt als
Empfehlung zur Schwachstellenvermeidung:

● In Spritzwasserhöhe, ca. 30 cm über dem Gelände, muß eine horizontale Sperrschicht in der Dicke der Wand eingebaut werden.

● In der Sockelzone muß eine vertikale Sperrschicht vorgesehen werden, die dicht an die horizontalen und vertikalen Sperrschichten der Kellerwand anschließt. Entweder ist der Putz in der Sockelzone wasserundurchlässig herzustellen (Sperrputz) oder auf einen 2 cm dicken mehrlagigen Putz III werden mehrlagige bituminöse Anstriche oder Spachtelmassen entsprechend DIN 18195, Teil 4, aufgebracht.

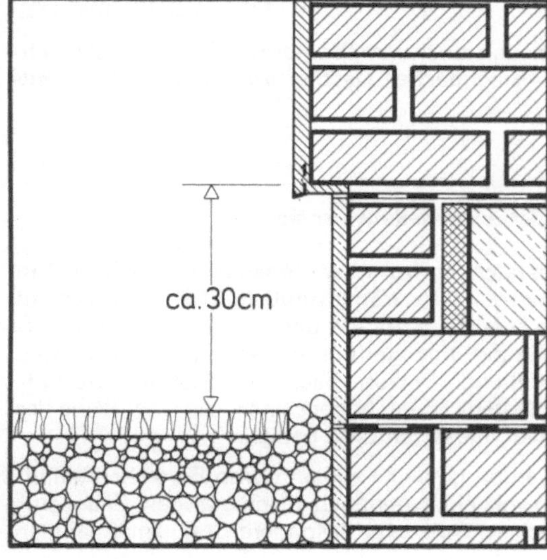

Wände mit Außenputz
Sockel und Dachanschluß

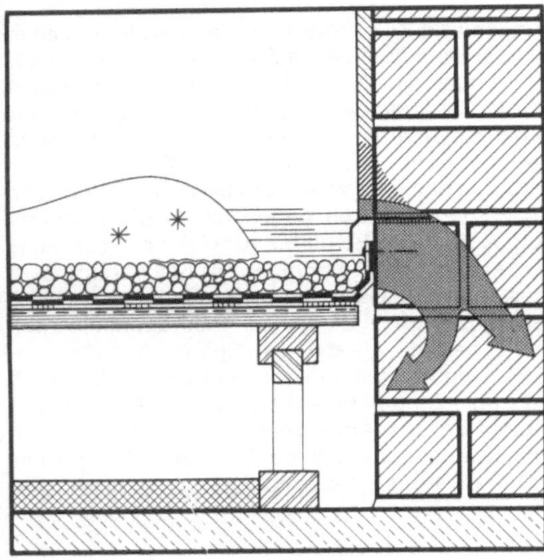

Durchfeuchtungen der Wandquerschnitte bis zu den Innenseiten mit aufsteigender Feuchtigkeit in den Wandquerschnitten und den Putzschichten und nachfolgenden Oberflächenschäden, ebenso Durchtreten von Wasser in die Dachkonstruktionen, vor allem in die Wärmedämmschichten, und in die darunterliegenden Räume wurden festgestellt, wenn keine ausreichende Aufkantung der Dichtungsschichten der angrenzenden Dachflächen im Anschluß an die aufgehenden Wände ausgeführt waren.
Waren die Wandputze bis zur Dachfläche heruntergeführt, dann traten auch weitere Putzschäden unmittelbar über den Dachflächen auf in Form von Rissen, zum Teil auch Ablösungen der Putzflächen vom Untergrund.

Zu bedenken ist:

– Flache oder flachgeneigte Gebäudeaußenflächen können auf ihrer Oberfläche aufgrund mangelhafter Entwässerung, fehlerhaften Gefälles, Windaufstauung oder bei schmelzender Schneedecke Pfützen aufweisen. Unmittelbar angrenzende aufgehende verputzte Wandflächen, die nicht durch eine Aufkantung der Dichtungsschicht geschützt sind, werden durch das anstehende Oberflächenwasser u. U. einem hydrostatischen Druck ausgesetzt und verstärkt durchfeuchtet.

– Besonders bei Dachflächen mit glatten Oberflächen, z. B. Balkonbelägen, auf denen sich bei Regen oder Schneeschmelze Wasserpfützen bilden, tritt zusätzlich Spritzwasser auf. Die Sockelzone der Außenwand erfährt auch dadurch eine erhöhte Wasserbelastung, die entsprechende Quell-/Schwindvorgänge der Putzschichten verursacht. Bei Frosteinwirkung kann es zu Ablösungen und Gefügezerstörungen kommen.

– Dachabdichtungen, die in ihrer Aufkantung lediglich gegen die Putzoberfläche geklebt oder angeklemmt sind, werden am Spalt zwischen Putz und Dachbahn und durch vom Putz kapillar aufgenommenes Wasser hinterlaufen. Durch später eintretende Putzschäden kann dieser Vorgang verstärkt werden.

– Vor allem im Anschlußbereich an genutzte Flächen sind außenliegende Wärmedämmverbundsysteme einem erhöhten Beschädigungsrisiko aufgrund mechanischer Überbeanspruchung ausgesetzt.

– Weitere Einzelheiten zu diesem Problempunkt sind »Schwachstellen, Band I – Flachdächer, Dachterrassen, Balkone« zu entnehmen.

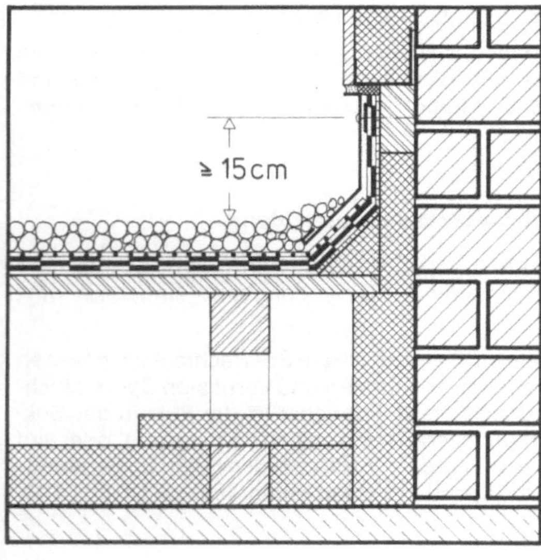

Daraus folgt als
Empfehlung zur Schwachstellenvermeidung:

● Im Anschlußbereich horizontaler Gebäudeaußenflächen an aufgehende verputzte Außenwände muß die Dichtungsschicht über den in der speziellen Situation ungünstigenfalls zu erwartenden Wasserandrang hochgeführt werden. Die Abdichtung sollte die wasserführende Putzoberfläche hinterfahren. Die Aufkantung muß mindestens 15 cm höher sein als die Oberfläche des Daches — Dachhaut, Kiesschüttung, Belag.

● Wärmedämmverbundsysteme sollten nur in Bereichen eingesetzt werden, wo mit einer geringen mechanischen Beanspruchung zu rechnen ist. Ggf. sind besondere Schutzmaßnahmen erforderlich.

Wände mit Außenputz
Sockel und Dachanschluß

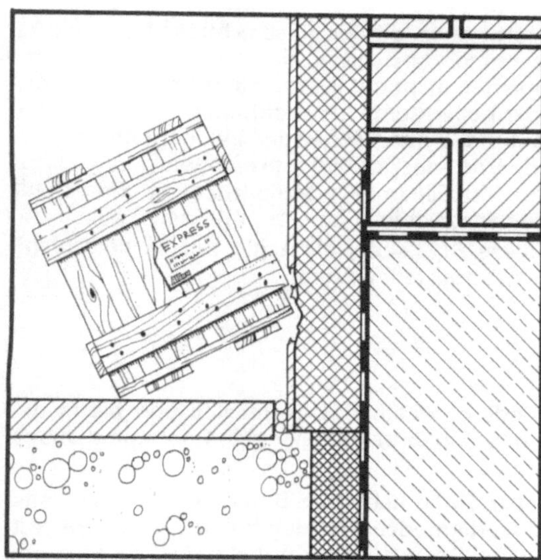

Zerstörungen der Putze in den Sockelzonen und nachfolgende Feuchtigkeitsschäden an den Wandquerschnitten waren auf Mängel des Putzgrundes, in einigen Fällen auf Fehler in der Herstellung des Sockelputzes zurückzuführen. War die Stirnseite der Kellerdecke bis zur Außenseite der Wand geführt und überputzt, dann zeichnete sie sich durch waagerechte, klaffende Risse ab oder der Putz lag in Teilflächen hohl und löste sich stellenweise. Risse bildeten sich auch an Übergangsstellen zwischen Mauerwerk und Wärmedämmstoffschichten. Bestand die Wärmedämmschicht z. B. aus Holzwolleleichtbauplatten, so wies der Putz ein enges Rissenetz oder Ablösungen der Putzflächen auf, wobei die Wärmedämmschicht Verrottungserscheinungen zeigte. Klaffende Risse und Durchfeuchtungen traten dort auf, wo der Sockelputz aus der Fassadenfläche vorstand.

Die Oberflächen von Wärmedämmverbundsystemen wurden im Bereich von Gehwegen, Hauseingängen und Parkplätzen zerstört.

Zu bedenken ist:

– Putz in Form von Sperrputz oder als Untergrund für äußere Sperranstriche verliert seine Schutzwirkung, sobald er Fehlstellen oder Risse aufweist.

– Gefährdet sind Putze vor allem durch Beanspruchungen aus dem Untergrund, besonders bei Bewegungsunterschieden an Grenzflächen von Bauteilen oder unterschiedlichen Baustoffen.

– Gerade die in der Sockelzone verwendeten harten und zementreichen Putzmörtel der Mörtelgruppe P III sind rißgefährdet, da sie häufig auf weniger festem Untergrund aufgebracht werden oder fälschlich einen zu hohen Zementanteil enthalten.

– Putze auf Wärmedämmschichten erfahren extreme Temperaturbeanspruchungen, da der Temperaturfluß in den Untergrund verzögert stattfindet. Sind Wärmedämmstoffe nicht feuchtigkeitsbeständig, muß mit deren Verrottung und der Zerstörung der Putzschichten gerechnet werden.

– Ebenso werden nicht korrosionsgeschützte Metallteile im Putz oder im Untergrund von der Feuchtigkeit, evtl. verstärkt durch aggressive Stoffe aus dem Erdreich, angegriffen.

– Vor die Wandfläche vorspringende Bauteile stauen das abrinnende Wasser und lassen es kapillar in den Putz und Wandquerschnitt eindringen.

Daraus folgt als
Empfehlung zur Schwachstellenvermeidung:

● Sockelzonen, die verputzt werden sollen, müssen einen einheitlichen, formbeständigen Putzgrund hoher Festigkeit ohne Fehlstellen aufweisen.

● Wärmedämmstoffe als Putzgrund sollten nur in Bereichen eingesetzt werden, wo mit einer geringen mechanischen Beanspruchung zu rechnen ist.

● Der Sockelputz ist mindestens 2 cm dick in mehreren Lagen aus Putz der Mörtelgruppe III nach DIN 18550, Teil 1, auf einem sorgfältig vorbereiteten Untergrund herzustellen. Durch geeignete Zusammensetzung und Zusatz von Dichtungsmitteln kann dieser Sockelputz als Sperrputz ausgeführt werden.

● Die Sockelzone sollte gegenüber der verputzten, aufgehenden Wand im Bereich der horizontalen Sperrschicht in Spritzwasserhöhe um mindestens 2 cm zurückspringen.

● Metallteile im Untergrund und Putz müssen einen ausreichenden Korrosionsschutz aufweisen, z.B. Feuerverzinkung.

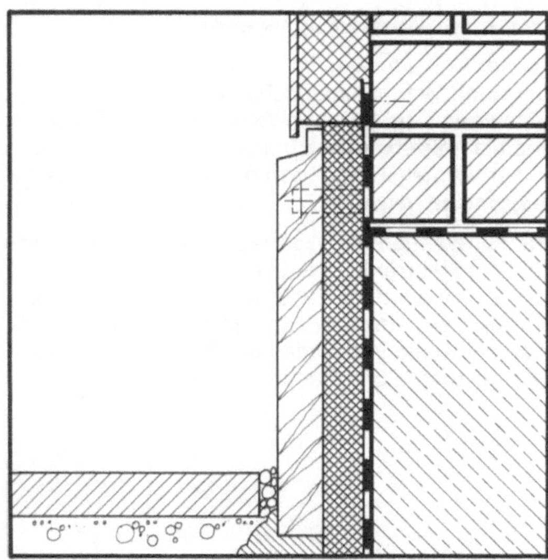

Wände mit Außenputz
Sockel und Dachanschluß

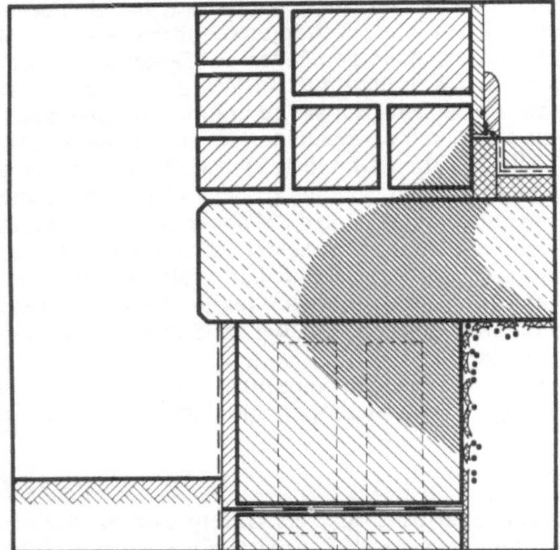

Eine Reihe von Sockelzonen, die aus einschichtigen Mauerwerks- oder Betonquerschnitten bestanden, bei denen die Stirnseiten der Kellerdeckenplatten nicht mit Wärmedämmschichten versehen waren und die Kellerräume als Wohnräume (Spielzimmer, Gästezimmer) genutzt wurden, wies an den Innenoberflächen der Kelleraußenwände und -decken, Eindunkelungen durch Staubbindung, in extremeren Fällen Schwärzepilzbildung und Schädigung der Oberflächenschichten (Tapeten, Anstriche) auf.

Vielfach waren diese Schäden gleichzeitig mit Niederschlagsdurchfeuchtungen festgestellt worden.

Zu bedenken ist:

- Kelleraußenwände oberhalb des Erdreiches und bis in den Boden hinein sind den extremen Wintertemperaturen ausgesetzt.
- Werden die Kellerräume beheizt, z. B. da sie als Aufenthaltsräume benutzt werden oder wird durch eine besondere Nutzung die Luftfeuchtigkeit stark erhöht, steigt die Taupunkttemperatur der Innenluft und damit die zur Vermeidung von Oberflächentauwasser erforderliche Oberflächentemperatur der Außenbauteile.
- Schwerbetondeckenplatten weisen eine hohe Wärmeleitfähigkeit auf. Sie bilden daher im Auflagerbereich materialbedingte Wärmebrücken mit entsprechend niedrigen Oberflächentemperaturen an den Deckenunterseiten im Bereich des Auflagers.
- Durch Anordnen eines außenliegenden Wärmedämmverbundsystems kann die Wärmedämmung ohne Unterbrechung vom Wand- in den Sockel-/Kellerbereich geführt werden. Ggf. ist ein Wechsel im Material der Wärmedämmung vorzunehmen. Maßnahmen zur Vermeidung mechanischer Beschädigungen sind einzuplanen.

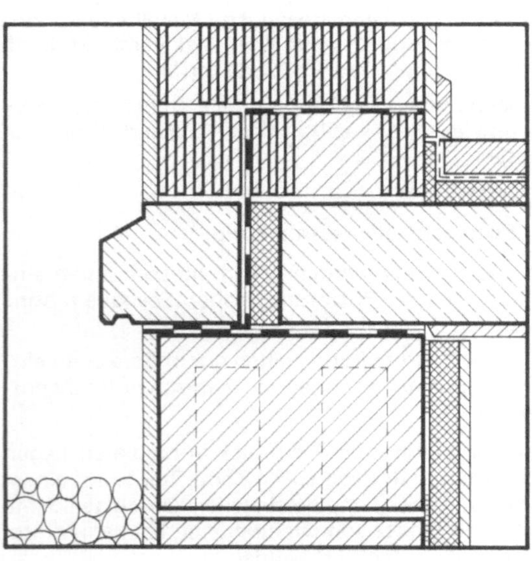

Daraus folgt als
Empfehlung zur Schwachstellenvermeidung:

● Der Wärmedurchlaßwiderstand der Kelleraußenwände muß entsprechend der Nutzung der Kellerräume bemessen werden. Bei beheizten Kellerräumen sollte ein Wärmedurchlaßwiderstand von mindestens 1,3 m²K/W ($k \leq 0,68$ W/m²K) vorgesehen werden (siehe auch B 1.1.3 — Wärmedämmwert der Wand).

● Die Stirnseiten der Kellerdecken im Auflagerbereich auf den Kellerwänden sind durch Wärmedämmschichten mit einem Wärmedurchlaßwiderstand von ca. 1,3 m²K/W zu schützen. Liegt die Kellerdecke innerhalb der Spritzwasserzone, so ist die Wärmedämmung außen mit einer Vormauerung aus dem Material der Sockelzone als Putzuntergrund zu versehen.

● Soll bei Kelleraußenwänden die Wärmedämmung außen aufgebracht werden, so sind hierfür feuchtigkeitsbeständige, bauaufsichtlich zugelassene Dämmstoffe (z. B. extrudierte Polystyrolhartschäume) einzusetzen. Innenseitig angeordnete Dämmschichten sollten einen hohen Wasserdampfdiffusionswiderstand aufweisen oder es sind zusätzliche Dampfsperren anzuordnen.

Problempunkt: Dach- und Geschoßdeckenauflager

An den Auflagern von Dach- und Geschoßdecken müssen zwei unterschiedliche Tragglieder – meist eine Stahlbetonmassivplatte und eine verputzte Mauerwerkswand – so miteinander verbunden werden, daß neben den Aufgaben der Lastabtragung die übrigen Funktionen der Wand- und Deckenbauteile erfüllt werden.

Bei Dachdeckenauflagern müssen, unabhängig von der Konstruktionsart des Daches – ein- oder zweischaliges Flachdach, geneigtes Dach –, die klimatischen Belastungen und die meist fehlende Randeinspannung der Deckenplatten konstruktiv berücksichtigt werden. Vielfach werden aus formalen gestalterischen Gründen z.B. bei der Dachrandausbildung in Form von Attiken oder Gesimsen zusätzliche Probleme aufgeworfen. Die Geschoßdeckenauflager bei verputzten Mauerwerkswänden bilden »Störstellen« in der Außenwand. Putzbauten stellen hohe Anforderungen an die Einheitlichkeit im Material der Wand, ebenso dürfen im Untergrund keine größeren Form- und Längenänderungsunterschiede auftreten. Weiterhin muß an jeder Stelle der Außenwand der Mindestwärmedurchlaßwiderstand nach DIN 4108 eingehalten werden.

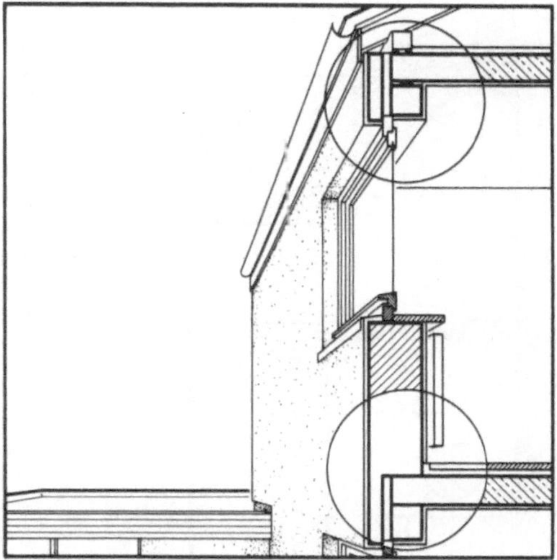

Diese konstruktiven Forderungen waren gerade bei Putzbauten besonders häufig nicht erfüllt. Vor allem traten daher an der Außenseite im Auflagerbereich von Dachdecken und Geschoßdecken Risse und Zerstörungen der Putze, zum Teil auch der tragenden Wandquerschnitte auf. Bei den neueren Außenwandkonstruktionen aus hochdämmendem Leichtmauerwerk wurden diese Schäden in auffällig großer Zahl beobachtet. Unmittelbare Folgeschäden davon waren dann Durchfeuchtungen bis zu den Wandinnenseiten. An den Innenseiten der Deckenplatten und den angrenzenden Wandflächen kam es in einigen Fällen auch unabhängig von äußeren Putzschäden zu Feuchtigkeitsschäden.

Anschließend werden diese Schadensgruppen nach Erscheinungsbild und Ursachen getrennt dargestellt und Empfehlungen zur Vermeidung dieser Schäden abgeleitet.

Wände mit Außenputz

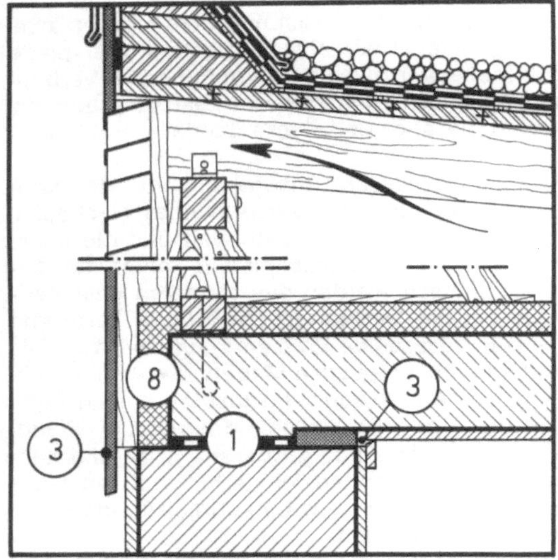

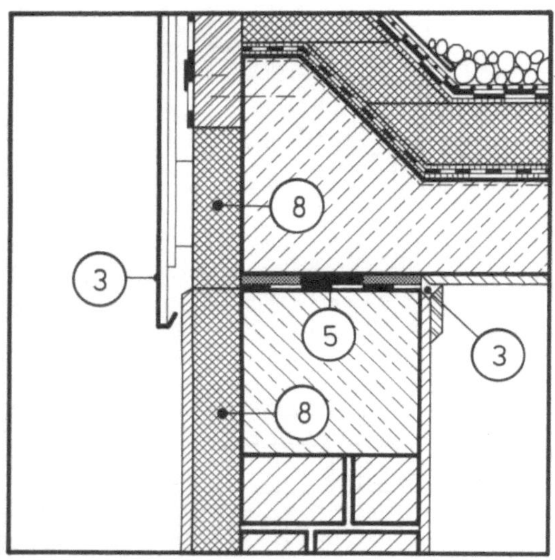

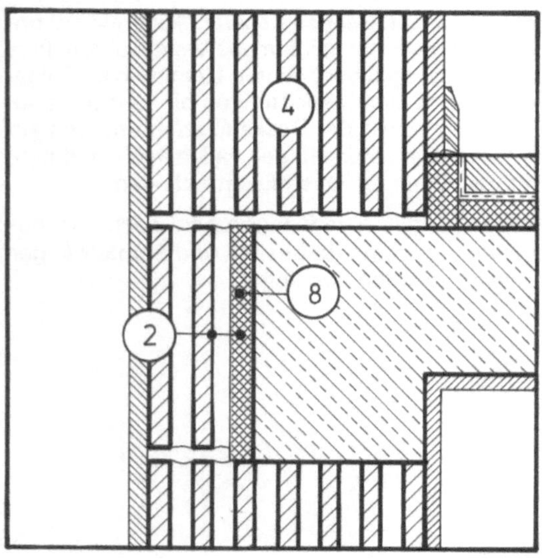

① Können Dachdeckenplatten unverschiebbar auf Außenwände aufgelagert werden, so sollen in die Auflagerfuge vor dem Betonieren eine Trennfolie (z. B. Bitumen- oder Kunststoffbahn) und im inneren Drittel der Auflagerfläche ein weiches Material z. B. ein Wärmedämmstoffstreifen von ca. 1 cm Dicke eingelegt werden (siehe B 2.2.2).

② Deckenauflager, die verputzt werden, sollen außen mit einer ½-Stein dicken Vormauerung aus dem Wandbaumaterial versehen werden. Ein Kontakt zwischen Deckenplatte und Vormauerung muß durch Einlegen von weichen Wärmedämmstoffstreifen verhindert werden (siehe B 2.2.2).

③ Über der Auflagerfuge der Dachdecke sollten sowohl der Außen- als auch der Innenputz durch Fugen getrennt werden, wobei die Fuge im Außenputz mit Fugendichtungsmasse zu verfüllen ist. Vorzuziehen ist die Abdeckung dieser Stelle z. B. durch die Blenden der Dachrandkonstruktionen (siehe B 2.2.2).

④ Besonders bei Leichtmauerwerk sind die Auswirkungen der Auflagerverdrehung der oberen Geschoßdecke sorgfältig zu überprüfen, ggf. muß eine massive Dachdecke eingebaut werden oder für die oberste Geschoßdecke eine geringere Schlankheit gewählt werden (siehe B 2.2.2).

⑤ Sollen die zu erwartenden Längenänderungen durch verschiebbare Auflagerung aufgenommen werden, so muß die Horizontalaussteifung der Wände, z. B. durch einen Betonringbalken, auf dem oberen Wandende sichergestellt werden. Nichttragende Wände müssen von der Decke getrennt werden (siehe B 2.2.3).

⑥ Die Flächen der Gleitfuge müssen mit besonderer Sorgfalt geglättet werden. Gleitfolien sollten durch zusätzliche Elastomerlagerstreifen die verbleibenden Unebenheiten ausgleichen können. Punktförmige, hochwertige Gleitlager sollten Gleitfolien vorgezogen werden (siehe B 2.2.3).

⑦ Ist das Verputzen von außenseitig mit Wärmedämmstoffen (z. B. Holzwolle-Leichtbauplatten) versehenen Deckenstirnseiten nicht zu vermeiden, dann muß die gesamte Fläche der Wärmedämmschicht einschließlich einer mindestens 10 cm breiten Überlappung zum umgebenden Mauerwerk mit einer Drahtnetzeinlage entsprechend DIN 1102 versehen und durch einen Spritzbewurf vorbehandelt werden (siehe B 2.2.4).

⑧ Dach- und Geschoßdecken im Auflagerbereich auf Außenwänden, ebenso Stahlbetonringanker, müssen an ihren äußeren Stirnseiten durch eine Wärmedämmschicht mit einem Wärmedurchlaßwiderstand von ca. 1,3 m² K/W geschützt werden. Außen ist vor die Wärmedämmung eine ¹/₂-Stein dicke Vormauerung aus dem Wandbaumaterial zu setzen, wenn dadurch nicht die statisch erforderliche Auflagertiefe verringert wird (siehe B 2.2.4 und B 2.2.5).

⑨ Soll außen in der Fassade Beton in Erscheinung treten, so sind z. B. im Geschoßdeckenbereich bandartige Fertigteile vor einer Wärmedämmschicht zu versetzen; Attiken sind als auf der Dachdeckenplatte verschiebbar gelagerte (Trennfolie) und verankerte Stahlbetonfertigteile auszuführen (siehe B 2.2.5).

⑩ Bei monolithischer Ausbildung von Attiken und Gesimsen als auskragende Teile der Deckenplatten sind diese möglichst bis mindestens 1 m Attikahöhe bzw. Auskragungslänge in die äußere Wärmedämmung mit einzubeziehen. Entsprechend der thermischen Beanspruchung muß durch eine zusätzliche Bewehrung die Rißbreite auf ein unschädliches Maß begrenzt werden. An der Innenseite der zugehörigen Deckenplatte muß ein mindestens 0,5 m breiter Streifen Wärmedämmschicht der Wärmeleitfähigkeitsgruppe 040 von 2 cm Dicke angeordnet werden. Dies ist auch erforderlich, wenn die Stirnflächen von Dach- und Geschoßdecken keine außenliegende Wärmedämmung erhalten (siehe B 2.2.5).

Wände mit Außenputz
Dach- und Geschoßdeckenauflager

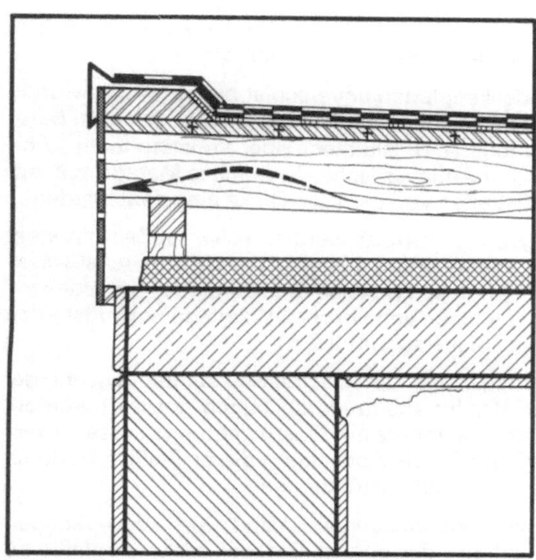

Hauptsächlich horizontale, klaffende Risse im Außenputz, teilweise auch bis zur Innenseite durchgehend, waren an den Auflagern von Dachdeckenplatten ein- und zweischaliger flacher und geneigter Dächer beobachtet worden, deren Abmessungen klein waren (unter 10,0 bis 12,0 m) und die in der Regel auf ihren Oberseiten Wärmedämmschichten mit Wärmedurchlaßwiderständen in der Größe der Mindestforderungen der DIN 4108 aufwiesen.

Die Risse bildeten meist die Unter- bzw. Oberkanten der auf den Mauerwerkswänden aufgelegten Deckenplatten, in einigen Fällen die Lagerfugen des Mauerwerks eine oder mehrere Steinschichten darunter ab. Vielfach nahm die Rißbreite zu den Gebäudeaußenecken hin zu. Diese Rißbilder waren auch an Geschoßdecken aufgetreten.

Als Folge solcher Putzschäden traten, vor allem bei schlagregenbeanspruchten Fassaden, Durchfeuchtungen der Wandquerschnitte bis zu den Innenseiten auf.

Zu bedenken ist:

- Stahlbetondeckenplatten biegen sich – wie alle horizontalen Tragglieder – aufgrund von Eigen- und Nutzlasten durch. Hinzu kommen irreversible Durchbiegungsanteile aus Kriech- und Schwindvorgängen.

- Wird eine Stahlbetondeckenplatte auf eine unbewehrte Wand aufgelegt, erfährt sie, bedingt durch ihre Durchbiegung, im Auflager gegenüber der Wand eine Verdrehung. Dies kann innen zu Kantenpressung und Schäden am Putz führen, außen kann sich die Decke von dem Mauerwerk abheben, so daß in der Putzschicht ein entsprechender Riß entsteht. Solche Schäden sind zu erwarten, wenn die Durchbiegung aufgrund zu geringer Schlankheit oder zu frühen Ausschalens und Belastens der Deckenplatte sehr stark ist oder wenn die Deckenplatte zweiachsig gespannt ist und weder eine Zugverankerung an den Ecken noch eine Einspannung durch Auflast (z.B. eines weiteren Geschosses) vorhanden ist, so daß es zum Aufschüsseln der Ecken kommt. Diese Verformungsvorgänge im Auflagerbereich und damit die Gefahr von Putzrissen sind besonders groß in der Zeit unmittelbar ($^1/_2$ bis ca. 2 Jahre) nach der Fertigstellung der Deckenplatte.

- Die Deckenplatte kann durch unmittelbares Aufbetonieren auf rauhe bzw. stark profilierte Mauersteine mit diesen einen so kraftschlüssigen Verbund eingehen, daß der Abheberiß in den Lagerfugen des Mauerwerks unterhalb des Auflagers auftritt.

- Bei Außenwänden aus Leichtmauerwerk und leichten Dachkonstruktionen, kann ggf. die Auflast zur Einsparung der Ränder der darunter befindlichen Geschoßdecke nicht ausreichen, so daß dann ähnliche Auflagerverdrehungen wie bei einer Dachdecke auftreten. Rißbildungen im Außenputz im Verlauf der Auflagerfuge können dann die Folge sein.

- Weitere Einzelheiten zu diesem Problempunkt siehe »Schwachstellen, Band I – Flachdächer, Dachterrassen, Balkone und Band IV – Innenwände, Decken, Fußböden«.

Wände mit Außenputz
Dach- und Geschoßdeckenauflager

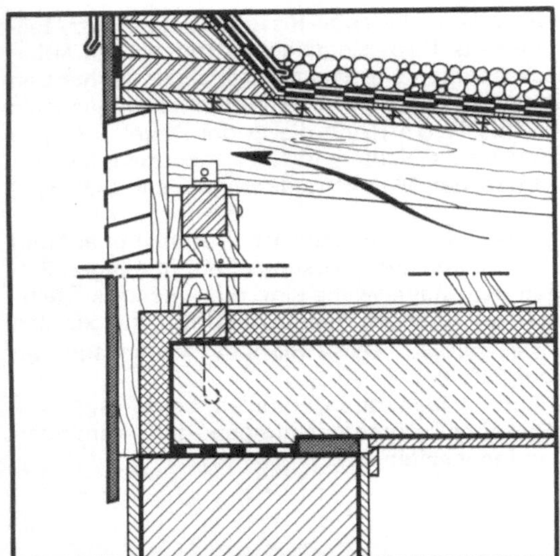

Daraus folgt als
Empfehlung zur Schwachstellenvermeidung:

● Können Dachdeckenplatten unverschiebbar auf Außenwände aufgelagert werden, so sollen in die Auflagerfuge vor dem Betonieren eine Trennfolie (z. B. Bitumen- oder Kunststoffbahn) und im inneren Drittel der Auflagerfläche ein weiches Material z. B. ein Wärmedämmstoffstreifen von ca. 1 cm Dicke eingelegt werden.

● Deckenauflager, die verputzt werden, sollen außen mit einer $^1/_2$-Stein dicken Vormauerung aus dem Wandbaumaterial versehen werden. Ein Kontakt zwischen Deckenplatte und Vormauerung muß durch Einlegen von weichen Wärmedämmstoffstreifen verhindert werden (Siehe auch B 2.2.4).

● Über der Auflagerfuge der Dachdecke sollten sowohl der Außen- als auch der Innenputz durch Fugen getrennt werden, wobei die Fuge im Außenputz mit Fugendichtungsmasse zu verfüllen ist. Vorzuziehen ist die Abdeckung dieser Stelle z. B. durch die Blenden der Dachrandkonstruktionen.

● Besonders bei Leichtmauerwerk sind die Auswirkungen der Auflagerverdrehung der oberen Geschoßdecke sorgfältig zu überprüfen, ggf. muß eine massive Dachdecke eingebaut werden oder für die oberste Geschoßdecke eine geringere Schlankheit gewählt werden.

Wände mit Außenputz
Dach- und Geschoßdeckenauflager

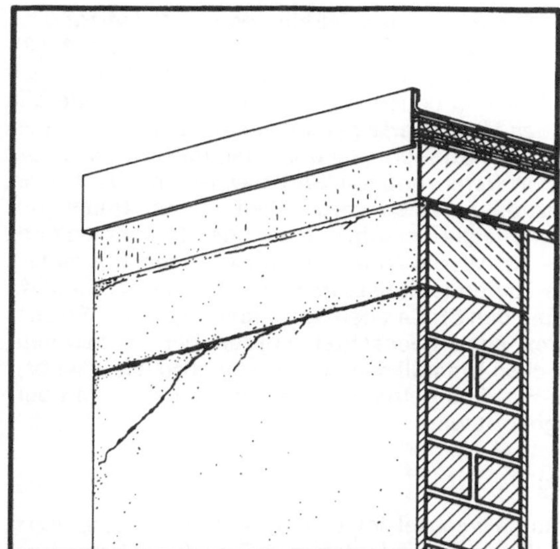

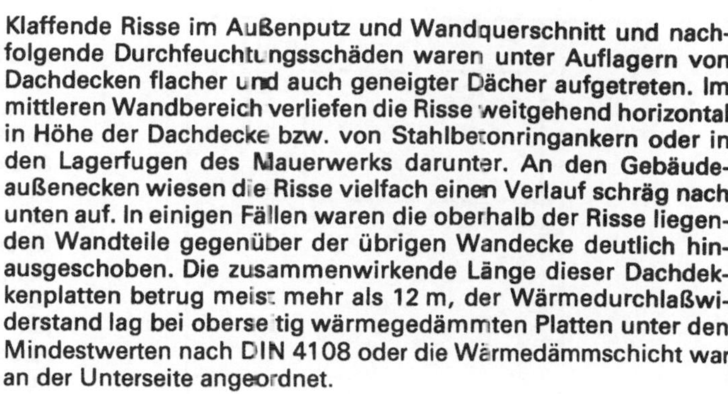

Klaffende Risse im Außenputz und Wandquerschnitt und nachfolgende Durchfeuchtungsschäden waren unter Auflagern von Dachdecken flacher und auch geneigter Dächer aufgetreten. Im mittleren Wandbereich verliefen die Risse weitgehend horizontal in Höhe der Dachdecke bzw. von Stahlbetonringankern oder in den Lagerfugen des Mauerwerks darunter. An den Gebäudeaußenecken wiesen die Risse vielfach einen Verlauf schräg nach unten auf. In einigen Fällen waren die oberhalb der Risse liegenden Wandteile gegenüber der übrigen Wandecke deutlich hinausgeschoben. Die zusammenwirkende Länge dieser Dachdekkenplatten betrug meist mehr als 12 m, der Wärmedurchlaßwiderstand lag bei oberseitig wärmegedämmten Platten unter den Mindestwerten nach DIN 4108 oder die Wärmedämmschicht war an der Unterseite angeordnet.

Zu bedenken ist:

– Dachdeckenplatten und Außenwände erfahren aufgrund der Unterschiede im Material und in der Lage am Gebäude unterschiedliche Längenänderungen. Dabei wird die Wand als Kopplungsglied zwischen Dachdecke und Geschoßdecke ein Stockwerk tiefer auch von Dehnungsunterschieden zwischen diesen beiden Decken beansprucht. Neben den an die Anfangsphase der Standzeit des Gebäudes gebundenen Form- und Längenänderungen (siehe B 2.2.2 – Unverschiebbare Auflagerung von Dach- und Geschoßdecken) treten vor allem dauernde temperaturbedingte Längenänderungen auf.

– In der Vergangenheit ging man davon aus, daß bei maßgeblichen Verschiebelängen > 6 m (dies entspricht bei mittiger Festpunktlage einer Bauteillänge von 12 m) die Dehnungsdifferenzen zwischen Dachdecke und darunterliegender Decke ein kritisches Maß überschreiten und so zu Risseschäden in der Wand unter der Betondecke führen können. Die DIN 18530 »Massive Deckenkonstruktionen für Dächer« fordert daher ab dieser Länge einen rechnerischen Nachweis der Unschädlichkeit der Verformungen. Ein solcher Nachweis ergibt in der Regel größere zulässige Verschiebelängen als 12 m, wenn eine Wärmedämmung entsprechend den Anforderungen der Wärmeschutzverordnung von 1982 auf der Oberseite der Dachdecke angeordnet ist.

– Die Gefahr des Auftretens schädlicher Dehnungsdifferenzen kann gemindert werden durch die Wahl geeigneter Baustoffe, durch hohe äußere Wärmedämmung auf der Dachdecke, durch die Anordnung von Gebäudedehnungsfugen oder die Anordnung von Gleit- oder Verformungslagern.

– Einfache Gleitlager, z. b. mit dünnen Gleitfolien, haben vielfach nicht die versprochene Wirkung, sind also nicht funktionsfähig. Hochwertige Lösungen sind dagegen u. U. unverhältnismäßig aufwendig, so daß sich statt dessen meist die anderen oben genannten Maßnahmen zur Begrenzung auf unschädliche Dehnungsdifferenzen anbieten.

Daraus folgt als
Empfehlung zur Schwachstellenvermeidung:

● Sollen die zu erwartenden Längenänderungen durch verschiebbare Auflagerung aufgenommen werden, so muß die Horizontalaussteifung der Wände, z.B. durch einen Betonringbalken, auf dem oberen Wandende sichergestellt werden. Nichttragende Wände müssen von der Decke getrennt werden.

● Die Flächen der Gleitfuge müssen mit besonderer Sorgfalt geglättet werden. Bei der Verwendung von Gleitfolien sollten durch zusätzliche Elastomerlagerstreifen die verbleibenden Unebenheiten ausgeglichen werden können.

● Punktförmige, hochwertige Gleitlager sollten Gleitfolien vorgezogen werden.

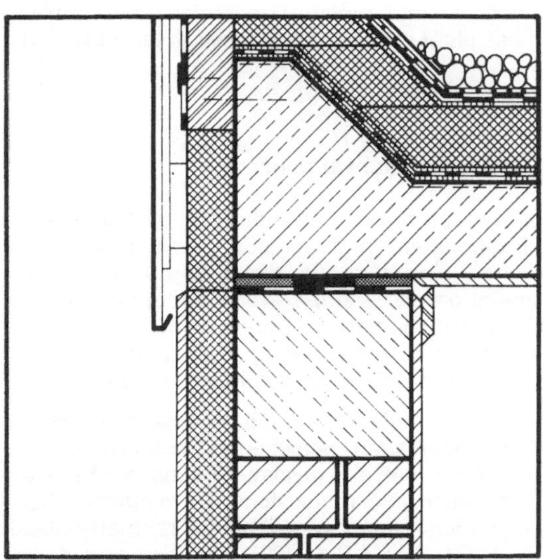

Wände mit Außenputz
Dach- und Geschoßdeckenauflager

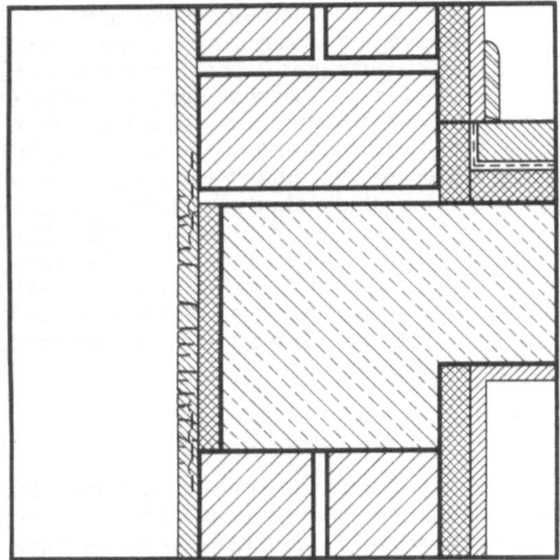

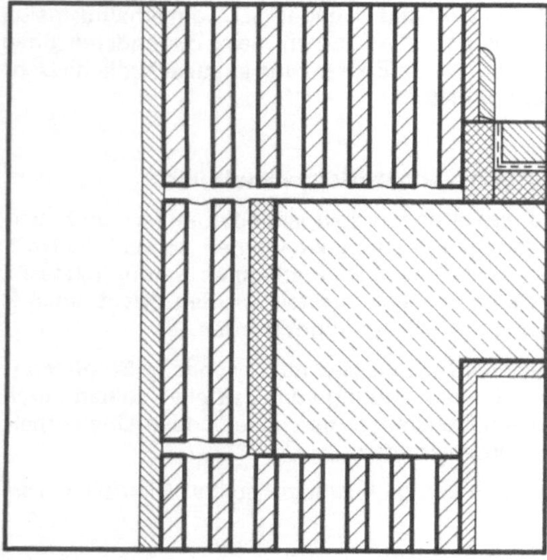

Neben den bereits dargestellten Rißbildungen im Auflagerbereich von Dach- und Geschoßdecken (siehe B 2.2.2 und B 2.2.3) waren noch weitere Schäden im Außenputz aufgetreten.
In den meisten Fällen, in denen die Stahlbetondeckenplatte bis zur Außenkante des Mauerwerks geführt war oder außen vor der Deckenstirnseite vom übrigen Wandbaumaterial abweichende Steine vorgemauert waren, und kein Spritzbewurf und keine oder zu schmale Putzträgergewebe vorgesehen waren, traten am Übergang zur Wandfläche Risse im Putz auf oder der Putz lag dort hohl und platzte ab. Waren Wärmedämmschichten überputzt, dann zeigten sich klaffende Abrisse im Übergang zum Wandfeld, teilweise auch über den Stößen der Wärmedämmplatten. Solche Absetzrisse waren auch beobachtet worden bei bandartigen Putzflächen zwischen Wandflächen mit Verblendschalen, wobei meist netzartige Risse aufgetreten waren, besonders wenn der Putz dunkel eingefärbt war.

Zu bedenken ist:

– Allein ein Materialwechsel im Untergrund kann, besonders bei unterschiedlicher Saugfähigkeit (z. B. Ziegel und Beton), zu Rissen im Putz führen. Im darüber aufgebrachten Putz wird ebenfalls eine unterschiedliche Saugfähigkeit ausgebildet, mit Quell-/Schwindunterschieden und nachfolgenden Rissen in der Grenzfläche (siehe auch B 1.1.6 – Mauerwerk als Putzgrund).

– Bei dunkler Färbung, verstärkt bei Anordnung über Wärmedämmstoffen, erfahren Putze extreme Temperaturschwankungen. Da die Putzschale über der relativ weichen Wärmedämmschicht „schwimmt", werden die Längenänderungsbestrebungen zwar in der Mitte der Putzflächen kontinuierlich behindert, aber nicht zu den Rändern hin. Wenn keine Dehnungsmöglichkeit vorgesehen ist, werden Spannungen hervorgerufen.

– Holzwolle-Leichtbauplatten weisen sehr große Quell-/Schwindmaße auf (1,5 bis 3,5 mm/m). Besonders bei harten Putzen kann es zu netzartigen Rissen in der Fläche und zu Abrissen über den Stößen der Wärmedämmplatten kommen.

– Nicht vorbehandelte Betonflächen stellen in der Regel einen schlechten Putzgrund dar (zu glatt, Schalölrückstände u. a.).

– Putzträgergewebe dienen vor allem dazu, den ungeeigneten Putzgrund zu ersetzen. Sie verhindern nicht Längenänderungen und Risse im Putz (wie die Stahlbewehrung bei Beton). Sie bewirken, daß anstelle vereinzelter Klaffrisse über die Fläche verteilt Haarrisse auftreten. Auch wenn nach DIN 1102 8 cm breite Drahtnetzstreifen über einer Grenzfläche des Untergrundes (z. B. Holzwolle-Leichtbauplatte/Ziegelmauerwerk) zulässig sind, sind diese nicht in der Lage, ungeeigneten Putzgrund zu ersetzen.

Daraus folgt als
Empfehlung zur Schwachstellenvermeidung:

● Wird der Außenwandputz über den Auflagerbereich der Dach- oder Geschoßdeckenplatten hinweggeführt, dann soll vor den Deckenstirnseiten eine ½-Stein dicke Vormauerung aus dem Wandbaumaterial gesetzt werden, wenn dadurch nicht die statisch erforderliche Auflagertiefe verringert wird. Ein Kontakt zwischen Deckenplatte und Vormauerung muß durch Einlegen von weichen Wärmedämmstoffstreifen verhindert werden.

● Ist das Verputzen von außenseitig mit Wärmedämmstoffen (z. B. Holzwolle-Leichtbauplatten) versehenen Deckenstirnseiten nicht zu vermeiden, dann muß die gesamte Fläche der Wärmedämmschicht einschließlich einer mindestens 10 cm breiten Überlappung zum umgebenden Mauerwerk mit einer Drahtnetzeinlage entsprechend DIN 1102, Abs. 4.3 (1980) versehen und durch einen Spritzbewurf vorbehandelt werden.

Wände mit Außenputz
Dach- und Geschoßdeckenauflager

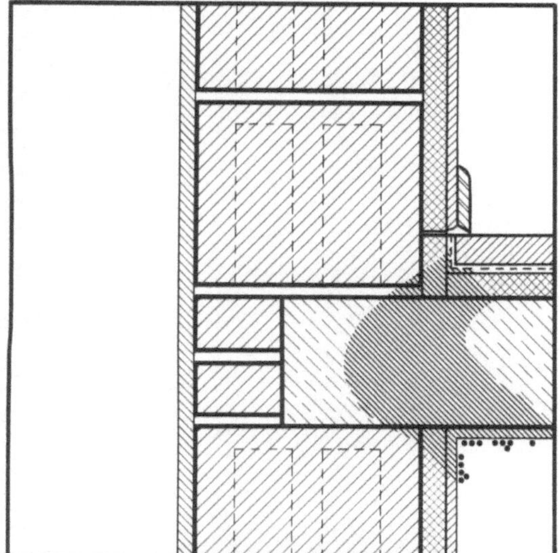

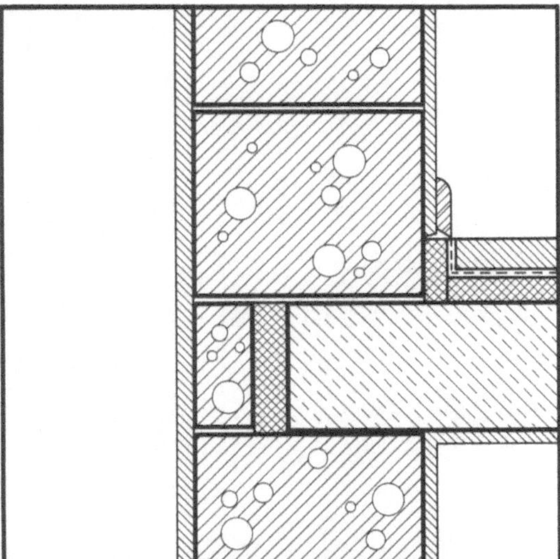

Dunkle Verfärbungen und Schwärzepilzbildung, seltener Zerstörungen der Anstriche und Tapeten an den Deckenunterseiten im Bereich längs der Außenwände waren festgestellt worden, wenn die Dach- und Geschoßdecken oder Stahlbetonringanker an ihren Stirnseiten im Auflagerbereich keine Wärmedämmschichten aufwiesen oder aber wenn sie als Sichtbetonbänder, Gesimse oder Attiken aus dem Baukörper hinausragten. An solchen Bauteilen waren meist Rißschäden aufgetreten, die senkrecht zur Hausfront verliefen, ebenso im Auflagerbereich der Deckenplatten (siehe B 2.2.3 – Verschiebbare Auflagerung von Dachdecken). An den Unterseiten waren Spuren ausgelaufenen Wassers mit Verschmutzungen und Ablagerungen vorhanden.

Zu bedenken ist:

– Im Eckbereich zwischen Decke und Außenwand ist die Oberflächentemperatur niedriger als in der Fläche der Wand. Dies beruht auf der verminderten Luftbewegung in der Ecke und auf der hohen Wärmeleitfähigkeit des Betons. Noch ungünstigere Oberflächentemperaturen treten auf, wenn die Stahlbetonteile eine große »kalte« Oberfläche aufweisen, wie z. B. bei Attiken.

– Aus dem Baukörper herausragende Bauteile unterliegen in ihrem gesamten Querschnitt den extremen Temperaturwechseln. Die über den Innenräumen liegenden »warmen« Deckenteile behindern die Längenänderungen der außenliegenden Teile, so daß es durch Eigenspannungen zu Rissen kommt. Die allseitige Ummantelung mit Wärmedämmstoffen vermindert die Temperaturwechsel vor allem bei weit auskragenden Bauteilen nur unwesentlich.

– Art und Stärke der Bewehrung der Stahlbetonbauteile beeinflussen nur die Breite und Anzahl der Risse im Beton. Durch zusätzliche dünne, gleichmäßig verteilte Bewehrungsprofile kann jedoch eine unschädlich kleine Rißbreite erreicht werden.

Daraus folgt als
Empfehlung zur Schwachstellenvermeidung:

● Dach- und Geschoßdecken im Auflagerbereich auf Außenwänden, ebenso Stahlbetonringanker, müssen an ihren äußeren Stirnseiten durch eine Wärmedämmschicht mit einem Wärmedurchlaßwiderstand von ca. 1,3 m²K/W geschützt werden. Außen ist vor die Wärmedämmung eine $^1/_2$-Stein dicke Vormauerung aus dem Wandbaumaterial zu setzen, wenn dadurch nicht die statisch erforderliche Auflagertiefe verringert wird.

● Ist eine außenliegende Wärmedämmung der Dach- und Geschoßdecken nicht möglich, so müssen die Deckenplatten an den Unterseiten mit einem 0,5 m breiten Streifen Wärmedämmschicht versehen werden.

● Soll außen in der Fassade Beton in Erscheinung treten, so sind z. B. im Geschoßdeckenbereich bandartige Fertigteile vor einer Wärmedämmschicht zu versetzen; Attiken sind als auf der Dachdeckenplatte verschiebbar gelagerte (Trennfolie) und verankerte Stahlbetonfertigteile auszuführen.

● Ist eine monolithische Ausbildung von Attiken und Gesimsen als auskragende Teile der Deckenplatten nicht zu vermeiden, sind diese möglichst bis mindestens 1 m Attikahöhe bzw. Auskragungslänge in die äußere Wärmedämmung mit einzubeziehen, und es muß entsprechend der thermischen Beanspruchung durch eine zusätzliche Bewehrung die Rißbreite auf ein unschädliches Maß begrenzt werden. An der Innenseite der zugehörigen Deckenplatte muß ein mindestens 0,5 m breiter Streifen Wärmedämmschicht der Wärmeleitfähigkeitsgruppe 040 von 2 cm Dicke angeordnet werden.

Problempunkt: Bereich der Bauwerksöffnungen

Durch die vielfältigen funktionalen, formalen, konstruktiven, bauphysikalischen und ausführungstechnischen Aspekte, die bei der Realisation des Bereichs der Bauwerksöffnung – Fenster, Sturz, Sohlbank, Heizkörpernische, Rolladen – zu berücksichtigen und aufeinander abzustimmen sind, ergibt sich besonders bei Putzbauten ein ausgesprochener Problempunkt.

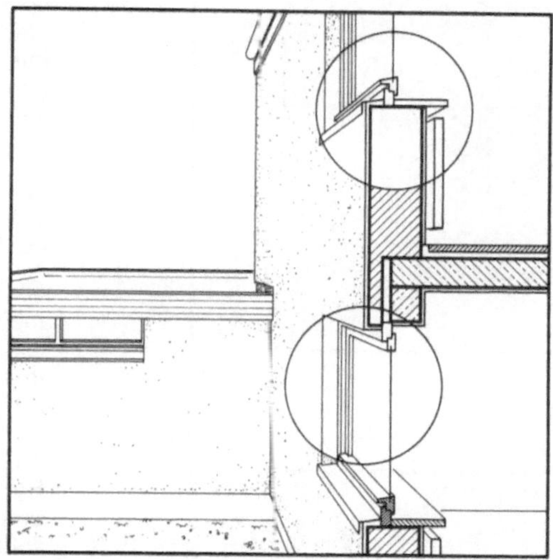

Bei Putzbauten beruhen dabei die Schäden an Sturz, Laibung, Sohlbank, Heizkörpernische und Rolladen im wesentlichen darauf, daß diese verschiedenen Bauteile mit unterschiedlichen Bewegungen und Materialeigenschaften häufig keinen einheitlichen Putzgrund ergeben, wodurch es zu Rissen im Putz kommt. Neben diesen spezifischen Putzproblemen treten hier jedoch ebenfalls die – auch andere Ausführungsformen der Wandquerschnitte betreffenden – Probleme eines dichten Blendrahmen- und Sohlbankanschlusses auf, die besonders bei Wärmedämmverbundsystemen von großer Bedeutung sind.
Ohne Berücksichtigung der Schwellenausbildung bei Balkon- und Terrassentüren (siehe »Schwachstellen, Band I – Flachdächer, Dachterrassen, Balkone«) werden im folgenden die auf der Grundlage von Erhebungen ermittelten Bauschäden zu Schwachstellen zusammengefaßt dargestellt und daraus Empfehlungen zur Schadensvermeidung abgeleitet.

Wände mit Außenputz

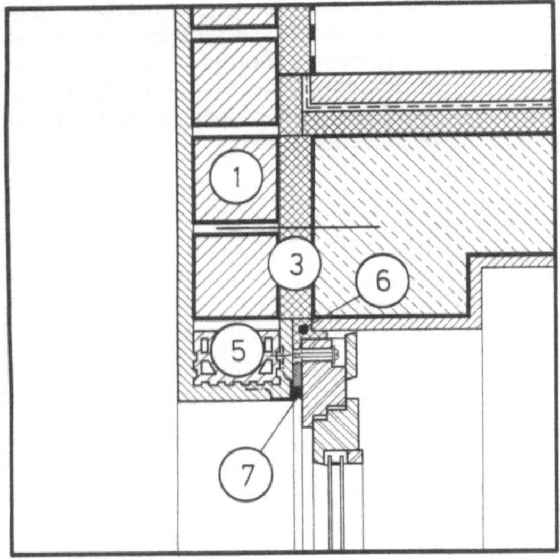

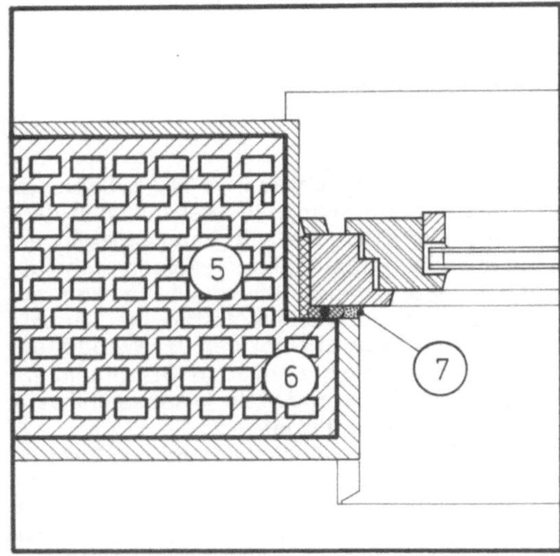

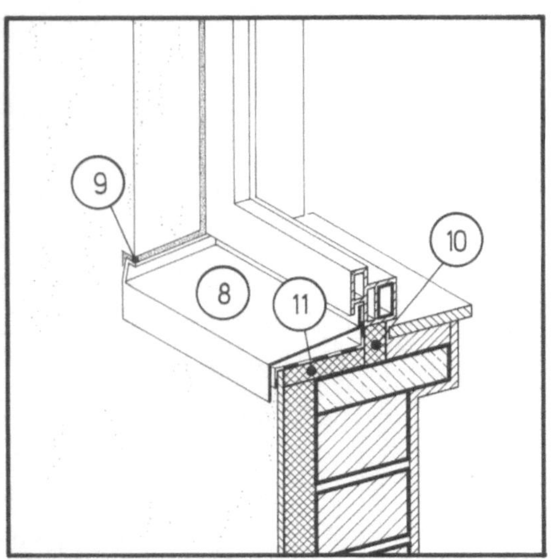

① Soll bei Putzbauten der Sturzbereich überputzt werden, so sollte der Sturz aus dem gleichen Material wie der übrige Putzgrund bestehen. Die Fertigstürze und Sturzsteine der verschiedenen Wandbaumaterialhersteller sollten daher bevorzugt verwendet werden. Der Putz ist dabei möglichst spät aufzubringen, damit ein Großteil der zu erwartenden Kriech- und Schwindverformungen des Untergrundes abgeschlossen ist (siehe B 2.3.2).

② Beim Verputzen von außenseitig mit Holzwolle-Leichtbauplatten versehenen Stahlbetonstürzen ist die gesamte Sturzfläche mit einer mindestens 10 cm breiten Überlappung zum umgebenden Mauerwerk mit einer Drahtnetzeinlage zu versehen und durch einen Spritzbewurf vorzubehandeln (siehe B 2.3.2).

③ Bei verputzten Außenwänden mit innen- und außenliegenden Wärmedämmschichten ist im Sturz- und Laibungsbereich die Wärmedämmschicht lückenlos bis zum Blendrahmen zu führen (siehe B 2.3.3).

④ Soll bei Putzbauten mit einschichtigen, aus ausreichend wärmedämmenden Wandbaumaterialien hergestellten Regelquerschnitten die Wärmebrücke im Sturz- und Laibungsbereich nicht in Kauf genommen werden, so ist besonders bei Räumen mit hoher Luftfeuchtigkeit auf der Sturz- und Laibungsinnenfläche eine mindestens 2 cm dicke Wärmedämmung der Wärmeleitfähigkeitsgruppe 040 oder besser anzuordnen. Bei innen wärmegedämmten Stahlbetonstürzen sollte die Wärmedämmung bis 50 cm in den umgebenden Deckenbereich geführt werden. Der Blendrahmen sollte etwa in Querschnittsmitte angeordnet werden (siehe B 2.3.3).

⑤ Sturz und Laibung sollten so mit einem Anschlag versehen werden, daß das Fenster möglichst nach Abschluß der Putzarbeiten von innen angeschlagen werden kann (Innenanschlag) (siehe B 2.3.4).

⑥ Ein direkter Kontakt zwischen Außen- und Innenputz ist zu vermeiden (siehe B 2.3.4).

⑦ Die Anschlußfuge des Blendrahmens zum Baukörper (Putzfläche) sollte, auch bei Wärmedämmverbundsystemen, ca. 1 cm breit sein und mit Dichtstoff gemäß DIN 18540 oder Fugenbändern abgedichtet werden (siehe B 2.3.4).

⑧ Äußere Sohlbankabdeckungen sollen mit einer Neigung von ca. 10° eingebaut werden, ca. 5 cm über die Außenoberfläche hinausragen und an der Vorderkante mit einer funktionsfähigen Tropfnase versehen werden (siehe B 2.3.5).

⑨ Am Laibungsanschluß und am Blendrahmen sollen die Abdeckungen aufgekantet sein. Die Aufkantung sollte dabei hinter der Blendrahmen- und Putzoberfläche liegen und dort mit Dichtungsbändern oder -massen abgedichtet werden. Die Abdeckung sollte besonders an den Laibungsanschlüssen und bei Stoßfugen in der Fläche ausreichendes Spiel für Längenänderungen erhalten (siehe B 2.3.5).

⑩ Der innere und äußere Bereich der Sohlbank sollte durch eine Wärmedämmung voneinander getrennt werden (siehe B 2.3.5).

⑪ Bei Wärmedämmverbundsystemen soll die Wärmedämmung auch unter der äußeren Sohlbank angeordnet werden und an den Blendrahmen anschließen (siehe B 2.3.5).

⑫ Werden bei Putzbauten die Fensterbrüstungen als Heizkörpernischen ausgebildet, so ist das Brüstungsmauerwerk aus dem Material herzustellen, aus dem auch der übrige Wandquerschnitt besteht, und im Verband zu vermauern. Ist dies nicht möglich, so sollte auf Heizkörpernischen verzichtet werden (Flachheizkörper), oder es ist ein außenliegendes Wärmedämmverbundsystem anzuordnen (siehe B 2.3.6).

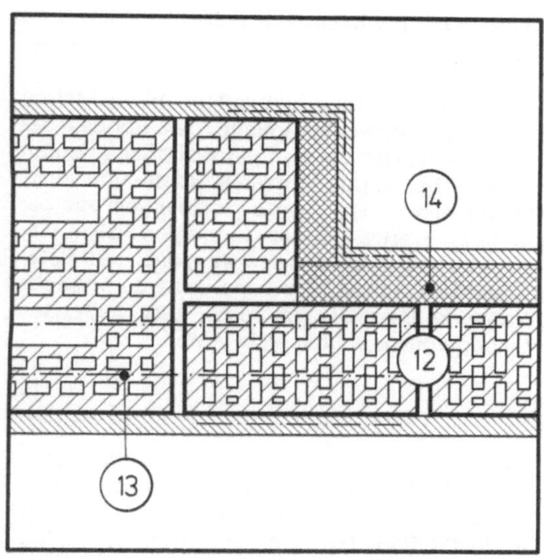

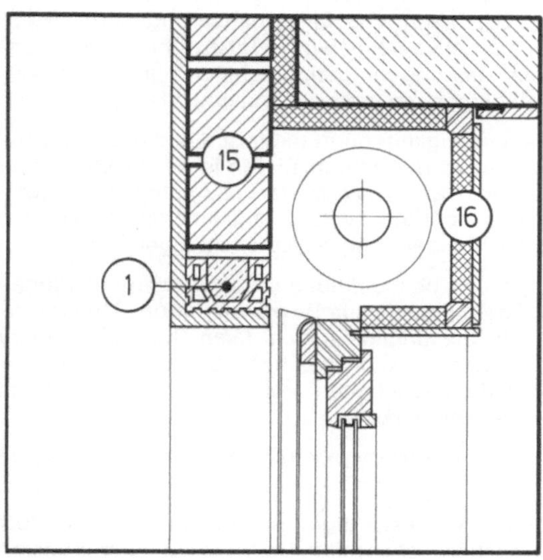

⑬ Bestehen Wand und Brüstung aus Leichtmauerwerk, sollte in die oberste Lagerfuge der Brüstung eine Bewehrung aus mind. 2 ⌀ 6 mm Rippenstahl eingelegt werden, die ausreichend tief (ca. 60 cm) in das seitliche Mauerwerk einbindet. Zusätzlich ist im Übergangsbereich Wand/Brüstung eine Putzbewehrung (Streckmetall) anzuordnen (siehe B 2.3.6).

⑭ In der Heizkörpernische muß der Wandquerschnitt durch zusätzliche Wärmedämmschichten mindestens den gleichen Wärmedämmwert wie der übrige Regelquerschnitt besitzen. Deutlich höhere Werte sind wirtschaftlich sinnvoll (siehe B 2.3.6).

⑮ Sollen Rolladenschürzen überputzt werden, so sind diese aus dem selben Material wie das umgebende Mauerwerk herzustellen. Ist dies nicht möglich, so sollten unverputzte, in die Fensterkonstruktion oder Anschlagzarge integrierte Rolladenkästen verwendet werden (siehe B 2.3.7).

⑯ Die zum Innenraum, Sturz und Laibung orientierten Flächen des Rolladenkastens sind mit einer Wärmedämmschicht von mind. $1/\Lambda = 0,55$ m² K/W zu versehen. Deutlich höhere Werte sind anzustreben. Die Anschlußfugen zum Innenraum/Deckel sind winddicht zu schließen (siehe B 2.3.7).

⑰ Bei Wärmedämmverbundsystemen sollte auch die äußere Rolladenschürze aus demselben Material (Dämmung/Putz) bestehen und auf einer steifen Rücklage angeordnet werden, die fest mit dem Baukörper verbunden ist (siehe B 2.3.7).

⑱ Die unteren Enden der Rolladenführungsschienen müssen von der Fensterbankabdeckung wasserdicht unterfahren werden (siehe B 2.3.7).

Wände mit Außenputz
Bereich der Bauwerksöffnungen

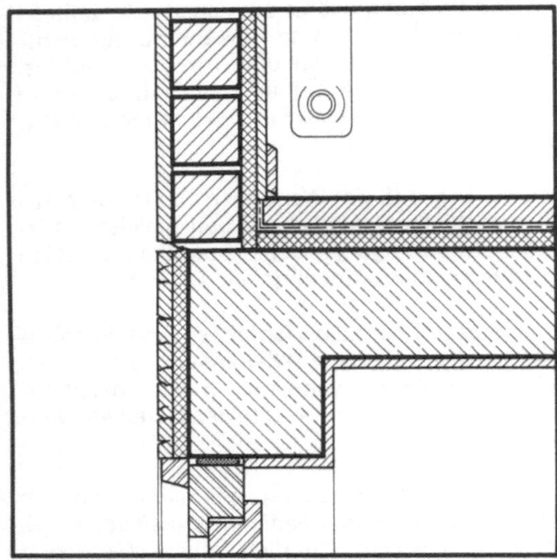

60% aller an Außenwänden beobachteten Schäden im Bereich des Sturzes entfallen auf außenseitig wärmegedämmte Stahlbetonstürze von Putzbauten.

Die auf Holzwolle-Leichtbauplatten aufgebrachten mineralischen Putzschichten setzten sich entweder entlang des Randes der wärmegedämmten Sturzzone von der übrigen Wandfläche durch einen klaffenden Riß ab – bei langen Stürzen wurden auch senkrechte Klaffrisse beobachtet – oder ganze Putzflächen auf der Wärmedämmung waren netzartig gerissen. In einigen Fällen war die Dämmschicht so stark gequollen und verrottet, daß es zu Putzablösungen kam. Dieselben Schäden wurden auch dann beobachtet, wenn die Stürze im Grenzbereich zu der anschließenden Wandfläche mit Putzträgergewebe überdeckt waren.

Zu bedenken ist:

– Ein über unterschiedlich saugende Putzgründe ohne Vorbehandlung hinweggeführter Putz zeigt unterschiedliches Wasseraufnahmevermögen und damit unterschiedliche, feuchtigkeitsbedingte Volumenänderungen, die im Grenzbereich zu Rissen führen.

– Die dünne Putzschale auf einer Wärmedämmschicht heizt sich bei Sonnenbestrahlung stärker auf als die umgebende Putzfläche, da die eingestrahlte Wärme nur langsam an den Untergrund abgegeben werden kann. Die Längenänderungen der Putzschale werden auf dem nachgiebigen Untergrund an den Rändern der Wärmedämmung nur gering behindert und führen daher an Materialübergängen und an Rändern zu Rissen.

– Bereits geringe feuchtigkeits- und thermisch bedingte Längenänderungen führen zu netzartigen Rissen in der Fläche, wenn der Putz auf der ohne Spritzbewurf stark saugfähigen Holzwolle-Leichtbauplatte nicht seine volle Festigkeit erreichen konnte, da ihm das zum Abbinden nötige Wasser entzogen wurde.

– Rißschäden ergeben sich nicht nur aus den Längenänderungen des Putzes, sondern ebenso aus Bewegungen des Untergrundes. So kann z. B. bei langen Stürzen deren Durchbiegung zu Schäden führen. Ebenso kann das hohe Schwindmaß (1,5 – 3,5 mm/m) von durchfeuchteten Holzwolle-Leichtbauplatten schadensverursachend wirken.

– Ein Wärmedämmverbundsystem ergibt auch im Sturzbereich einen einheitlichen Putzgrund.

– Drahtnetze (und alkalibeständige Glasfasergewebe) im Putz bewirken, daß anstelle vereinzelter Klaffrisse auf einer größeren Fläche verteilte Haarrisse entstehen. Schmale, 8 bis 10 cm breite Drahtnetzstreifen im Grenzbereich zweier aneinander stoßender Untergrundmaterialien können die Funktion eines sicheren Putzgrundes nicht erfüllen.

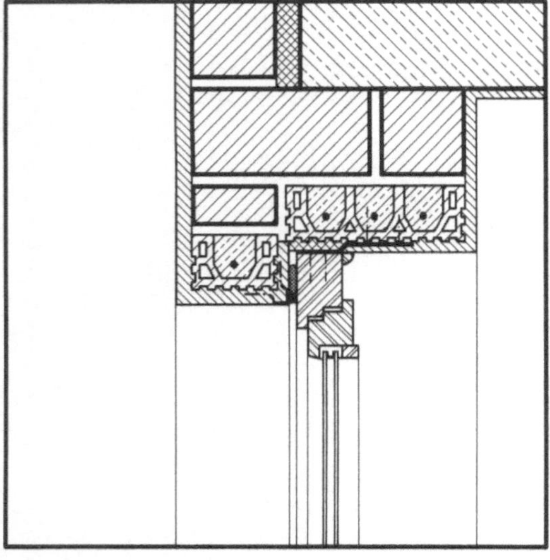

Daraus folgt als
Empfehlung zur Schwachstellenvermeidung:

● Soll bei Putzbauten der Sturzbereich überputzt werden, so sollte der Sturz aus dem gleichen Material wie der übrige Putzgrund bestehen. Die Fertigstürze und Sturzsteine der verschiedenen Wandbaumaterialhersteller sollten daher bevorzugt verwendet werden. Der Putz ist dabei möglichst spät aufzubringen, damit ein Großteil der zu erwartenden Kriech- und Schwindverformungen des Untergrundes abgeschlossen ist.

● Ist das Verputzen von außenseitig mit Holzwolle-Leichtbauplatten versehenen Stahlbetonstürzen unvermeidlich, so ist die gesamte Sturzfläche mit einer mindestens 10 cm breiten Überlappung zum umgebenden Mauerwerk mit einer Drahtnetzeinlage zu versehen und durch einen Spritzbewurf vorzubehandeln (siehe B 1.1.4).

Wände mit Außenputz
Bereich der Bauwerksöffnungen

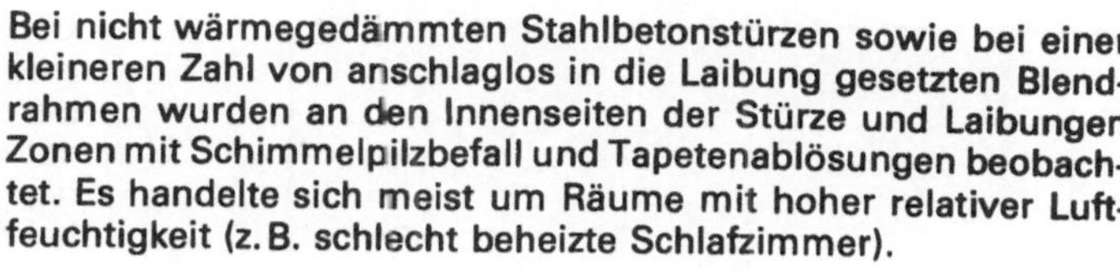

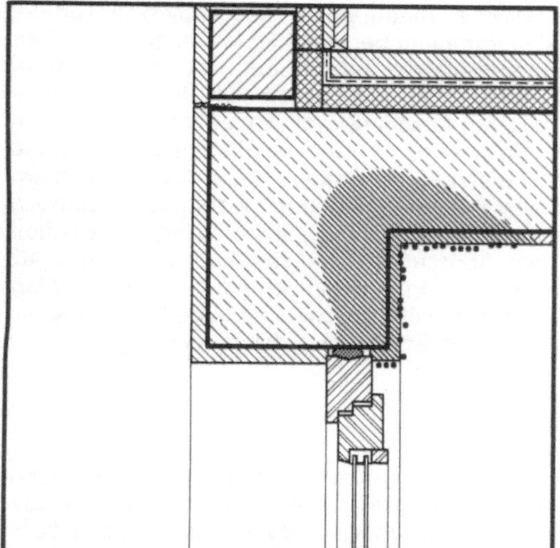

Bei nicht wärmegedämmten Stahlbetonstürzen sowie bei einer kleineren Zahl von anschlaglos in die Laibung gesetzten Blendrahmen wurden an den Innenseiten der Stürze und Laibungen Zonen mit Schimmelpilzbefall und Tapetenablösungen beobachtet. Es handelte sich meist um Räume mit hoher relativer Luftfeuchtigkeit (z. B. schlecht beheizte Schlafzimmer).

Zu bedenken ist:

– Nicht wärmegedämmte Stahlbetonstürze stellen eine materialbedingte Wärmebrücke dar.
Der Fensteranschlußbereich an Sturz und Laibung bildet in der Regel aus konstruktiven Gründen eine Wärmebrücke. Bei Konstruktionen, deren Wärmeschutzwirkung durch Wärmedämmschichten erzielt wird, kann diese Wärmebrücke durch lückenlosen Anschluß der Wärmedämmschicht an den Blendrahmen kompensiert werden (z. B. Wärmedämmverbundsystem). Bei den meisten einschichtigen Wandquerschnitten von Putzbauten wird diese Wärmebrücke im Anschlußbereich jedoch häufig in Kauf genommen. Besonders ungünstig ist eine Fensteranordnung bündig mit der Wand. In beiden Fällen sind die Wärmeverluste höher als bei der Anordnung etwa in Querschnittsmitte, insbesondere aber sind die Innenoberflächentemperaturen im direkten Anschluß an den Blendrahmen so niedrig, daß die Gefahr von Tauwasserschäden besteht. Abhilfe ist bei dieser Anordnung nur möglich durch Außendämmung oder durch einen lückenlosen Anschluß einer Innendämmung an den Blendrahmen. Dabei könnte bei außenbündig eingebauten Blendrahmen die Innendämmung auf die Laibung beschränkt bleiben.

– Am günstigsten ist es bei einer monolithischen Wand ein Fenster etwa in Querschnittsmitte mit Innenanschlag anzuordnen. Die Temperaturen an der Innenseite der Laibung sind in diesem Fall etwa so hoch wie auf den angrenzenden Wandflächen. Eine Dämmung der inneren Laibung ist in diesem Fall nicht notwendig, unter dem Aspekt der Energieeinsparung aber sinnvoll.

– Daß die bei den meisten Putzbauten vorhandenen Wärmeverluste und geringen Wärmedurchlaßwiderstände im Sturz- und Laibungsbereich nicht häufiger als Tauwasserschäden sichtbar werden, hat mehrere Gründe: Zum einen ergibt der von dem meist unter dem Fenster angeordneten Heizkörper aufsteigende Warmluftstrom aufgrund seiner Temperatur und der Verminderung des Wärmeübergangswiderstandes eine Erhöhung der Oberflächentemperaturen, so daß Tauwasserniederschlag nicht möglich ist, die Wärmeverluste allerdings verstärkt werden. Zum anderen führt die bei Fenstern durch Undichtigkeiten einströmende Kaltluft zu einer Verminderung der absoluten Luftfeuchtigkeit im Fensterbereich. Sichtbare Schäden treten daher meist bei schlecht beheizten und schlecht belüfteten Räumen auf.

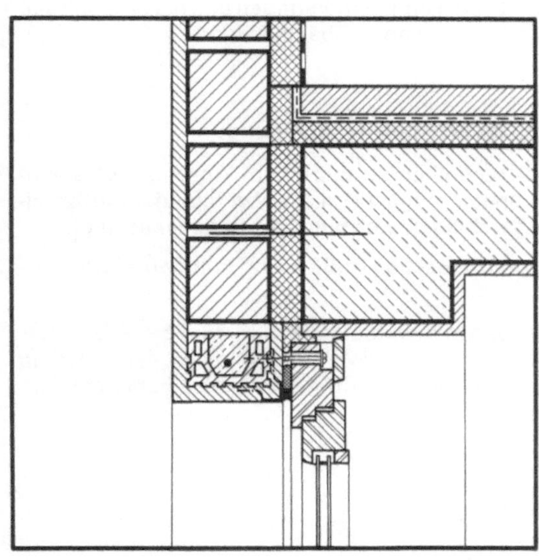

Daraus folgt als
Empfehlung zur Schwachstellenvermeidung:

● Bei verputzten Außenwänden mit innen- oder außenliegenden Wärmedämmschichten ist im Sturz- und Laibungsbereich die Wärmedämmschicht lückenlos bis zum Blendrahmen zu führen.

● Soll bei Putzbauten mit einschichtigen, aus ausreichend wärmedämmenden Wandbaumaterialien hergestellten Regelquerschnitten die Wärmebrücke im Sturz- und Laibungsbereich nicht in Kauf genommen werden, so ist besonders bei Räumen mit hoher Luftfeuchtigkeit auf der Sturz- und Laibungsinnenfläche eine mindestens 2 cm dicke Wärmedämmung der Wärmeleitfähigkeitsgruppe 040 oder besser anzuordnen. Bei innen wärmegedämmten Stahlbetonstürzen sollte die Wärmedämmung bis 50 cm in den umgebenden Deckenbereich geführt werden. Der Blendrahmen sollte etwa in Querschnittsmitte angeordnet werden.

Wände mit Außenputz
Bereich der Bauwerksöffnungen

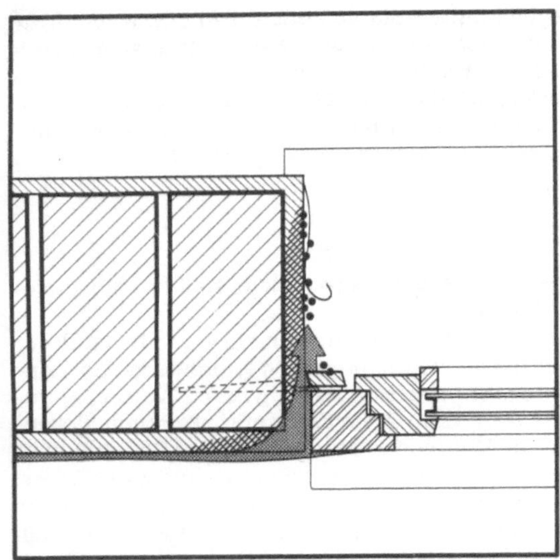

Undichtigkeiten zwischen Blendrahmen und Sturz bzw. Laibung sind bei Putzbauten vor allem bei anschlaglosen, außenflächenbündig eingebauten Fenstern aufgetreten. Das Wasser drang entweder durch die mit Dichtungsmassen oder Putzmörtel unzureichend geschlossenen Anschlußfugen ein oder hinterwanderte bei direktem Kontakt zwischen Außen- und Innenputz auf kapillarem Weg den Blendrahmen. Besonders bei großen Aluminium- und Kunststoffenstern, die nur eingeputzt waren oder deren Anschlußfugen nur mit einer schmalen Dichtstoffkehle »abgedichtet« waren, zeigten sich Abrisse und Undichtigkeiten am Anschluß. Bei Öffnungen mit unebener Oberfläche des Innenanschlags konnte der Blendrahmen nicht gleichmäßig abgedichtet werden, so daß Feuchtigkeit durch die Anschlagsfläche eindringen konnte.

Zu bedenken ist:

– Im Fensteranschlußbereich müssen die material- und herstellungsbedingten Toleranzen zwischen Wandfläche und Fenster ausgeglichen werden. Bei anschlaglos, stumpf in die Laibung gesetzten Fenstern können dabei sehr schmale, nur schwer verfüllbare Fugen entstehen, die besonders bei Metall- und Kunststoffenstern leicht durch Längenänderungen überbeansprucht werden.

– Bei bündig in der Außenfläche angeordneten anschlaglosen Fenstern wird die Anschlußfuge durch das herabrinnende Regenwasser stark beansprucht. Kleine Undichtigkeiten können dann zu starken Durchfeuchtungen führen. Wird der Außen- und Innenputz zusammenhängend ausgeführt, so ist besonders bei anschlaglosen Ausführungsformen wegen des kurzen Weges die Überleitung von Feuchtigkeit möglich.

– Innenanschläge lassen nicht nur einen problemlosen Ausgleich der Toleranzen und einen besseren Schutz der Anschlußfuge vor der herabrinnenden Feuchtigkeit zu, sondern ermöglichen auch eine sichere Abdichtung der Fuge, da eine ausreichende Fugenbreite erzielt oder aber der Blendrahmen mit eingelegtem Dichtungsstreifen an den Anschlag angepreßt werden kann. Eine glatte Anschlagsfläche und geeignete Befestigungsmittel sind dafür allerdings Voraussetzung.

– Vor dem Verputzen eingesetzte Zargen ermöglichen zwar den problemlosen Anschluß eines Fertigfensters, die Abdichtungsprobleme zur Wand werden dabei allerdings vom Blendrahmen auf die Zarge verlagert. Der Anschluß der Metallzarge an den Putz erfordert daher eine gleich hohe Sorgfalt.

– Das Einputzen des Blendrahmens in die Fensteröffnung ist auch bei Holzfenstern wegen der Gefahr von Schwindschäden und Anstrichmängeln ungünstig. Bei Kunststoff- und Aluminiumfenstern treten größere Längenänderungen auf, die eine dehnfähige Fugenabdichtung unabdingbar machen.

Daraus folgt als
Empfehlung zur Schwachstellenvermeidung:

● Sturz und Laibung sollten so mit einem Anschlag versehen werden, daß das Fenster möglichst nach Abschluß der Putzarbeiten von innen angeschlagen werden kann (Innenanschlag).

● Ein direkter Kontakt zwischen Außen- und Innenputz ist zu vermeiden.

● Die Anschlußfuge des Blendrahmens zum Baukörper (Putzfläche) sollte, auch bei Wärmedämmverbundsystemen, ca. 1 cm breit sein und mit Dichtstoff gemäß DIN 18540 oder Fugenbändern abgedichtet werden.

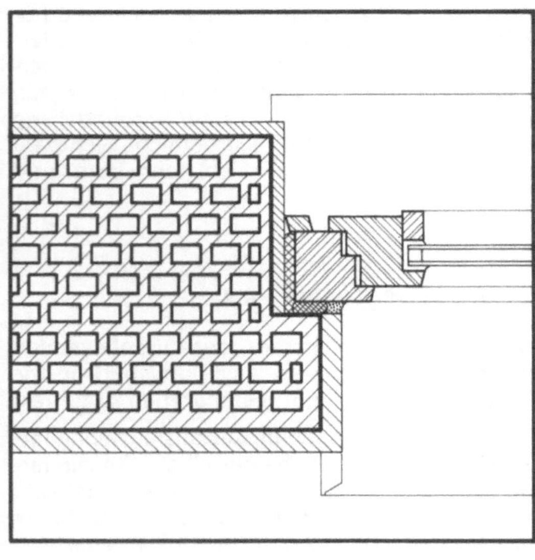

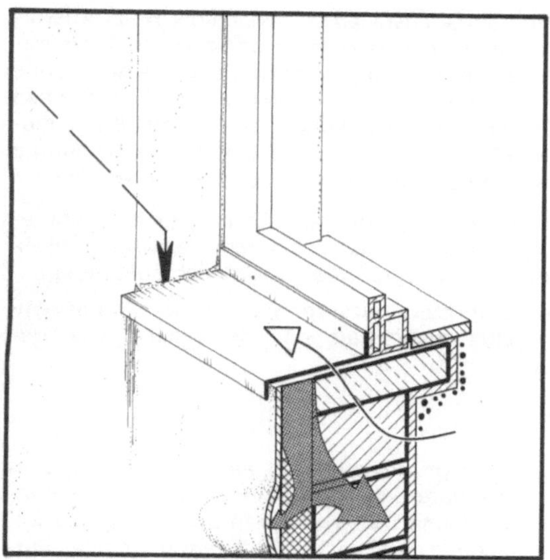

Fehlte bei äußeren Fensterbankabdeckungen die seitliche oder hintere Aufkantung, sowie bei langen Abdeckungen eine dichte Stoßfugenausbildung und waren die Abdeckungen mit sehr geringem Gefälle oder gefällelos verlegt, so drang das sich auf der Fensterbankfläche sammelnde Regenwasser durch diese Anschlußfugen häufig auch dann ein, wenn eine Abdichtung mit Dichtungsmassen versucht worden war. Waren Aufkantungen stumpf gegen die Putzlaibung gestoßen, so hinterlief das an der Laibung herabrinnende Wasser die Abdeckung. Das eindringende Regenwasser sickerte in die Wärmedämmschichten der Heizkörpernischen und führte dort zu Flecken und Tapetenschäden. Wurden Zinkabdeckungen seitlich fest eingeputzt, so platzten über dem Zinkblech liegende Putzteile ab.

Besonders umfangreich wirkten sich diese Undichtigkeiten des Sohlbankanschlusses bei Wärmedämmverbundsystemen aus.

Durchgehende Sohlbänke aus Beton wiesen besonders bei wenig beheizten Schlafräumen auf der inneren Unterseite Schwärzepilz auf.

Zu bedenken ist:

– Die besonders an Schlagregenseiten anfallenden großen Regenmengen beanspruchen horizontale Flächen — wie sie Sohlbänke darstellen — stark. Die äußeren Fensterbankabdeckungen können ihre Funktionen nur dann erfüllen, wenn sie das Wasser durch ausreichendes Gefälle von den Anschlüssen zügig abführen.

– Konstruktive Dichtungsmaßnahmen, wie sie das Hinterfahren der wasserführenden Oberflächen des Laibungsputzes und des unteren Blendrahmens durch die aufgekanteten Ränder der Abdeckung darstellen, sind sicherer als mit Fugendichtstoffen verfüllte, stumpfe Stöße. Denn diese sind stark der Feuchtigkeit ausgesetzt, stärker von der schwer kontrollierbaren handwerklichen Sorgfalt abhängig und nicht wartungsfrei.

– Metall- und Faserzementabdeckungen führen große thermische Längenänderungen aus. Werden diese Bewegungen besonders an den seitlichen Putzanschlüssen behindert, so wird der Putz abgerissen. Werden mit Fugendichtstoffen verfüllte Fugen nicht ausreichend breit angelegt, so wird das Dichtungsmaterial leicht überbeansprucht und reißt.

– Unter dem Blendrahmen durchlaufende Sohlbankabdeckplatten aus wärmeleitfähigen Materialien stellen eine Wärmebrücke dar, die bei normalem Heizbetrieb zu hohen Wärmeverlusten, bei schwachem Heizbetrieb in Räumen mit hoher relativer Luftfeuchtigkeit zu Oberflächentauwasser führt.

Daraus folgt als
Empfehlung zur Schwachstellenvermeidung:

● Äußere Sohlbankabdeckungen sollen mit einer Neigung von ca. 10° eingebaut werden, ca. 5 cm über die Außenoberfläche hinausragen und an der Vorderkante mit einer funktionsfähigen Tropfnase versehen werden.

● Am Laibungsanschluß und am Blendrahmen sollen die Abdeckungen aufgekantet sein. Die Aufkantung sollte dabei hinter der Blendrahmen- und Putzoberfläche liegen und dort mit Dichtungsbändern oder -massen abgedichtet werden. Die Abdeckung sollte besonders an den Laibungsanschlüssen und bei Stoßfugen in der Fläche ausreichendes Spiel für Längenänderungen erhalten.

● Der innere und äußere Bereich der Sohlbank sollte durch eine Wärmedämmung voneinander getrennt werden.

● Bei Wärmedämmverbundsystemen soll die Wärmedämmung auch unter der äußeren Sohlbank angeordnet werden und an den Blendrahmen anschließen.

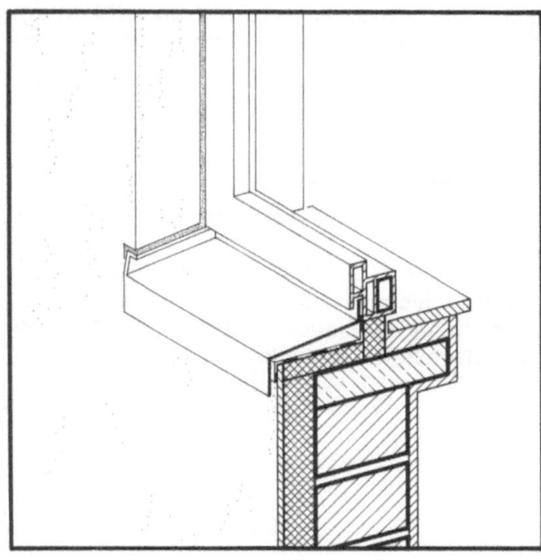

Wände mit Außenputz
Bereich der Bauwerksöffnungen

Eine große Zahl von Schadensfällen im Bereich der Heizkörpernischen betraf Putzbauten, deren Regelquerschnitt aus großformatigen Wandbausteinen, im Heizkörpernischenbereich jedoch ohne Verband mit der tragenden Wand aus kleinformatigen Steinen anderen Materials hergestellt war. Entlang der Anschlußfuge dieser verschiedenen Materialien, in der senkrechten Verlängerung der Laibungskanten, entstanden im Außenputz klaffende Risse.

Bei Wänden aus bindemittelgebundenen Steinen (z. B. Leichtbetonmauerwerk) sind auch bei ausreichendem Verband vertikale Risse zwischen dem Wand- und Brüstungsbereich aufgetreten.

Bei nicht wärmegedämmten Heizkörpernischen wurden in einigen Fällen Schimmelpilzansammlungen in den Ecken und auf der Fläche beobachtet.

Zu bedenken ist:

– Unterschiedliche Putzgründe ergeben auch Unterschiede in den Materialeigenschaften des aufgebrachten Putzes. Besonders das unterschiedliche Saugvermögen und die daraus folgenden Unterschiede in den Feuchtigkeitsdehnungen des Putzes können dann zu Rissen in der Putzschicht über der Zone des Materialwechsels führen (siehe B 1.1.6 – Mauerwerk als Putzgrund).

– Wird das vom Material des Regelquerschnittes abweichende Steinmaterial in der Heizkörpernische ohne Verband gemauert, so können die unterschiedlichen Kriech- und Schwindverformungen der Materialien leicht zu Klaffrissen in der Stoßfuge führen, die sich dann bis in den Putz fortsetzen.

– Die Wandscheibe ist auch bei fachgerechtem Verband im Brüstungsbereich geschwächt. Besonders bei Steinmaterialien mit starkem Schwindverhalten (z. B. Bimsleichtbeton) kann dies zu Rissen führen.

– Die bei Heizbetrieb hohen Temperaturen an der Wand hinter dem Heizkörper ergeben selbst bei einem im Hinblick auf den Wärmedämmwert nicht geschwächten Querschnitt im Heizkörperbereich einen verstärkten Wärmestrom, d. h. höhere Wärmeverluste, die durch eine Verstärkung der Wärmedämmung in diesem Bereich verhindert werden können.

Daraus folgt als
Empfehlung zur Schwachstellenvermeidung:

● Werden bei Putzbauten die Fensterbrüstungen als Heizkörpernischen ausgebildet, so ist das Brüstungsmauerwerk aus dem Material herzustellen, aus dem auch der übrige Wandquerschnitt besteht, und im Verband zu vermauern. Ist dies nicht möglich, so sollte auf Heizkörpernischen verzichtet werden (Flachheizkörper), oder es ist ein außenliegendes Wärmedämmverbundsystem anzuordnen.

● Bestehen Wand und Brüstung aus Leichtmauerwerk, sollte in die oberste Lagerfuge der Brüstung eine Bewehrung aus mind. 2 ∅ 6 mm Rippenstahl eingelegt werden, die ausreichend tief (ca. 60 cm) in das seitliche Mauerwerk einbindet. Zusätzlich ist im Übergangsbereich Wand/Brüstung eine Putzbewehrung (Streckmetall) anzuordnen.

● In der Heizkörpernische muß der Wandquerschnitt durch zusätzliche Wärmedämmschichten mindestens den gleichen Wärmedämmwert wie der übrige Regelquerschnitt besitzen. Deutlich höhere Werte sind wirtschaftlich sinnvoll.

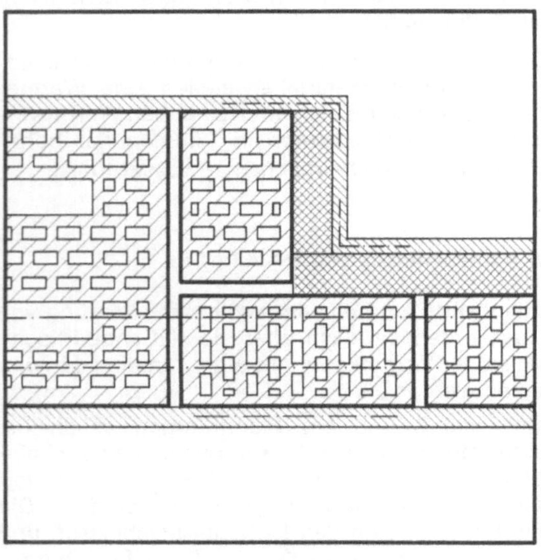

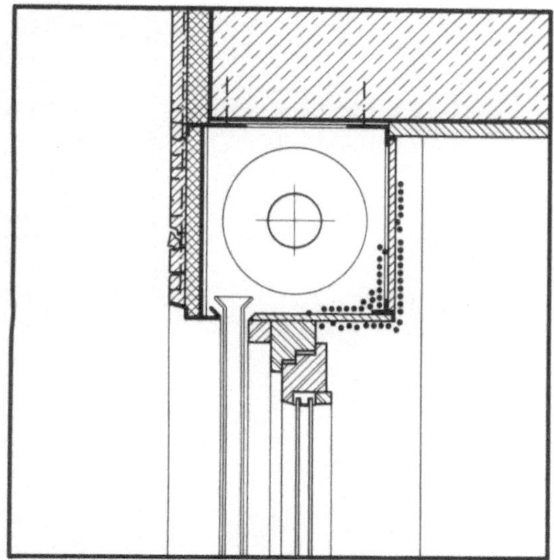

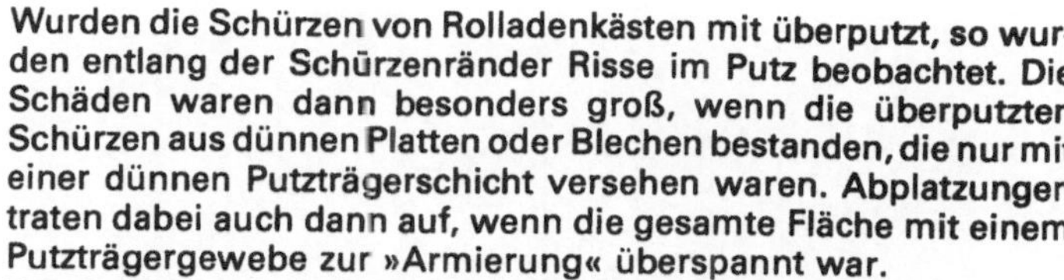

Wurden die Schürzen von Rolladenkästen mit überputzt, so wurden entlang der Schürzenränder Risse im Putz beobachtet. Die Schäden waren dann besonders groß, wenn die überputzten Schürzen aus dünnen Platten oder Blechen bestanden, die nur mit einer dünnen Putzträgerschicht versehen waren. Abplatzungen traten dabei auch dann auf, wenn die gesamte Fläche mit einem Putzträgergewebe zur »Armierung« überspannt war.
Bestand bei Wärmedämmverbundsystemen die Rolladenschürze lediglich aus der an keiner festen Rücklage fixierten Dämmplatte, so traten ebenfalls Risse in der Beschichtung auf.
Nicht wärmegedämmte Innenverkleidungen des Rolladenkastens zeigten Durchfeuchtungsschäden.
Wurde die Führungsschiene der Rolläden nicht von der Sohlbankabdeckung unterfahren, sondern endete sie neben der Abdeckung, so sickerte das Niederschlagswasser an Schlagregenseiten durch die Schienen in das Heizkörpernischenmauerwerk.

Zu bedenken ist:

– Überputzte Rolladenschürzen aus anderem Material als der Wandquerschnitt sind nicht nur wegen des Wechsels im Putzgrund problematisch (siehe B 1.1.6 – Mauerwerk als Putzgrund), sondern die bei der Bedienung der Rolläden entstehenden Erschütterungen führen zu einer – besonders bei dünnen Schürzen sehr schadensträchtigen – zusätzlichen Beanspruchung des spröden Putzmaterials.

– Eine wärmedämmende Ausführung der äußeren Rolladenschürze ist nur begrenzt wirksam, da der Hohlraum über den Rolladenschlitz mit der Außenluft in Verbindung steht. Wichtiger ist daher eine gute Wärmedämmung der inneren Verkleidungs- und seitlichen Laibungsflächen.

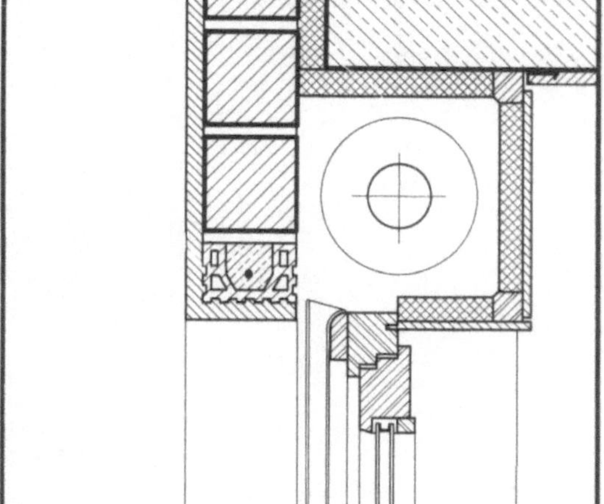

Daraus folgt als
Empfehlung zur Schwachstellenvermeidung:

● Sollen Rolladenschürzen überputzt werden, so sind diese aus dem selben Material wie das umgebende Mauerwerk herzustellen. Ist dies nicht möglich, so sollten unverputzte, in die Fensterkonstruktion oder Anschlagzarge integrierte Rolladenkästen verwendet werden.

● Die zum Innenraum, Sturz und Laibung orientierten Flächen des Rolladenkastens sind mit einer Wärmedämmschicht von mind. $1/\Lambda = 0,55$ m²K/W zu versehen. Deutlich höhere Werte sind anzustreben. Die Anschlußfugen zum Innenraum/Deckel sind winddicht zu schließen.

● Bei Wärmedämmverbundsystemen sollte auch die äußere Rolladenschürze aus demselben Material (Dämmung/Putz) bestehen und auf einer steifen Rücklage angeordnet werden, die fest mit dem Baukörper verbunden ist.

● Die unteren Enden der Rolladenführungsschienen müssen von der Fensterbankabdeckung wasserdicht unterfahren werden.

Problempunkt: Schichtenfolge und Einzelschichten

Durch äußere Bekleidungsschichten kann der Schutz von Außenwänden gegen die Klimaeinwirkungen, z.B. die Niederschlagsbeanspruchungen, verbessert werden. Daneben kann auch der Wunsch nach widerstandsfähigen oder pflegearmen Oberflächen oder nach einer bestimmten formalen Wirkung für die Wahl einer Bekleidung von Außenwänden ausschlaggebend sein.

Bekleidungen lassen sich unmittelbar auf dem Untergrund, in der Regel den tragenden Wandquerschnitt, aufbringen oder mit Abstand vor einem beliebigen Untergrund unter Ausbildung einer durchlüfteten Luftschicht erstellen. Hierzu steht eine große Zahl von Materialien zur Verfügung. Für das unmittelbare Aufbringen auf dem Untergrund durch Ansetz- oder Hinterfüllmörtel sind geeignet: kleinformatige Platten aus Werksteinen, Keramik (Fliesen, Spaltplatten) und Mosaiken, ebenso Riemchen (hierzu vgl. DIN 18515). Für das Anbringen mit Abstand zum Untergrund an Ankern oder auf Rosten sind geeignet: Platten und vorgefertigte Tafelelemente, in der Regel mit Abmessungen über 0,1 m^2 oder auch punktförmig am Untergrund befestigte, schuppenförmige Deckungsmaterialien (hierzu vgl. DIN 18516 – Januar 1990). Durch eine Bekleidung wird das konstruktive und bauphysikalische Verhalten der Außenwand wesentlich verändert. Die Auswahl eines der beiden Konstruktionssysteme muß unter Berücksichtigung der zu erwartenden Beanspruchungen aus Regen, Temperatur, Wind, Stoß, der Eignung der Wand als Bekleidungsuntergrund aufgrund der Schichtenfolge und des Materials der Außenseite, der Art der Bekleidung selbst erfolgen.

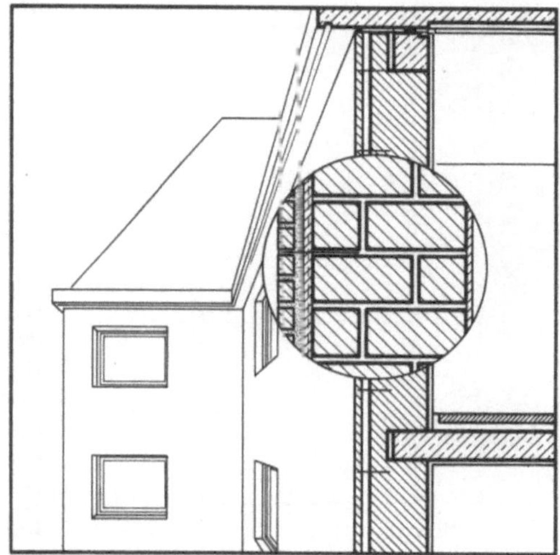

Die weitaus größte Gruppe von Schäden an den Regelquerschnitten betraf Außenwände mit unmittelbar auf dem Untergrund angebrachten Bekleidungen. Überwiegend handelte es sich dabei um Bekleidungen aus $^1/_4$-Stein dicken Riemchenschalen. Dabei waren einmal konstruktive Fehler schadensursächlich (falsche Schichtenfolge), zum anderen waren die Bekleidungsschichten selbst oder der übrige Wandquerschnitt fehlerhaft ausgeführt. Weiterhin sind die durch die Lage am Gebäude und die geringe Masse der Bekleidung selbst sich ergebenden hohen Beanspruchungen vielfach unberücksichtigt geblieben.

Wesentliche Schadensgruppen bilden Durchfeuchtungsschäden und Risseschäden in den Riemchenschalen. Daneben traten auch noch Ablösungen und Zerstörungen der Bekleidungen auf.

In geringerer Zahl sind schuppenförmige Bekleidungen und Bekleidungen auf Unterkonstruktionen schadhaft geworden. Hier handelte es sich vor allem um Durchfeuchtungen und Zugerscheinungen.

Auf den folgenden Seiten werden die Schwachstellen der Außenwände mit Bekleidungen und die wiederholt aufgetretenen typischen Fehler bei Planung und Ausführung dargestellt, analysiert und daraus Empfehlungen zu deren Vermeidung abgeleitet.

Wände mit Bekleidungen

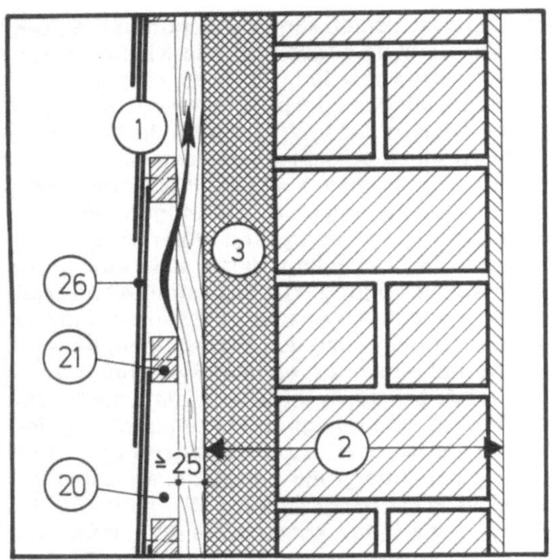

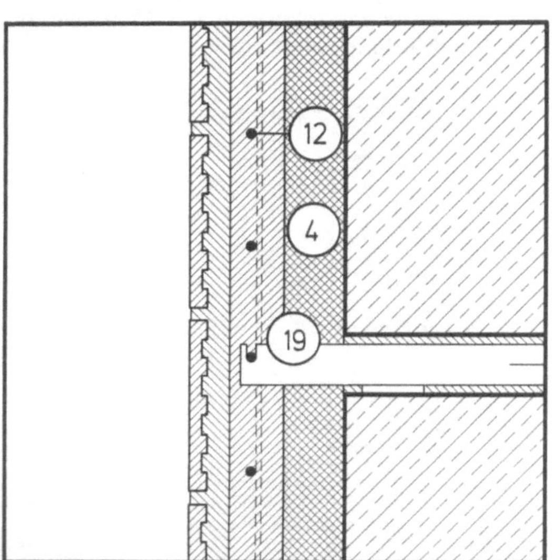

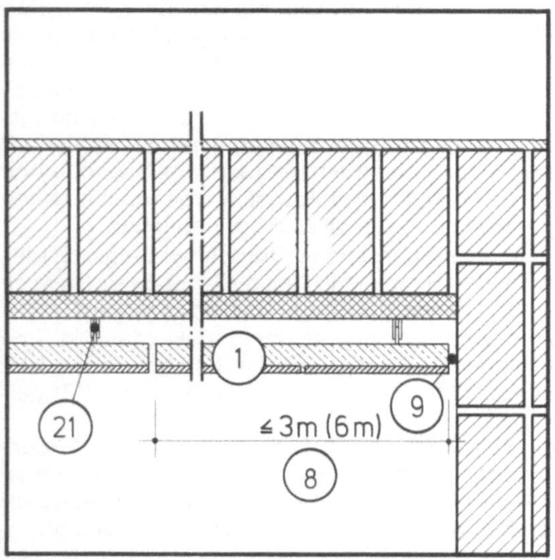

① Bei starker Schlagregenbeanspruchung sollten Außenwände mit vom Untergrund abgesetzten und hinterlüfteten Bekleidungen gewählt werden, da sie die größte Sicherheit vor Durchfeuchtungen bieten (siehe C 1.1.2).

② Der Wärmedurchlaßwiderstand der Außenwand soll mindestens 1,3m²K/W ($k \leq 0,68$ W/m² K) betragen (siehe C 1.1.3).

③ Zusätzliche Wärmedämmschichten sollten möglichst an der Außenseite des tragenden Wandquerschnitts vorgesehen und von einer mindestens 2,5 cm vor der Wärmedämmschicht angeordneten und hinterlüfteten Bekleidung geschützt werden (siehe C 1.1.4).

④ Soll auf eine äußere Wärmedämmschicht eine Bekleidung unmittelbar aufgebracht werden, dann muß der Wärmedämmstoff verrottungsbeständig und wenig steif sein.Der Belag ist auf eine tragfähige Schicht aus ca. 2 cm dickem Zementputz mit einer eingelegten Bewehrung aufzubringen und mindestens im Abstand von 3 m durch Fugen zu unterteilen (siehe C 1.1.4).

⑤ Ist die Anordnung einer innenliegenden Wärmedämmschicht unumgänglich, so sollte der Wärmedämmstoff feuchtigkeitsbeständig sein und einen hohen Wasserdampfdiffusionswiderstand aufweisen (z. B. Polystyrolhartschaum). Bei Verwendung von Wärmedämmstoffen mit geringem Wasserdampfdiffusionswiderstand (z. B. Mineralfaserplatten) muß innenseitig zusätzlich eine Dampfsperre (z. B. Gipskartonplatte mit aufkaschierter Aluminiumfolie) angeordnet werden. Bei abweichenden Schichtenfolgen oder hoher Luftfeuchtigkeit innen ist ein rechnerischer Nachweis der Tauwasserbelastung erforderlich (siehe C 1.1.4).

⑥ Unmittelbar mit Mörtel aufgebrachte Plattenbekleidungen bis zu 3,0 cm Dicke sollten zusammenhängende Abmessungen von maximal 3,0 × 3,0 m haben. Wenn sichergestellt ist, daß die Dehnungsunterschiede zwischen Bekleidung und Untergrund gering sind und der Haftverbund ungestört bleibt, können die Dehnungsfugenabstände bis auf maximal 6,0 m erhöht werden (siehe C 1.1.5).

⑦ Angemauerte Riemchenbekleidungen bis zu 7,0 cm Dicke sollten eine zusammenhängende Länge von maximal 6,0 m aufweisen. Wenn sichergestellt ist, daß die Dehnungsunterschiede zwischen Riemchenschale und Untergrund gering sind, kann der Dehnungsfugenabstand auf maximal 12,0 m erhöht werden. Die zusammenhängende Höhe darf 6,0 m (2 Geschosse) nicht überschreiten (siehe C 1.1.5 und C 1.1.7).

⑧ Vom Untergrund abgesetzt angebrachte Bekleidungen, ebenso Bekleidungen auf bewehrtem Unterputz über Wärmedämmschichten müssen mindestens alle 3,0 m durch Dehnungsfugen unterteilt werden. Bei Bekleidungselementen geringerer Abmessung sind die Elementfugen als Dehnungsfugen auszubilden (siehe C 1.1.5 und C 1.1.7).

⑨ Bekleidungsflächen sind von allen angrenzenden Bauteilen durch Anschlußfugen zu trennen. Besonders an Gebäudeecken und an allen kraftschlüssig mit dem Untergrund verbundenen Baugliedern (z. B. Aufstandsflächen) sind Anschlußfugen vorzusehen. Ebenso ist über Trennfugen und Anschlußstellen im Untergrund die Bekleidungsschicht durch eine Fuge zu trennen. Dehnungsfugen (Feldbegrenzungsfugen) und Anschlußfugen müssen durch Bekleidung und Unterputz etc. bis auf den Ansetzuntergrund (Mauerwerk, Wärmedämmung o.ä.) geführt werden (siehe C 1.1.5).

⑩ Der Untergrund angemörtelter Bekleidungen muß fest, sauber, fehlstellenfrei, eben und rau sein. Ein flächendeckender Spritzbewurf aus reinem Zementmörtel (1:2 bis 1:3) ist aufzubringen. Die Bekleidung darf frühestens nach 12 Stunden auf den erhärteten Spritzbewurf aufgebracht werden (siehe C 1.1.6).

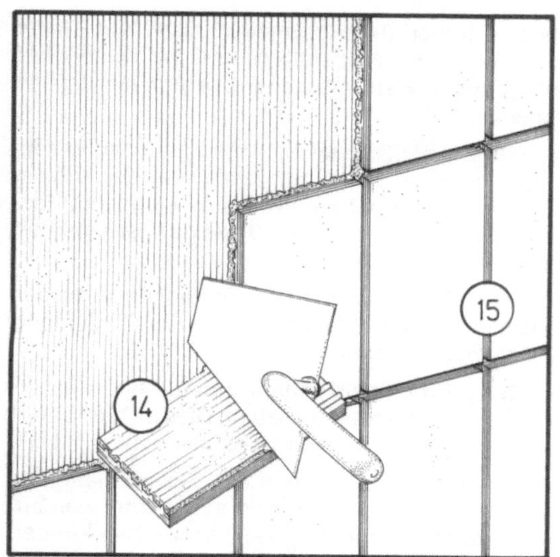

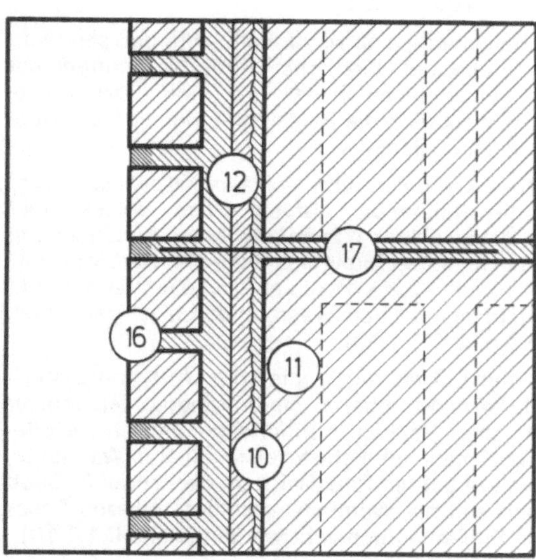

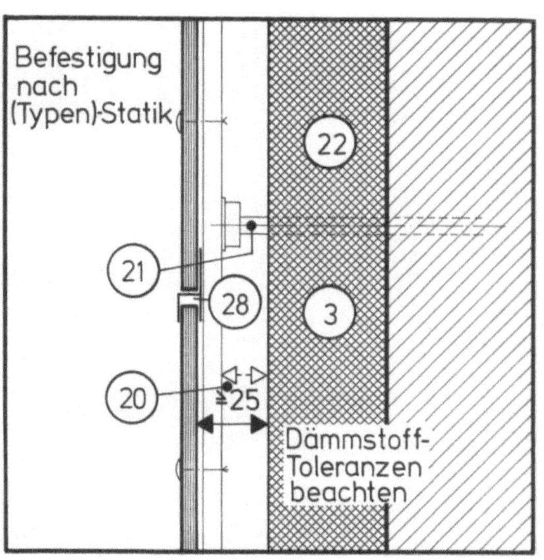

⑪ Sind größere Unebenheiten im Untergrund vorhanden bzw. ist auf der Fassade eine hohe Schlagregenbeanspruchung zu erwarten, dann muß ein Unterputz aufgebracht werden (Traßzement 1:3 bis 1:4). Seine Dicke soll mind. 10 mm und höchstens 25 mm betragen (siehe C 1.1.6).

⑫ Wird der Unterputz aufgrund größerer Unebenheiten im Untergrund dicker als 25 mm, besteht der Untergrund aus unterschiedlichen Baustoffen, aus Baustoffen geringerer Festigkeit (Wärmedämmung) oder hat er eine sehr glatte Oberfläche (geschalter Beton), dann muß der Unterputz bewehrt werden, z.B. Baustahlgitter 50/50/2 aus nichtrostendem Stahl nach DIN 17440. Die Bewehrung ist bei druckfestem Untergrund mit mind. 5 Drahtankern pro m² (Edelstahl, $\varnothing$ 3 mm) zu befestigen. Über Dämmstoffen sind biegesteife Flachstahlanker einzusetzen (siehe C 1.1.6).

⑬ Bei im Dickbettverfahren aufgebrachten keramischen Fliesen und Platten bis zu 3 cm Stärke, soll das Mörtelbett aus reinem Zementmörtel bestehen und zwischen 10 und 25 mm dick sein. Durch Klopfen auf die Platte wird das Mörtelbett so verdichtet, daß keine Hohlstellen verbleiben (siehe C 1.1.6).

⑭ Beim Dünnbettverfahren soll die Dicke des Mörtelbettes zwischen 3 und 5 mm betragen. Es soll hydraulisch erhärtender Dünnbettmörtel nach DIN 18156 verwendet werden, der im Floating-Buttering-Verfahren aufgebracht wird (siehe C 1.1.6).

⑮ Bei keramischen Bekleidungen soll der Fugenanteil mind. 5%, besser 10–15% betragen. Für die Verfugung sollte spezieller Werkmörtel verwendet werden, der in die Fugen eingeschlämmt wird. Es darf kein Epoxidharzmörtel verwendet werden (siehe C 1.1.6).

⑯ Riemchenbekleidungen und Sparverblender (Dicke bis 7 cm) sind auf einem Spritzbewurf und ca. 15 mm dickem Unterputz mit einer 10 bis 25 mm dicken Schalenfuge aufzumauern. Die Schalenfuge ist schichtenweise mit plastischem Mörtel hohlraumfrei zu verfüllen. Die Stoß- und Lagerfugen sind vor dem Anziehen des Mauermörtels ca. 15 mm tief auszukratzen und mit einem Zementmörtel 1:3 bis 1:5 zu verfugen. Es sollte kein gelochtes Steinmaterial verwendet werden (siehe C 1.1.6).

⑰ Riemchenbekleidungen bis zu 7 cm Dicke müssen neben einer hohlraumfrei geschlossenen Schalenfuge zusätzlich mit mind. 5 Drahtankern pro m² (Edelstahl, $\varnothing$ 3 mm) im tragenden Untergrund verankert sein. Der lotrechte Abstand der Anker darf 30 cm und der waagerechte 75 cm nicht überschreiten. An allen freien Rändern (Außenecken, Dehnungsfugen, Fenstern) müssen zusätzlich 3 Anker $\varnothing$ 3 mm pro lfdm angeordnet werden (siehe C 1.1.7).

⑱ Riemchenbekleidungen müssen auf formstabilen, unverschiebbar mit dem tragenden Wandquerschnitt verbundenen, und ggf. korrosionsgeschützten Aufstandsflächen (Konsolen etc.) voll aufstehen. Bei einem Wandmaterial geringer Festigkeit oder niedriger Wärmeleitzahl sollten Riemchenschalen in jedem Geschoß abgefangen werden (siehe C 1.1.7).

⑲ Muß der Unterputz von Plattenbekleidungen bewehrt werden, z.B. bei Anbringung unmittelbar über Wärmedämmschichten, dann muß die Bewehrung (z.B. Betonstahlmatten 75/75/3 oder Baustahlgitter 50/50/2) aus nichtrostendem Stahl bestehen und über mind. 4 Flachstahlanker aus nichtrostendem Stahl im Untergrund verankert sein. Die einzelnen Bekleidungsfelder sollten nicht größer als 3 × 3 m² sein. Für diese Konstruktion ist ein statischer Nachweis erforderlich (siehe C 1.1.7).

⑳ Bekleidungen an Ankern und Unterkonstruktion sollten durch einen mindestens 25 mm breiten Lüftungsspalt vom Untergrund abgesetzt ausgeführt werden. Diese Dicke der Luftschicht sollte an jeder Stelle eingehalten werden (siehe C 1.1.8).

㉑ Metallische Elemente der Unterkonstruktion und ihrer Verankerung müssen dauerhaft korrosionsgeschützt sein. Holz sollte kesseldruckimprägniert werden. Der Querschnitt von Trag- und Konterlatten muß mind. 24 × 48 mm betragen, sägerauhe Schalung muß mind. 24 mm dick sein (siehe C 1.1.8).

Wände mit Bekleidungen

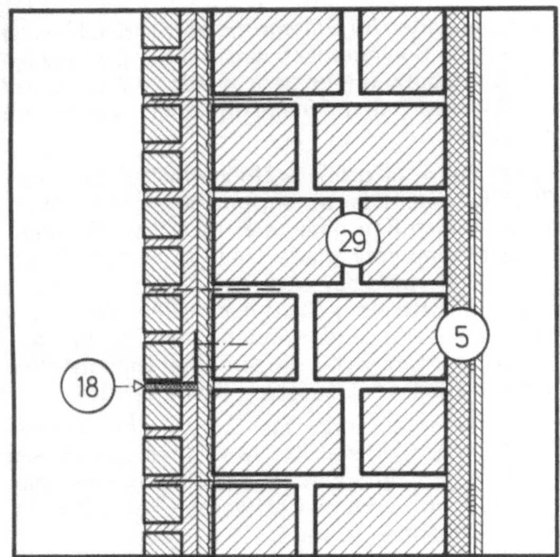

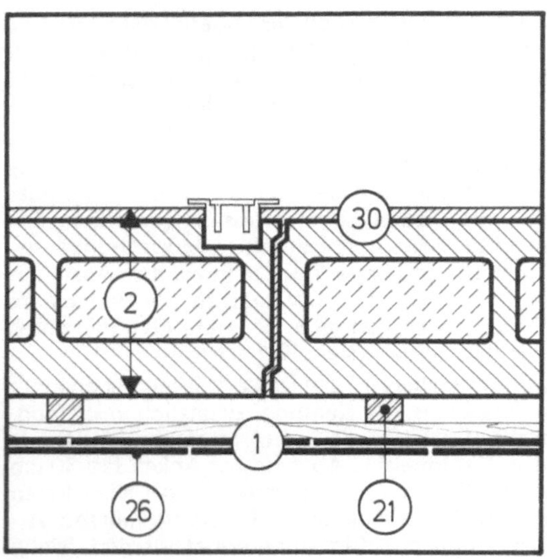

㉒ Wärmedämmstoffe hinter Bekleidungen müssen auf Dauer formbeständig, feuchtigkeitsunempfindlich und verrottungsfest sein. Auf dem Untergrund sind sie ausreichend gegen Verrutschen zu befestigen (siehe C 1.1.8).

㉓ Um ein fortlaufendes Abreißen der Bekleidung zu begrenzen, soll diese in Flächen von ca. 50 m² aufgeteilt werden, d.h. in Längen von ca. 8 m und max. über zwei Geschosse gehend, oder es können Sollbruchstellen bei spröden Bekleidungselementen vorgesehen werden (siehe C 1.1.9).

㉔ Bei offenen Fugen sollten horizontale Fugenflanken so ausgebildet werden, daß eine Wasserableitung hinter die Bekleidung oder in den vertikalen Fugen möglich ist (siehe C 1.1.9).

㉕ Be- und Entlüftungsöffnungen sollten einen Mindestquerschnitt von je 100 cm²/lfdm Wandlänge haben. Dieser Querschnitt darf durch Schutzgitter o. ä. nicht reduziert werden (siehe C 1.1.9).

㉖ Leichte Außenwandbekleidungen, wie z.B. Faserzementplatten, Schiefer o. ä. sollten nicht in Bereichen ausgeführt werden, in denen sie durch Stoßbeanspruchung zerstört werden können (siehe C 1.1.9).

㉗ Für Wartungsarbeiten notwendige Gerüstverankerungen sollten leicht zugänglich z. B. in den Elementfugen der Bekleidung angeordnet werden (siehe C 1.1.9).

㉘ Die Teile der Bekleidung sind so zu montieren, daß sie untereinander und gegenüber der Unterkonstruktion Spannungen aus Formänderungen aufzunehmen in der Lage sind. Über Bewegungsfugen im Bauwerk muß die Bekleidung gleiche Bewegungen ermöglichen (siehe C 1.1.9).

㉙ Innere Mauerwerksschalen von schlagregenbeanspruchten Außenwänden mit unmittelbar aufgebrachten Bekleidungen sollten in jeder Mauerschicht mindestens eine durchgehende, schichtweise versetzte und hohlraumfrei mit gießfähig eingestelltem Mauermörtel verfüllte 2 cm dicke Längsfuge aufweisen, oder der Wandquerschnitt ist mit einem wasserundurchlässigen Unterputz zu versehen (siehe C 1.1.10).

㉚ Außenwände mit Bekleidungen, die vom Untergrund abgesetzt und hinterlüftet sind, müssen einen winddichten inneren Wandquerschnitt haben. Bei nicht vermörtelten, knirsch gestoßenen Fugen oder der Gefahr von Fehlstellen im inneren Wandquerschnitt muß zumindest auf der Raumseite ein deckender Naßputz oder auf der Innenseite der Wärmedämmschicht müssen Folien mit abgedichteten Stößen aufgebracht werden (siehe C 1.1.10).

Wände mit Bekleidungen
Schichtenfolge und Einzelschichten

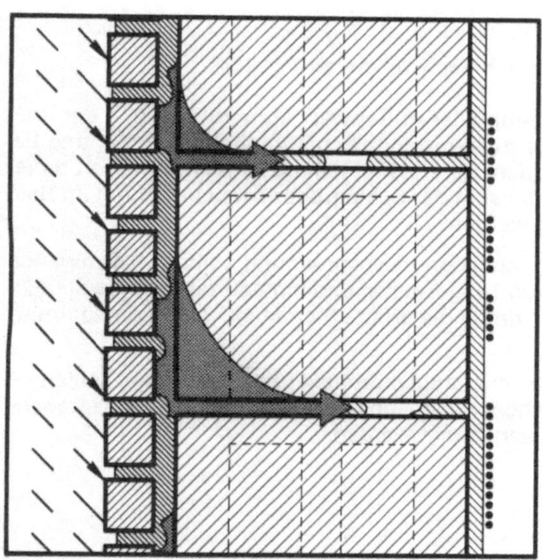

Niederschlagsdurchfeuchtungen stellten bei Außenwänden mit Bekleidungen die häufigste Schadensart dar. In über der Hälfte der Fälle handelte es sich um zur Hauptwetterrichtung orientierte Wände. An Außenwänden mit unmittelbar an den Untergrund angesetzten Bekleidungen, vor allem aus Riemchen, waren innen in der Fläche der Wand, teilweise auch begrenzt auf den oberen oder unteren Wandbereich, Oberflächenschäden in Form von Eindunkeln und Schwärzepilzbildung, Verfärbungen und Zerstörungen der Anstriche, Tapeten und des Innenputzes aufgetreten. Vielfach lief bei längeranhaltenden Regenfällen Wasser an der Wandoberfläche ab und führte zu weiteren Schäden an Fußböden und Einrichtungsgegenständen. An einigen Außenwänden zeigten sich nach Regenfällen langanhaltende Durchfeuchtungen der Riemchenbekleidungen mit Ausblühungserscheinungen.

Durchfeuchtungsschäden bis zur Innenseite waren auch an Außenwänden mit von dem Untergrund abgesetzt befestigten Bekleidungen aufgetreten. Dabei handelte es sich um Wände mit sehr geringem Luftabstand zwischen Bekleidung und Untergrund, in der Regel einer Wärmedämmschicht, in einigen Fällen auch um Konstruktionen, die einen unmittelbaren Kontakt zwischen Bekleidung und Wärmedämmschicht oder Feuchtigkeitsbrücken aufwiesen.

Zu bedenken ist:

– Die einzelnen Außenwandkonstruktionen unterscheiden sich in ihrer Dichtigkeit gegen Schlagregen. Die Entscheidung für eine Außenwandkonstruktion sollte daher die zu erwartende Schlagregenbeanspruchung berücksichtigen. Diese ist von der Niederschlagsmenge, der Windintensität und der jeweiligen topografischen Lage und Orientierung abhängig. DIN 4108, Teil 3, unterscheidet zwischen »geringer«, »mittlerer« und »starker« Beanspruchung und ordnet die verschiedenen Wandkonstruktionen diesen Beanspruchungsgruppen zu.

– Die Regendichtigkeit von Außenwänden mit unmittelbar angebrachten Bekleidungsschichten wird von der Bekleidung und von dem Untergrund gemeinsam erbracht.

Das Niederschlagswasser dringt vor allem durch die Mörtelfugen, bei Verwendung saugfähiger Bekleidungsstoffe über die gesamte Bekleidungsfläche auf kapillarem Wege in den Querschnitt ein. Fehlstellen in den Fugen, Risse (z.B. zwischen Stein und Fugenmörtel) und Hohlstellen (»Drainagesystem«) in der Ansetzfuge führen zu beschleunigtem Wassertransport nach innen. Der Niederschlagsschutz derartiger Außenwände ist begrenzt, da er von der Speicherfähigkeit des inneren Wandquerschnitts abhängt. Diese ergibt sich aus der Dicke, dem Material und der Verarbeitungsqualität. DIN 4108 ordnet angemörtelte Bekleidungen der mittleren Beanspruchungsgruppe zu. Dabei werden die angesprochenen Herstellungsprobleme zu wenig berücksichtigt.

– Außenwände mit vom Untergrund abgesetzten Bekleidungen ordnen die Aufgabe des Schlagregenschutzes allein der Bekleidungsschicht und dem Luftabstand zu. Durch eine entsprechend konstruierte Bekleidung und Luftschicht (siehe C 1.1.8 – Konzeption und Herstellung der Luftschicht/Unterkonstruktion) wird der Übertritt des Wassers auf den inneren Wandquerschnitt auch bei starker Schlagregenbeanspruchung sicher verhindert.

Wände mit Bekleidungen
Schichtenfolge und Einzelschichten

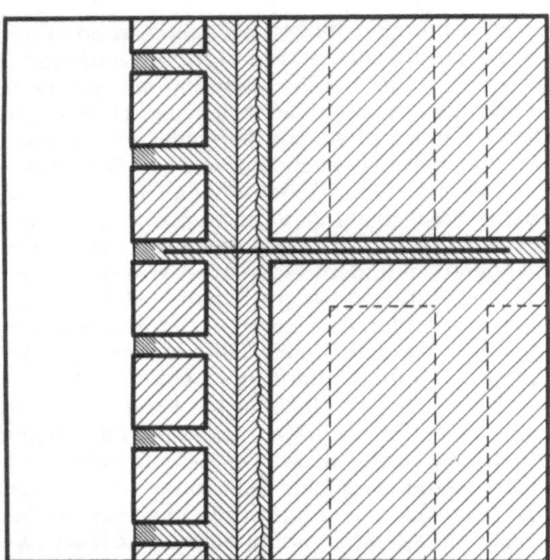

Daraus folgt als
Empfehlung zur Schwachstellenvermeidung:

● Bei der Festlegung der Außenwandkonstruktion und der -materialen muß die zu erwartende Schlagregenbeanspruchung berücksichtigt werden. Bereits im Planungsstadium müssen daher Richtung und Intensität der Schlagregenbeanspruchung im Baugebiet ermittelt werden.

● Bei starker Schlagregenbeanspruchung sollten Außenwände mit vom Untergrund abgesetzten und hinterlüfteten Bekleidungen gewählt werden, da sie die größte Sicherheit vor Durchfeuchtungen bieten.

● Außenwände mit angemörtelten Bekleidungen sollten – selbst bei sorgfältiger Herstellung – nur bei geringer Schlagregenbeanspruchung verwendet werden.

Wände mit Bekleidungen
Schichtenfolge und Einzelschichten

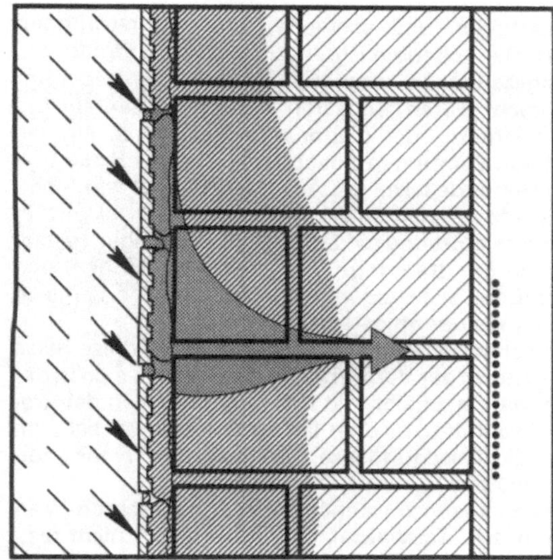

Eindunkeln der Wandinnenoberflächen, Schwärzepilzbildung, Abzeichnen der Fugen des Mauerwerks, in extremen Fällen Zerstörungen der Anstriche, Tapeten und der Innenputze waren an Außenwänden aufgetreten, die nur aus 24 cm bis 30 cm dickem Mauerwerk, zum Teil auch aus Stahlbetonquerschnitten ohne zusätzliche Wärmedämmschichten bestanden. Diese Oberflächenschäden zeigten sich teilweise in der Fläche der Wand, teilweise waren sie auch begrenzt auf Wandteile hinter Möbeln, Bildern oder Gardinen, besonders häufig aber auch auf Außenecken der Gebäude. In mehreren Fällen handelte es sich um schlagregenbeanspruchte Wände mit zeitweise stark durchfeuchteten Wandquerschnitten. Eine weitere Gruppe Schäden war in Innenräumen aufgetreten, die eine besonders starke Belegung bzw. eine verstärkte Luftfeuchtigkeit aufwiesen oder unzureichend beheizt bzw. wenig gelüftet wurden.

Zu bedenken ist:

– Die Mindestwerte der DIN 4108 garantieren nur im trockenen Zustand (praktische Baufeuchte) eine Oberflächentemperatur, die bei üblicher Wohnnutzung (Lufttemperatur innen +20°C, relative Luftfeuchtigkeit wesentlich unter 70%) einen Tauwasserniederschlag auf der Wandoberfläche verhindert.

– Hinter Möbeln, Vorhängen – an Stellen mit geringerer Luftbewegung an der Wandoberfläche – und in Gebäudeaußenecken – aufgrund der vergrößerten äußeren Oberfläche – liegen die Oberflächentemperaturen wesentlich niedriger als im ungestörten Wandfeld. Ebenso kann an konstruktiven Wärmebrücken oder als Folge von Niederschlagsdurchfeuchtungen der Wärmedurchlaßwiderstand des Wandquerschnitts und damit die Oberflächentemperatur zeitweilig weiter herabgesetzt werden.

– Will man Oberflächentauwasserschäden sicher vermeiden, ein behagliches Raumklima und verminderte Wärmeverluste erreichen, so sind für den Wärmedurchlaßwiderstand Werte anzustreben, die über 1,3 m²K/W ($k \leq 0{,}68$ W/m²K) liegen, auch wenn eine Berechnung nach der Wärmeschutzverordnung ergibt, daß geringere Werte zulässig sind. Wirtschaftliche Überlegungen lassen Werte zwischen 1,3 und 3,0 m²K/W ($k = 0{,}68 - 0{,}32$ W/m²K) sinnvoll erscheinen.

– Solche wärmetechnisch ausreichend dimensionierten Wandquerschnitte lassen sich bei üblichen Dicken mit monolithischer Konstruktion oft nur mit gewissen Schwierigkeiten erreichen (vgl. B. 1.1.3). Die Anordnung zusätzlicher Wärmedämmschichten (siehe C. 1.1.4) kann daher sinnvoll sein.

– Einrichtungsgegenstände, vor allem raumhohe Einbauschränke, die unmittelbar vor die Außenwand gesetzt werden, wirken wie eine zusätzliche Wärmedämmung, die die innere Oberflächentemperatur der Außenwand wesentlich herabsetzen kann. Eine Hinterlüftung solcher Schränke vermindert diesen unerwünschten Effekt.

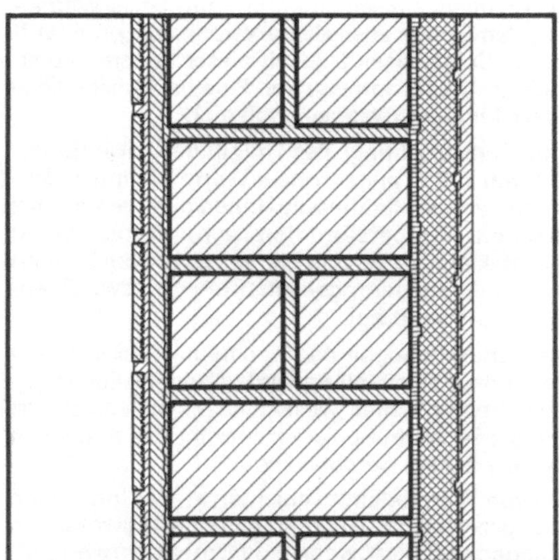

Daraus folgt als
Empfehlung zur Schwachstellenvermeidung:

● Der Wärmedurchlaßwiderstand der Außenwand soll mindestens 1,3 m²K/W ($k \leq 0{,}68$ W/m²K) betragen.

● Einrichtungsgegenstände, die an Außenwänden aufgestellt werden, sollten mit Abstand zur Wand versetzt und an Sockel und Oberkante mit Luftschlitzen ausgestattet sein.

Wände mit Bekleidungen
Schichtenfolge und Einzelschichten

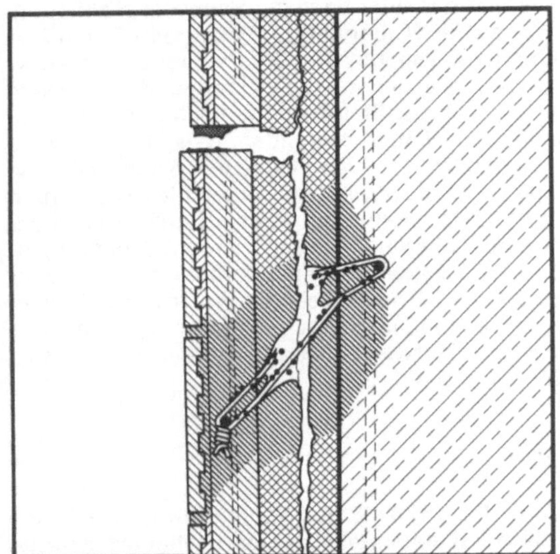

Durchfeuchtungsschäden und schwerwiegende Zerstörungen der Platten- und Riemchenbekleidungen waren aufgetreten, wenn Bekleidungsschichten unmittelbar auf Wärmedämmschichten aufgebracht waren. So traten klaffende Risse auf mit vorwiegend senkrechtem oder diagonalem Verlauf, in einigen Fällen bevorzugt von Öffnungen ausgehend, ebenso Risse und Abplatzungen an Gebäudeecken. Im Anschlußbereich von Sichtbetonstürzen oder -deckenplatten wurden die mit Mörtel verfüllten Anschlußfugen zerstört und es kam zu Ausbuchtungen ganzer Plattenfelder. Weiterhin traten großflächige Ablösungen und Abscheren von spröden Wärmedämmschichten auf, so daß sich einzelne Bekleidungsfelder ablösten und abstürzten.

Bei Schlagregenbeanspruchung drang Wasser durch diese Risse oder durch Fehlstellen in der Verfugung ein, sammelte sich in der Ebene der Wärmedämmschicht und trat unmittelbar in den tragenden Wandquerschnitt über oder lief nach unten ab bis zum Aufsetzpunkt auf die Geschoßdecke, um dort den Wandquerschnitt zu durchfeuchten.

Schäden an Außenwänden mit innenseitig angebrachten Wärmedämmschichten, z. B. Tauwasserschäden, wurden nicht festgestellt.

Zu bedenken ist:

– Zusätzliche Wärmedämmschichten (siehe C 1.1.3 – Wärmedämmwert der Wand) können an der Innen- oder an der Außenseite des tragenden Wandquerschnittes angeordnet werden. Die Lage hat jedoch u. U. schwerwiegende Auswirkungen auf die Beanspruchungen und die Funktionsfähigkeit der Außenwand bzw. der aufgebrachten Bekleidung.

– Unmittelbar auf Wärmedämmstoffe aufgebrachte Bekleidungsschichten erfahren durch den geringen Wärmeabfluß in den Untergrund (Wärmestau) wesentlich extremere Temperaturen als solche auf gut wärmespeicherfähigen Baustoffschichten mit hoher Wärmeleitfähigkeit und großer Masse. Dementsprechend groß sind die Längenänderungen der auf der Wärmedämmschicht »schwimmenden« Bekleidungsschichten. Bei Behinderung der Längenänderungen besteht die Gefahr von Rissen in der dünnen und spröden Bekleidungsschicht, bei spröden Wärmedämmschichten die Gefahr von Schubrissen in der Ebene der Dämmschicht (s. C 1.1.5).

– Neuerdings wird auch keramisches Bekleidungsmaterial etc. unmittelbar auf Wärmedämmschichten in Form eines Wärmedämmverbundsystems ohne zusätzliche Verankerung o. ä. aufgebracht. Über die Schadensanfälligkeit dieser Konstruktionsform liegen noch keine Erkenntnisse vor. Eine bauaufsichtliche Zulassung besteht für diese Systeme noch nicht.

– Die Temperaturbeanspruchung des tragenden Wandquerschnittes wird durch außen angeordnete Wärmedämmschichten erheblich reduziert. Bei Anbringung innen dagegen erfährt der Wandquerschnitt Temperaturdifferenzen, die nur wenig unter denen der Bekleidung liegen. Dementsprechend treten Wölbungs- und Längenänderungsbestrebungen bzw. Eigenspannungen im Querschnitt auf.

– Das Wärmebeharrungsvermögen der Innenräume beim Heizen oder bei direkter Sonneneinstrahlung wird bei innenseitig angebrachten Wärmedämmschichten wesentlich verschlechtert, da die in der Regel große Wärmespeicherkapazität des tragenden Querschnitts nicht wirksam werden kann.

– Bei Anbringung von Wärmedämmschichten an der Innenseite kann in Belastungszeiten im Wandquerschnitt Tauwasser in schädlichen Mengen ausfallen, wenn der Dampfsperrwert (diffusionsäquivalente Luftschichtdicke) des tragenden Wandquerschnitts und der Bekleidungsschicht groß und der der Wärmedämmschicht klein ist und eine hohe Luftfeuchtigkeit innen zu erwarten ist.

Wände mit Bekleidungen
Schichtenfolge und Einzelschichten

– Bei Verwendung von Hartschäumen und Holzwolle-Leichtbau-platten, die innenseitig einen Naß- oder Trockenputz erhalten, ist mit einer Verschlechterung des Luftschallschutzes durch Flankenübertragung zu rechnen.

– Durch eine Bekleidungsschicht gedrungene Feuchtigkeit wirkt sich schädlich aus, wenn sie nicht gleichmäßig im Material gespeichert wird, sondern sich an einzelnen Stellen konzentriert, wie z.B. in den Fugen der Wärmedämmplatten oder in der nicht verfüllten Schalenfuge, und dann den inneren Wandquerschnitt belastet.

– Bekleidungsschichten, die von der Wärmedämmschicht abgesetzt und hinterlüftet sind, vermeiden den Wärmestau und die mechanische Beanspruchung der Wärmedämmschicht. Ebenso wird ein Übertreten des Regenwassers bei entsprechender Ausbildung der Luftschicht und des Fußpunktes der Bekleidung verhindert (siehe C 1.1.8 – Konzeption und Herstellung der Luftschicht/Unterkonstruktion).

Daraus folgt als
Empfehlung zur Schwachstellenvermeidung:

● Zusätzliche Wärmedämmschichten sollten möglichst an der Außenseite des tragenden Wandquerschnitts vorgesehen und von einer mindestens 2,5 cm vor der Wärmedämmschicht angeordneten und hinterlüfteten Bekleidung geschützt werden (siehe C 1.1.8).

● Soll auf eine äußere Wärmedämmschicht eine Bekleidung unmittelbar aufgebracht werden, dann muß der Wärmedämmstoff verrottungsbeständig und wenig steif sein. Der Belag ist auf eine tragfähige Schicht aus ca. 2 cm dickem Zementputz mit einer eingelegten Bewehrung aufzubringen und mindestens im Abstand von 3 m durch Fugen zu unterteilen (siehe C 1.1.6 und C 1.1.7).

● Ist die Anordnung einer innenliegenden Wärmedämmschicht unumgänglich, so sollte der Wärmedämmstoff feuchtigkeitsbeständig sein und einen hohen Wasserdampfdiffusionswiderstand aufweisen (z.B. Polystyrolhartschaum). Bei Verwendung von Wärmedämmstoffen mit geringem Wasserdampfdiffusionswiderstand (z.B. Mineralfaserplatten) muß innenseitig zusätzlich eine Dampfsperre (z.B. Gipskartonplatte mit aufkaschierter Aluminiumfolie) angeordnet werden. Bei abweichenden Schichtenfolgen oder hoher Luftfeuchtigkeit innen ist ein rechnerischer Nachweis der Tauwasserbelastung erforderlich.

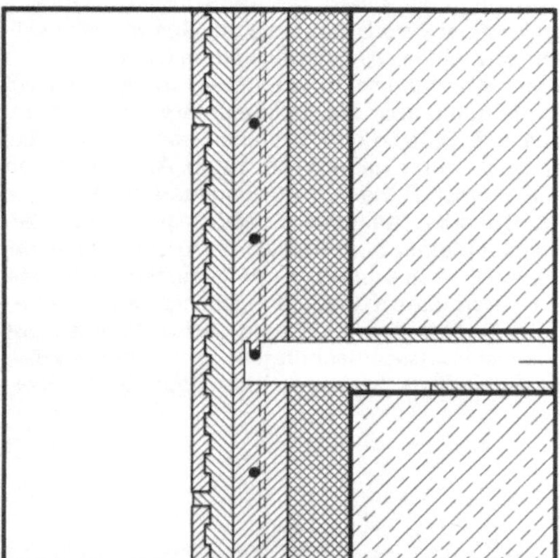

Wände mit Bekleidungen
Schichtenfolge und Einzelschichten

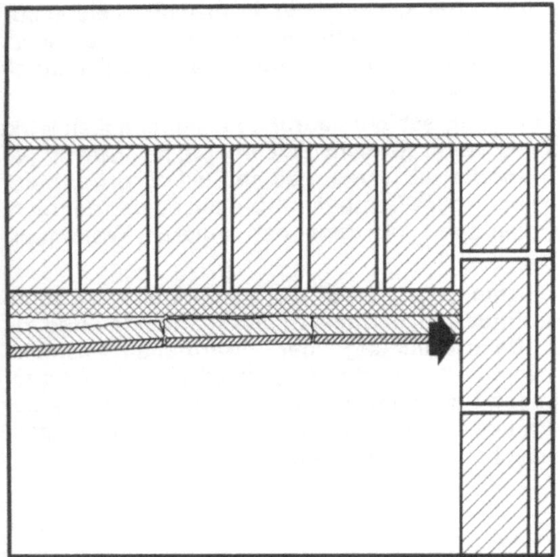

Ausgedehnte Zerstörungen der Bekleidungsschichten und nachfolgende Durchfeuchtungen der Wandquerschnitte bei stark regenbeanspruchten Außenwandflächen waren aufgetreten, wenn große zusammenhängende Wandflächen ohne Unterteilung durch Dehnungsfugen ausgeführt worden waren.

Im einzelnen handelte es sich um folgende Schadenssituationen: Waren Bekleidungsschichten aus Spaltplatten oder Riemchen unmittelbar auf Materialien geringer Wärmeleitfähigkeit (Wärmedämmstoffe, Gasbeton, Leichtziegelmauerwerke o.ä.) aufgebracht, handelte es sich insbesondere um dunkel gefärbte Flächen und Fassaden, die exponiert der Sonneneinstrahlung ausgesetzt waren, dann traten klaffende Risse auf mit senkrechtem oder diagonalem Verlauf, bevorzugt ausgehend von Öffnungen, ebenso an Gebäudeecken. Diese Schäden betrafen Außenwände mit Bekleidungen, die in sehr großen zusammenhängenden Flächen verlegt waren. So betrugen die Längen von Riemchenbekleidungen größtenteils 12 m und mehr, ebenso waren die Riemchenschalen in der Höhe über zwei und mehr Geschosse geführt. Zum Lösen des Haftverbundes zwischen Ansetzmörtel und Untergrund und Abscheren der Bekleidung mit Rissen und Ablösungen an Gebäudeecken war es gekommen, wo Unterputze mit Sperrmittelzusätzen und zusätzliche bituminöse Anstriche auf dem Untergrund die Regendichtigkeit der Wandquerschnitte erhöhen sollten oder wo glatte Betonflächen unmittelbar als Verlegeuntergrund dienten. Waren Rohbauteile, z.B. Stützen oder Stahlbetondeckplatten, bis in die Ebene der Bekleidung geführt, so traten Abrisse in den Anschlußfugen auf, ebenso Risse und Ausknickungen der eingegrenzten Bekleidungsfelder. Ähnliche Schäden traten auf, wo quergespannte Deckenplatten aufgrund ihrer Durchbiegung die ausfachenden Außenwände einschließlich der Riemchenschalen belasteten. Weiterhin waren Risse in Bekleidungsschichten aufgetreten über Rissen und Grenzstellen des Untergrundes (Wechsel des Wandmaterials, Querschnittsschwächungen) und über Verbindungsstellen unterschiedlich beanspruchter Bauteile (Stütze-Ausfachung).

Zu bedenken ist:

– Belag und Untergrund weisen entsprechend der konstruktiven, materialtechnischen und klimatischen Situation unterschiedliche Längenänderungsbestrebungen auf. Es handelt sich dabei um Kriechverformungen unter Dauerlast, um Anfangsschwindverkürzungen und dauernde Quell- und Schwindbewegungen sowie um Längenänderungen aufgrund wechselnder Temperaturen.

– Belagsschichten, die mit Mörtel unmittelbar aufgebracht sind, weisen gegenüber dem Untergrund keine nennenswerten Dehnungsunterschiede auf, so lange der Untergrund aus steifen Stoffen großer Festigkeit besteht und der Haftverbund größer ist als die durch gegenseitige Behinderung hervorgerufenen Eigenspannungen. Es handelt sich hier um einen »Verbundbelag«. An Fehlstellen ohne Haftverbund treten dagegen Dehnungsdifferenzen auf, ebenso bei wenig steifem Untergrund geringer Festigkeit (z.B. Leichtbeton-Hohlblocksteine, Wärmedämmstoffe). In diesen Fällen liegt eine »schwimmende Bekleidung« vor.

– Sollen Belagsschichten unmittelbar auf den Untergrund gemörtelt werden, dann muß eine möglichst hohe Haftfestigkeit zwischen Bekleidungselementen, Mörtel und Untergrund durch entsprechende Vorbehandlung und Materialwahl angestrebt werden (hierzu siehe auch C 1.1.6 – Herstellung der angemörtelten Bekleidung). Durch möglichst spätes Aufbringen der Bekleidungsschichten und Auswahl von Wandbaustoffen mit geringen Schwind- und Kriechmaßen können die einmaligen Anfangsdehnungsunterschiede gering gehalten werden. Den durch ständigen Wechsel von Feuchtigkeit und Temperatur

Wände mit Bekleidungen
Schichtenfolge und Einzelschichten

hervorgerufenen dauernden Wechselbeanspruchungen sollte durch eine gezielte Materialwahl (Schwind-/Quellmaß, Längenausdehnungskoeffizient), Farbgebung und Schichtenfolge des Wandquerschnitts begegnet werden.

– Fehlstellen im Haftverbund sind nicht sicher zu verhindern und stellen Gefahrenpunkte für die intakten Belagsflächen dar. Die Abmessungen von Belagsflächen sollten daher möglichst klein sein.

– Bei Bekleidungsschichten, die auf wenig steifem oder auf weichem Untergrund (Wärmedämmschichten) aufgebracht sind oder die mit Abstand vor den Untergrund gesetzt sind, muß die unbehinderte Längenänderung in der Ebene der Wand durch konstruktive Maßnahmen ermöglicht werden. Die Abmessungen der einzelnen Elemente, deren Befestigung und die Anordnung und Bemessung der Dehnungsfugen muß die temperatur- und feuchtigkeitsbedingten Längenänderungen sowie mögliche dynamische Beanspruchungen (Stoß, Wind) berücksichtigen.

– Je nach Farbgebung des Bekleidungsmaterials können (z. B. bei Spaltplatten) Tages-Temperaturdifferenzen von 25 K (weiß) bis 54 K (schwarz) auftreten. Die Jahres-Temperaturdifferenzen bewegen sich hier zwischen 54 K und 83 K.

– Durch angrenzende Rohbauteile (Innenecken, bis außen durchgehende Geschoßdecken) können Bekleidungsschichten Zwängungen erfahren.

– Bewegungen zwischen Teilflächen des Untergrundes (z. B. Absetzen einer Ausfachung von einer Stütze) beanspruchen unmittelbar die mit Mörtel kraftschlüssig angebrachte Bekleidungsschicht.

Daraus folgt als
Empfehlung zur Schwachstellenvermeidung

● Unmittelbar mit Mörtel aufgebrachte Plattenbekleidungen bis zu 3,0 cm Dicke sollten zusammenhängende Abmessungen von maximal 3,0 × 3,0 m haben. Wenn sichergestellt ist, daß die Dehnungsunterschiede zwischen Bekleidung und Untergrund gering sind und der Haftverbund ungestört bleibt, können die Dehnungsfugenabstände bis auf maximal 6,0 m erhöht werden.

● Angemauerte Riemchenbekleidungen bis zu 7,0 cm Dicke sollten eine zusammenhängende Länge von maximal 6,0 m aufweisen. Wenn sichergestellt ist, daß die Dehnungsunterschiede zwischen Riemchenschale und Untergrund gering sind, kann der Dehnungsfugenabstand auf maximal 12,0 m erhöht werden. Die zusammenhängende Höhe darf 6,0 m (2 Geschosse) nicht überschreiten.

● Vom Untergrund abgesetzt angebrachte Bekleidungen, ebenso Bekleidungen auf bewehrtem Unterputz über Wärmedämmschichten müssen mindestens alle 3,0 m durch Dehnungsfugen unterteilt werden. Bei Bekleidungselementen geringerer Abmessung sind die Elementfugen als Dehnungsfugen auszubilden.

● Bekleidungsflächen sind von allen angrenzenden Bauteilen durch Anschlußfugen zu trennen. Besonders an Gebäudeecken und an allen kraftschlüssig mit dem Untergrund verbundenen Baugliedern (z. B. Aufstandsflächen) sind Anschlußfugen vorzusehen. Ebenso ist über Trennfugen und Anschlußstellen im Untergrund die Bekleidungsschicht durch eine Fuge zu trennen.

● Dehnungsfugen (Feldbegrenzungsfugen) und Anschlußfugen müssen durch Bekleidung und Unterputz etc. bis auf den Ansetzuntergrund (Mauerwerk, Wärmedämmung o. ä.) geführt werden.

● Mit Abstand vom Untergrund angebrachte Bekleidungen müssen so verankert werden, daß Bewegungen des Untergrundes sich nicht schädigend auf die Bekleidung auswirken.

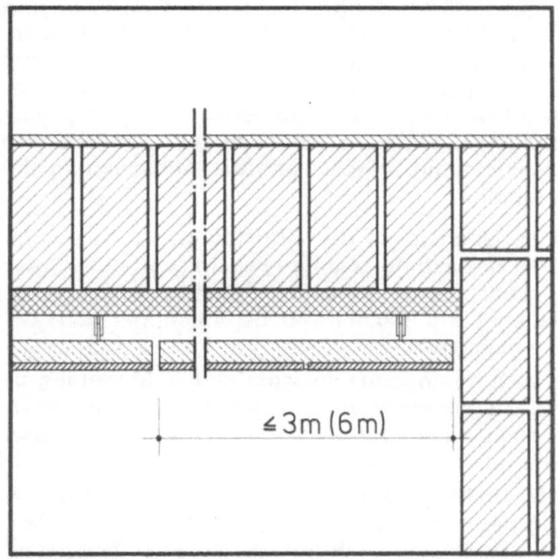

Wände mit Bekleidungen
Schichtenfolge und Einzelschichten

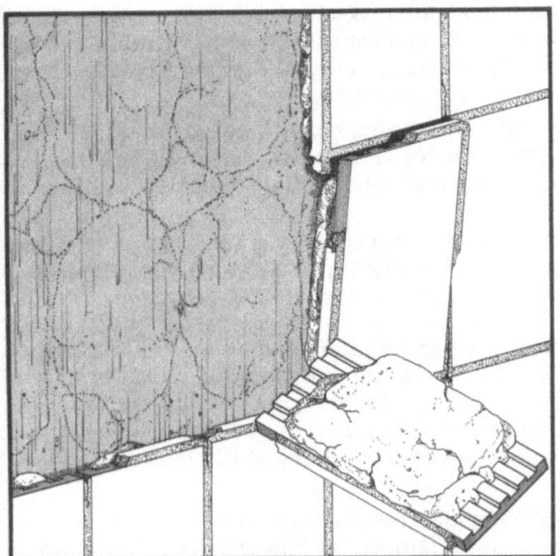

Eine große Zahl der Schäden an Außenwänden mit unmittelbar aufgebrachten Bekleidungen ist auf Fehler in der Ausführung der Bekleidungsschichten zurückzuführen oder durch diese verstärkt worden. An Außenwänden mit Riemchen waren Durchfeuchtungen aufgetreten, wenn die Vermauerung der Riemchen mit offenen Stoßfugen und unvollständig verfüllten Lagerfugen ausgeführt war, wenn die nachträgliche Verfugung Risse im Fugenmörtel, Abrisse zwischen Stein und Mörtel und Hohlstellen hinter dem Fugmörtel aufwies oder wenn der Mörtel bzw. die Steine zu stark Wasser saugten. An mit Platten bekleideten Außenwänden wurden Durchfeuchtungsschäden und in Einzelfällen auch Frostabsprengungen der Bekleidungsplatten beobachtet, wenn das Mörtelbett nicht geschlossen und fehlstellenfrei ausgeführt war. In allen Fällen war der Ansetzmörtel batzenförmig (Frikadellentechnik) aufgetragen, so daß hinter den Bekleidungsplatten kanalartige Hohlräume verblieben. Daneben wiesen die Fugen Abrisse des Fugmörtels zu den Platten auf. Das Regenwasser konnte so über die Fehlstellen der Fugen eindringen und sammelte sich in den Hohlräumen des Mörtelbettes, um dann den Wandquerschnitt zu durchfeuchten.

Bei unvollständig angemörtelten Plattenfeldern, ebenso bei Bekleidungen auf unbehandelten, glatten Betonflächen oder auf Unterputzen, denen entweder Sperrmittelzusätze beigemischt worden waren oder die einen zusätzlichen Schwarzanstrich erhalten hatten, waren Ablösungen der Riemchen- und Plattenbekleidungen vom Untergrund, Risse und Abplatzungen in Ecken und Abfallen von Platten aufgetreten.

Zu bedenken ist:

– Die Schlagregendichtigkeit von Außenwänden mit unmittelbar aufgebrachten Bekleidungen hängt wesentlich von der fehlerfreien Herstellung der Bekleidungsschichten ab. Fehlstellen und Risse in Fugen und Bekleidungselementen lassen das Niederschlagswasser schnell eindringen. Hohlräume im Ansetzmörtel oder in der Schalenfuge und z. B. in der Riemchenschale selbst (Hochlochsteine) wirken als »Dränagesystem«, das eine gleichmäßige Speicherung des Wassers verhindert und zu stellenweise verstärkter Belastung führt. Frost kann die Absprengung der Platten herbeiführen.

– Bei sehr dichten Oberflächen des Bekleidungsmaterials kann einmal hinter die Bekleidung gelangte Feuchtigkeit nur schwer wieder austrocknen. Es ist daher mit Feuchtigkeitsanreicherung im Querschnitt und Schäden an der Innenoberfläche der Außenwand zu rechnen.

– Günstig wirkt sich homogenes speicherfähiges Material großer Dicke aus. Ziegelriemchen sind daher Klinkerriemchen vorzuziehen, auch wegen der besseren Verarbeitbarkeit und größeren Sicherheit vor Rissen im Fugennetz.

– Bei handwerklich in Mörtel angesetzten Bekleidungsplatten ist ein vollständig geschlossenes Mörtelbett schwer erreichbar. Helfen können Bemörtelungsrahmen, die einen vollflächigen, gleichmäßigen Mörtelauftrag auf den Platten gewährleisten. Die Verfugung muß mit großer Sorgfalt vorgenommen werden.

– Auch bei Ausführung keramischer Bekleidungen im Dünnbettverfahren können je nach Aufbringung des Mörtels im Mörtel-/ Klebebett Hohlstellen verbleiben, in denen sich Wasser sammeln kann, das von dort den Wandquerschnitt durchfeuchtet oder zu Frostabsprengungen führt. Durch Anwendung des Floating-Buttering-Verfahrens, bei dem der Dünnbettmörtel sowohl auf dem Ansetzuntergrund als auch auf der Fliese vollflächig aufgetragen wird, werden Hohlräume weitgehend vermieden.

Wände mit Bekleidungen
Schichtenfolge und Einzelschichten

– Dispersionskleber sind feuchtigkeitsempfindlich und daher in der Regel für keramische Außenwand-Bekleidungen nicht geeignet. Epoxidharzkleber bilden auf dem Untergrund eine dichte Schicht, wodurch eine Wasserdampfdiffusion ggf. behindert werden kann.

– Bei nachträglicher Verfugung von Riemchenbekleidungen ist ein rißfreier Verbund zum Mauermörtel und ein hohlraumfreies Verfüllen der Fugen nur bei größter Sorgfalt zu erreichen. Gegenüber einem oberflächigen Fugenglattstrich beim Aufmauern der Riemchenschale besteht eine größere Gefahr von Fehlstellen.

– Die Haftung von angemörtelten Bekleidungen beruht auf einer innigen Verklammerung des Mörtels mit dem Untergrund. Durch einen saugfähigen Untergrund und durch rauhe oder profilierte Oberflächen kann die Haftung verbessert werden.

– Oberflächen mit geringem Saugvermögen, die glatt (Betonoberflächen) oder wasserabweisend sind (Schalölrückstände, Sperrmittelzusätze im Unterputz) verhindern eine ausreichende Haftung. Oberflächen mit sehr großem Saugvermögen (Leichtbeton, Gasbeton) entziehen dem Ansetzmörtel zu viel Anmachwasser, so daß Haftung und Festigkeit des Mörtels leiden.

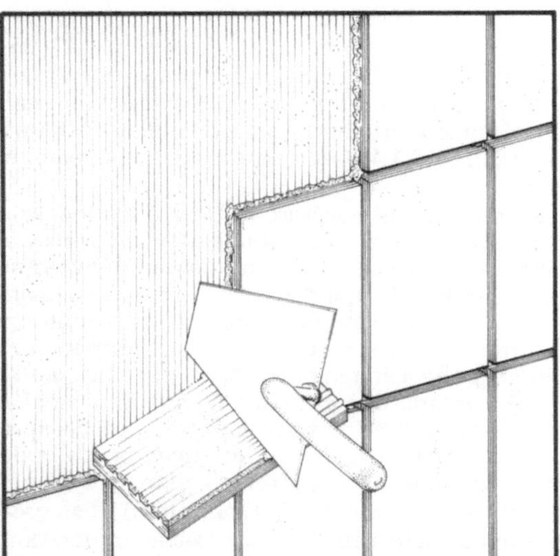

Daraus folgt als
Empfehlung zur Schwachstellenvermeidung:

● Der Untergrund angemörtelter Bekleidungen muß fest, sauber, fehlstellenfrei, eben und rau sein. Ein flächendeckender Spritzbewurf aus reinem Zementmörtel (1:2 bis 1:3) ist aufzubringen. Die Bekleidung darf frühestens nach 12 Stunden auf den erhärteten Spritzbewurf aufgebracht werden.

● Sind größere Unebenheiten im Untergrund vorhanden bzw. ist auf der Fassade eine hohe Schlagregenbeanspruchung zu erwarten, dann muß ein Unterputz aufgebracht werden (Traßzement 1:3 bis 1:4). Seine Dicke soll mind. 10 mm und höchstens 25 mm betragen.

● Wird der Unterputz aufgrund größerer Unebenheiten im Untergrund dicker als 25 mm, besteht der Untergrund aus unterschiedlichen Baustoffen, aus Baustoffen geringerer Festigkeit (Wärmedämmung) oder hat er eine sehr glatte Oberfläche (geschalter Beton), dann muß der Unterputz bewehrt werden, z.B. Baustahlgitter 50/50/2 aus nichtrostendem Stahl nach DIN 17440. Die Bewehrung ist bei druckfestem Untergrund mit mind. 5 Drahtankern pro m² (Edelstahl, ⌀ 3 mm) zu befestigen. Über Dämmstoffen sind biegesteife Flachstahlanker einzusetzen.

● Bei im Dickbettverfahren aufgebrachten keramischen Fliesen und Platten bis zu 3 cm Stärke, soll das Mörtelbett aus reinem Zementmörtel bestehen und zwischen 10 und 25 mm dick sein. Durch Klopfen auf die Platte wird das Mörtelbett so verdichtet, daß keine Hohlstellen verbleiben.

● Beim Dünnbettverfahren soll die Dicke des Mörtelbettes zwischen 3 und 5 mm betragen. Es soll hydraulisch erhärtender Dünnbettmörtel nach DIN 18156 verwendet werden, der im Floating-Buttering-Verfahren aufgebracht wird.

● Bei keramischen Bekleidungen soll der Fugenanteil mind. 5%, besser 10–15% betragen. Für die Verfugung sollte spezieller Werkmörtel verwendet werden, der in die Fugen eingeschlämmt wird. Es darf kein Epoxidharzmörtel verwendet werden.

● Riemchenbekleidungen und Sparverblender (Dicke bis 7 cm) sind auf einem Spritzbewurf und ca. 15 mm dickem Unterputz mit einer 10 bis 25 mm dicken Schalenfuge aufzumauern. Die Schalenfuge ist schichtenweise mit plastischem Mörtel hohlraumfrei zu verfüllen. Die Stoß- und Lagerfugen sind vor dem Anziehen des Mauermörtels ca. 15 mm tief auszukratzen und mit einem Zementmörtel 1:3 bis 1:5 zu verfugen. Es sollte kein gelochtes Steinmaterial verwendet werden.

Wände mit Bekleidungen
Schichtenfolge und Einzelschichten

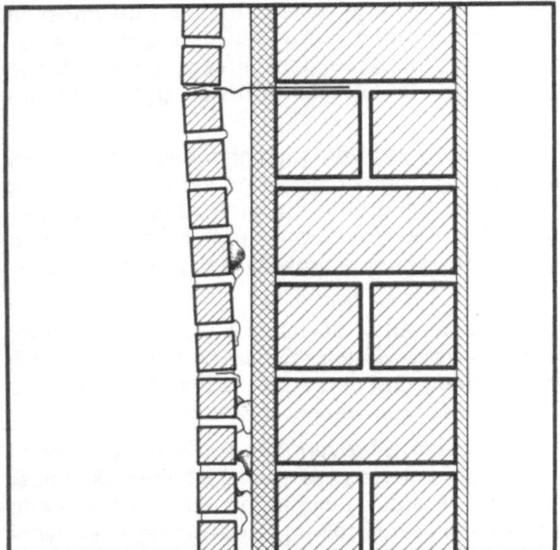

Abscheren der Bekleidungsflächen vom Untergrund, Risse und Fugenzerstörungen, in einzelnen Fällen auch Abstürzen großer Bekleidungsflächen bei Sturm waren an Riemchenschalen aufgetreten, die mangelhaft verankert und unzureichend abgefangen waren. Dabei handelte es sich um Riemchenschalen, die meist frei vor Wärmedämmschichten und ohne Anmauerung mit unverfüllter Schalenfuge oder vor Sperrputzen und Schwarzanstrichen ausgeführt waren, die über 2 und mehr Geschosse in einigen extremen Fällen über eine Höhe von ca. 30 m ohne Zwischenabfangung versetzt waren oder die mit einer zu geringen Anzahl von Drahtankern oder mit untauglichen Maßnahmen (z. B. durchgesteckten Rundstählen) verankert waren.

Bei Plattenbekleidungen auf bewehrtem Unterputz über einer mineralischen Wärmedämmschicht war es zum Abscheren der durch Fugen unterteilten Bekleidungsfelder in der Ebene der Wärmedämmschicht gekommen. Einzelne Bekleidungsfelder sackten ab soweit es die nachgiebigen Drahtanker zuließen, wobei die Dehnungsfugen aufrissen bzw. gepreßt wurden, mehrere Bekleidungsfelder stürzten ab, da die Drahtanker korrodiert waren. Bei Bekleidungen auf Unterkonstruktionen war es zur Verrottung nicht fäulnisgeschützter Holzroste und zum Absturz der Bekleidungselemente gekommen.

Zu bedenken ist:

– Unmittelbar aufgebrachte Plattenbekleidungen werden allein mit Mörtel auf dem Untergrund befestigt. Nur durch ein vollständig geschlossenes Mörtelbett wird ein vollflächiger Haftverbund erreicht (siehe C 1.1.6 – Herstellung der angemörtelten Bekleidung).

– Bei Plattenbekleidungen auf bewehrtem Unterputz über glattem, wasserabweisendem, zu stark saugendem oder zu weichem Untergrund kann mit einem ausreichenden Haftverbund nicht gerechnet werden. Es handelt sich hier um »schwimmende Bekleidungen«, die eine besondere Konstruktion und Verankerung erfordern. Bekleidungen über Wärmedämmschichten führen große Längenänderungen aus. Bei großer Haftfestigkeit des Unterputzes an einer Wärmedämmschicht geringer Festigkeit wird diese so stark verformt, daß bei spröden Stoffen Gefügezerstörungen oder ein Scherbruch in der Ebene der Wärmedämmschicht auftreten können.

– Das Gewicht von Riemchenschalen (30 bis 70 mm) ist so groß, daß der Haftverbund allein diese Last nicht sicher tragen kann. Zur Aufnahme eines Teils der Last bei der Aufmauerung und als Sicherung für den Fall einer Lösung der Bekleidung vom Untergrund dienen entsprechend bemessene Aufstandsflächen. Als zusätzliche Sicherung gegen horizontale Kraftangriffe werden Drahtanker eingebaut.

– Anker, Abfang-, Unterkonstruktion und auch Bewehrungen sind der Feuchtigkeit und anderen aggressiven Einflüssen ausgesetzt, die die Standfestigkeit beeinträchtigen können. Durch ihre konstruktive Ausbildung sind die Verankerungselemente in der Regel einer wiederkehrenden Überprüfung und evtl. Erneuerung von Schutzmaßnahmen entzogen, so daß von vornherein ein sicherer, ausreichend langlebiger Korrosionsschutz vorzusehen ist.

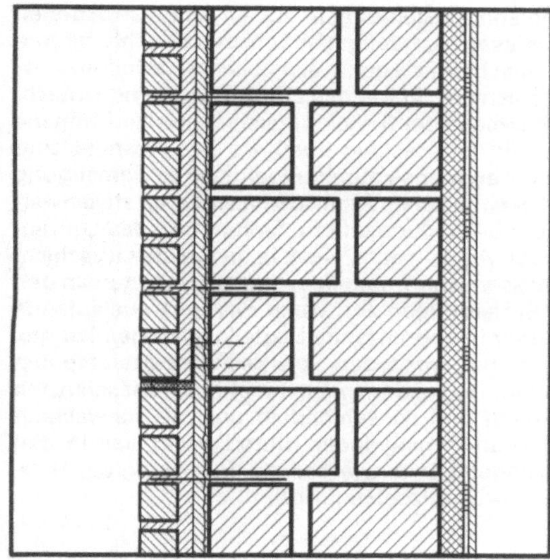

Daraus folgt als
Empfehlung zur Schwachstellenvermeidung:

● Unmittelbar auf den Untergrund aufgebrachte Bekleidungen bis zu 3,0 cm Dicke sind in einem geschlossenen Mörtelbett auf den Untergrund anzusetzen (siehe C 1.1.6 – Herstellung der angemörtelten Bekleidung).

● Riemchenbekleidungen bis zu 7 cm Dicke müssen neben einer hohlraumfrei geschlossenen Schalenfuge (siehe C 1.1.6) zusätzlich mit mind. 5 Drahtankern pro m² (Edelstahl, $\varnothing$ 3 mm) im tragenden Untergrund verankert sein. Der lotrechte Abstand der Anker darf 30 cm und der waagerechte 75 cm nicht überschreiten. An allen freien Rändern (Außenecken, Dehnungsfugen, Fenstern) müssen zusätzlich 3 Anker $\varnothing$ 3 mm pro lfdm angeordnet werden.

● Riemchenbekleidungen müssen mind. alle zwei Geschosse auf formstabilen, unverschiebbar mit dem tragenden Wandquerschnitt verbundenen, und ggf. korrosionsgeschützten Aufstandsflächen (Konsolen etc.) voll aufstehen. Bei einem Wandmaterial geringer Festigkeit oder niedriger Wärmeleitzahl sollten Riemchenschalen in jedem Geschoß abgefangen werden.

● Muß der Unterputz von Plattenbekleidungen bewehrt werden (siehe C 1.1.6), z.B. bei Anbringung unmittelbar über Wärmedämmschichten, dann muß die Bewehrung (z.B. Betonstahlmatten 75/75/3 oder Baustahlgitter 50/50/2) aus nichtrostendem Stahl bestehen und über mind. 4 Flachstahlanker aus nichtrostendem Stahl im Untergrund verankert sein. Die einzelnen Bekleidungsfelder sollten nicht größer als 3 × 3 m² sein (vgl. C 1.1.5). Für diese Konstruktion ist ein statischer Nachweis erforderlich.

Wände mit Bekleidungen
Schichtenfolge und Einzelschichten

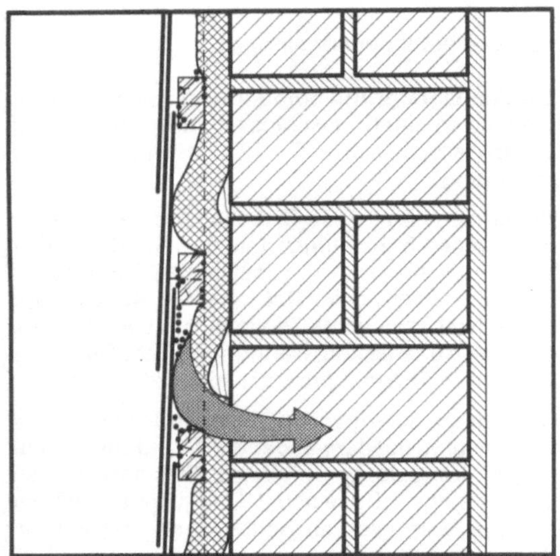

Außenwände, die mit Bekleidungen auf Unterkonstruktionen versehen waren, wiesen als häufigsten Schaden Durchfeuchtungen auf. Die Ursachen hierfür lagen meist in der fehlerhaften Ausbildung der Luftschichten. So trat das durch Fugen und Undichtigkeiten auf die Rückseite der Bekleidungselemente gedrungene Regenwasser auf die Innenschale über, wo der Abstand zum Untergrund gering war oder es durch ungenügende Befestigung und geringe Steifigkeit weicher Wärmedämmstoffe zu stellenweisem Kontakt mit der Bekleidung und zu Verstopfung des Luftraumes gekommen war. Auch in den Fällen, in denen die Luftschicht ausreichend bemessen war, traten Feuchtigkeitsschäden an den Fußpunkten der Bekleidungen auf, wenn das dort auslaufende Niederschlagswasser in angrenzende Bauteile gelangen konnte. Zur Ablösung und zum Abstürzen von Bekleidungselementen kam es, wenn Unterkonstruktionen aus nicht fäulnisgeschützten Holzrosten bestanden und bei fehlendem oder zu schwachem Luftaustausch aufgrund mangelnder Hinterlüftung das in den Luftraum eingedrungene Regenwasser zur Verrottung der Holzunterkonstruktion durch Pilzbefall führte.

Zu bedenken ist:

– Unterkonstruktionen und ihre Verankerungen sind der Witterung und dem Klima in der Hinterlüftungszone ausgesetzt. Durch die Bekleidung sind sie in der Regel einer Kontrolle und Nachbesserung entzogen. Ein dauerhafter Korrosionsschutz bzw. Holzschutz ist daher von besonderer Bedeutung. Bei Verwendung unterschiedlicher Metalle muß mit Kontakt- oder Spaltkorrosion gerechnet werden.

– Durch konstruktive Maßnahmen muß sichergestellt werden, daß zwischen Untergrund, Unterkonstruktion, Verankerung und Bekleidung keine schädigenden Spannungen auftreten können.

– Für Bekleidungen auf Unterkonstruktion ist ein statischer Nachweis erforderlich, der lediglich bei kleinformatigen Platten ($< 0,4\ m^2$, Gewicht $< 5\ kg$) und bei Einbauhöhen $< 8\ m$ entfallen kann. Bei Unterkonstruktionen aus Holz kann der Nachweis entfallen, wenn die Werte der DIN 18517 (Tabelle 3) eingehalten werden. Die Eignung von Dübelverankerungen muß z. B. durch bauaufsichtliche Zulassung nachgewiesen sein.

– Bekleidungen müssen gewartet werden können. So sind z. B. für Standgerüste Verankerungsmöglichkeiten in der Unterkonstruktion bzw. dem tragfähigen Untergrund erforderlich oder Fassadenbefahranlagen müssen gesichert werden können.

– Die Luftschicht dient der Ableitung von (eventuell) eingedrungenem Niederschlagswasser, der Trennung der Bekleidung von der Wärmedämmung bzw. der Wandoberfläche und der Ableitung von Tauwasser. Der Luftwechsel wird durch thermischen Auftrieb und zeitweise durch Windeinwirkung erzeugt. Der Grad der Hinterlüftung steigt mit der Dicke der Luftschicht und der Ebenheit der inneren Oberflächen. Nach DIN 18515 und DIN 18516 soll der Luftspalt mind. 20 mm dick sein, örtliche Reduzierungen der Luftschicht bis auf 5 mm sind zulässig; nach den Fachregeln des Dachdeckerhandwerks soll die Luftschicht mind. 25 mm dick sein. Notwendige Belüftungsöffnungen siehe C 1.1.9.

– Weiche, nicht formstabile Wärmedämmstoffe, die z. B. lediglich zwischen die Unterkonstruktion gestellt oder unzureichend befestigt werden, können durch Zusammensacken oder durch Zusammendrücken bei der Montage und nachträgliche Entspannung die frei durchströmbare Luftschicht bis zum völligen Verschluß reduzieren. Neben dem Strömungshindernis bilden sie dann auch Brücken für einen möglichen Feuchtigkeitsübertritt auf den Wandquerschnitt. Durch das Ausschneiden von Verankerungslöchern können sie zudem auffasern. Bei geringer Luftschichtdicke sind auch die fertigungstechnischen Toleranzen von Dämmstoffen zu berücksichtigen. Diese steigen mit zunehmender Dämmschichtdicke und können z. B. bei Faserdämmstoffen (DIN 18165, Teil 1) + 15 mm betragen.

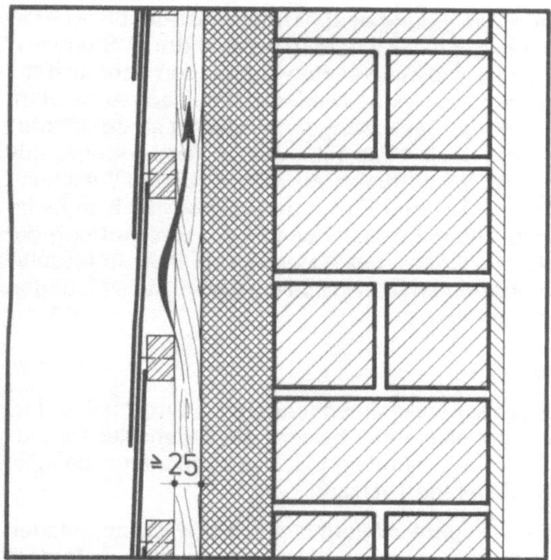

– Auch hinter einer weitgehend regendichten Bekleidung können Wärmedämmstoffe der Feuchtigkeit z. B. Spritzwasser ausgesetzt sein. Ihre Raumbeständigkeit und Dämmfähigkeit darf dadurch nicht beeinträchtigt werden.

Daraus folgt als
Empfehlung zur Schwachstellenvermeidung:

● Bekleidungen an Ankern und Unterkonstruktionen sollten durch einen mindestens 25 mm breiten Lüftungsspalt vom Untergrund abgesetzt ausgeführt werden. Diese Dicke der Luftschicht sollte an jeder Stelle eingehalten werden.

● Metallische Elemente der Unterkonstruktion und ihrer Verankerung müssen dauerhaft korrosionsgeschützt sein. Holz sollte kesseldruckimprägniert werden. Der Querschnitt von Trag- und Konterlatten muß mind. 24 × 48 mm betragen, sägerauhe Schalung muß mind. 24 mm dick sein.

● In der Unterkonstruktion bzw. im Wandquerschnitt sollten Verankerungen angeordnet werden, die ein Einrüsten der Fassade auch bei vorhandener Bekleidung ermöglichen.

● Wärmedämmstoffe hinter Bekleidungen müssen auf Dauer formbeständig, feuchtigkeitsunempfindlich und verrottungsfest sein. Auf dem Untergrund sind sie ausreichend gegen Verrutschen zu befestigen.

Wände mit Bekleidungen
Schichtenfolge und Einzelschichten

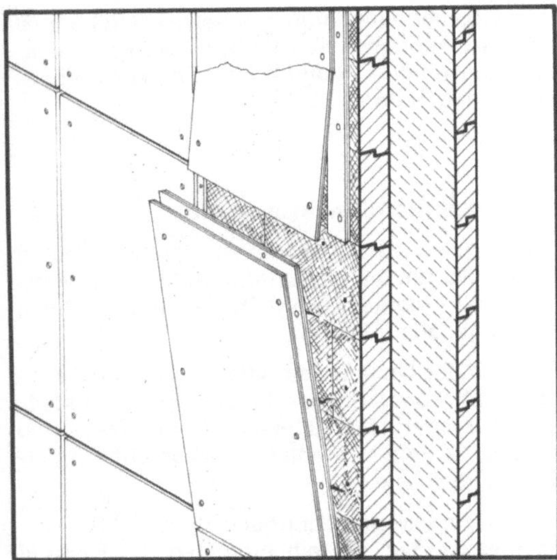

Bei großformatigen Bekleidungen auf Unterkonstruktion wurden Fassadenteile über mehrere Geschosse reichend durch Sturm abgerissen. Auf hellen Fassadenelementen entstanden Schmutzfahnen, die den Weg der abrinnenden Niederschläge nachzeichneten. Dünne schuppenförmige Bekleidungen wurden in stoßgefährdeten Bereichen zerstört. Bei farblich behandelten Verkleidungen aus Profilholz kam in den Elementfugen das rohe Holz zum Vorschein. Durch unzureichende Be- und Entlüftungsöffnungen kam es im Zusammenhang mit Feuchtigkeitseinwirkung und Verrottung der hölzernen Unterkonstruktion zum Ablösen von Bekleidungselementen. Bekleidungselemente aus Metall zeigten Aufwölbungen nach Sonneneinstrahlung.

Zu bedenken ist:

– Besonders bei großen zusammenhängenden und ineinandergreifenden Fassadenelementen besteht die Gefahr des fortlaufenden Abreißens durch Windeinwirkung, auch wenn zunächst nur ein Teil der Bekleidung versagt.

– Durch eine offene Fugenausbildung z. B. bei Natursteinplatten oder Metallelementen wird die Hinterlüftung zwar gefördert, jedoch kann bei ungünstiger Fugenausbildung mit horizontal liegenden Fugenflanken sich dort vermehrt Schmutz ablagern, der durch Niederschläge gelöst wird und als Schmutzfahne auf der Fassade sichtbar bleibt.

– Werden Be- und Entlüftungsöffnungen unterdimensioniert und zudem durch z. B. Insektengitter weiter im Querschnitt reduziert, kann der notwendige Luftwechsel hinter der Bekleidung nicht mehr in ausreichender Weise stattfinden und so zu Schäden an Unterkonstruktion und Bekleidung führen. Nach DIN 18515 »Fassadenbekleidungen an Naturwerkstein, Betonwerkstein und keramischen Baustoffen« soll der Mindestquerschnitt von Lüftungsöffnungen (Schlitz) 1 – 3% der Fassadenfläche, nach DIN 18516 »Außenwandbekleidungen, hinterlüftet« und DIN 18517 »Außenwandbekleidungen aus kleinformatigen Fassadenplatten« 50 cm^2 je Meter Wandlänge betragen.

– Hinterlüftete Bekleidungen sind gegen Stoßbeanspruchung auf die Fläche anfällig, da das Bekleidungsmaterial häufig dünn und spröde ist und durch den Lüftungsspalt und Unterkonstruktion keine vollflächige Auflage auf dem Untergrund besteht. Dies wirkt sich besonders nachteilig im zugänglichen Sockelbereich von Gebäuden aus. Ähnliche Beanspruchungen durch Anlegeleitern oder Arbeitsbühnen müssen von der Bekleidung aufgenommen werden können.

– Wird Profilholz ohne entsprechende Vorbehandlung erst nach der Montage farblich behandelt, dann können nach Feuchtigkeitsabgabe (Schwinden) die Elementfugen aufgehen und die unbehandelten Teile der Federn sichtbar werden. Dies wird besonders bei dunkelfarbig behandelten Hölzern störend sichtbar.

– Außenwandbekleidungen sind je nach Farbgebung Grenztemperaturen von −20°C bis +80°C ausgesetzt. Thermisch bedingte Längenänderungen können besonders bei metallenen Fassadenelementen zu Spannungen zwischen einzelnen Bekleidungselementen bzw. zwischen Bekleidung und Unterkonstruktion führen. Ist das Gesamtsystem nicht in der Lage, den Dehnungsausgleich spannungsfrei aufzunehmen, kommt es zu Aufwölbungen, Verschleißen des Korrosionsschutzes, ggf. Knackgeräuschen etc.

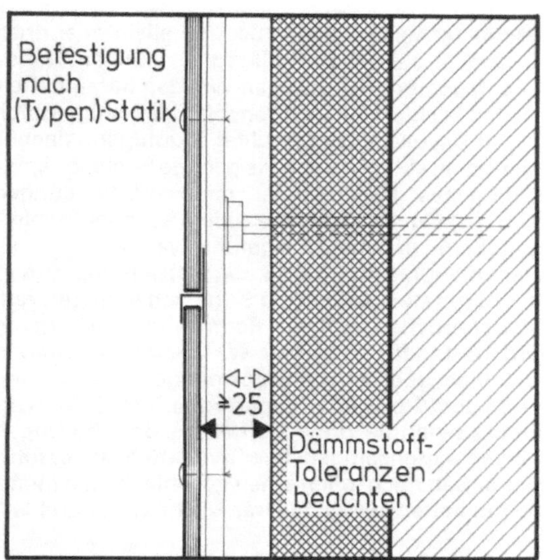

Daraus folgt als
Empfehlung zur Schwachstellenvermeidung:

● Um ein fortlaufendes Abreißen der Bekleidung zu begrenzen, soll diese in Flächen von ca. 50 m² aufgeteilt werden, d. h. in Längen von ca. 8 m und max. über zwei Geschosse gehend, oder es können Sollbruchstellen bei spröden Bekleidungselementen vorgesehen werden.

● Bei offenen Fugen sollten horizontale Fugenflanken so ausgebildet werden, daß eine Wasserableitung hinter die Bekleidung oder in den vertikalen Fugen möglich ist.

● Be- und Entlüftungsöffnungen sollten einen Mindestquerschnitt von je 100 cm²/lfdm Wandlänge haben. Dieser Querschnitt darf durch Schutzgitter o. ä. nicht reduziert werden.

● Leichte Außenwandbekleidungen, wie z. B. Faserzementplatten, Schiefer o. ä. sollten nicht in Bereichen ausgeführt werden, in denen sie durch Stoßbeanspruchung zerstört werden können.

● Für Wartungsarbeiten notwendige Gerüstverankerungen sollten leicht zugänglich z. B. in den Elementfugen der Bekleidung angeordnet werden.

● Farbige Profilholzbekleidungen müssen vor der Montage neben dem erforderlichen Holzschutz mit mind. einem Vor- und Zwischenanstrich versehen werden, der auch den Bereich der Federn erfaßt.

● Teile der Bekleidung, die nach der Montage einer Überwachung und Wartung entzogen sind, müssen auf Dauer gegen Korrosion geschützt werden.

● Die Teile der Bekleidung sind so zu montieren, daß sie untereinander und gegenüber der Unterkonstruktion Spannungen aus Formänderungen aufzunehmen in der Lage sind. Über Bewegungsfugen im Bauwerk muß die Bekleidung gleiche Bewegungen ermöglichen.

Wände mit Bekleidungen
Schichtenfolge und Einzelschichten

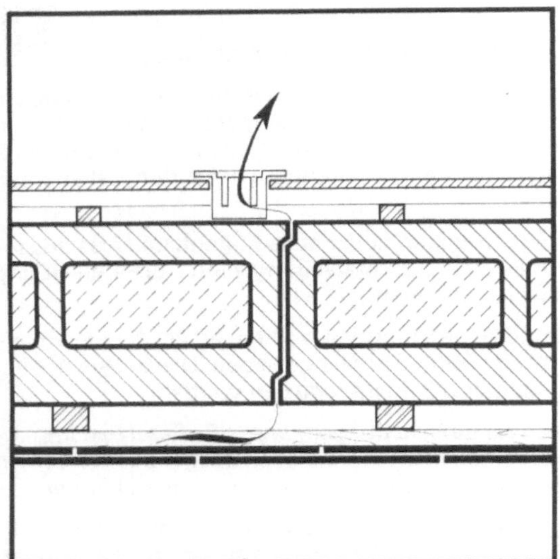

Ein Teil der Schäden an Außenwänden beruhte allein oder doch wesentlich auf Mängeln bei der Herstellung der inneren Wandquerschnitte. Durchfeuchtungsschäden an Wänden mit unmittelbar aufgebrachten Bekleidungen wurden oft begünstigt durch Fehlstellen aufgrund unvollständig verfüllter Stoßfugen, manchmal auch der Lagerfugen, ebenso durch die geringe Speicherfähigkeit für eingedrungenes Regenwasser der vielfach dünnen (24,0 cm und 30,0 cm) Querschnitte, die zudem aus großformatigen Steinen mit großem Lochanteil ausgeführt waren.

Bei Außenwänden mit vom Untergrund abgesetzten und hinterlüfteten Bekleidungen traten Kälte- und Zugerscheinungen auf, besonders an Durchbrüchen auf der Raumseite. Die inneren Wandquerschnitte bestanden dabei aus Wärmedämmstoffen in Rahmenkonstruktionen oder aus großformatigen Steinen mit unvollständig verfüllten Stoß- oder Lagerfugen. Mit Beton vergossene Schalungssteine, die ohne Verfüllung der Stoßfugen bzw. nur mit einem außenseitigen Fugenverstrich ausgeführt waren, und weder außen noch innen einen geschlossenen mehrlagigen Putz erhalten hatten, waren in ihrer Fläche winddurchlässig.

Zu bedenken ist:

– Die Schlagregendichtigkeit von Außenwänden mit unmittelbar aufgebrachten Bekleidungen wird von der Bekleidungsschicht und dem Wandquerschnitt gemeinsam erbracht. Der innere Wandquerschnitt wirkt dabei als Speicherschicht für das zeitweise durch die Bekleidung gedrungene Regenwasser. Je dünner der Wandquerschnitt, desto geringer die speicherfähige Masse und desto geringer die Sicherheit vor Fehlstellen im Fugensystem, die Wasseransammlungen und schnellen Wassertransport bis zur Raumseite begünstigen.

– Bei Außenwandkonstruktionen mit abgesetzten und hinterlüfteten Bekleidungen muß der innere Wandquerschnitt winddicht sein, da die Windbeanspruchung sich über die Be- und Entlüftungsöffnungen oder bei Bekleidungen mit offenen Fugen sogar in der Fläche der Wand unmittelbar gegen den inneren Wandquerschnitt richtet. Über Fehlstellen findet ein Druckausgleich zwischen Außenluft und Innenraum statt, der innen Zuglufterscheinungen hervorrufen kann. Ebenso ergeben diese Undichtigkeiten zusätzliche Wärmeverluste. Die Wärmeschutzverordnung fordert daher dauerhaft luftundurchlässig abgedichtete Fugen. Wandquerschnitte aus großformatigen Mauersteinen oder trocken versetzten Schalungssteinen, die innenseitig lediglich mit Brettern oder Platten verkleidet sind und ebenso Leichtkonstruktionen z. B. Holzskelettwände mit Wärmedämmstoffen aus Fasermatten und -platten, auch wenn diese mit Folien oder Pappen lose überdeckt sind, können nicht als ausreichend winddicht angesehen werden.

Daraus folgt als
Empfehlung zur Schwachstellenvermeidung:

● Innere Mauerwerksschalen von schlagregenbeanspruchten Außenwänden mit unmittelbar aufgebrachten Bekleidungen sollten in jeder Mauerschicht mindestens eine durchgehende, schichtweise versetzte und hohlraumfrei mit gießfähig eingestelltem Mauermörtel verfüllte 2 cm dicke Längsfuge aufweisen, oder der Wandquerschnitt ist mit einem wasserundurchlässigen Unterputz zu versehen.

● Bei besonders starker Schlagregenbeanspruchung sollte der innere Wandquerschnitt mit einer vom Untergrund abgesetzten und hinterlüfteten Bekleidung geschützt werden.

● Außenwände mit Bekleidungen, die vom Untergrund abgesetzt und hinterlüftet sind, müssen einen winddichten inneren Wandquerschnitt haben. Bei nicht vermörtelten knirsch gestoßenen Fugen oder der Gefahr von Fehlstellen im inneren Wandquerschnitt muß zumindest auf der Raumseite ein deckender Naßputz oder auf der Innenseite der Wärmedämmschicht müssen Folien mit abgedichteten Stößen aufgebracht werden.

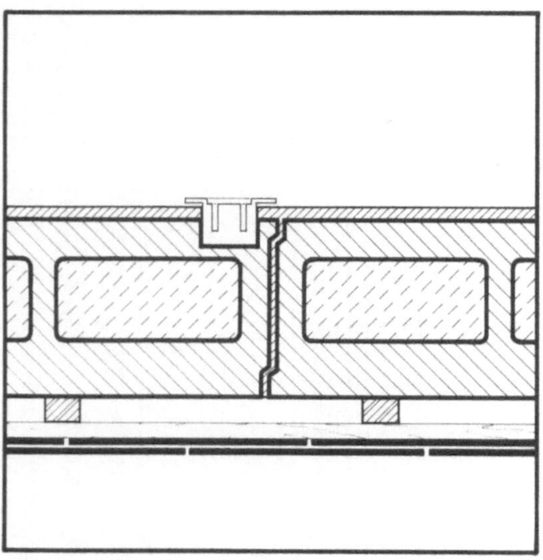

Problempunkt: Sockel und Dachanschluß

Sockelausbildungen werden notwendig, wo Außenwände mit Bekleidungen an horizontale oder geneigte Außenflächen unmittelbar angrenzen, also vor allem im Übergang an das Erdreich, aber ebenso bei Anschlüssen der Außenwände an Dächer, Dachterrassen und Balkone.
An diesen Stellen treffen in Beanspruchung, Material und Konstruktion unterschiedliche Elemente aufeinander. Die Schichtenfolge und die vorgesehenen Materialien in der Sockelzone werden daher von denen der aufgehenden Wände abweichen. An den Aufsetzpunkten von Riemchenbekleidungen auf Deckenplatten werden Sperrmaßnahmen notwendig.

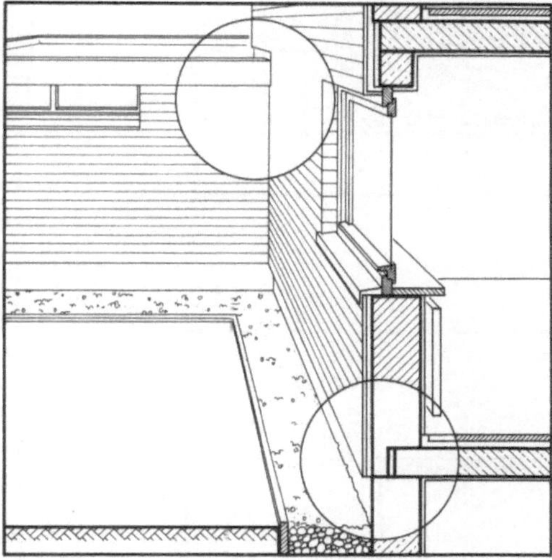

Nach Auswertung einer repräsentativen Gruppe von Schadensfällen sind typische wiederkehrende Fehler als schadensverursachend erkannt worden.
Überwiegend wurde den besonderen Bedingungen im Sockelbereich bei der Konzeption der Bauteile nicht ausreichend Rechnung getragen. Entweder erfuhren die Außenwände und die unmittelbar aufgebrachten Bekleidungsschichten eine schädliche Feuchtigkeitsbeanspruchung aus dem Erdreich bzw. von der angrenzenden Dachfläche, es erfolgte eine Schädigung der Außenwand und angrenzender Konstruktionsteile durch Feuchtigkeitszutritt aus dem Wandquerschnitt selbst, oder die Bekleidung zeigte sich den verstärkten mechanischen Beanspruchungen im Sockelbereich nicht gewachsen.
An dieser Stelle werden nur schadensbetroffene Sockelkonstruktionen mit Bekleidungen behandelt. Von dieser Konstruktion abweichende Sockelausbildungen sind aufzufinden unter den entsprechenden Abschnitten: A – Sichtmauerwerk und Sichtbeton, B – Außenputz, D – Verblendschalen. Auf den folgenden Seiten werden die Schwachstellen der Sockelkonstruktionen näher untersucht und Empfehlungen zur Schadensvermeidung abgeleitet.

Wände mit Bekleidungen

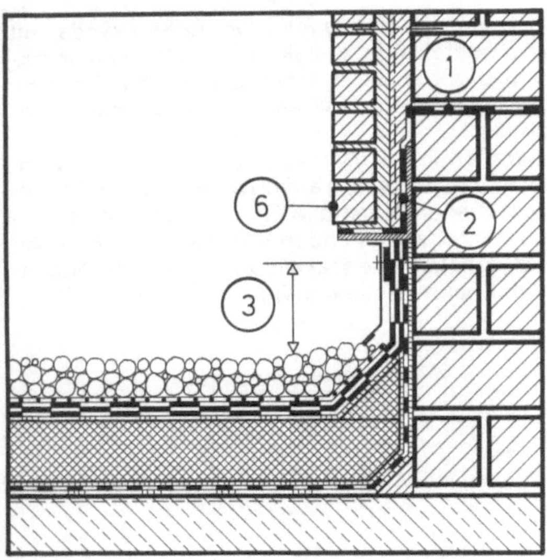

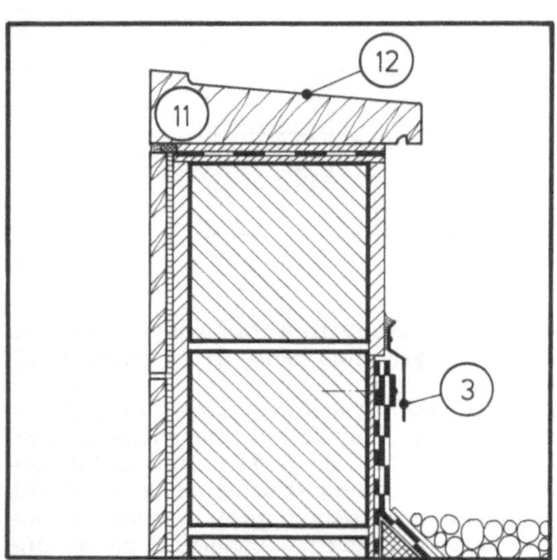

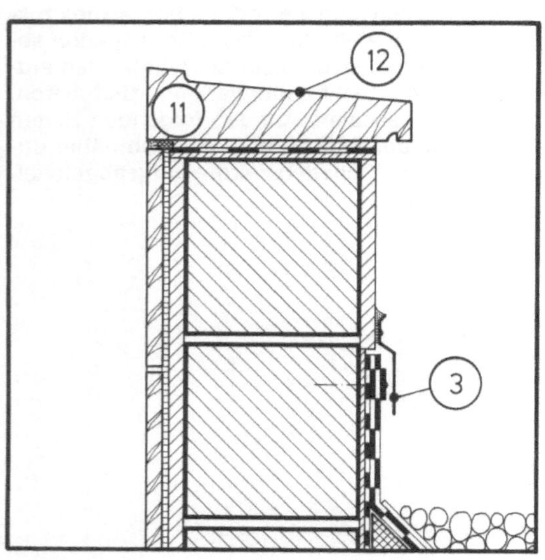

① Am Aufsetzpunkt (z. B. auf Deckenplatten) schlagregenbeanspruchter Außenwände mit unmittelbar aufgebrachten Bekleidungen muß eine Sperrschicht (z. B. eine Lage Bitumendachbahn) vorgesehen werden, die vor der inneren Wandschale ca. 10 cm verspringt und bis zur Innenseite durchgeführt wird (siehe C 2.1.2).

② Wird eine horizontale Gebäudeaußenfläche (z. B. Dachfläche) an die aufgehende Wand angeschlossen, dann muß die horizontale Sperrschicht oberhalb des Randes der aufgekanteten Dichtungsschicht angeordnet und an diese möglichst angeschlossen werden (siehe C 2.1.2).

③ Im Anschlußbereich horizontaler Gebäudeaußenflächen an Außenwänden muß die Dichtungsschicht über den in der speziellen Situation ungünstigstenfalls zu erwartenden Wasserandrang hochgeführt werden. Die Aufkantung muß dabei mindestens 15 cm höher sein als die Oberfläche des Daches — Dachhaut, Kiesschüttung, Belag. Die aufgekantete Dichtungsschicht sollte die Oberfläche der Bekleidung unterfahren (siehe C 2.1.3).

④ Im gefährdeten Sockelbereich sollten Bekleidungen stoßfest ausgebildet werden (siehe C 2.1.3).

⑤ In Spritzwasserhöhe, ca. 30 cm über dem Gelände, muß im Wandquerschnitt eine horizontale Sperrschicht (z. B. eine Lage 500er Bitumendachbahn) eingebaut werden (siehe C 2.1.4).

⑥ Unmittelbar aufgebrachte Plattenbekleidungen und Bekleidungen auf Unterkonstruktion sollten möglichst nur oberhalb der Spritzwasserzone vorgesehen werden (siehe C 2.1.4).

⑦ Soll die Sockelzone eine angemörtelte Bekleidung erhalten, muß der Untergrund weitgehend wasserdicht sein (z. B. wasserundurchlässiger Beton/Putz). Über bahnenförmigen Abdichtungen können z. B. großformatige (hintermörtelte) Plattenbekleidungen auf Ankern ausgeführt werden. Anker und Unterkonstruktionen, die die vertikale Abdichtung durchstoßen, sind einzudichten (siehe C 2.1.4).

⑧ Der Wärmedurchlaßwiderstand der Kelleraußenwände muß entsprechend der Nutzung der Kellerräume bemessen werden. Bei beheizten Kellerräumen sollte ein Wärmedurchlaßwiderstand von mindestens 1,3 m² K/W ($k \leq 0{,}68$ W/m² K) vorgesehen werden (siehe C 2.1.5).

⑨ Die Stirnseiten der Kellerdecken im Auflagerbereich auf den Kellerwänden sind durch Wärmedämmschichten mit einem Wärmedurchlaßwiderstand von mindestens 1,3 m² K/W zu schützen (siehe C 2.1.5).

⑩ Soll bei Kelleraußenwänden die Wärmedämmung außen aufgebracht werden, so sind hierfür feuchtigkeitsbeständige, bauaufsichtlich zugelassene Dämmstoffe (z. B. extrud. Polystyrolhartschäume) einzusetzen. Innenseitig angeordnete Dämmschichten sollten einen hohen Wasserdampfdiffusionswiderstand aufweisen oder es sind zusätzliche Dampfsperren anzuordnen (siehe C 2.1.5).

⑪ Angemörtelte Bekleidungen sollten zur Abdeckung von Mauerkronen und Attiken nicht verwendet werden. Bei starker Schlagregenbeanspruchung und großen Fensterflächen sind angemörtelte Bekleidungen auch bei Fensterbänken nicht empfehlenswert. Zur Abdeckung sollten großflächige Bauteile mit geringem Fugenanteil (z. B. Blech, Werkstein o. ä.) verwendet werden (siehe C 2.1.6).

⑫ Abdeckungen sind mit einem Gefälle von möglichst $\geq 10°$ herzustellen und sollten — besonders auf der Entwässerungsseite — eine Tropfkante mit möglichst 50 mm Wandüberstand aufweisen. Bei Attiken und Brüstungen sollte das Gefälle zur Dachfläche hinweisen (siehe C 2.1.6).

Wände mit Bekleidungen
Sockel und Dachanschluß

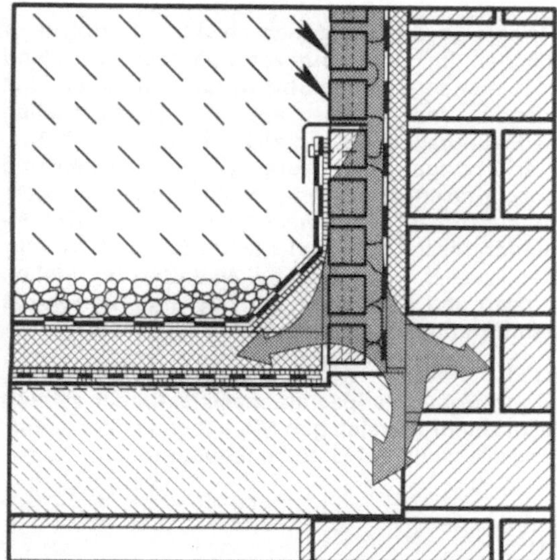

Bei Außenwänden mit Platten oder Riemchenbekleidungen, die auf Kellerdecken, auf Dachdecken oder auf Balkonkragplatten aufgesetzt waren, war es zu teilweise schwerwiegenden Durchfeuchtungsschäden gekommen, wenn keine funktionsgerechte Sperrschicht am Aufsetzpunkt der Bekleidung vorhanden war. Regenwasser sickerte vor allem an Schlagregenseiten in Fehlstellen der Schalenfuge, in der Ebene außen liegender Wärmedämmschichten, vor Sperrputzen und Bitumenpappen oder in den als Dränage wirkenden Lochungen der Riemchen nach unten bis auf die Stahlbetonplatten, wurde dort aufgestaut und griff die benachbarten Bauteile an. Durchfeuchtungen der inneren Wandschalen, Ausblühungen und Feuchtigkeitsschäden z. B. an dem Dachaufbau und in darunterliegenden Räumen waren die Folge.

Zu bedenken ist:

– Auch sorgfältig ausgeführte Bekleidungen sind nicht vollkommen wasserdicht. Besonders bei Schlagregenbeanspruchung dringt Wasser auch in die Wand ein, wobei Fehlstellen das Wassereindringen begünstigen. Der Schwerkraft folgend sammelt sich das eingedrungene Wasser am Aufsetzpunkt der Bekleidung (siehe C 1.1.2 – Regendichtigkeit des Wandquerschnitts).

– In die Fugen der Bekleidung (z. B. aus Riemchen) eingebaute Kappstreifen schützen den aufgekanteten Rand der Dichtungsschicht z. B. eines angrenzenden Daches nur vor dem auf der Oberfläche der Außenwand abrinnenden Wasserfilm. Das innerhalb des Wandquerschnitts nach unten sickernde Wasser hinterläuft die aufgekantete Dichtungsschicht.

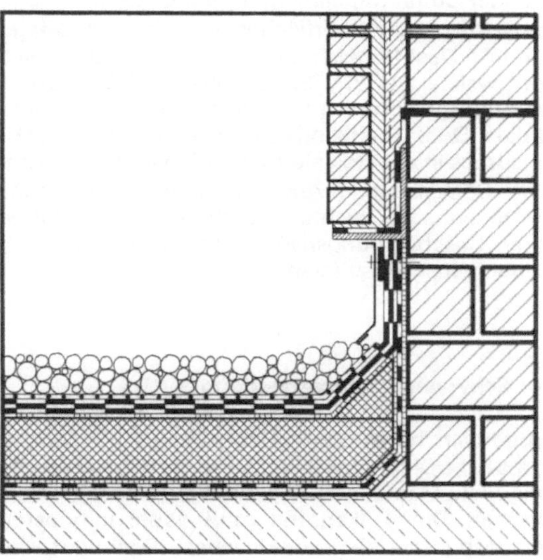

Daraus folgt als
Empfehlung zur Schwachstellenvermeidung:

● Am Aufsetzpunkt (z. B. auf Deckenplatten) schlagregenbeanspruchter Außenwände mit unmittelbar aufgebrachten Bekleidungen muß eine Sperrschicht (z. B. eine Lage Bitumendachbahn) vorgesehen werden, die vor der inneren Wandschale ca. 10 cm verspringt und bis zur Innenseite durchgeführt wird.

● Wird eine horizontale Gebäudeaußenfläche (z. B. Dachfläche) an die aufgehende Wand angeschlossen, dann muß die horizontale Sperrschicht oberhalb des Randes der aufgekanteten Dichtungsschicht angeordnet und an diese möglichst angeschlossen werden.

Wände mit Bekleidungen
Sockel und Dachanschluß

In den Fällen, in denen die Dichtungsschichten horizontaler Gebäudeaußenflächen im Übergang zur aufgehenden Wand nicht oder nur unzureichend hochgeführt waren, traten Schäden an den Außenwänden und teilweise auch den Dachbauteilen selbst auf. Die Bekleidungsflächen zeigten im Sockelbereich Ausblühungen und Verfärbungen, Abplatzungen des Fugmörtels und der Platten, ebenso wiesen die Wandquerschnitte Durchfeuchtungen bis zur Innenseite auf mit Schäden an den Oberflächenschichten. Wärmedämmschichten und Dachdeckenplatten wurden durchfeuchtet, Wasser drang zum Teil an entfernten Stellen z. B. an Durchbrüchen und Fehlstellen der Deckenplatten in die darunterliegenden Räume ein.

Im Bereich verstärkt genutzter Verkehrsflächen (z. B. Hauseingänge) waren dünne großformatige Plattenverkleidungen zerstört worden, die nicht in einem vollflächigen Mörtelbett verlegt waren, ebenso Bekleidungselemente auf Unterkonstruktion.

Zu bedenken ist:

– Auf Dachflächen mit geringem Gefälle kann durch mangelhafte Entwässerung, Windaufstauung oder bei schmelzender Schneedecke stehendes Wasser in Pfützenform auftreten. Ist der Rand der Dichtungsschicht, z. B. im Bereich einer aufgehenden Wandfläche nicht aufgekantet, wird die Außenwand unmittelbar von dem anstehenden Wasser beansprucht.
– Auch Außenwandbekleidungen aus weitgehend wasserdichten Baustoffen (z. B. glasierten Fliesen, Zementmörtel) sind nicht wasserdicht. Bedingt durch Schwierigkeiten der fehlstellenfreien Herstellung und der Rissegefährdung in der Verfugung und im Ansetzmörtel dringt Wasser unter hydrostatischem Druck oder durch Kapillarzug in den Untergrund ein.
– Bei Dachflächen mit glatten Oberflächen, vor allem bei Belägen von Balkonen und Dachterrassen, die dem Regen ausgesetzt sind, tritt Spritzwasser auf. Die Sockelzone der Wand erfährt dadurch eine außergewöhnlich hohe Wasserbeanspruchung, die zu verstärkten Quell-/Schwindvorgängen und bei Frosteinwirkung zu Eisdruck in den Bekleidungsschichten führen kann.
– Vor allem in der Sockelzone im Anschluß an genutzte (begangene etc.) Flächen sind leichte hinterlüftete Bekleidungen einem erhöhten Beschädigungsrisiko aufgrund mechanischer Beanspruchungen ausgesetzt (siehe auch C.1.1.9).

Daraus folgt als
Empfehlung zur Schwachstellenvermeidung:

● Im Anschlußbereich horizontaler Gebäudeaußenflächen an Außenwänden muß die Dichtungsschicht über den in der speziellen Situation ungünstigstenfalls zu erwartenden Wasserandrang hochgeführt werden. Die Aufkantung muß dabei mindestens 15 cm höher sein als die Oberfläche des Daches – Dachhaut, Kiesschüttung, Belag.
Bei Dachneigungen > 5° kann die Anschlußhöhe ≥ 10 cm betragen, wenn gleichzeitig das Gefälle von den aufgekanteten Dichtungsrändern wegweist und eine zügige Wasserableitung gewährleistet ist.

● Die aufgekantete Dichtungsschicht sollte die Oberfläche der Bekleidung unterfahren.

● Im gefährdeten Sockelbereich sollten Bekleidungen stoßfest ausgebildet werden.

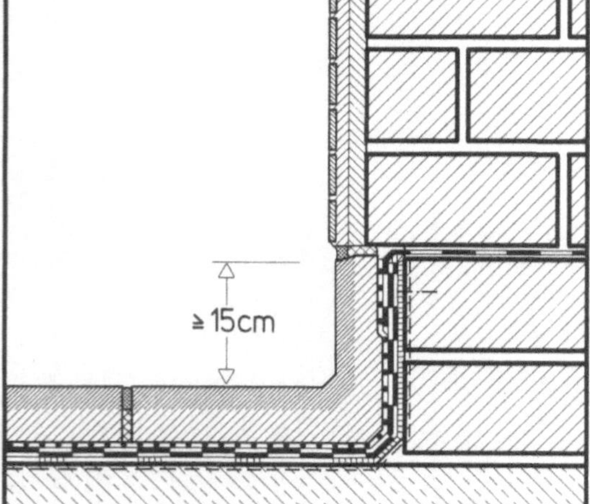

Wände mit Bekleidungen
Sockel und Dachanschluß

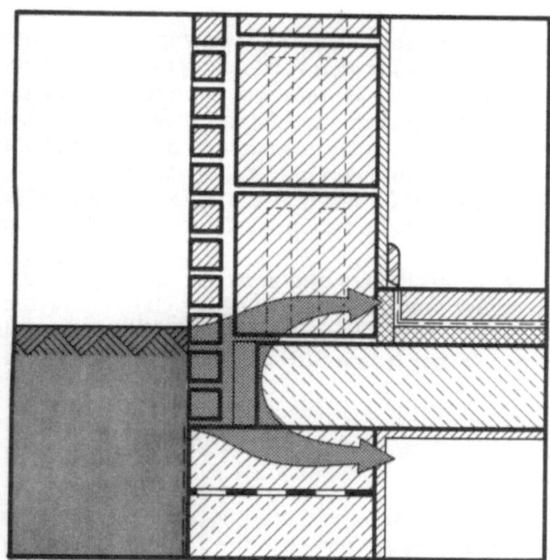

Waren Bekleidungsschichten bis unmittelbar über das Erdreich oder sogar darunter geführt bzw. durch später angeschütteten Boden verdeckt worden und waren keine horizontalen Sperrschichten im Sockelbereich eingebaut, dann traten bei Riemchenbekleidungen vielfach lang anhaltende Durchfeuchtungen mit Ausblühungserscheinungen auf. Bei Plattenbekleidungen brach der Fugmörtel aus, kleinteilige Bekleidungsplatten und besonders Mosaike lösten sich vom Untergrund. Diese Schäden waren besonders stark bei Plattenbekleidungen über Wärmedämmschichten oder Stirnseiten von Kellerdecken bzw. über vertikalen Sperrschichten, die bis über Erdreich ausgeführt waren.

Wenn keine vertikalen Sperrschichten im Wandquerschnitt ausgeführt waren, kam es zu Durchfeuchtungen und Wasseraustritt auf den Wandinnenseiten, vorwiegend unterhalb der Kellerdecken, aber auch am Aufsetzpunkt der Erdgeschoßaußenwände und an den angrenzenden Fußböden.

Im Bereich verstärkt genutzter Verkehrsflächen (z.B. Hauseingänge) waren dünne großformatige Plattenverkleidungen zerstört worden, die nicht in einem vollflächigen Mörtelbett verlegt waren, ebenso Bekleidungselemente auf Unterkonstruktion.

Zu bedenken ist:

– Unmittelbar über der Oberfläche des Geländes erfahren aufgehende Wandflächen eine besonders starke Wasserbeanspruchung durch Spritzwasser. Diese Beanspruchung nimmt zu an Schlagregenseiten und bei glatter Oberfläche des Geländes. Gleichzeitig wird die Außenwand bei Gefälle des Geländes zum Gebäude hin durch Oberflächenwasser angegriffen.

– Bei fehlenden äußeren Sperrschichten der erdberührten Außenwände kann Feuchtigkeit aus dem Erdreich auf kapillarem Wege über Geländeniveau nach oben steigen.

– Die Baustoffe, die an der Außenfläche angeordnet werden, erfahren ständig wechselnde Feuchtigkeitsbelastungen und im Winter Frosteinwirkungen. Gleichzeitig können chemische Substanzen die Außenwand angreifen (Humussäure, Streusalz). Auch bei dichten Bekleidungsplatten wird durch die Fugen Wasser eindringen. Plattenbekleidungen mit großem Fugenanteil sind daher besonders gefährdet.

– Wärmedämmschichten aus pflanzlichen Fasern (z.B. Holzwolleleichtbauplatten) weisen bei wechselnder Feuchtigkeit sehr große Quell-/Schwindmaße auf (1,5–3,5 mm/m), die bei unmittelbar aufgebrachten Bekleidungen zu Schäden führen.

– In die Sockelzone hineinreichende vertikale Sperrschichten (z.B. bituminöse Anstriche o.ä.) behindern den Haftverbund unmittelbar angemörtelter Bekleidungen zum Untergrund.

Daraus folgt als
Empfehlung zur Schwachstellenvermeidung:

● In Spritzwasserhöhe, ca. 30 cm über dem Gelände, muß im Wandquerschnitt eine horizontale Sperrschicht (z.B. eine Lage 500er Bitumendachbahn) eingebaut werden.

● Unmittelbar aufgebrachte Plattenbekleidungen und Bekleidungen auf Unterkonstruktionen sollten möglichst nur oberhalb der Spritzwasserzone vorgesehen werden. Der Sockelbereich sollte durch die Kellerwand einschließlich der äußeren vertikalen Sperrschicht ausgebildet werden oder es ist eine andere Sockelkonstruktion vorzusehen, z.B. ein Verblendsockel mit einer in die Schalenfuge eingelegten vertikalen Sperrschicht aus einer 500er Bitumendachbahn, die an die horizontalen Sperrschichten der Außenwand anschließt.

● Soll die Sockelzone eine angemörtelte Bekleidung erhalten, muß der Untergrund weitgehend wasserdicht sein (z.B. wasserundurchlässiger Beton/Putz). Über bahnenförmigen Abdichtungen können z.B. großformatige (hintermörtelte) Plattenbekleidungen auf Ankern ausgeführt werden. Anker und Unterkonstruktionen, die die vertikale Abdichtung durchstoßen, sind einzudichten.

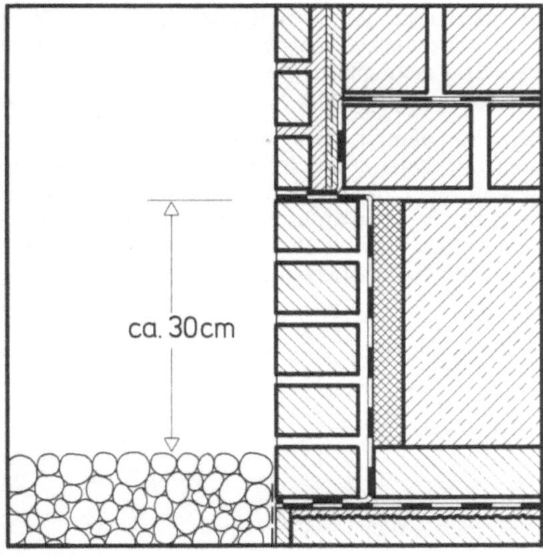

Wände mit Bekleidungen
Sockel und Dachanschluß

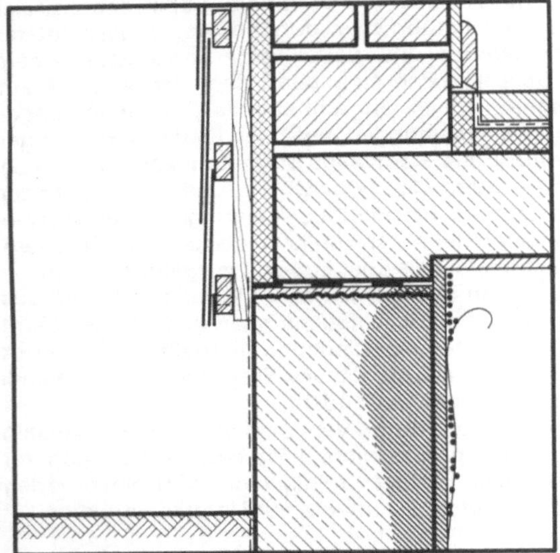

Zu dunklen Verfärbungen, teilweise zu Schwärzepilzbildung und Schäden an Anstrichen und Tapeten auf den inneren Oberflächen der Außenwände oder der Kellerdeckenunterseiten war es gekommen, wenn die Kellerdecken im Auflagerbereich auf den Kellerwänden nicht durch Wärmedämmschichten geschützt waren oder wenn der Wärmedämmwert der Kellerwände unter den Mindestwerten der DIN 4108 lag und die Innenräume (Keller) beheizt waren oder einen hohen Feuchtigkeitsgehalt der Innenluft aufwiesen.

Bekleidungsschichten aus Platten oder Mosaiken waren gerissen oder hatten sich gelöst, wenn sie im Sockelbereich über Wärmedämmschichten verlegt waren. Wasser drang daraufhin durch die Risse und führte, z. B. bei Holzwolleleichtbauplatten, zu Verrottungserscheinungen.

Zu bedenken ist:

– Werden Kellerräume als Aufenthaltsräume benutzt und beheizt bzw. wird durch die Nutzung eine hohe Luftfeuchtigkeit erzeugt, dann steigt die Taupunkttemperatur. Um ausfallendes Tauwasser zu vermeiden, müssen die Oberflächentemperaturen der Außenbauteile (Wände und Kellerdecken im Auflagerbereich) erhöht werden.

– Kellerwände oberhalb des Erdreiches und bis in den Boden hinein sind den gleichen Temperaturwechseln ausgesetzt wie die aufgehenden Außenwände. Ist der Wärmedurchlaßwiderstand des Wandquerschnittes so gering, daß die innere Oberflächentemperatur der Kellerwand unter der Taupunkttemperatur der Innenluft liegt, fällt Tauwasser an der Wandinnenseite aus.

– Schwerbetonkellerdecken bilden im Auflagerbereich auf den Kellerwänden materialbedingte Wärmebrücken; aufgrund der hohen Wärmeleitfähigkeit des Betons liegen die Oberflächentemperaturen an den Deckenunterseiten im Bereich des Auflagers sehr niedrig.

Daraus folgt als
Empfehlung zur Schwachstellenvermeidung:

● Der Wärmedurchlaßwiderstand der Kelleraußenwände muß entsprechend der Nutzung der Kellerräume bemessen werden. Bei beheizten Kellerräumen sollte ein Wärmedurchlaßwiderstand von mindestens 1,3 m²K/W ($k \leq 0,68$ W/m²K) vorgesehen werden.

● Die Stirnseiten der Kellerdecken im Auflagerbereich auf den Kellerwänden sind durch Wärmedämmschichten mit einem Wärmedurchlaßwiderstand von mindestens 1,3 m²K/W zu schützen. Liegt die Kellerdecke innerhalb der Spritzwasserzone, so ist die vertikale Sperrschicht auf die Außenseite der Wärmedämmschicht zu legen und mit einer Vormauerung zu versehen.

● Soll bei Kelleraußenwänden die Wärmedämmung außen aufgebracht werden, so sind hierfür feuchtigkeitsbeständige, bauaufsichtlich zugelassene Dämmstoffe (z. B. extrud. Polystyrolhartschäume) einzusetzen. Innenseitig angeordnete Dämmschichten sollten einen hohen Wasserdampfdiffusionswiderstand aufweisen oder es sind zusätzliche Dampfsperren anzuordnen.

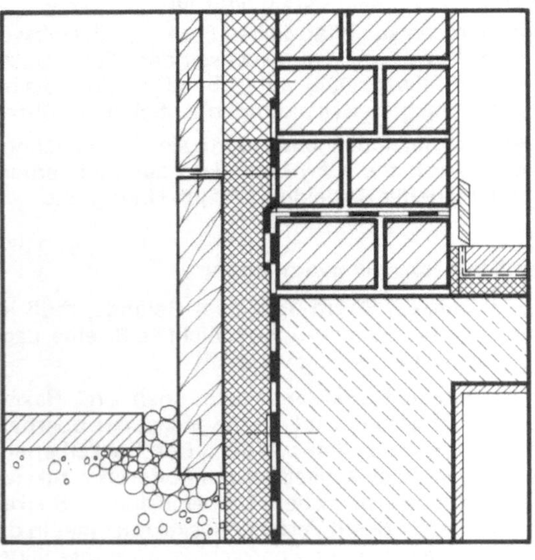

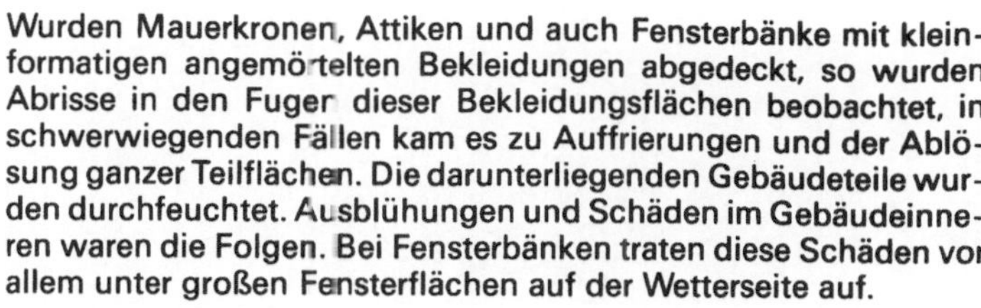

Wände mit Bekleidungen
Sockel und Dachanschluß

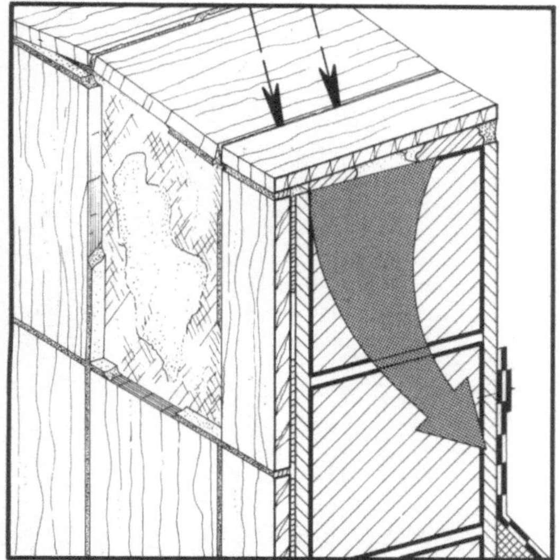

Wurden Mauerkronen, Attiken und auch Fensterbänke mit klein-formatigen angemörtelten Bekleidungen abgedeckt, so wurden Abrisse in den Fugen dieser Bekleidungsflächen beobachtet, in schwerwiegenden Fällen kam es zu Auffrierungen und der Ablösung ganzer Teilflächen. Die darunterliegenden Gebäudeteile wurden durchfeuchtet. Ausblühungen und Schäden im Gebäudeinneren waren die Folgen. Bei Fensterbänken traten diese Schäden vor allem unter großen Fensterflächen auf der Wetterseite auf.

Zu bedenken ist:

– Bei Fassaden aus keramischen Bekleidungen und Natursteinplatten ist man häufig aus gestalterischen Gründen bestrebt, auch die horizontalen Flächen von Mauerkronen, Attiken und Fensterbänken möglichst ohne Überstand und ohne Gefälle mit den gleichen Materialien abzudecken. Dies ist jedoch sehr risikoreich und hat häufig die o. a. Schadensfolgen.

– Horizontale Außenflächen sind grundsätzlich besonders großer Sonneneinstrahlung und sehr hoher Regenbeanspruchung ausgesetzt. Dies trifft in noch verstärktem Maße für die oberen Gebäudekanten zu.

– Besonders unter Berücksichtigung dieser hohen Beanspruchungen ist es selbst bei großer handwerklicher Sorgfalt nicht sicher möglich, horizontal liegende, angemörtelte Bekleidungen völlig wasserundurchlässig herzustellen. Es muß vielmehr immer mit Abrissen an den Fugenflanken gerechnet werden. Die Durchfeuchtungen treten deshalb auch dann auf, wenn das verwendete Abdeckmaterial selbst weitgehend wasserundurchlässig ist.

– Aufgrund der sehr hohen Wasserbeanspruchung kann durch die Fehlstellen an den Fugen — bei kapillar leitfähigem Plattenmaterial auch durch die Fläche selbst — Feuchtigkeit in den Untergrund gelangen. Ist der Untergrund kapillar gut leitfähig, so verteilt sich diese Feuchtigkeit und führt ggf. zu Schäden im Gebäudeinneren. Bei sehr dichten Untergründen — z. B. Verwendung von Unterputzen und Verlegemörteln mit Dichtmittelzusatz — sammelt sich das Wasser in meist nicht völlig vermeidbaren Hohlräumen und kann dann zu Abplatzungen unter Frosteinwirkung führen.

– Durch eine ausreichende Gefällegebung wird die Beanspruchung vermindert. Durch einen ausreichenden Überstand mit Tropfkante wird die besonders gefährdete Anschlußfuge zu den anschließenden Wandoberflächen geschützt.

– Bei Fensterbänken hängt die Beanspruchung von der Orientierung der Wand und der Größe der Fensterfläche ab. Bei geringer Schlagregenbeanspruchung und kleinen Fensterflächen kann daher bei Fensterbänken die Verwendung von angemörtelten Platten- z. B. keramischen Formsteinen unproblematisch sein.

– Unterhalb der Mauerabdeckung im Querschnitt angeordnete horizontale Sperrschichten können zwar das weitere Vordringen des Wassers verhindern, leiten es aber zur Wandoberfläche, wo es dann ggf. zu Ausschwemmungen und Ausblühungen führen kann.

Daraus folgt als
Empfehlung zur Schwachstellenvermeidung:

● Angemörtelte Bekleidungen sollten zur Abdeckung von Mauerkronen und Attiken nicht verwendet werden. Bei starker Schlagregenbeanspruchung und großen Fensterflächen sind angemörtelte Bekleidungen auch bei Fensterbänken nicht empfehlenswert. Zur Abdeckung sollten großflächige Bauteile mit geringem Fugenanteil (z. B. Blech, Werkstein o. ä.) verwendet werden.

● Abdeckungen sind mit einem Gefälle von möglichst ≥ 10° herzustellen und sollten — besonders auf der Entwässerungsseite — eine Tropfkante mit möglichst 50 mm Wandüberstand aufweisen. Bei Attiken und Brüstungen sollte das Gefälle zur Dachfläche hinweisen.

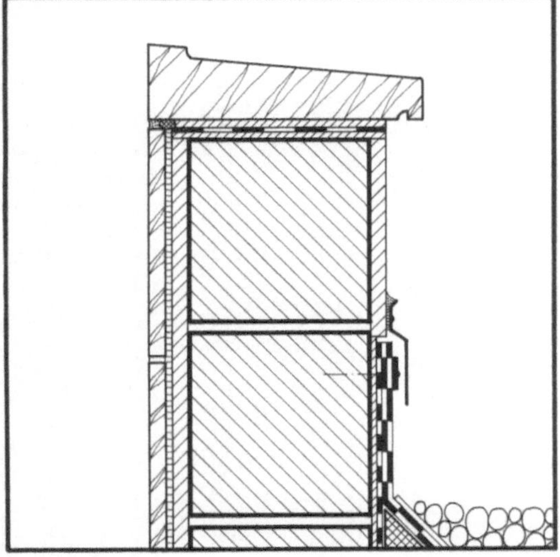

Problempunkt: Dach- und Geschoßdeckenauflager

Die Unterschiede der Tragwerksart, der Materialien und der Lage am Gebäude zwischen horizontalen Baugliedern – Geschoßdecken und Dachdecken, die überwiegend aus Stahlbetonmassivplatten ausgeführt werden – und vertikalen Baugliedern – vor allem Außenwänden aus Mauerwerk – machen an der Verbindungsstelle besondere konstruktive Lösungen notwendig. Aufmerksamkeit bei der Planung erfordern die Auflager von Dachdeckenplatten unabhängig von der Konstruktionsart des Daches (ein- oder zweischaliges Flachdach, geneigtes Dach). Deren Funktion als Außenbauteil mit den daraus erwachsenden klimatischen Beanspruchungen und die in der Regel fehlende Randeinspannung führen zu wesentlich stärkeren Beanspruchungen der auflagerbildenden Außenwände als dies am Auflager von Geschoßdecken der Fall ist. Die Ausbildung des Dachrandes als Attika oder Gesims aus gestalterischer Sicht erfordert zusätzliche Überlegungen zur konstruktiven Lösung. Geschoßdecken werden oft als Element der Fassadengestaltung eingesetzt, weiter dienen sie z. B. als Aufstandsflächen für die unmittelbar aufgebrachten Bekleidungsschichten. Daraus sind ebenfalls konstruktive Folgerungen zu ziehen.

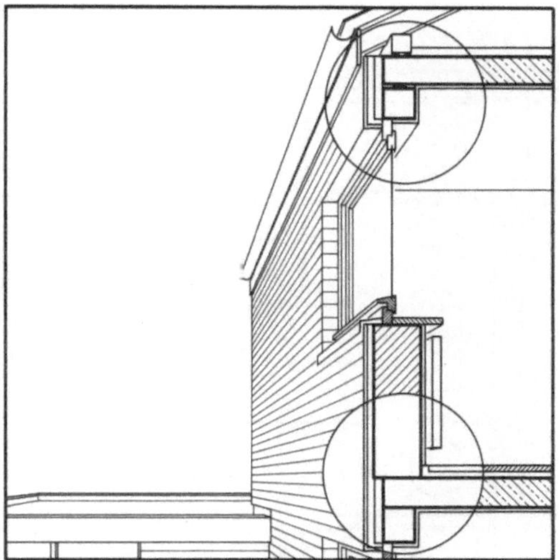

Die meisten Schäden im Bereich von Dach- und Geschoßdeckenauflagern waren auf schädliche Form- und Längenänderungsdifferenzen zwischen Stahlbetondeckenplatten und Mauerwerkswänden zurückzuführen. Handelte es sich um Außenwände mit unmittelbar aufgebrachten Bekleidungen, dann waren dadurch gleichzeitig Zerstörungen dieser Bekleidungsschichten bewirkt worden. Eine weitere Schadensgruppe, die sich vornehmlich als Durchfeuchtungsschaden zeigte, beruhte auf der Fehleinschätzung der Dichtigkeit von unmittelbar aufgebrachten Bekleidungsschichten, insbesondere Riemchenschalen. Die dritte wesentliche Gruppe von Schäden war auf Tauwasserniederschlag an den inneren Oberflächen der Deckenplatten zurückzuführen.
Diese Schadensarten werden nachfolgend dargestellt, analysiert und daraus Empfehlungen zur Vermeidung der typischen, wiederkehrenden Fehler abgeleitet.

Wände mit Bekleidungen

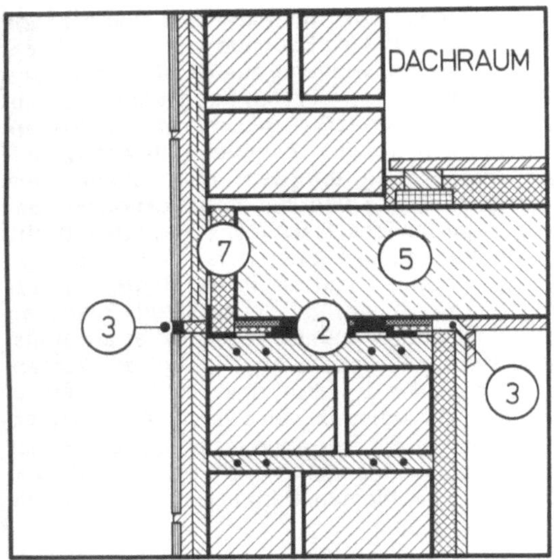

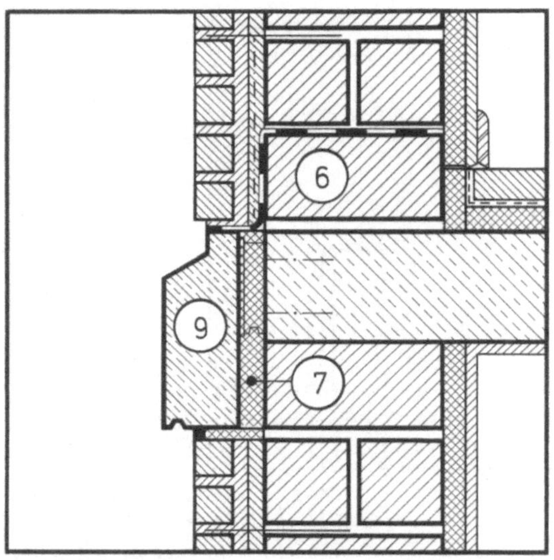

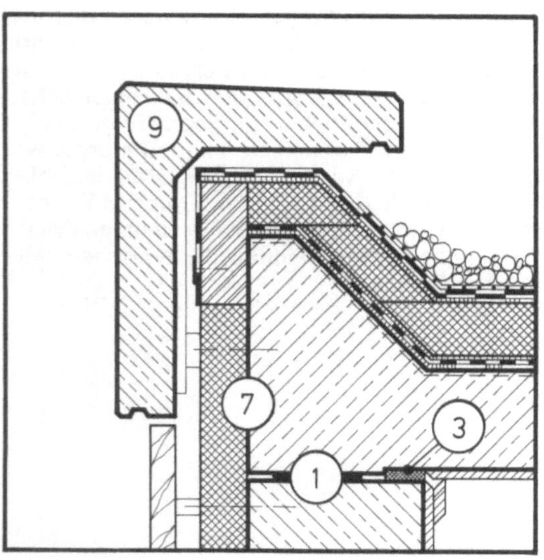

① Können Dachdeckenauflager unverschiebbar ausgebildet werden, da die zu erwartenden Längenänderungen nicht zu Schäden führen, so sollte in die Auflagerfuge eine Trennfolie eingelegt werden und im inneren Drittel der Auflagerfläche eine kraftschlüssige Verbindung — z.B. durch Einlegen eines Wärmedämmstoffstreifens von ca. 1 cm Dicke — verhindert werden (siehe C 2.2.2).

② Sollen die zu erwartenden Längenänderungen durch verschiebbare Auflagerung aufgenommen werden, so muß die Horizontalaussteifung der Wände, z.B. durch einen Betonringbalken, auf dem oberen Wandende sichergestellt werden. Nichttragende Wände müssen von der Decke getrennt werden (siehe C 2.2.3).

③ Unmittelbar angebrachte Platten- und Riemchenbekleidungen, ebenso der Innenputz, sollen über der Auflagerfuge der Dachdecke durch Bewegungsfugen getrennt werden. Die Fuge in der Bekleidung ist mit Fugendichtungsmasse zu verfüllen. Vorzuziehen ist die Abdeckung dieser Stelle z.B. durch die Blenden der Dachrandkonstruktionen (siehe C 2.2.2 und C 2.2.3).

④ Dach und Geschoßdecken, die auf Außenwänden mit unmittelbar aufgebrachten Bekleidungen aufliegen, sollen außen mit einer $^1/_2$-Stein dicken Vormauerung aus dem Wandbaumaterial als Untergrund der Bekleidung versehen werden. Ein Kontakt zwischen Deckenplatte und Vormauerung muß durch Einlegen von weichen Wärmedämmstoffstreifen verhindert werden (siehe C 2.2.2).

⑤ Besonders bei Leichtmauerwerk sind die Auswirkungen der Auflagerverdrehung der oberen Geschoßdecken sorgfältig zu überprüfen. Ggf. muß die Durchbiegung durch eine geringere Schlankheit der Decke verringert werden oder die Auflast auf den Rändern ist zu erhöhen (z.B. durch eine massive Dachdecke statt eines leichten Daches (siehe C 2.2.2).

⑥ Am Aufsetzpunkt von Bekleidungen aus Riemchen auf Dach- oder Geschoßdecken muß eine Sperrschicht (z.B. eine Lage Bitumendachbahn) vorgesehen werden, die vor der inneren Wandschale mindestens 10 cm verspringt und bis zur Innenseite der Wand durchgeführt wird. Bei Ausführung eines Unterputzes kann die Sperrschicht auch vor der inneren Wandschale mindestens 10 cm aufgekantet und dort befestigt werden. Der Unterputz muß bewehrt werden und über die Sperrschicht übergreifen (siehe C 2.2.4).

⑦ Dach- und Geschoßdecken, ebenso Stahlbetonringanker müssen an ihren äußeren Stirnseiten im Auflagerbereich auf Außenwände durch eine Wärmedämmschicht mit einem Wärmedurchlaßwiderstand von mindestens 1,3 m²K/W geschützt werden (siehe C 2.2.5).

⑧ Ist eine außenliegende Wärmedämmung der Dach- und Geschoßdecken nicht möglich, so müssen die Deckenplatten an den Unterseiten längs der Außenwände mit einem 0,5 m breiten und 2 cm dicken Streifen Wärmedämmschicht der Wärmeleitfähigkeitsgruppe 040 oder besser versehen werden (siehe C 2.2.5).

⑨ Soll außen in der Fassade Beton in Erscheinung treten, so sind z.B. im Geschoßdeckenbereich bandartige Fertigteile vor einer Wärmedämmschicht zu versetzen; Attiken sind als auf der Dachdeckenplatte verschiebbar gelagerte (Trennlage) und verankerte Stahlbetonfertigteile auszuführen. Diese Teile sind von den darunter angrenzenden Bekleidungsflächen durch Anschlußfugen zu trennen (siehe C 2.2.5).

⑩ Ist eine monolithische Ausbildung von Attiken und Gesimsen als auskragende Teile der Deckenplatte nicht zu vermeiden, dann muß die Rißbreite durch eine entsprechende zusätzliche Bewehrung auf ein unschädliches Maß begrenzt werden. Auf der Rauminnenseite der zugehörigen Deckenplatten muß ein 0,5 m breiter Streifen Wärmedämmschicht angeordnet werden, oder das auskragende Bauteil ist allseitig mit Dämmschichten zu versehen (Wärmedurchlaßwiderstand $\geq$ 1,1 m² · K/W) (siehe C 2.2.5).

Wände mit Bekleidungen
Dach- und Geschoßdeckenauflager

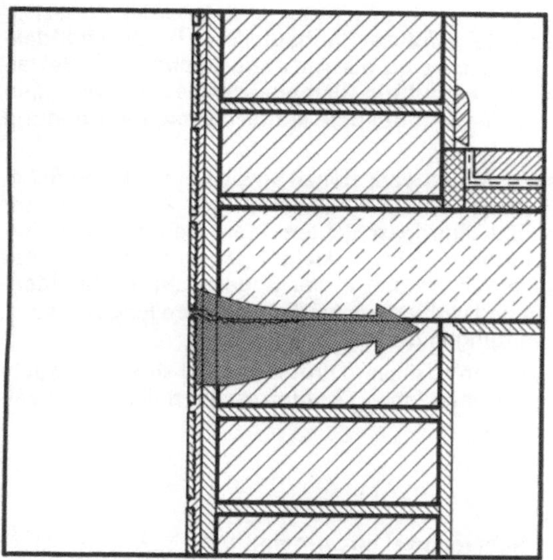

Im Auflagerbereich der Stahlbetondeckenplatten von Flachdächern und auch von flachgeneigten Dächern auf Außenwänden waren Schäden aufgetreten, auch wenn die Dachdecken oberseitig entsprechend den Forderungen der DIN 4108 wärmegedämmt waren und deren zusammenhängende Bauteillänge gering war, d. h. meist unter 12 m lag. Es handelte sich in allen Fällen um klaffende Risse in unmittelbar aufgebrachten Plattenbekleidungen und Riemchenschalen, die bis in die Mauerwerksfugen hinein verliefen. Sie zeigten vornehmlich einen horizontalen Verlauf und bildeten die Unter- bzw. Oberkanten der Deckenplatten ab, oder auch die Mauerwerksfugen zwei und mehr Steinschichten darunter. In einzelnen Fällen traten auch an den Wandinnenseiten Putzrisse und Abplatzungen auf. Teilweise waren die Risse auf die Gebäudeecken beschränkt oder klafften dort besonders stark auseinander.

Horizontale Risse in unmittelbar aufgebrachten Bekleidungsschichten wurden ebenfalls bei Geschoßdeckenauflagern beobachtet. Waren die Stahlbetondeckenplatten bis in die Ebene der Bekleidung geführt, so traten z. B. bei Riemchenschalen Abrisse und Zerstörungen der mit Mörtel verfüllten Anschlußfugen zu den darunter angrenzenden Bekleidungsflächen auf.

Wurden gerissene Bekleidungsflächen durch Schlagregen beansprucht, waren Durchfeuchtungsschäden an den Rauminnenseiten der Außenwände die Folge.

Zu bedenken ist:

– Stahlbetondeckenplatten und -balken erfahren neben elastischen Durchbiegungen aufgrund der Eigenlasten und Nutzlasten materialbedingt plastische Durchbiegungen aufgrund von Kriech- und Schwindvorgängen. Das Maß der Durchbiegung hängt dabei u. a. ab von der Schlankheit der Deckenplatte, der Art der Lastabtragung (ein- oder zweiachsig) und von den Bedingungen bei der Herstellung des Bauteils (Nachbehandlung des Betons, Zeitpunkt des Ausschalens bzw. der ersten Belastung).

– Eine Deckenplatte erfährt aufgrund ihrer Durchbiegung über dem Auflager eine Verdrehung gegenüber der Wand, die zu einer außermittigen Krafteinleitung in die Wand mit evtl. Strukturzerstörungen durch Kantenpressung auf der Wandinnenseite und zu einem Abheben der Deckenunterseite von der Wand und damit außen in unmittelbar aufgebrachten Bekleidungen zu einem Riß führt, wenn diese Verdrehung nicht z. B. durch eine Auflast, wie sie bei Geschoßdeckenauflagern in Form der aufgehenden Außenwand besteht, behindert wird. Bei starker Durchbiegung und geringer Auflast kann auch hier ein Riß auftreten, wenn spröde Oberflächenschichten dadurch unmittelbar beansprucht werden. Diese Verformungsvorgänge sind stark zeitabhängig. In der Zeit von $^1/_2$ bis ca. 2 Jahre nach Fertigstellung der Deckenplatte sind sie im wesentlichen abgeschlossen. Damit ist die Gefahr von Risseschäden in unmittelbar aufgebrachten Bekleidungsschichten um so geringer, je später diese aufgebracht werden.

– Die oben beschriebenen Auflagerverdrehungen können insbesondere dann auch bei Geschoßdecken auftreten, wenn die Auflast der aufstehenden Wände zu gering ist, um eine Einspannung der Deckenränder zu bewirken. Gefährdet ist also in erster Linie eine obere Geschoßdecke, auf deren Rändern nur die Auflast aus einer leichten Dachdecke und von Leichtmauerwerk aufliegt.

– Wenn die Verbindung des Betons der Deckenplatte oder eines Ringankers mit dem Mauerwerk sehr fest (z. B. bei rauhen Steinen) ist, dann kann sich der Abhubriß in einer der darunterliegenden Lagerfugen der Mauerwerkswand zeigen. Dies kann durch Einlegen von Trennlagen in die Auflagerfuge verhindert werden.

Wände mit Bekleidungen
Dach- und Geschoßdeckenauflager

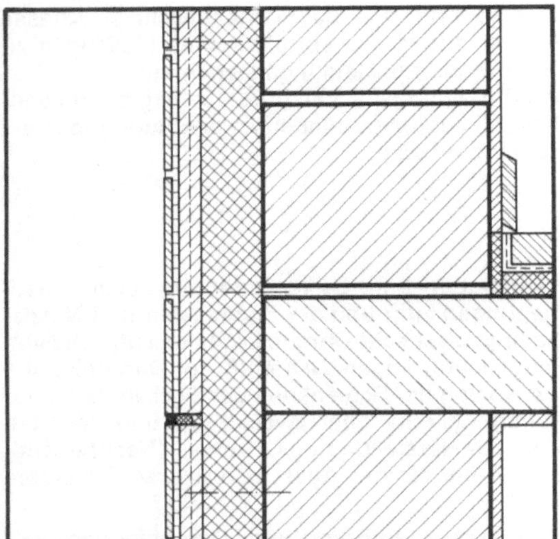

- Bis zur Außenseite geführte Rohbauteile, z. B. Geschoßdeckenplatten, die gleichzeitig als Aufstandsflächen der Bekleidung dienen, können auf die Riemchenschalen Zwängungen ausüben, wenn eine unmittelbare kraftschlüssige Verbindung besteht.

- Kleinere Risse im Mauerwerk stellen an sich meist keine Schäden dar, so lange nicht bei gleichzeitiger Zerstörung der schützenden Bekleidungsschichten der Regenschutz der Außenwand verloren geht. Bekleidungen auf Ankern oder Unterkonstruktionen werden in der Regel nicht in Mitleidenschaft gezogen und verhindern mögliche weitere Folgeschäden, z. B. Durchfeuchtungen durch Schlagregen.

- Weitere Einzelheiten zu diesem Problempunkt sind »Schwachstellen, Band I – Flachdächer, Dachterrassen, Balkone« zu entnehmen.

Daraus folgt als
Empfehlung zur Schwachstellenvermeidung:

● Können Dachdeckenauflager unverschiebbar ausgebildet werden, da die zu erwartenden Längenänderungen nicht zu Schäden führen, so sollte in die Auflagerfuge eine Trennfolie eingelegt werden und im inneren Drittel der Auflagerfläche eine kraftschlüssige Verbindung – z. B. durch Einlegen eines Wärmedämmstoffstreifens von ca. 1 cm Dicke – verhindert werden.

● Unmittelbar angebrachte Platten- und Riemchenbekleidungen, ebenso der Innenputz, sollen über der Auflagerfuge der Dachdecke durch Bewegungsfugen getrennt werden. Die Fuge in der Bekleidung ist mit Fugendichtungsmasse zu verfüllen. Vorzuziehen ist die Abdeckung dieser Stelle z. B. durch die Blenden der Dachrandkonstruktionen.

● Dach- und Geschoßdecken, die auf Außenwänden mit unmittelbar aufgebrachten Bekleidungen aufliegen, sollen außen mit einer $^1/_2$-Stein dicken Vormauerung aus dem Wandbaumaterial als Untergrund der Bekleidung versehen werden. Ein Kontakt zwischen Deckenplatte und Vormauerung muß durch Einlegen von weichen Wärmedämmstoffstreifen verhindert werden.

● Besonders bei Leichtmauerwerk sind die Auswirkungen der Auflagerverdrehung der oberen Geschoßdecken sorgfältig zu überprüfen. Ggf. muß die Durchbiegung durch eine geringere Schlankheit der Decke verringert werden oder die Auflast auf den Rändern ist zu erhöhen (z. B. durch eine massive Dachdecke statt eines leichten Daches.

Wände mit Bekleidungen
Dach- und Geschoßdeckenauflager

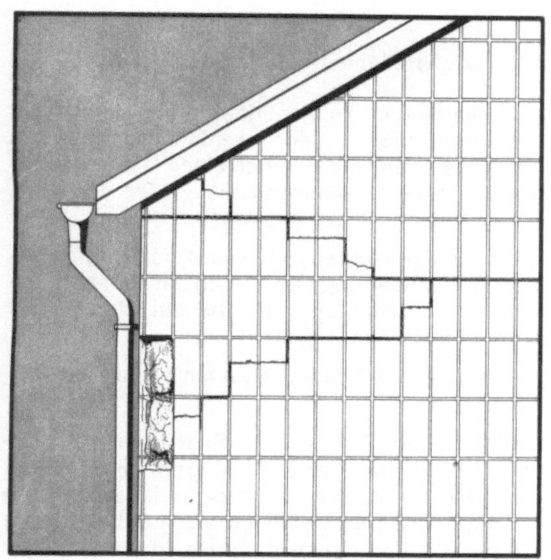

Im Auflagerbereich von flachen und geneigten Dächern auf Außenwänden mit unmittelbar aufgebrachten Bekleidungen wurden Rißschäden beobachtet. Die zusammenhängende Länge der Dachdecken betrug entweder mehr als 12 m oder der Wärmedurchlaßwiderstand der oberseitig angeordneten Wärmedämmschichten lag unter den Mindestwerten der DIN 4108 bzw. die Deckenplatten wiesen auch an den Unterseiten Wärmedämmschichten auf. Waren die Ringanker außen nicht wärmegedämmt, dann traten Schäden auch in den Wänden darunter auf. Die Risse zeichneten meist die Unterkanten der Stahlbetonteile in den unmittelbar aufgebrachten Bekleidungsschichten nach oder waren mehrere Steinschichten darunter aufgetreten. An den Gebäudeaußenecken verliefen die Risse häufig schräg durch Fugen und Platten der Bekleidung hindurch, vereinzelt kam es auch zu Abplatzungen der Bekleidungsschichten. Bei Schlagregenbeanspruchung drang der Regen durch diese Fehlstellen ein und verursachte Durchfeuchtungsschäden.

Zu bedenken ist:

– Aufgrund ihrer Unterschiede im Material und in der Lage am Gebäude erfahren Dachdecken und Außenwände unterschiedliche Längenänderungen. Bei unmittelbarer Auflagerung auf der Wand ruft die Stahlbetondecke bzw. der Stahlbetonringanker in der Mauerwerkswand Dehnungen bzw. Spannungen hervor, die zu Rissen im Mauerwerk führen können.

– In der Vergangenheit ging man davon aus, daß bei maßgeblichen Verschiebelängen > 6 m (dies entspricht bei mittiger Festpunktlage einer Bauteillänge von 12 m) die Dehnungsdifferenzen zwischen Dachdecke und darunterliegender Decke ein kritisches Maß überschreiten und so zu Risseschäden in der Wand unter der Betondecke führen können. Die DIN 18530 — Massive Deckenkonstruktionen für Dächer — fordert daher ab dieser Länge einen rechnerischen Nachweis der Unschädlichkeit der Verformungen. Ein solcher Nachweis ergibt in der Regel größere zulässige Verschiebelängen als 12 m, wenn eine Wärmedämmung entsprechend den Anforderungen der Wärmeschutzverordnung von 1982 auf der Oberseite der Dachdecke angeordnet ist.

– Die Gefahr des Auftretens schädlicher Dehnungsdifferenzen kann gemindert werden durch die Wahl geeigneter Baustoffe, durch hohe äußere Wärmedämmung auf der Dachdecke, durch die Anordnung von Gebäudedehnungsfugen oder die Anordnung von Gleit- oder Verformungslagern.

– Die Funktionsfähigkeit von Gleitfolien ist wesentlich von ihrem geringen Reibungswiderstand und von der absoluten Ebenheit der Auflagerfläche abhängig. Einfache Gleitlager sind in der Praxis vielfach nicht funktionsfähig. Hochwertige Lösungen, z. B. mit punktförmigem Verformungslager, sind dagegen oft unverhältnismäßig aufwendig, so daß sich statt dessen meist die anderen oben genannten Maßnahmen zur Begrenzung von Dehnungsunterschieden anbieten.

Wände mit Bekleidungen
Schichtenfolge und Einzelschichten

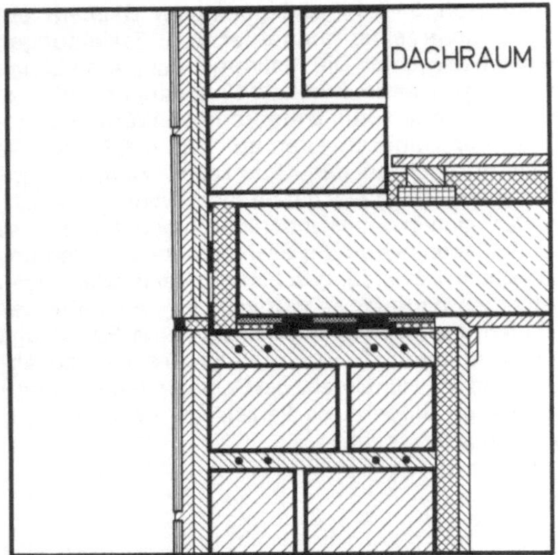

Daraus folgt als
Empfehlung zur Schwachstellenvermeidung:

● Sollen die zu erwartenden Längenänderungen durch verschiebbare Auflagerung aufgenommen werden, so muß die Horizontalaussteifung der Wände, z. B. durch einen Betonringbalken, auf dem oberen Wandende sichergestellt werden. Nichttragende Wände müssen von der Decke getrennt werden.

● Die Flächen der Gleitfuge müssen mit besonderer Sorgfalt geglättet werden. Bei der Verwendung von Gleitfolien sollten durch zusätzliche Elastomerlagerstreifen die verbleibenden Unebenheiten ausgeglichen werden können.

● Punktförmige, hochwertige Gleitlager sollten Gleitfolien vorgezogen werden.

● Unmittelbar aufgebrachte Platten- und Riemchenbekleidungen und der Innenputz müssen über der Auflagerfuge der Dachdecke durch Fugen getrennt werden. Die Fuge in der Bekleidung ist mit Fugendichtungsmasse zu verfüllen. Vorzuziehen ist die Abdeckung durch die Blenden der Dachrandkonstruktion.

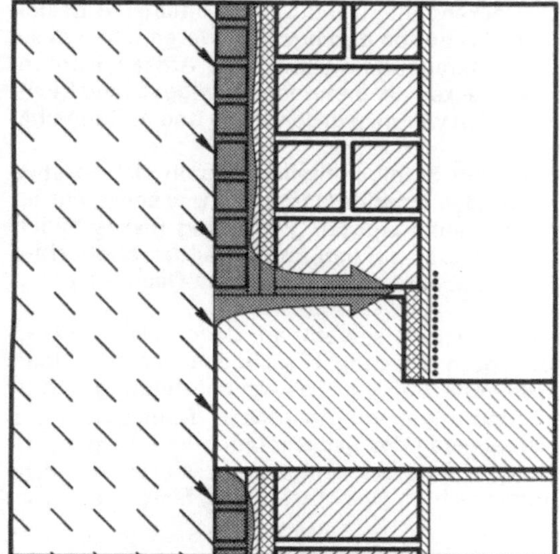

Am Aufsetzpunkt von bekleideten Außenwänden auf Geschoßdecken war es mehrfach zu Durchfeuchtungsschäden gekommen, wenn dort keine Sperrschicht angeordnet war. Es handelte sich vor allem um schlagregenbeanspruchte Außenwände mit Riemchen, aber auch mit unmittelbar aufgebrachten Plattenbekleidungen, die zum Teil aufgrund von Rissen oder hohlen Fugen bzw. des saugenden Materials von Stein und Fuge sehr wasserdurchlässig waren. Das Mörtelbett bzw. die Schalenfugen wiesen Fehlstellen auf oder die Bekleidungen waren vor Wärmedämmschichten oder Sperrputze gesetzt.

Die Wasseraufstauungen über den Geschoßdecken verursachten Feuchtigkeitsschäden an den Innenseiten der Wände, wobei das Wasser auf kapillarem Wege vor allem im Innenputz hochgesogen wurde. Ebenso traten an den Außenseiten langanhaltende Durchfeuchtungen der Riemchenschalen mit Ausblühungen an den Rändern der Durchfeuchtungszonen auf. Das Wasser lief auch in darunter liegende Putz- und Wärmedämmstoffschichten und durchfeuchtete diese.

Zu bedenken ist:

– Bekleidungsschichten sind nicht vollkommen wasserdicht. Auch bei Verwendung weitgehend dichter Materialien (z. B. glasierte Platten und Zementmörtel) dringt Regenwasser, besonders bei Schlagregenbeanspruchung durch die unvermeidlichen Abrisse zwischen Platten und Fugmörtel oder durch Fehlstellen in der Verfugung ein.

– Zusammenhängende Hohlräume innerhalb des Wandquerschnittes – z. B. Fehlstellen im Ansetzmörtel (Frikadellentechnik) bzw. in der Schalenfuge, Lochungen von Riemchen, durchgehende Absetzfugen der Bekleidungsschichten zu dahinter angeordneten Wärmedämmschichten oder Sperrputzen – verhindern eine gleichmäßige Speicherung des eingedrungenen Regenwassers durch kapillare Verteilung in den Bekleidungsschichten, indem sie dieses der Schwerkraft folgend absickern lassen, bis es auf Geschoßdecken gestaut wird und in die angrenzenden Bauteile eindringt.

Daraus folgt als
Empfehlung zur Schwachstellenvermeidung:

● Am Aufsetzpunkt von Bekleidungen aus Riemchen auf Dach- oder Geschoßdecken muß eine Sperrschicht (z. B. eine Lage Bitumendachbahn) vorgesehen werden, die vor der inneren Wandschale mindestens 10 cm verspringt und bis zur Innenseite der Wand durchgeführt wird. Bei Ausführung eines Unterputzes kann die Sperrschicht auch vor der inneren Wandschale mindestens 10 cm aufgekantet und dort befestigt werden. Der Unterputz muß bewehrt werden und über die Sperrschicht übergreifen.

● Am Aufsetzpunkt hinterlüfteter Bekleidungen muß eine Sperrschicht angeordnet werden, die das ggf. hinter die Bekleidung gelangte Niederschlagswasser nach außen ableitet. Die Sperrschicht ist am Untergrund mind. 10 cm aufzukanten.

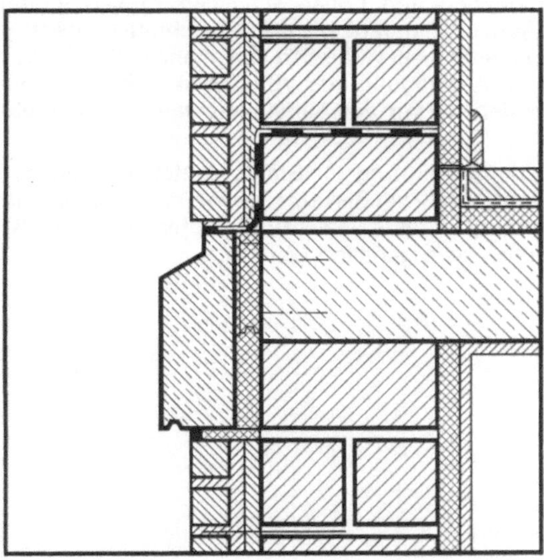

**Wände mit Bekleidungen
Dach- und Geschoßdeckenauflager**

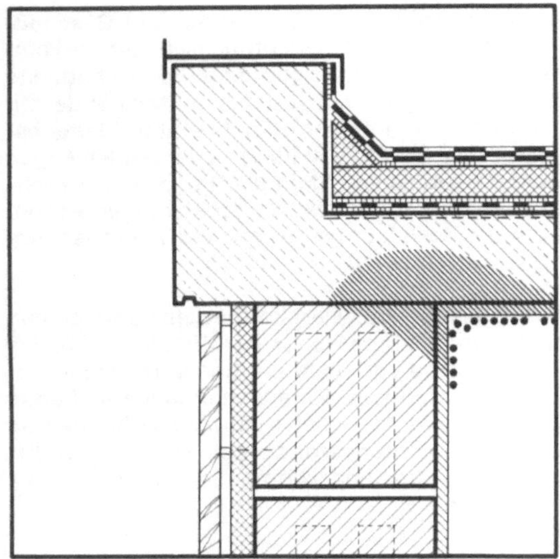

In den Fällen, wo Deckenplatten unmittelbar hinter die Bekleidungsschichten bzw. bis außen durchgeführt waren oder wo sie bei Dachdecken als vorkragende Gesimse und Attikaaufkantungen und bei Geschoßdecken als mehr oder weniger breite Sichtbetonbänder ausgeformt waren, wurden innen und außen Schäden beobachtet.
An den herausragenden Stahlbetonteilen zeigten sich in etwa gleichmäßigen Abständen einzelne klaffende Risse senkrecht zur Hausfront. Auffallend häufig wurden gleichzeitig Risseschäden im Auflager der Betondecken auf den Außenwänden beobachtet (siehe C 2.2.3 – Verschiebbare Auflagerung von Dachdecken).

In den Innenräumen waren sowohl an Dach- als auch an Geschoßdeckenauflagern Feuchtigkeitsschäden verschiedenen Ausmaßes – dunkle Verfärbungen, Schwärzepilzbildung und in extremen Fällen Zerstörungen von Anstrichen, Tapeten und des Putzes – an den Unterseiten der Deckenplatten im Übergang zu den Wänden oder über Stahlbetonringankern, die außen nicht durch Wärmedämmschichten geschützt waren, festgestellt worden.

Zu bedenken ist:

- In Ecken, wie z. B. im Übergang der Außenwand zu einer Dach- oder Geschoßdeckenplatte, liegt die Oberflächentemperatur niedriger als in der Fläche der Wand. Dies ist einmal auf die verminderte Luftbewegung an dieser Stelle zurückzuführen. Die erhöhte Wärmeableitung in Stahlbetonbauteilen in Außenwänden hat eine weitere Absenkung der Oberflächentemperaturen an den Innenseiten zur Folge. Besonders stark wirkt sich dies aus, wenn aus dem Baukörper hinausragende Stahlbetonteile (Attiken, Kragplatten) die äußere »kalte« Oberfläche wesentlich vergrößern.

- Bei Bauteilen, die aus dem Baukörper hinausragen, weist der gesamte Querschnitt die extremen wechselnden Temperaturen des Außenklimas auf.
  Durch die über den Innenräumen angeordneten Deckenteile werden diese Längenänderungen behindert, so daß in der Deckenplatte Eigenspannungen entstehen, die bei Überschreitung der Zugfestigkeit des Betons zu Rissen führen. Bei weiten Auskragungen und hohen schmalen Attiken erhöht eine allseitige Außendämmung zwar die Querschnittstemperatur nahe der Innenoberflächen, verhindert aber nicht, daß die äußeren Bereiche von Auskragung oder Attika praktisch nicht vom Innenklima, sondern nur von den Außentemperaturen beeinflußt werden.

- Art und Stärke der Bewehrung von Stahlbetonteilen beeinflussen die Breite und Anzahl der Risse im Beton. Durch zusätzliche dünne, gleichmäßig verteilte Bewehrungsprofile kann die Rißbreite unschädlich klein gehalten werden.

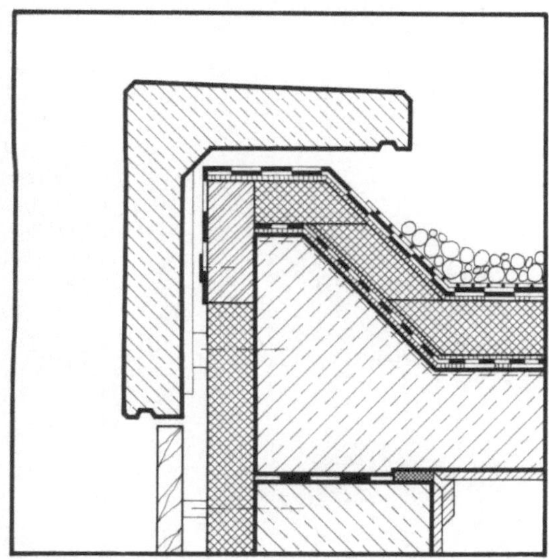

Daraus folgt als
Empfehlung zur Schwachstellenvermeidung:

● Dach- und Geschoßdecken, ebenso Stahlbetonringanker müssen an ihren äußeren Stirnseiten im Auflagerbereich auf Außenwände durch eine Wärmedämmschicht mit einem Wärmedurchlaßwiderstand von mindestens 1,3 m²K/W geschützt werden.

● Ist eine außenliegende Wärmedämmung der Dach- und Geschoßdecken nicht möglich, so müssen die Deckenplatten an den Unterseiten längs der Außenwände mit einem 0,5 m breiten und 2 cm dicken Streifen Wärmedämmschicht der Wärmeleitfähigkeitsgruppe 040 oder besser versehen werden.

● Soll außen in der Fassade Beton in Erscheinung treten, so sind z. B. im Geschoßdeckenbereich bandartige Fertigteile vor einer Wärmedämmschicht zu versetzen; Attiken sind als auf der Dachdeckenplatte verschiebbar gelagerte (Trennlage) und verankerte Stahlbetonfertigteile auszuführen. Diese Teile sind von den darunter angrenzenden Bekleidungsflächen durch Anschlußfugen zu trennen.

● Ist eine monolithische Ausbildung von Attiken und Gesimsen als auskragende Teile der Deckenplatte nicht zu vermeiden, dann muß die Rißbreite durch eine entsprechende zusätzliche Bewehrung auf ein unschädliches Maß begrenzt werden. Auf der Rauminnenseite der zugehörigen Deckenplatten muß ein 0,5 m breiter Streifen Wärmedämmschicht angeordnet werden, oder das auskragende Bauteil ist allseitig mit Dämmschichten zu versehen (Wärmedurchlaßwiderstand $\geq$ 1,1 m² · K/W).

Problempunkt: Bereich der Bauwerksöffnungen

Im Bereich der Bauwerksöffnungen sind die konstruktiven, bauphysikalischen, bauorganisatorischen und ausführungstechnischen Erfordernisse, die sich aus der Verknüpfung von Außenwand, Fensterblendrahmen, Sturz, Sohlbank, Fensterbrüstung und Heizkörpernische, gegebenenfalls auch des Rolladens ergeben, in Einklang zu bringen mit den funktionalen und formalen Aspekten, die für die Dimensionierung und Anordnung der Fensteröffnungen und der Fensterkonstruktionen bestimmend sind. Die Vielzahl der zu berücksichtigenden Faktoren macht diesen Bereich der Außenwand zu einem ausgesprochenen Problempunkt, der der sorgfältigen Detailplanung besonders bedarf.

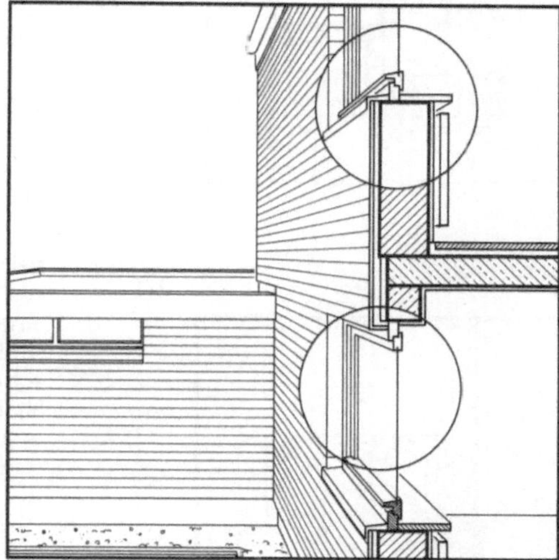

Bei der großen Zahl der im Bereich der Bauwerksöffnungen von Außenwänden mit Bekleidungen aufgetretenen Bauschäden ist bemerkenswert, daß zum weitaus überwiegenden Teil Wandquerschnitte mit unmittelbar mit dem tragenden Mauerwerk verbundenen Platten- und Riemchenverkleidungen von Schäden betroffen waren. Die geringe Schadensanfälligkeit der Bauteile im Fensterbereich bei hinterlüfteten Bekleidungen ergibt sich aus der Tatsache, daß die Hauptschadensprobleme – Fugendichtigkeit, vollständige Wärmedämmung und rißfreie Überbrückungen der Bewegungen des Untergrundes – bei dieser Querschnittskonzeption einfacher zu lösen sind, da ein weitgehend vom Untergrund unabhängiger »Regenschirm« eine optimale, lückenlose, äußere Wärmedämmung und sichere Fugenausbildungen mit geringem konstruktivem und ausführungstechnischem Aufwand möglich macht.

Auf der Grundlage der ermittelten Schadensfälle werden im folgenden die wesentlichen Schwachstellen angesprochen. Die Probleme der Schwellenausbildung bei Balkon- und Terrassentüren werden hier nicht behandelt, da dies im Zusammenhang des Bauteilbereichs Flachdächer, Dachterrassen, Balkone (siehe »Schwachstellen, Band I«) bereits geschehen ist.

Wände mit Bekleidungen

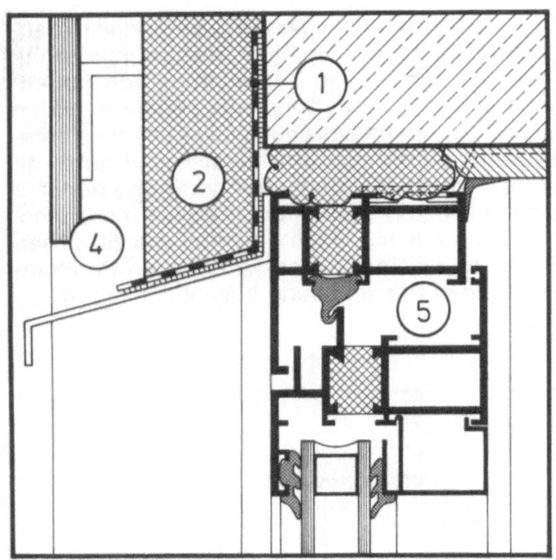

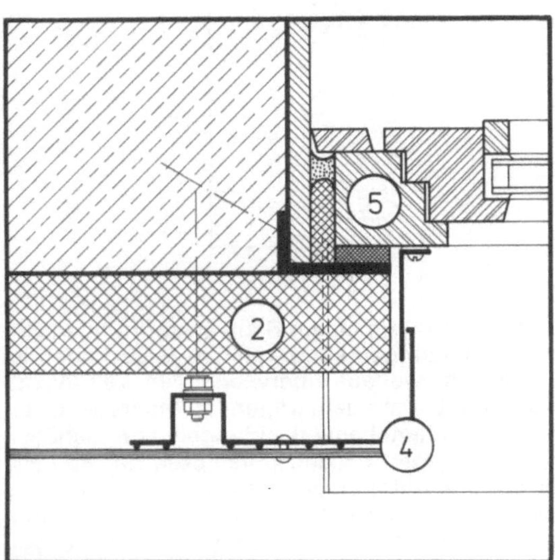

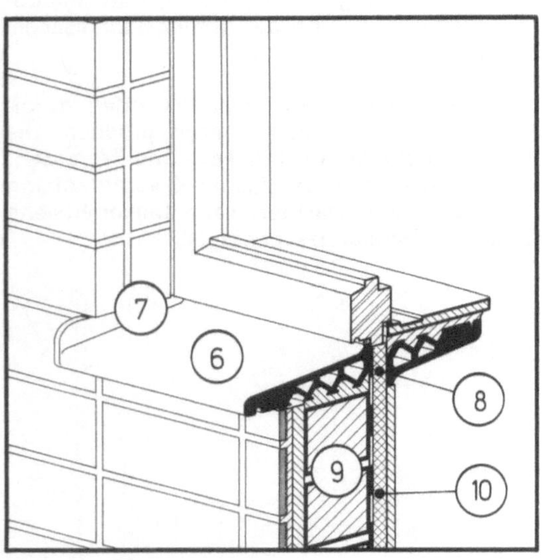

① Bekleidungen sollten über dem Sturz so enden, daß auf die Rückseite der Bekleidung gelangtes Niederschlagswasser entweder frei abtropfen kann oder über horizontale Sperrschichten bzw. Abdeckungen mit ausreichendem Gefälle und einer inneren Aufkantung von mindestens 10 cm Höhe sicher nach außen abgeleitet wird. Dies gilt auch für angemörtelte Bekleidungen (siehe C 2.3.2).

② Bei Außenwänden mit einer Wärmedämmschicht sollte diese in der Regel bis an den Blendrahmen herangeführt werden. Unbedingt erforderlich ist dies, wenn die Wandfläche mit einer Innendämmung versehen wurde (siehe C 2.3.3).

③ Bei innen wärmegedämmten Stahlbetonstürzen sollte die Wärmedämmung bis ca. 50 cm in den angrenzenden Deckenbereich geführt werden. Die Dämmschichtdicke sollte mindestens 2 cm betragen und der Dämmstoff eine Wärmeleitzahl von 0,04 W/mK oder besser aufweisen (siehe C 2.3.3).

④ Sturz und Laibung sollten entweder mit einem Innenanschlag versehen werden oder die Bekleidungen sollten die Anschlußfuge des Blendrahmens überdecken. Es ist darauf zu achten, daß hinter die Bekleidung gedrungenes Niederschlagswasser den Blendrahmen nicht hinterlaufen kann (siehe C 2.3.4).

⑤ Der Blendrahmen sollte möglichst nach Abschluß der Putzarbeiten eingesetzt werden. Wird die Anschlußfuge durch Feuchtigkeit beansprucht, so ist der Blendrahmen entweder nach Einlegen eines Dichtungsstreifens gegen die fluchtgerechte, glatte Anschlagsfläche zu pressen oder die mindestens 1 cm breite Anschlußfuge ist mit Dichtungsmassen fachgerecht zu schließen. Nicht feuchtigkeitsbeanspruchte Fensteranschlußfugen bei hinterlüfteten Bekleidungen müssen winddicht geschlossen werden (siehe C 2.3.4).

⑥ Äußere Sohlbankabdeckungen sollten in einer Neigung von ca. 10° eingebaut werden, ca. 5 cm über die Außenoberfläche hinausragen und an der Vorderkante mit einer funktionsfähigen Tropfnase versehen werden (siehe C 2.3.5).

⑦ Am seitlichen Laibungsanschluß und am Blendrahmen sollen die Abdeckungen so aufgekantet werden, daß die Aufkantungen hinter der Blendrahmen- und Laibungsoberfläche liegen. Wird, wie dies bei Riemchen- und anderen fest angemörtelten Plattenbekleidungen in der Regel der Fall ist, die Laibungsoberfläche nur geringfügig hinterfahren, so sind die Anschlüsse mit Dichtungsmassen abzudichten. Die Abdeckung sollte besonders an den seitlichen Laibungsanschlüssen und bei Stoßfugen in der Fläche ausreichendes Spiel für die zu erwartenden Längenänderungen erhalten (siehe C 2.3.5).

⑧ Der innere und äußere Bereich der Sohlbankabdeckungen sollte durch eine Wärmedämmschicht voneinander getrennt werden (siehe C 2.3.5).

⑨ An Schlagregenseiten sollte bei direkt mit dem Untergrund verbundenen Bekleidungen möglichst auf den Querschnitt schwächende Heizkörpernischen verzichtet werden (Flachheizkörper). Sind Heizkörpernischen nicht zu vermeiden, so sollte das Mauerwerk auf der Innenseite eine Sperrschicht erhalten (siehe C 2.3.6).

⑩ In den Heizkörpernischen muß der Wandquerschnitt durch zusätzliche Wärmedämmschichten mindestens den gleichen Wärmedämmwert wie der übrige Regelquerschnitt besitzen. Deutlich höhere Werte sind wirtschaftlich sinnvoll (siehe C 2.3.6).

⑪ Bei schlagregenbeanspruchten Außenwänden sollte auch bei unmittelbar aufgebrachten Bekleidungen am Aufsetzpunkt der Bekleidung auf Brüstungen eine gegen die innere Wandschale aufgekantete Sperrschicht angeordnet werden (siehe C 2.3.6).

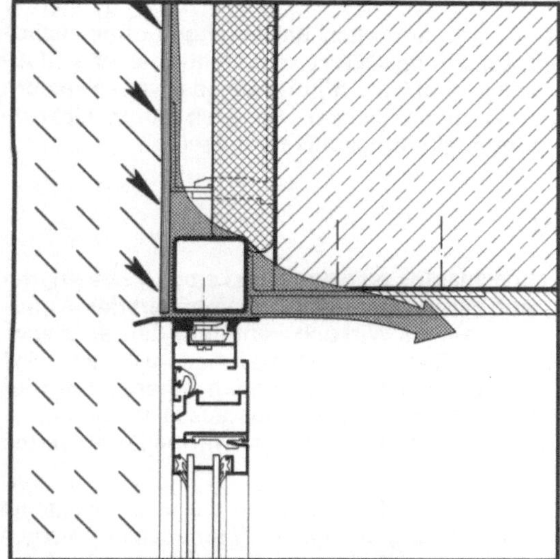

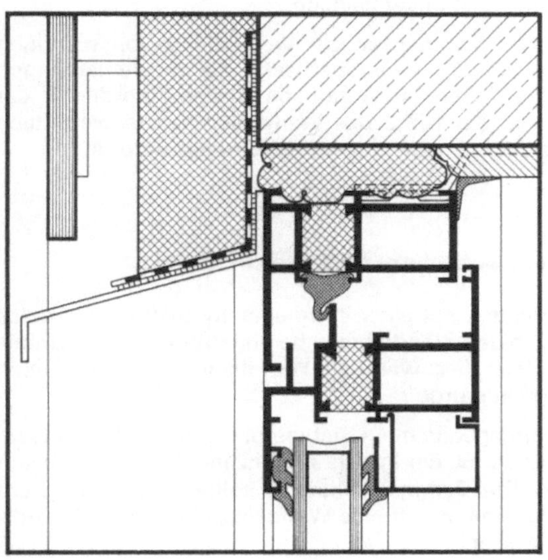

Endeten hinterlüftete Plattenbekleidungen im Bereich des Fenstersturzes so, daß auf der Rückseite der Bekleidung herabrinnendes Niederschlagswasser nicht frei abtropfen konnte, so sickerte bei fehlenden horizontalen Sperrschichten im Sturzbereich oder bei Abdeckungen ohne Gefälle nach außen das Wasser hinter dem Blendrahmen oder der Zarge in den Innenraum und führte zu Durchfeuchtungsschäden.

Ähnliche Schäden wurden bei angemörtelten Riemchenbekleidungen beobachtet, die ohne Sperrschicht am Aufsetzpunkt auf den Sturz ausgeführt wurden oder ohne Dichtungsmaßnahmen als Anschlag für den Blendrahmen benutzt wurden.

Zu bedenken ist:

– Nicht nur bei hinterlüfteten Plattenbekleidungen mit offenen Plattenfugen (schuppenförmige Überdeckung oder Überfalzung), sondern auch bei nicht hinterlüfteten Bekleidungen mit vermörtelten Fugen (z. B. Riemchenbekleidungen) kann Schlagregen hinter die Bekleidungsoberfläche getrieben werden. Dieses eingedrungene Niederschlagswasser sickert nach unten ab und tritt an horizontalen Kanten – wie sie die obere Fensterkante darstellt – aus. Während bei frei vor der Fensterfläche endenden Bekleidungen das außenseitige Abtropfen dieser Feuchtigkeit meist problemlos erreicht werden kann, sind bei Bekleidungen, die über dem Sturz, der Zarge oder dem Blendrahmen enden, horizontale, nach außen entwässernde Sperrschichten notwendig.

Daraus folgt als
Empfehlung zur Schwachstellenvermeidung:

● Bekleidungen sollten über dem Sturz so enden, daß auf die Rückseite der Bekleidung gelangtes Niederschlagswasser entweder frei abtropfen kann oder über horizontale Sperrschichten bzw. Abdeckungen mit ausreichendem Gefälle und einer inneren Aufkantung von mindestens 10 cm Höhe sicher nach außen abgeleitet wird. Dies gilt auch für angemörtelte Bekleidungen.

Wände mit Bekleidungen
Bereich der Bauwerksöffnungen

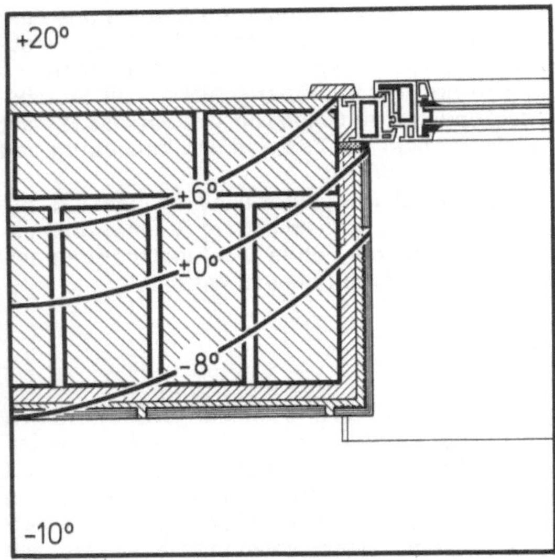

Bei Wänden mit fest angemörtelten Bekleidungen ohne zusätzliche Wärmedämmschicht im Querschnitt stellte der Anschlußbereich von anschlaglos in die Öffnung eingesetzten Fenstern eine ausgeprägte Wärmebrücke dar. Schäden durch Oberflächentauwasser wurden allerdings nicht beobachtet.

Zu bedenken ist:

- Besonders bei anschlaglos an Sturz und Laibung befestigten Blendrahmen kann der gesamte Wärmedämmwert des Wandquerschnitts nicht voll zur Wirkung kommen, da der Wandquerschnitt nur in der Dicke des Blendrahmens wirksam wird und die im Öffnungsbereich entstehenden Innen- und/oder Außenecken einen erhöhten Wärmeaustausch bewirken. In extremen Fällen kann die Minderung des Wärmedämmwertes 75% betragen.

- Während bei hinterlüfteten Bekleidungen die in der Regel im Schalenzwischenraum angeordneten Wärmedämmschichten meist problemlos bis an den Blendrahmen geführt werden können, ist dies bei fest angemörtelten Bekleidungen schon frühzeitig in der Planung bei der Bemessung der Rohbauöffnungen zu berücksichtigen.

- Zur Vermeidung von niedrigen Oberflächentemperaturen in der Laibung kann dort gezielt eine Innendämmung angeordnet werden. Fehlt bei Wandflächen mit Innendämmungen in der Fensterlaibung die Wärmedämmung, so sind aufgrund der winterlichen Auskühlung des Wandquerschnitts Tauwasserschäden im Laibungsbereich fast unvermeidlich.

- Bei einschaligen Wänden ist zur Vermeidung von niedrigen Temperaturen auf der Innenoberfläche der Fensterlaibungen oder den anschließenden Wandflächen eine Anordnung der Fenster etwa in der Mitte des Wandquerschnitts wesentlich günstiger als deren innen- oder außenbündige Anordnung.

Daraus folgt als
Empfehlung zur Schwachstellenvermeidung:

● Bei Außenwänden mit einer Wärmedämmschicht sollte diese in der Regel bis an den Blendrahmen herangeführt werden. Unbedingt erforderlich ist dies, wenn die Wandfläche mit einer Innendämmung versehen wurde.

● Bei innen wärmegedämmten Stahlbetonstürzen sollte die Wärmedämmung bis ca. 50 cm in den angrenzenden Deckenbereich geführt werden. Die Dämmschichtdicke sollte mindestens 2 cm betragen und der Dämmstoff eine Wärmeleitzahl von 0,04 W/mK oder besser aufweisen.

● Der Blendrahmen sollte besonders bei homogenen, nicht wärmegedämmten Wänden etwa in der Mitte des Wandquerschnitts und möglichst an einem Innenanschlag angeordnet werden. Bei weit außen angeordnetem Blendrahmen ist eine Dämmung der inneren Laibungsflächen erforderlich. Eine innenbündige Anordnung des Fensters erfordert entweder eine Innendämmung oder eine Außendämmung, die unmittelbar an den Blendrahmen anschließt.

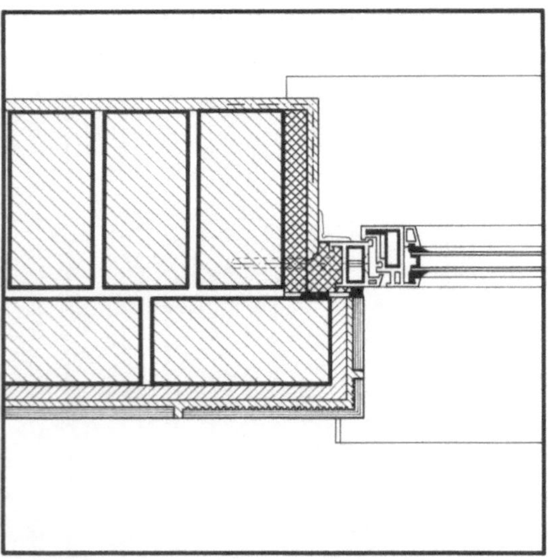

Wände mit Bekleidungen
Bereich der Bauwerksöffnungen

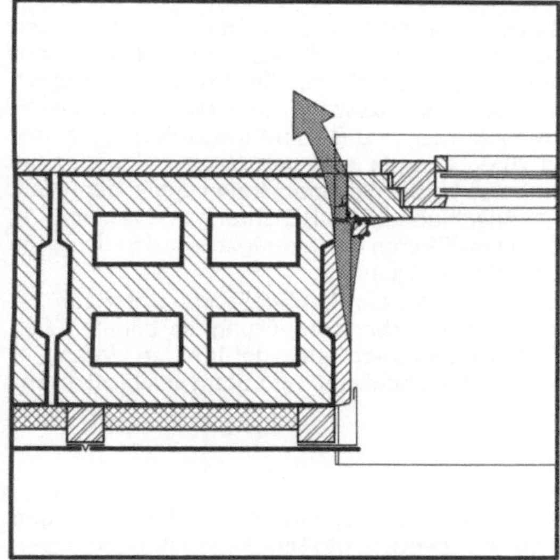

Bei anschlaglos in der Bauwerksöffnung angebrachten Blendrahmen, deren Anschlußfuge mit Mörtel geschlossen war, konnte Niederschlagswasser durch diese Anschlußfuge in den Innenraum dringen. Wurde bei Wänden mit Riemchenbekleidungen das Fenster außenflächenbündig anschlaglos eingesetzt, so hinterlief, bei fehlender horizontaler Sperrschicht, das hinter die Verblendschale gedrungene Wasser den Rahmen.
Wände mit hinterlüfteten, schuppenförmigen Plattenverkleidungen zeigten an Blendrahmen Zugerscheinungen, da die über die Blendrahmen greifenden Verkleidungen zwar einen regendichten, nicht jedoch einen winddichten Anschluß ergaben.

Zu bedenken ist:

– Werden die Blendrahmen außenflächenbündig anschlaglos in die Laibung gesetzt, so ergeben die material- und herstellungsbedingten Maßtoleranzen häufig so geringe Fugenbreiten, daß ein fachgerechtes Abdichten schwierig wird und die auftretenden Längenänderungen die eingebrachten Dichtungsmassen überbeanspruchen (siehe A 2.4.2). Da diese Fugen stark durch das herabrinnende Regenwasser beansprucht werden, können bereits kleine Undichtigkeiten zu erheblichen Feuchtigkeitsschäden führen. Zudem kann das hinter die Bekleidung gelangte Niederschlagswasser leicht den Blendrahmen hinterlaufen.
– Überdecken hinterlüftete Bekleidungen die Anschlußfuge, so ist lediglich ein winddichter Fugenverschluß nötig.
– Bei fest angemörtelten Bekleidungen können sowohl die Beanspruchungen der Anschlußfuge des Blendrahmens als auch die Schwierigkeiten einer dauerhaft dichten Fugenausführung durch einen Innenanschlag vermindert werden. Bei problemlosem Toleranzausgleich kann dann entweder die Blendrahmenfuge für einen Verschluß mit Dichtungsmassen ausreichend breit ausgelegt werden oder der Blendrahmen kann mit eingelegtem Dichtungsstreifen gegen den Anschlag gepreßt werden. Eine glatte Anschlagsfläche und geeignete Befestigungsmittel sind dafür allerdings Voraussetzung.
– Mit Mörtel »abgedichtete« Anschlußfugen des Blendrahmens können aufgrund des spröden Füllmaterials nicht dicht bleiben. Die Bewegungen des Blendrahmens, die aus den thermischen Längenänderungen, bei Holz auch aus dem Schwinden des beim Einputzen stark durchfeuchteten Rahmens herrühren, sowie die Erschütterungen bei der Bedienung und bei Windböen führen schnell zu Zerstörungen der Putzverfüllungen. Zudem ist das Einputzen der Blendrahmen aufgrund der stärkeren Verflechtungen von Schreiner-, Maurer-, Putzer-, und Malerarbeiten und den damit verbundenen Fehlerquellen und Verzögerungen ungünstig.

Daraus folgt als
Empfehlung zur Schwachstellenvermeidung:

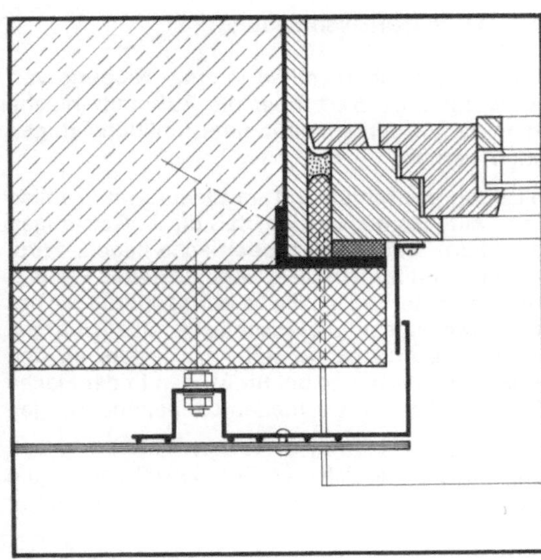

● Sturz und Laibung sollten entweder mit einem Innenanschlag versehen werden oder die Bekleidungen sollten die Anschlußfuge des Blendrahmens überdecken. Es ist darauf zu achten, daß hinter die Bekleidung gedrungenes Niederschlagswasser den Blendrahmen nicht hinterlaufen kann.

● Der Blendrahmen sollte möglichst nach Abschluß der Putzarbeiten eingesetzt werden. Wird die Anschlußfuge durch Feuchtigkeit beansprucht, so ist der Blendrahmen entweder nach Einlegen eines Dichtungsstreifens gegen die fluchtgerechte, glatte Anschlagsfläche zu pressen oder die mindestens 1 cm breite Anschlußfuge ist mit Dichtungsmassen fachgerecht zu schließen. Nicht feuchtigkeitsbeanspruchte Fensteranschlußfugen bei hinterlüfteten Bekleidungen müssen winddicht geschlossen werden.

Wände mit Bekleidungen
Bereich der Bauwerksöffnungen

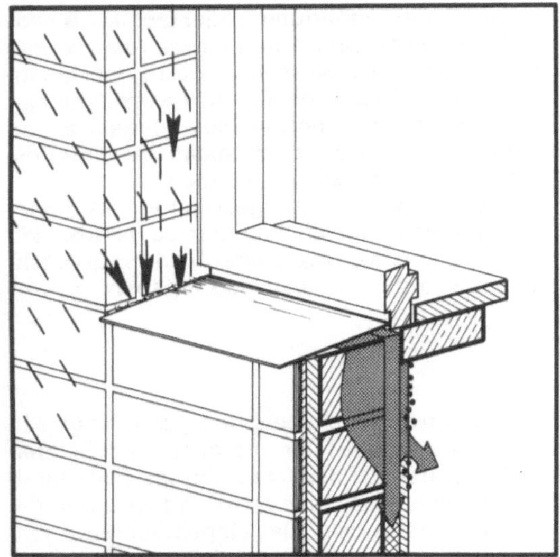

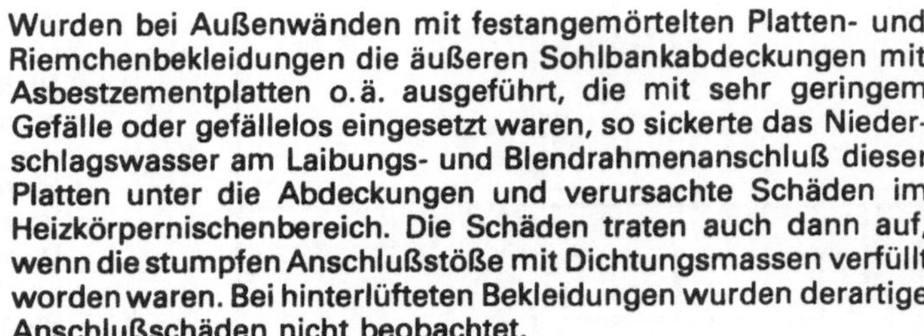

Wurden bei Außenwänden mit festangemörtelten Platten- und Riemchenbekleidungen die äußeren Sohlbankabdeckungen mit Asbestzementplatten o. ä. ausgeführt, die mit sehr geringem Gefälle oder gefällelos eingesetzt waren, so sickerte das Niederschlagswasser am Laibungs- und Blendrahmenanschluß dieser Platten unter die Abdeckungen und verursachte Schäden im Heizkörpernischenbereich. Die Schäden traten auch dann auf, wenn die stumpfen Anschlußstöße mit Dichtungsmassen verfüllt worden waren. Bei hinterlüfteten Bekleidungen wurden derartige Anschlußschäden nicht beobachtet.

Dienten Stahlbetonsohlbänke als durchgehende Unterlage für die äußere und innere Fensterbankabdeckung, so bildeten sich bei wenig beheizten Schlafräumen unter der inneren Unterseite des Stahlbetonbauteils Feuchtigkeits- und Schwärzepilzflecken.

Zu bedenken ist:

– Die besonders an Schlagregenseiten an der Fassaden- und Fensterfläche herabrinnenden großen Regenmengen beanspruchen horizontale Flächen – wie sie Sohlbänke darstellen – stark. Die notwendigen äußeren Fensterbankabdeckungen können ihre Funktion nur dann erfüllen, wenn sie das Wasser durch ausreichendes Gefälle von den Anschlüssen an Blendrahmen und Laibung zügig abführen und von der Fassadenfläche so weit entfernt abtropfen lassen, daß keine Schmutzfahnen auf der Fassadenfläche entstehen (siehe C 2.1.6).

– Konstruktive Dichtungsmaßnahmen, wie sie das Hinterfahren der wasserführenden Laibungsoberfläche und des unteren Blendrahmens durch die aufgekanteten Ränder der Abdeckung darstellen, sind sicherer als mit Dichtungsmassen verfüllte, stumpfe Stöße. Denn diese sind stark der Feuchtigkeit ausgesetzt, stärker von der schwer kontrollierbaren handwerklichen Sorgfalt abhängig, nicht wartungsfrei und werden besonders bei Faserzement- und Metallabdeckungen aufgrund der auftretenden, thermisch bedingten Längenänderungen leicht überbeansprucht. Konstruktive Anschlußausbildungen von Sohlbankabdeckungen, wie sie bei hinterlüfteten Bekleidungen wegen der einfachen Ausführungsmöglichkeit allgemein üblich sind, zeigen eine geringere Schadensanfälligkeit.

– Unter dem Blendrahmen durchlaufende Stahlbetonsohlbänke stellen eine Wärmebrücke dar, die bei normalem Heizbetrieb zu hohen Wärmeverlusten, bei schwachem Heizbetrieb in Räumen mit hoher relativer Luftfeuchtigkeit zu Oberflächentauwasser und Pilzbildung führt.

Daraus folgt als
Empfehlung zur Schwachstellenvermeidung:

● Äußere Sohlbankabdeckungen sollten in einer Neigung von ca. 10° eingebaut werden, ca. 5 cm über die Außenoberfläche hinausragen und an der Vorderkante mit einer funktionsfähigen Tropfnase versehen werden.

● Am seitlichen Laibungsanschluß und am Blendrahmen sollen die Abdeckungen so aufgekantet werden, daß die Aufkantungen hinter der Blendrahmen- und Laibungsoberfläche liegen. Wird, wie dies bei Riemchen- und anderen fest angemörtelten Plattenbekleidungen in der Regel der Fall ist, die Laibungsoberfläche nur geringfügig hinterfahren, so sind die Anschlüsse mit Dichtungsmassen abzudichten. Die Abdeckung sollte besonders an den seitlichen Laibungsanschlüssen und bei Stoßfugen in der Fläche ausreichendes Spiel für die zu erwartenden Längenänderungen erhalten.

● Der innere und äußere Bereich der Sohlbankabdeckungen sollte durch eine Wärmedämmschicht voneinander getrennt werden.

Wände mit Bekleidungen
Bereich der Bauwerksöffnungen

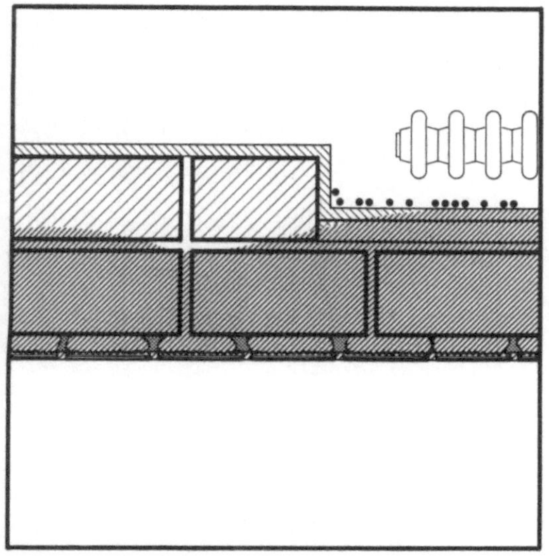

Bei Außenwänden mit fehlerhaft vermörtelten Spaltplattenbekleidungen drang das Wasser durch die undichte Mörtelschicht und durchfeuchtete den dünnen Mauerwerksquerschnitt der Heizkörpernische so stark, daß feuchte Flecken auf der inneren Oberfläche zu beobachten waren.

Wurde bei Riemchenbekleidungen der Fensterbrüstungsbereich als umlaufendes Sichtbetonteil ausgeführt, auf dem die Bekleidung zwischen den Fenstern aufgesetzt war, so wurden im Innenraum in Höhe der Oberkante der Brüstung Durchfeuchtungen beobachtet, da die durch die Riemchen gedrungene Feuchtigkeit am Aufsetzpunkt auf der Brüstung nicht durch horizontale Sperrschichten nach außen abgeleitet wurde. In einem Fall trat erschwerend hinzu, daß die Längenänderungen der Brüstungen Risse in der Bekleidung verursachten.

Bei hinterlüfteten Bekleidungen wurden Schäden im Heizkörpernischen- und Brüstungsbereich nicht beobachtet.

Zu bedenken ist:

– Bei unmittelbar mit dem Untergrund verbundenen Bekleidungen kann bei starker Schlagregenbeanspruchung Niederschlagsfeuchtigkeit bis in das Mauerwerk des Wandquerschnitts gelangen. Besonders bei Fehlstellen im Mörtelbett und im Sperrputz hinter der Bekleidung kann die eindringende Wassermenge so groß werden, daß die Speicherfähigkeit des dünnen Wandquerschnitts der Heizkörpernische überschritten wird.

– Schadensverstärkende Fehlstellen im Bekleidungsuntergrund sind selbst bei sorgfältiger Ausführung nicht völlig vermeidbar. Entstandene Fehlstellen sind während des Bauablaufes meist nicht feststellbar und können daher nicht rechtzeitig beseitigt werden. Bei der Querschnitts- und Detailkonzeption ist daher das Vorhandensein von Fehlstellen mit zu berücksichtigen.

– Wie im Sockel- und Sturzbereich sammelt sich auch am Aufsetzpunkt von Riemchen auf Stahlbetonbrüstungsbändern das hinter die Bekleidung gedrungene Wasser. Fehlen horizontale, das Wasser nach außen führende Sperrschichten, so sickert das Wasser in den Innenraum.

– Die bei Heizbetrieb hohen Temperaturen an der Wand hinter dem Heizkörper ergeben selbst bei einem gemäß Wärmeschutzverordnung (Februar 1982) im Hinblick auf den Wärmedämmwert nicht geschwächten Querschnitt im Heizkörperbereich einen verstärkten Wärmestrom, d. h. höhere Wärmeverluste, die durch eine Verstärkung der Wärmedämmung in diesem Bereich verhindert werden können.

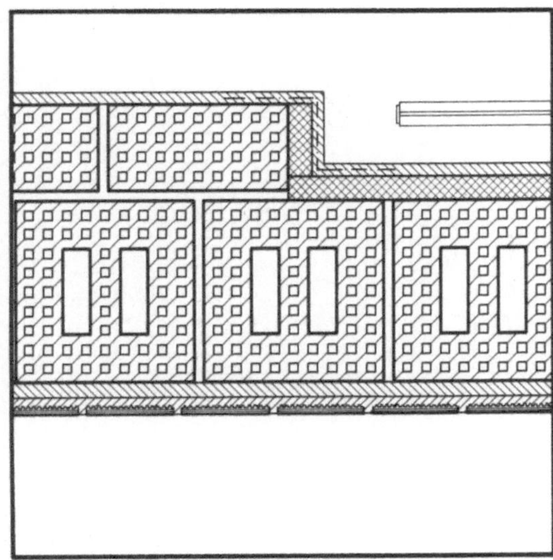

Daraus folgt als
Empfehlung zur Schwachstellenvermeidung:

● An Schlagregenseiten sollte bei direkt mit dem Untergrund verbundenen Bekleidungen möglichst auf den Querschnitt schwächende Heizkörpernischen verzichtet werden (Flachheizkörper). Sind Heizkörpernischen nicht zu vermeiden, so sollte das Mauerwerk auf der Innenseite eine Sperrschicht erhalten.

● In den Heizkörpernischen muß der Wandquerschnitt durch zusätzliche Wärmedämmschichten mindestens den gleichen Wärmedämmwert wie der übrige Regelquerschnitt besitzen. Deutlich höhere Werte sind wirtschaftlich sinnvoll.

● Bei schlagregenbeanspruchten Außenwänden sollte auch bei unmittelbar aufgebrachten Bekleidungen am Aufsetzpunkt der Bekleidung auf Brüstungen eine gegen die innere Wandschale aufgekantete Sperrschicht angeordnet werden.

Problempunkt: Schichtenfolge und Einzelschichten

Zweischaliges Verblendmauerwerk ist durch eine 9 bis 11,5 cm dicke, unbelastete, nur sich selbst tragende Vormauerschale vor einer meist Tragefunktion übernehmenden Innenschale charakterisiert. Das Material für die Verblendschale besteht aus Ziegeln, Kalksandsteinen oder Betonsteinen, seltener aus Naturstein. Nach der Ausführung des Schalenzwischenraumes wird unterschieden zwischen zweischaligem Mauerwerk mit Luftschicht oder solchem ohne Luftschicht. Hierbei ist die Schalenfuge entweder mit Mörtel ausgefüllt oder bei einer sich neu durchsetzenden Konstruktion mit einer Wärmedämmschicht (Kerndämmung).

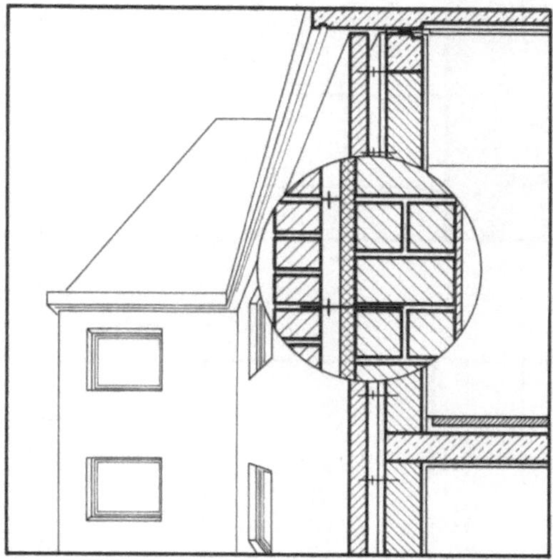

Im Rahmen der Bauschadensforschung wurden jedoch eine große Zahl von verschiedenen Ausführungsvarianten des zweischaligen Verblendmauerwerks ohne Luftschicht festgestellt, die insbesondere ungeeignete Dämm- und Dichtungsschichten in der Schalenfuge oder einen engen ($\leq$ 2 cm) unverfüllten Schalenzwischenraum aufwiesen.

Diese unterschiedlichen schadensträchtigen Querschnittskonzeptionen ließen teilweise auf die Unkenntnis der Aufgaben der einzelnen Bauteilschichten dieses Querschnittstyps, besonders auf eine Überschätzung der Schlagregendichtigkeit der Vormauerschalen schließen.

Aus der weitgehend handwerklichen Ausführungsform der Mauerwerksbauteile ergaben sich jedoch auch viele Herstellungsfehler, die schadensverursachend oder -verstärkend wirkten.

Diese Konzeptions- und Herstellungsfehler hatten vor allem bei einer großen Zahl von zweischaligen Wänden zu Niederschlagsdurchfeuchtungen — bevorzugt an Wetterseiten — geführt.

Das zweischalige Verblendmauerwerk mit Luftschicht hat sich dagegen als die durch das zweistufige Dichtungsprinzip sicherere, gegen Ausführungsfehler weniger anfällige Wandkonstruktion erwiesen. In seiner Schadenscharakteristik ähnelt das Mauerwerk mit Kerndämmung eher dem Luftschichtmauerwerk als dem Verblendermauerwerk mit vermörtelter Schalenfuge.

Die Schadenserfahrungen haben sich zu wesentlichen Teilen in den Bestimmungen der DIN 1053 (November 1974) »Mauerwerk, Berechnung und Ausführung«, Teil 1, niedergeschlagen. Die den hier vorliegenden Konstruktions- und Ausführungsempfehlungen vorausgehenden Schadenserhebungen haben weitgehend die in dieser Norm angesprochenen Problemkreise bestätigt, ergaben jedoch, wie den folgenden Seiten zu entnehmen ist, an einigen Stellen andere Schwerpunkte, Ergänzungen und Bewertungen. Dabei zeigte sich das Mauerwerk mit Mörtelschalenfuge als besonders anfällig gegenüber Ausführungsfehlern. Bei der Neufassung der DIN 1053, Teil 1 wird Abhilfe durch eine Änderung der Ausführungsvorschriften angestrebt.

Zweischaliges Verblendmauerwerk

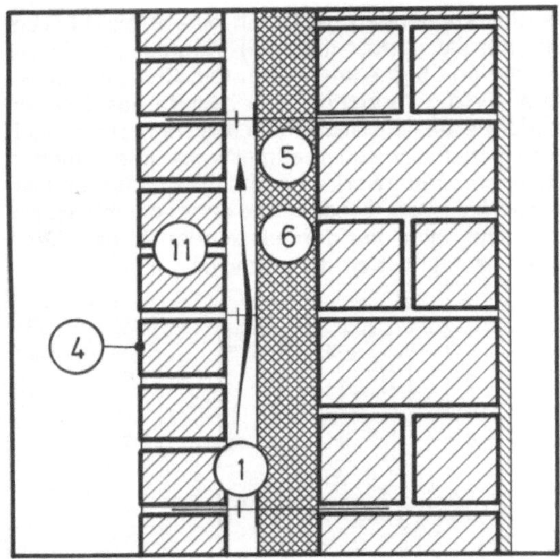

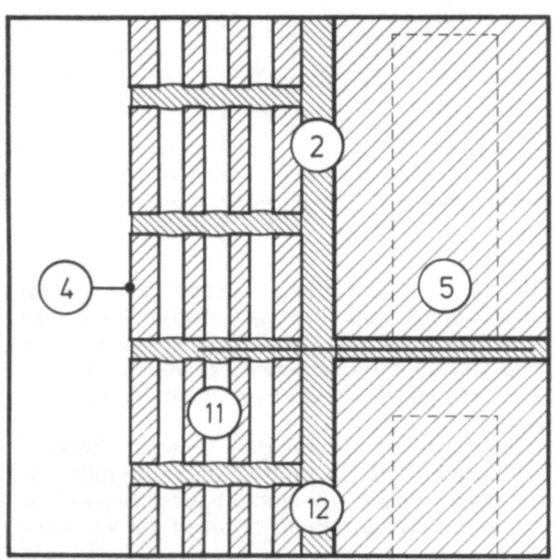

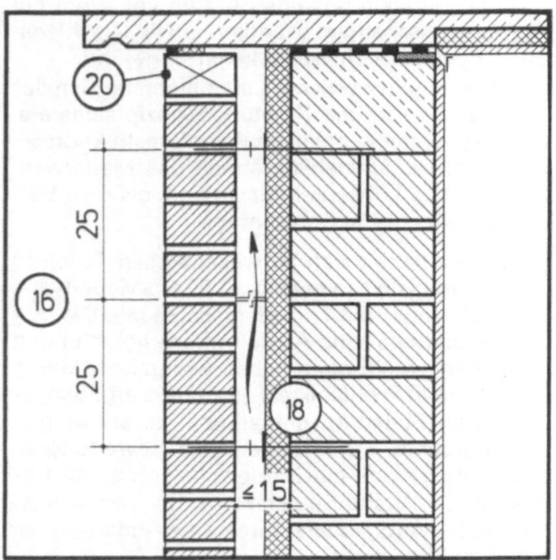

① Zweischaliges Verblendmauerwerk mit Luftschicht sollte bei starker Schlagregenbeanspruchung bevorzugt angewandt werden, da es eine große Sicherheit vor Durchfeuchtungen bietet (siehe D 1.1.2).

② Bei der Anwendung von zweischaligem Verblendmauerwerk ohne Luftschicht mit Mörtel-Schalenfuge an Wetterseiten mit starker Schlagregenbeanspruchung ist auf sorgfältigste Ausführung des Mauerwerks und der Mörtelschicht zu achten (siehe D 1.1.2).

③ Bei zweischaligem Mauerwerk ohne Luftschicht mit Kerndämmung sind nur geeignete Kerndämmungssysteme anzuwenden, deren Eignung durch bauaufsichtliche Zulassung oder durch Normen nachgewiesen ist. Für die Außenschale sind keine glasierten Steine bzw. Beschichtungen mit vergleichbar hoher Wasserdampf-Diffusionswiderstandszahl zulässig. Die Außenschale ist mind. 11,5 cm dick auszuführen (siehe D 1.1.2).

④ Die Schlagregensicherheit von rissefrei hergestelltem, zweischaligem Verblendmauerwerk kann durch wasserdampfdurchlässige Imprägnierungen erhöht werden. Diese Zusatzmaßnahme muß innerhalb bestimmter Zeitintervalle wiederholt werden (siehe D 1.1.3).

⑤ Bei Außenwänden sollten Wärmedurchlaßwiderstände über 1,3 $m^2 K/W$ ($k \leq 0,68$ $W/m^2 K$) angestrebt werden. Die äußere Verblendschale kann dabei auch bei, nach DIN 1053, Mauerwerk, belüfteten Querschnitten zur Berechnung mit herangezogen werden (siehe D 1.1.3).

⑥ Bei zweischaligem Verblendmauerwerk sollte die Wärmedämmschicht vorzugsweise im Schalenzwischenraum angeordnet werden. Bei zweischaligem Mauerwerk mit Luftschicht muß dabei ein mindestens 4 cm breiter Luftraum zwischen Vormauerschale und Wärmedämmung verbleiben (siehe D 1.1.4).

⑦ Bei zweischaligem Mauerwerk ohne Luftschicht mit Kerndämmung sind nur geeignete Kerndämmungssysteme anzuwenden, deren Eignung durch bauaufsichtliche Zulassung oder durch Normen nachgewiesen ist (siehe D 1.1.4).

⑧ Ist die Anordnung einer inneren Wärmedämmung unumgänglich, so sollte in der Regel entweder ein feuchtigkeitsbeständiges Wärmedämmaterial mit hohem Wasserdampfdiffusionswiderstand (z. B. Polystyrol-Hartschaumplatten) oder bei dampfdurchlässigem Dämmaterial (z. B. Mineralfaserplatten) eine innenseitige Dampfsperre [z. B. kaschierte Aluminiumfolie oder eine Polyaetylen (PE)-Folie] angeordnet werden (siehe D 1.1.4).

⑨ Die zusammenhängende Länge von Vormauerschalen sollte bei Kalksandsteinvormauerungen mit vermörtelter Schalenfuge nicht mehr als 8 m, vor Luftschichten und/oder Dämmschichten nicht mehr als 6 m betragen. Bei Ziegelvormauerungen sollte eine Länge von 12 m nicht überschritten werden. Insbesondere bei dunklem Steinmaterial vor Kerndämmung sind jedoch auch bei Ziegeln kurze Dehnfugenabstände (6−8 m) empfehlenswert. Dehnungsfugen sind dabei besonders an den Gebäudeecken und bei Anschlüssen an kraftschlüssig mit dem tragenden Querschnitt verbundenen Bauteilen (z. B. Gesimsen, Abfangkonsolen) vorzusehen (siehe D 1.1.5).

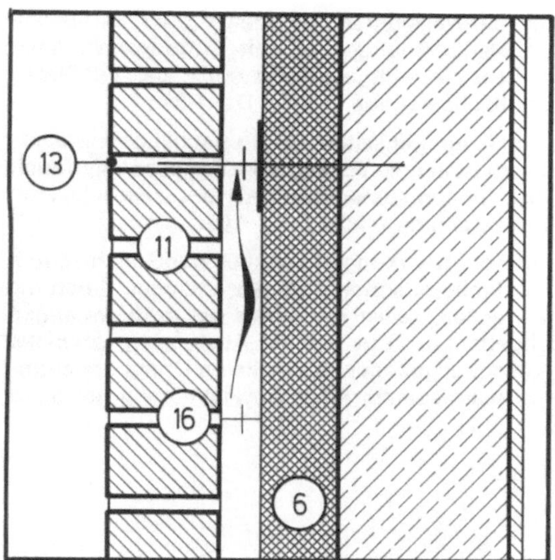

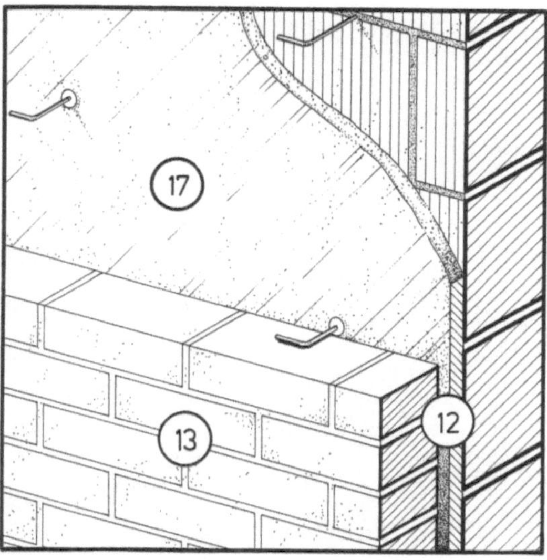

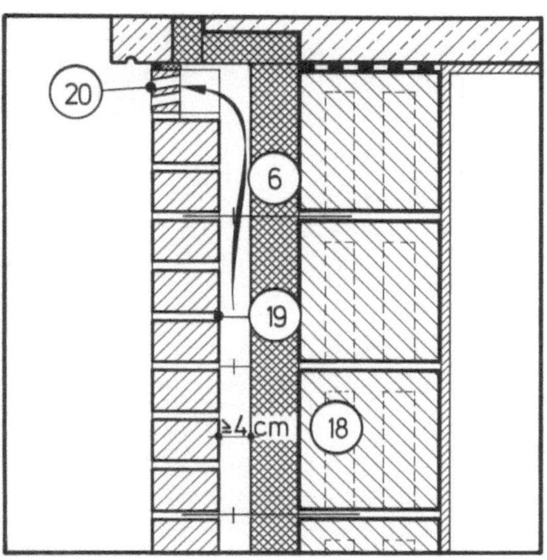

⑩ Die durchgehende Höhe von 11,5 cm Vormauerschalen sollte (bei vollflächiger Auflagerung) maximal 12 m betragen. Eine Abfangung in geringeren Höhenabständen von etwa 6 m (z. B. alle zwei Geschosse) ist besonders dann anzuraten, wenn bei Vormauerungen aus Ziegelmaterial als tragendes Mauerwerk Kalksandsteinmaterial oder Leichtbetonmaterial verwendet wird. Sie ist vorgeschrieben bei 11,5 cm starken Vormauerschalen, die bis zu einem Drittel ihrer Dicke über ihr Auflager vorstehen oder deren Dicke weniger als 11,5 cm bis hin zur Mindestdicke 9 cm beträgt (siehe D 1.1.5).

⑪ Soll eine Verblendschale aus Ziegelmaterial hergestellt werden, so sind Vormauerziegel Klinkern vorzuziehen. Beim Vermauern ist Kalkzementmörtel der Mörtelgruppe II oder IIa zu verwenden. Dabei ist auf einen Anteil an mehlfeinen Stoffen von 10−20 Gew.-% zu achten (siehe D 1.1.6).

⑫ Bei der Herstellung der in den Lager- und vor allem auch Stoßfugen vollfugigen Vormauerschale ist bei zweischaligem Mauerwerk ohne Luftschicht die 2 cm breite Schalenfuge nach Vermauern jeder Steinlage mit gießfähig eingestelltem Mörtel zu verfüllen. In der Neufassung der DIN 1053, Teil 1, wird statt des Mörtelvergußes ein Verputzen der Hintermauerung vorgeschrieben (siehe D 1.1.6).

⑬ Ein oberflächenbündiger Fugenglattstrich des Mauermörtels während des Aufmauerns des Mauerwerks ist einer nachträglichen Verfugung vorzuziehen. Soll nachträglich verfugt werden, so ist der Fugmörtel in das 1,5 cm tief ausgekratzte Fugennetz stark verdichtet einzubringen (siehe D 1.1.6).

⑭ 9 cm Vormauerschalen müssen vollflächig aufgelagert sein, sind im Fugenglattstrich zu mauern, dürfen nicht höher als 20 m über Gelände geführt werden und sind in Abständen von etwa 6 m abzufangen. Sie dürfen max. 15 mm über ihr Auflager vorstehen (siehe D 1.1.7).

⑮ Die Abfangkonstruktionen müssen korossionsbeständig (Edelstahl) sein und dürfen keine die Verblendschale schädigenden Verformungen (Durchbiegungen) erwarten lassen. Das unter einer Abfangkonstruktion liegende Verblendschalenfeld ist durch eine Dehnungsfuge von dieser zu trennen (siehe D 1.1.7).

⑯ Verblendschalen sind durch mind. 5 Drahtanker pro m² ($\varnothing$ = 3 mm, nichtrostender Stahl) mit der Hintermauerung zu verbinden. Bei einem Schalenabstand > 7 cm oder bei Wandbereichen, die höher als 12 m über Gelände liegen, sind Anker mit $\varnothing$ = 4 mm zu verwenden. Bei einem Schalenabstand > 12 cm bis maximal 15 cm sind wahlweise 7 Anker ($\varnothing$ = 4 mm) oder 5 Anker ($\varnothing$ = 5 mm) vorzusehen. Der waagerechte Abstand der Anker soll höchstens 75 cm, der senkrechte Abstand höchstens 50 cm (2 × 25 cm bei versetzter Anordnung) betragen. An allen freien Rändern sind zusätzlich 3 Drahtanker pro m Randlänge anzuordnen (siehe D 1.1.7).

⑰ Wird das nicht hinterlüftete, zweischalige Verblendmauerwerk mit einer Putzschicht auf der Innenschale ausgeführt, ist dieser Putz als zusammenhängende Fläche sorgfältig und frei von Rissen herzustellen. Die Verblendschale ist davor so dicht wie möglich (Fingerspalt) vollfugig zu errichten (siehe D 1.1.8).

⑱ Bei zweischaligem Verblendmauerwerk mit Luftschicht muß der freie Luftraum bei Querschnitten ohne zusätzliche Wärmedämmung mindestens 6 cm, bei Querschnitten mit Wärmedämmung mindestens 4 cm breit sein. Der lichte Abstand der Schalen darf insgesamt 15 cm nicht überschreiten (siehe D 1.1.9).

⑲ Beim Aufmauern ist auf der Innenseite der Vormauerung herausquellender Mörtel abzustreifen, durch Einlegen einer Bohle das Herabfallen der Mörtelreste zu verhindern und, am Verblenderfußpunkt, herabgefallener Mörtel durch Öffnungen zu entfernen (siehe D 1.1.9).

Zweischaliges Verblendmauerwerk

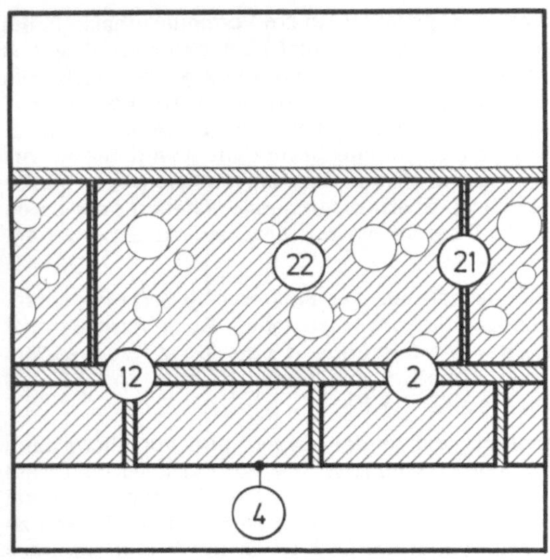

⑳ Die Luftschicht ist jeweils unten und oben — auch im Bereich zwischen den Bauwerksöffnungen — mit Lüftungsöffnungen zu versehen. Der freie Gesamtquerschnitt sollte ca. 1/3.000 — 1/1.500 der Gesamtfläche betragen (siehe D 1.1.9).

㉑ Besonders auf Schlagregenseiten von zweischaligem Mauerwerk ohne Luftschicht ist auf die Vollfugigkeit (insbesondere auch der Stoßfugen) der Innenmauerwerksschale des zweischaligen Mauerquerschnittes zu achten (siehe D 1.1.10).

㉒ Wird die Wärmeschutzwirkung der Außenwand nicht durch zusätzliche Dämmschichten, sondern im wesentlichen durch die innere Wandschale erzielt, so ist besonders bei großformatigen Steinen mit durchgehender Fuge auf die Ausführung schmaler Mörtelfugen zu achten, gegebenenfalls sollte im Dünnbettverfahren oder mit besser wärmedämmenden Spezialmörteln gemauert werden (siehe D 1.1.10).

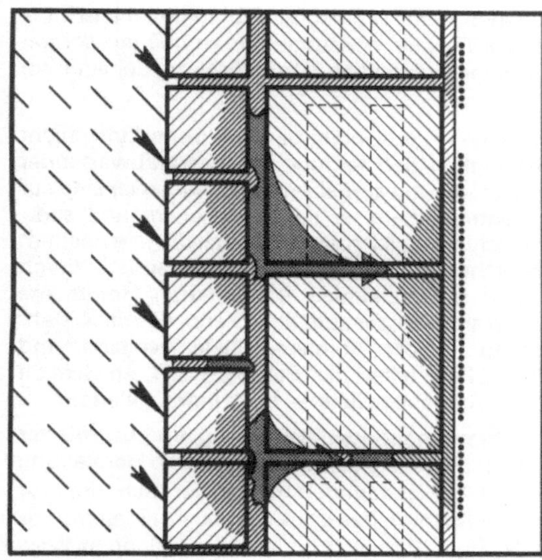

Zweischaliges Verblendmauerwerk
Schichtenfolge und Einzelschichten

Die häufigsten Schäden bei Außenwänden mit vorgemauerter Verblendschale waren Niederschlagsdurchfeuchtungen. Meist waren die Wandflächen betroffen, die stark durch Schlagregen beansprucht wurden.
Die Schäden traten fast ausschließlich bei Verblendschalen auf, die nicht durch eine Luftschicht von der Hintermauerung getrennt waren. Es handelte sich dabei auch um Konstruktionen, bei denen Dachpappen oder Sperrputz zwischen Vor- und Hintermauerung angeordnet wurden.
In einigen Fällen bestanden die Schäden nur in außen sichtbaren, anhaltenden Durchfeuchtungen bestimmter Bereiche der Vormauerschale und waren dann häufig mit weißen »Ausblühungen« verbunden. In den meisten Fällen schlug das Wasser aber bis zum Innenraum durch und ergab dort feuchte Flecken, Schwärzepilzbildungen, Tapetenablösungen und in den schwerwiegensten Fällen Putzablösungen. Besonders häufig traten diese Durchfeuchtungen im Bereich der Aufsetzpunkte der Verblendung z. B. an Geschoßdecken und über Stürzen auf.

Zu bedenken ist:

– Je nach geografischem Standort, Lage zur Umgebung, Orientierung und Gebäudehöhe sind Außenwände sehr unterschiedlichen Schlagregenbeanspruchungen ausgesetzt. Wandkonstruktionen, die in geschützten Lagen voll funktionsfähig sind, können bei exponierter Lage völlig versagen. Die Planungsentscheidung für einen bestimmten Wandquerschnitt sollte daher wesentlich von der zu erwartenden Schlagregenbeanspruchung mit bestimmt werden.

– DIN 4108, Teil 3, Wärmeschutz im Hochbau; Klimabedingter Feuchteschutz, unterscheidet zwischen geringer, mittlerer und hoher Schlagregenbeanspruchung und ordnet alle Formen des zweischaligen Verblendmauerwerks der höchsten Beanspruchungskategorie zu. Dies widerspricht den hier dargestellten Problemen bei zweischaligem Verblendmauerwerk ohne Luftschicht.

– Bei Verblendmauerwerk dringt Niederschlagswasser durch die Mörtelfugen, bei saugfähigen Vormauersteinen auch durch das Steinmaterial kapillar in das Mauerwerk ein. Durch Fugen und Risse (besonders an den Mörtelfugenflanken) die, wie Laboruntersuchungen gezeigt haben, selbst bei sorgfältigsten Mauerarbeiten nicht vollständig vermeidbar sind, wird Schlagregen auch durch Windkräfte, Schwerkraft und die kinetische Energie des auftreffenden Regens in das Mauerwerk geführt.

– Die Funktionsfähigkeit des Mauerwerks ist daher davon abhängig, daß das während einer Regenperiode eingedrungene Niederschlagswasser nicht bis zur Innenoberfläche gelangt, sondern entweder durch eine Luftschicht am weiteren Eindringen gehindert und über Öffnungen am Fuß der Verblendung nach außen abgeleitet wird oder ohne wesentliche Beeinträchtigung auch des Wärmeschutzes im Wandquerschnitt gespeichert wird und in Trocknungsperioden wieder abgegeben wird.

– Abgesehen von gesondert zu behandelnden Verarbeitungsproblemen bei der Herstellung der einzelnen Schichten des Wandquerschnitts ist daher die Schlagregenbelastbarkeit all der Konstruktionen begrenzt, bei denen bei Überschreiten einer bestimmten speicherbaren Menge Feuchtigkeit nach innen durchschlagen kann.

– Zweischaliges Verblendmauerwerk ohne Luftschicht kann zwar theoretisch durch Mörtelverguß mit einwandfreier Schalenfuge (siehe Schwachstelle »Herstellung und Dimensionierung der Schalenfuge« D. 1.1.8) ohne durchgehende offene Fugen und ohne Hohlräume speicherfähig hergestellt werden, ist jedoch aufgrund der begrenzten Speicherfähigkeit nicht extremen Schlagregenbeanspruchungen gewachsen. Insbesondere aber entspricht wegen Ausführungsschwierigkeiten (siehe D 1.1.8)

Zweischaliges Verblendmauerwerk
Schichtenfolge und Einzelschichten

das tatsächliche Ergebnis mit zahlreichen Hohlräumen und Lunkern häufig nicht der Theorie. Wassergefüllte Hohlräume sorgen für eine Belastung mit stauendem Wasser, die zu Schäden im Innern führen.

– Wird bei zweischaligem Verblendmauerwerk ohne Luftschicht anstelle der vermörtelten Schalenfuge ein wasserabweisender Putz auf der Hintermauerung aufgebracht, so wird zwar eine auf Vollständigkeit kontrollierbare, schlagregensichere und speicherfähige Mörtelschicht erzielt; es muß jedoch damit gerechnet werden, daß zwischen Putz und Verblendmauerwerk durch Mörtelbrücken und herabfallenden Mauermörtel Hohlräume entstehen, in denen sich Wasser aufstauen kann, das die Gefahr von Ausblühungen in der Vormauerschale verstärkt und schlimmstenfalls an Fehlstellen des Putzes – z.B. im Bereich der Drahtanker der Vormauerschale – nach innen gelangt.

– Zweischaliges Verblendmauerwerk mit richtig dimensionierter Luftschicht (siehe Schwachstelle »Konzeption und Herstellung der Luftschicht«, D 1.1.9) ist dagegen mit großer Sicherheit für jede Schlagregenbelastung geeignet. Dabei muß allerdings besonders auf die Ableitung eventuell eingedrungenen Wassers an den Aufsetzpunkten (siehe Schwachstelle »Sperrschicht am Aufsetzpunkt der Verblendschale«, D 2.1.2) geachtet werden.

– Wird der Schalenzwischenraum völlig mit Wärmedämmung ausgefüllt (Kerndämmung), so ist bei Schlagregenbeanspruchung die Funktionsfähigkeit des Wandquerschnitts nur sichergestellt, wenn hinter die Vormauerschale gelangendes Wasser nicht über den Dämmstoff in die Hintermauerung geleitet wird und den Dämmstoff selbst nicht schädigt. Es dürfen daher nur Dämmstoffe verwendet werden, deren Brauchbarkeit im Rahmen einer bauaufsichtlichen Zulassung geprüft wurde.

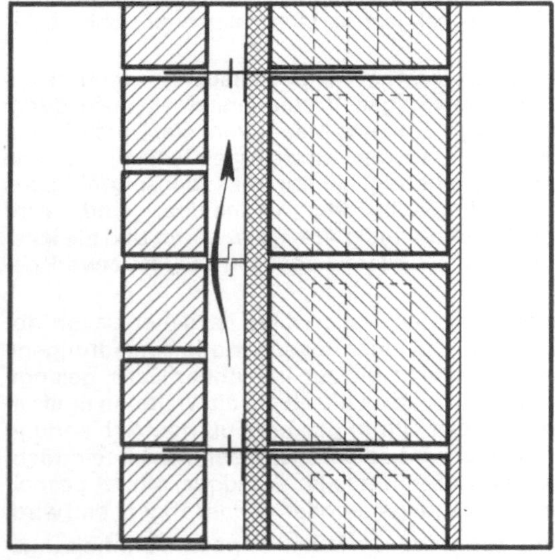

Daraus folgt als
Empfehlung zur Schwachstellenvermeidung:

● Schichtenfolge und Dimensionierung von Außenwänden müssen entsprechend der zu erwartenden Schlagregenbeanspruchung gewählt werden.

● Zweischaliges Verblendmauerwerk mit Luftschicht sollte bei starker Schlagregenbeanspruchung bevorzugt angewandt werden, da es eine große Sicherheit vor Durchfeuchtungen bietet (siehe D 1.1.9).

● Bei der Anwendung von zweischaligem Verblendmauerwerk ohne Luftschicht mit Mörtel-Schalenfuge an Wetterseiten mit starker Schlagregenbeanspruchung ist auf sorgfältigste Ausführung des Mauerwerks und der Mörtelschicht zu achten (siehe D 1.1.8).

● Bei zweischaligem Mauerwerk ohne Luftschicht mit Kerndämmung sind nur geeignete Kerndämmungssysteme anzuwenden, deren Eignung durch bauaufsichtliche Zulassung oder durch Normen nachgewiesen ist. Für die Außenschale sind keine glasierten Steine bzw. Beschichtungen mit vergleichbar hoher Wasserdampf-Diffusionswiderstandszahl zulässig. Die Außenschale ist mind. 11,5 cm dick auszuführen.

● Die Schlagregensicherheit von rissefrei hergestelltem zweischaligem Verblendmauerwerk kann durch wasserdampfdurchlässige Imprägnierungen erhöht werden. Diese Zusatzmaßnahme muß innerhalb bestimmter Zeitintervalle wiederholt werden (siehe A 1.1.7).

Zweischaliges Verblendmauerwerk
Schichtenfolge und Einzelschichten

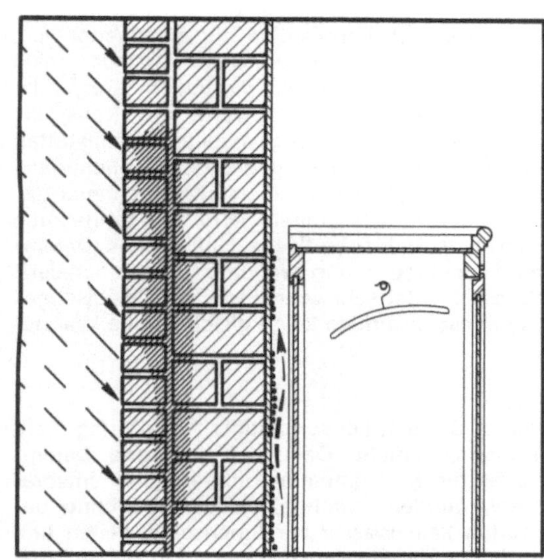

Waren Außenwandquerschnitte so dimensioniert, daß der Wärmedurchlaßwiderstand im Bereich der Mindestwerte nach DIN 4108 (1969: 0,36 – 0,56 m²K/W; 1981: 0,55 m²K/W) lag, so ist es zu feuchten Flecken, Schimmelpilzbildung und Tapetenschäden besonders in Gebäudeecken und hinter Bildern, Möbeln und Vorhängen gekommen. Häufig waren schlecht beheizte oder überbelegte Räume schadensbetroffen. Meist wurden an den äußeren Schichten des Wandquerschnitts zusätzlich Niederschlagsdurchfeuchtungen festgestellt.

Zu bedenken ist:

– Die Mindestwerte der Wärmedurchlaßwiderstände für Außenwände nach DIN 4108, Teil 2, August 1981 (0,55 m²K/W) sind so ausgelegt, daß bei üblicher Raumnutzung an der Innenoberfläche des Regelquerschnitts gerade noch kein Oberflächentauwasser auftritt. Werden Außenwände, die nach solchen Minimalwerten dimensioniert sind, z.B. durch hohe Luftfeuchte des Innenraumes über das normale Maß beansprucht, wird der Wärmedämmwert durch Niederschlagsfeuchtigkeitsaufnahme des Wandbaumaterials noch weiter abgesenkt oder aber die Innenoberflächentemperatur durch hohe Wärmeübergangswiderstände (z.B. hinter Möbeln) oder durch Wärmebrücken (z.B. Gebäudeecken) vermindert, so sind Tauwasserniederschläge an der Wandoberfläche leicht möglich.

– Unter dem Aspekt der sicheren Schadensfreiheit, eines behaglichen Raumklimas (Oberflächentemperatur) und des wirtschaftlichen Wärmeschutzes ist es sinnvoll, Wärmedurchlaßwiderstände für Außenwände anzustreben, die wesentlich über den Mindestwerten der DIN 4108 (1969) liegen. So sind zur Erlangung von mit Sicherheit oberflächentauwasserfreien Gebäudeecken und behaglicher Oberflächentemperaturen Werte über 1,3 m²K/W ($k \leq 0,68$ W/m²K) anzustreben, auch wenn eine Berechnung nach der Wärmeschutzverordnung ergibt, daß geringere Werte zulässig sind. Wirtschaftliche Überlegungen, die neben dem Fensterflächenanteil und der Fensterbauweise eine größere Anzahl weiterer Faktoren (Beanspruchung, Energiepreise, Finanzierungssituation) berücksichtigen, lassen Werte zwischen 1,3 und 3,0 m²K/W ($k = 0,68 - 0,32$ W/m²K) sinnvoll erscheinen.

– Gerade beim zweischaligen Mauerwerk mit Luftschicht ist die Erhöhung des Wärmeschutzes z.B. durch Anbringung einer Wärmedämmschicht auf der Außenseite der Innenschale bauphysikalisch problemlos und ohne konstruktiven Mehraufwand möglich. Bedenkt man, daß nach DIN 4108, Teil 2, die äußere Schale zur Berechnung des Dämmwertes herangezogen werden kann, so sind z.B. beim Einbau einer 3 cm dicken Wärmedämmschicht leicht Wärmedurchlaßwiderstände über 1,3 m²K/W erzielbar.

– Bei Schrankelementen vor der Außenwand kann ein höherer Wärmedurchlaßwiderstand als 1,3 m²K/W notwendig sein. Ggf. sollten Wandschränke mit Abstand von der Außenwand aufgestellt werden und am Sockel so belüftet sein, daß ein Luftwechsel hinter dem Schrank stattfinden kann. Eine solche Maßnahme führt aber nicht immer, das hängt auch von der Art des Möbelstücks ab, zum Erfolg.

Daraus folgt als
Empfehlung zur Schwachstellenvermeidung:

● Bei Außenwänden sollten Wärmedurchlaßwiderstände über 1,3 m²K/W ($k \leq 0,68$ W/m²K) angestrebt werden. Die äußere Verblendschale kann dabei auch bei, nach DIN 1053, Mauerwerk, belüfteten Querschnitten zur Berechnung mit herangezogen werden.

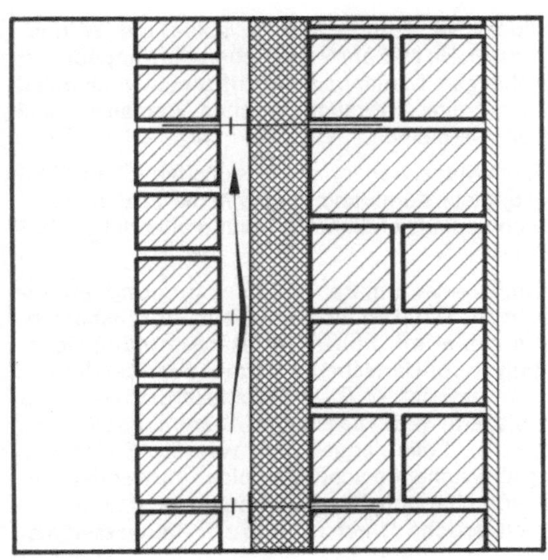

Zweischaliges Verblendmauerwerk
Schichtenfolge und Einzelschichten

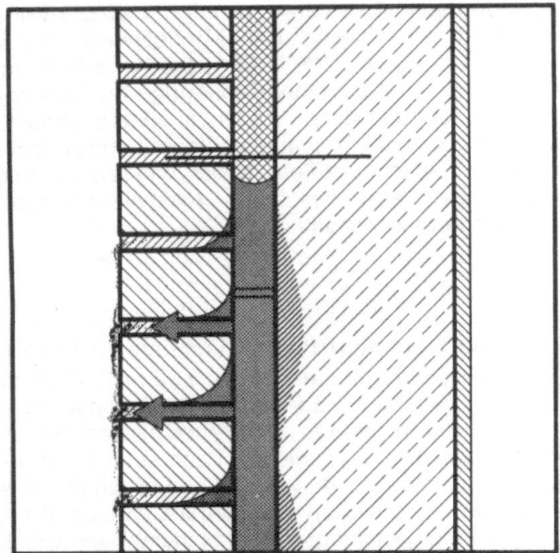

Bei einer großen Zahl von Außenwänden mit gemauerter Verblendschale wurde der Zwischenraum zwischen Vormauerschale und Hintermauerung mit einer Wärmedämmschicht ausgefüllt, ohne eine Luftschicht zu belassen. Vielfach wurde diese Konstruktion mit nicht geeigneten und nicht zugelassenen Dämmstoffen ausgeführt. Durch die Vormauerschale gedrungene Feuchtigkeit sammelte sich im Bereich dieser Dämmschicht und durchfeuchtete die Vormauerung, rief dort Ausblühungen hervor und führte auch zu feuchten Flecken an der Innenoberfläche. Ungeeignete Dämmstoffe waren durch Feuchtebelastung verklumpt und im Schalenzwischenraum abgesackt. Bei sehr schmalen Schalenzwischenräumen ergaben Perliteschüttungen keine gleichmäßige Wärmedämmschicht.

Zu bedenken ist:
– Vormauerschalen sind selbst bei sorgfältiger Ausführung nicht vollkommen schlagregendicht. Dämmaterialien und Dämmstoffverbundplatten für Kerndämmung müssen daher entsprechend der zu erwartenden Feuchtigkeitsbeanspruchung beständig sein, dürfen kein Wasser zur Innenschale leiten und dürfen Wasser nicht so langfristig speichern, daß dadurch die Dämmfähigkeit beeinträchtigt würde. Ähnlich wie bei Mauerwerk mit Luftschicht ist der Fußpunkt nach außen zu entwässern.

– Auf der Innenoberfläche der Wand aufgebrachte Wärmedämmschichten sind für den sommerlichen Wärmeschutz (Wärmebeharrung) ungünstig, da der Wandkörper als ausgleichende Speichermasse verloren geht. Bei Innendämmung ist zudem Tauwasserniederschlag im Querschnitt zu erwarten, der beim Zusammentreffen ungünstiger Bedingungen (außenliegende Wandbaumaterialien mit hohem Dampfsperrwert, hohe absolute Luftfeuchte im Innenraum, zusätzliche Niederschlagsdurchfeuchtung, hohe Baufeuchte, geringe Wasserspeicherfähigkeit) zu Feuchtigkeitsschäden führen kann. Die eindiffundierende Menge an Raumluftfeuchtigkeit sollte in solchen Situationen durch die Anordnung dampfsperrender Schichten vermindert werden.

– Bei Innendämmungen aus nicht feuchtebeständigen, verrottbaren Dämmstoffen (z. B. aus Papierwerkstoffen) sollte durch sorgfältige Planung, ggf. durch Berechnung der Kernkondensatmengen nach DIN 4108, sichergestellt werden, daß eine Schädigung der Dämmstoffe ausgeschlossen ist.

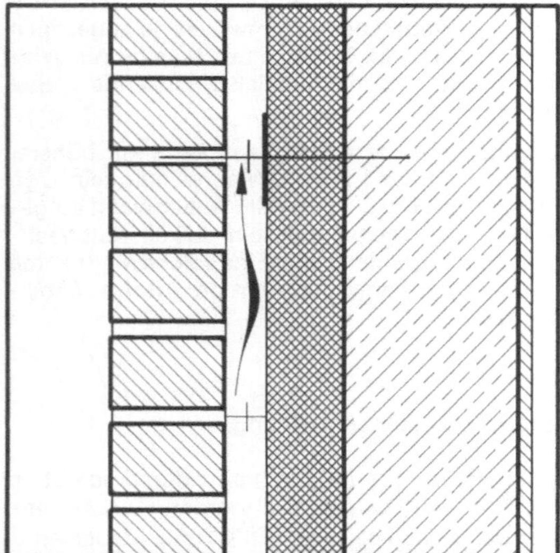

Daraus folgt als
Empfehlung zur Schwachstellenvermeidung:

● Bei zweischaligem Verblendmauerwerk sollte die Wärmedämmschicht vorzugsweise im Schalenzwischenraum angeordnet werden. Bei zweischaligem Mauerwerk mit Luftschicht muß dabei ein mindestens 4 cm breiter Luftraum zwischen Vormauerschale und Wärmedämmung verbleiben.

● Bei zweischaligem Mauerwerk ohne Luftschicht mit Kerndämmung sind nur geeignete Kerndämmungssysteme anzuwenden, deren Eignung durch bauaufsichtliche Zulassung oder durch Normen nachgewiesen ist.

● Ist die Anordnung einer inneren Wärmedämmung unumgänglich, so sollte in der Regel entweder ein feuchtigkeitsbeständiges Wärmedämmaterial mit hohem Wasserdampfdiffusionswiderstand (z. B. Polystyrol-Hartschaumplatten) oder bei dampfdurchlässigem Dämmaterial (z. B. Mineralfaserplatten) eine innenseitige Dampfsperre (z. B. kaschierte Aluminiumfolie oder eine Polyaethylen (PE)-Folie) angeordnet werden. Sollen von dieser Empfehlung abweichende Schichtenfolgen verwendet werden oder ist ungewöhnlich hohe Raumluftfeuchtigkeit zu erwarten, so ist eine rechnerische Untersuchung der Tauwasserbelastung notwendig.

Zweischaliges Verblendmauerwerk
Schichtenfolge und Einzelschichten

Risse stellen auch bei 9 – 11,5 cm dicken Vormauerschalen mit und ohne Luftschicht ein häufiges Schadensbild dar.

Bei Ziegel- oder Kalksandsteinvormauerschalen, die auf eine Länge von 12 – 33 m ohne Dehnungsfugen hergestellt waren, zeigten sich senkrechte Risse an den Gebäudeecken und in der Wandfläche, die entweder aufgrund ihrer Breite oder aufgrund der durch sie eindringenden Niederschläge ernsthafte Schäden darstellten. Verstärkt traten Risse an Südwestwänden, bei dunklem Steinmaterial und einer Hinterfüllung der Vormauerung mit Dämmmaterial auf.

Waren über mehrere Geschosse hochreichende Vormauerschalen an ihren Rändern kraftschlüssig mit Konsolen, Stürzen oder Gesimsen vermörtelt oder standen sie in unterschiedlicher Höhe auf, so traten auch horizontale und diagonale Risse auf, die z.T. ebenfalls Durchfeuchtungen zur Folge hatten.

Zu bedenken ist:

- Die unbelastete Vormauerschale wird durch Trocknungsvorgänge (Schwinden) und Temperaturschwankungen zu Längenänderungen veranlaßt. Das Schwindmaß ist vom Steinmaterial, die thermische Beanspruchung u. a. davon abhängig, ob die auf die Vormauerschale eingestrahlte Wärme an das tragende Mauerwerk abgeleitet werden kann. Aufgrund der großen Speichermasse einer Vormauerschale sind die Temperaturschwankungen bei Kerndämmkonstruktionen jedoch nicht wesentlich größer als bei hinterlüfteten Konstruktionen. Das Maß der winterlichen Abkühlung ist im wesentlichen vom Dämmwert der inneren Bauteilschichten abhängig. Da auf die Bauteile im Gebäudeinneren andere Belastungsgrößen wirken und dort häufig Materialien mit anderem Verformungsverhalten Verwendung finden, werden die Verformungen der Vormauerschale an Stellen mit kraftschlüssigem Kontakt (z. B. Auflagerfläche) behindert.

- Bei 11,5 cm dicken Vormauerschalen ist ein vollflächiger, kraftschlüssiger Verbund mit dem Untergrund statisch nicht nötig. Bei Schalen ohne einen solchen Verbund werden Längenänderungen durch den Untergrund nicht kontinuierlich behindert, sondern addieren sich mit zunehmender Bauteillänge.

- Zwischen Vor- und Hintermauerung ergeben sich in vertikaler Richtung Längenänderungsdifferenzen, da das tragende Mauerwerk sich unter Last verformt (Kriechen). Zeigt die Hintermauerung zudem noch ein im Vergleich zur Vormauerung größeres Schwindmaß, wie es z.B. zwischen Mauerziegel als Vormauerung und Kalksandstein oder Leichtbetonsteinen als Hintermauerungen der Fall ist und überlagert sich diese Verkürzung der Hintermauerung mit der thermischen Ausdehnung der durch Sonneneinstrahlung erwärmten Vormauerschale, so können erhebliche Längenänderungsdifferenzen auftreten, die mit der Höhe der Verblendschale zunehmen. Steht die Verblendschale im oberen Bereich, z.B. an Fensterlaibungen oder Zwischenauflagern, mit der Hintermauerung in Verbindung, so sind Rißbildungen die Folge.

- Die Fläche zusammenhängender Vormauerschalen muß sowohl in der Höhe als auch in der Länge beschränkt und an den Rändern durch Dehnungsfugen abgesetzt werden, da sonst die aus den behinderten Längenänderungen resultierenden Spannungen zu Rissen führen.

Zweischaliges Verblendmauerwerk
Schichtenfolge und Einzelschichten

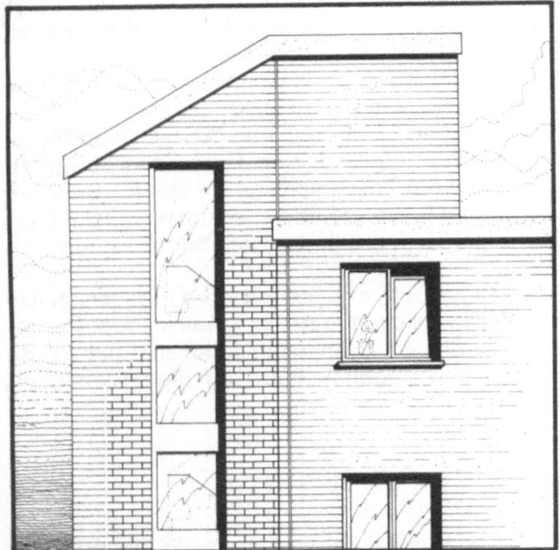

Daraus folgt als
Empfehlung zur Schwachstellenvermeidung:

● Die zusammenhängende Länge von Vormauerschalen sollte bei Kalksandsteinvormauerungen mit vermörtelter Schalenfuge nicht mehr als 8 m, vor Luftschichten und/oder Dämmschichten nicht mehr als 6 m betragen. Bei Ziegelvormauerungen sollte eine Länge von 12 m nicht überschritten werden. Insbesondere bei dunklem Steinmaterial vor Kerndämmung sind jedoch auch bei Ziegeln kurze Dehnfugenabstände (6–8 m) empfehlenswert. Dehnungsfugen sind dabei besonders an den Gebäudeecken und bei Anschlüssen an kraftschlüssig mit dem tragenden Querschnitt verbundenen Bauteilen (z. B. Gesimsen, Abfangkonsolen) vorzusehen. Sollen größere Längen ohne Dehnungsfugen hergestellt werden, so sind entsprechend der speziellen Bausituation genauere Berechnungen anzustellen.

● Die durchgehende Höhe von 11,5 cm Vormauerschalen sollte (bei vollflächiger Auflagerung) maximal 12 m betragen. Eine Abfangung in geringeren Höhenabständen von etwa 6 m (z. B. alle zwei Geschosse) ist besonders dann anzuraten, wenn bei Vormauerungen aus Ziegelmaterial als tragendes Mauerwerk Kalksandsteinmaterial oder Leichtbetonmaterial verwendet wird. Sie ist vorgeschrieben bei 11,5 cm starken Vormauerschalen, die bis zu einem Drittel ihrer Dicke über ihr Auflager vorstehen oder deren Dicke weniger als 11,5 cm bis hin zur Mindestdicke 9 cm beträgt.

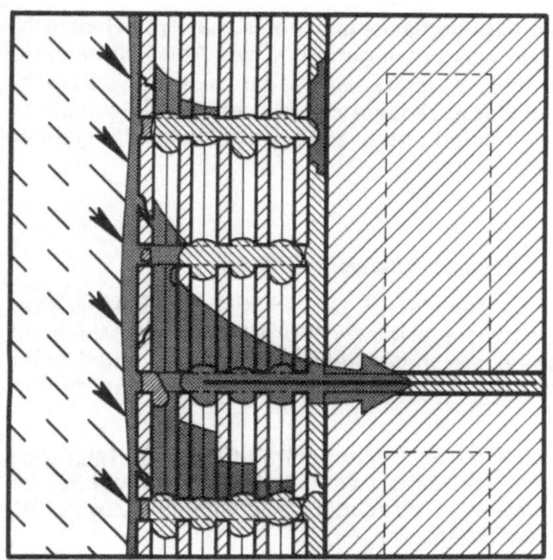

Zweischaliges Verblendmauerwerk
Schichtenfolge und Einzelschichten

Eine große Zahl von Durchfeuchtungsschäden, die besonders die Schlagregenseiten von Gebäuden betrafen, sind bei zweischaligem Verblendmauerwerk – meist ohne Luftschicht – aufgrund mangelnder Dichtigkeit der Verblendschale entstanden oder zumindest durch diesen Mangel verstärkt worden. Die Niederschlagsfeuchtigkeit war beim weitaus größten Teil der Schadensfälle durch das Fugennetz der Vormauerung eingedrungen. Dort, wo die Verfugung beim Mauern durch Fugenglattstrich hergestellt war, wiesen die Stoßfugen häufig Hohlräume auf, waren die Fugen mit der Ecke der Mauerkelle zu tief ausgekratzt oder das Mörtelmaterial war aufgrund falscher Zusammensetzung rissig geworden. Eine zweite häufig beobachtete Fehlerquelle für Fugenundichtigkeiten stellten Mängel bei der nachträglichen Verfugung der Vormauerung dar, die besonders auf ungeeignetes Fugmörtelmaterial oder viel zu flache und hohlraumreiche Verfugung zurückzuführen waren.

Bei rissigem, stark saugendem Steinmaterial drang die Feuchtigkeit in Mengen durch den Mauerstein ein und sickerte bei hohlfugigen oder zu tief liegenden Fugen von Mauerwerk aus Hochlochsteinen durch die Steinhohlräume. Meist staute sich in diesen Hohlräumen im Stein oder im Bereich der Schalenfuge das Wasser an mangelhaft entwässerten oder abgedichteten Aufsatzpunkten und führte dann zu innen oder außen sichtbaren Durchfeuchtungsschäden.

Zu bedenken ist:

– Materialwahl und Verarbeitung der Vormauerschale bestimmen in erster Linie die Menge des in eine Wandfläche eindringenden Niederschlagswassers. Besonders bei zweischaligem Verblendmauerwerk ohne Luftschicht, mit Mörtelschalenfuge, bei dem eingedrungenes Wasser nicht direkt wieder nach außen abgeleitet werden kann, ist daher in dieser Hinsicht größte Sorgfalt geboten.

– Eine gute kapillare Saugfähigkeit von Stein- und Mörtelmaterial stellt im Hinblick auf die Niederschlagsbeanspruchung keine negative Eigenschaft dar, da kapillar saugfähige Stoffe nicht nur leicht Wasser aufnehmen, sondern dieses auch gut speichern und wieder abgeben können. Eine zu Schäden führende Wasserdurchlässigkeit von Vormauerungen wird fast ausschließlich durch Risse, offene Fugen und Hohlräume herbeigeführt. Alle Maßnahmen sind daher auf die Riß- und Hohlraumfreiheit des Mauerwerkes auszurichten.

– Klinkermaterial läßt zwar keine Feuchtigkeit durch die Steine eindringen – soweit es nicht grobe Risse aufweist – ist aber auch nicht fähig zur Wasserspeicherung und späteren Wasserverdunstung. Die geringe Saugfähigkeit vermindert weiterhin die Verzahnung zwischen Mörtel und Stein und erschwert das vollfugige Vermauern (besonders der Stoßfugen), so daß es leichter zu Abrissen an den Fugenflanken und zu Hohlräumen kommen kann.

– Reiner Zementmörtel (Mörtelgruppe III) ist schwerer hohlraumfrei verarbeitbar und neigt bei Zugbeanspruchungen durch Verformungen eher zur Rißbildung als Kalkzementmörtel (Mörtelgruppe II und IIa) mit ausreichendem Feinkornanteil. Durch Dichtungsmittelzusätze werden die hier wesentlichen Eigenschaften der Mörtelfuge: Hohlraum- und Rißfreiheit nicht verbessert.

– Bei einer nachträglichen Verfugung mit Fugmörtel ist ein rißfreier Verbund und hohlraumfreier Anschluß mit dem bereits erhärteten Mauermörtel nur bei größter Sorgfalt möglich und erreicht niemals die Homogenität eines während des Mauerns vorgenommenen oberflächenbündigen Fugenglattstrichs des Mauermörtels.

Zweischaliges Verblendmauerwerk
Schichtenfolge und Einzelschichten

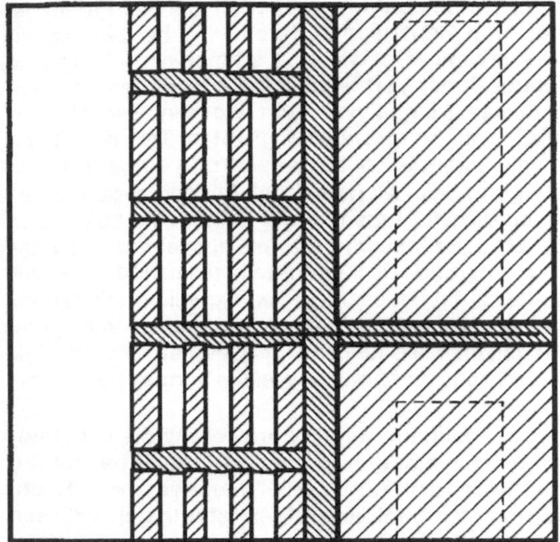

– Nahe an der Außenoberfläche liegende Kanäle von Hochloch-
vormauerziegeln wirken bei geringfügigen Abweichungen in
der Fugentiefe und bei Hohlräumen in der Lagerfuge als feuch-
tigkeitssammelndes »Dränagesystem«, das eine gleichmäßige
Speicherung verhindert und zu zonenweise durchschlagender
Durchfeuchtung führt.

Daraus folgt als
Empfehlung zur Schwachstellenvermeidung:

● Soll eine Verblendschale aus Ziegelmaterial hergestellt werden, so sind Vormauerziegel Klinkern vorzuziehen. Bei gelochtem
Steinmaterial sollte ein mindestens 2 cm breiter ungelochter
Rand vorhanden sein. Die Steine sind vor dem Vermauern vorzunässen.

● Bei Vormauerschalen ist Kalkzementmörtel der Mörtelgruppe
II oder IIa zu verwenden. Dabei ist auf einen Anteil an mehlfeinen
Stoffen von 10–20 Gew.-% zu achten (gegebenenfalls Zusatz von
Gesteinsmehl oder Traß).

● Bei der Herstellung der in den Lager- und vor allem auch Stoßfugen vollfugigen Vormauerschale ist bei zweischaligem Mauerwerk ohne Luftschicht die 2 cm breite Schalenfuge nach Vermauern jeder Steinlage mit gießfähig eingestelltem Mörtel zu
verfüllen. In der Neufassung der DIN 1053, Teil 1, wird statt eines
Mörtelvergusses ein Verputzen der Hintermauerung vorgeschrieben (siehe D 1.1.2 und D 1.1.8).

● Bei zweischaligem Mauerwerk mit Luftschicht ist der heraus-
quellende Mörtel auf der Innenseite so zu entfernen, daß keine
Verstopfungen und Mörtelbrücken im Luftzwischenraum entstehen (siehe D 1.1.9).

● Ein oberflächenbündiger Fugenglattstrich des Mauermörtels
während des Aufmauerns des Mauerwerks ist einer nachträglichen
Verfugung vorzuziehen. Bei Außenschalen von weniger als 11,5
cm Dicke sollen die Fugen der Sichtflächen im Fugenglattstrich
ausgeführt werden. Soll nachträglich verfugt werden, so ist der
Fugmörtel in das 1,5 cm tief ausgekratzte Fugennetz stark verdichtet einzubringen.

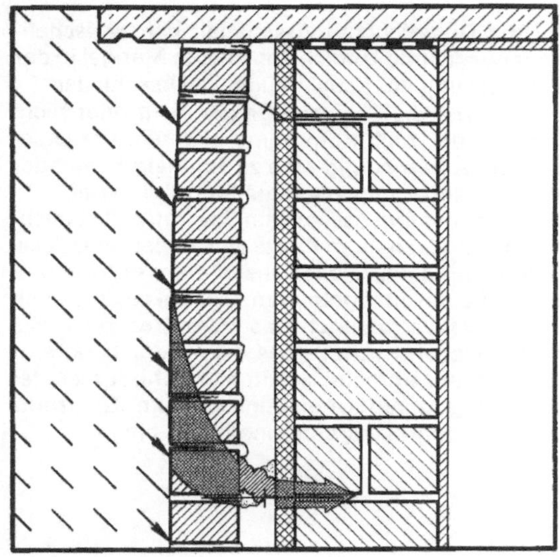

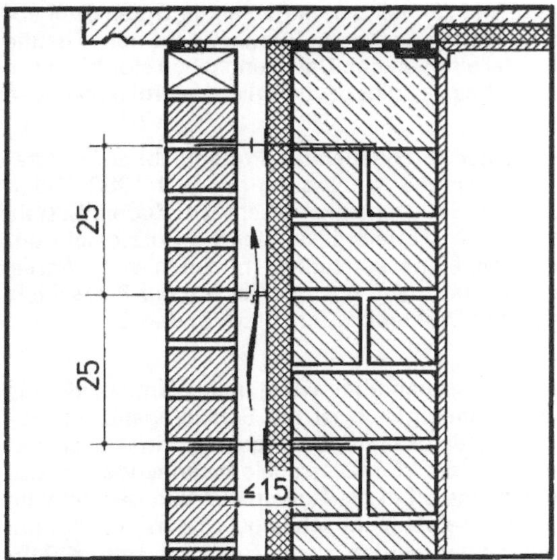

Waren Vormauerschalen über viele Geschosse ohne Abfangung hochgeführt, so kam es – besonders bei schmalen Vormauerstreifen zwischen Öffnungen – zu Rißbildungen und Ablösungen der Vormauerschale. Ebenso ergaben sich Risse in der Vormauerschale, wenn sich die Aufstandsflächen selbst verformten.
War die Vormauerschale unzureichend verankert, so wurden Ausbauchungen und Rißbildungen besonders bei hohen Gebäuden beobachtet.
Falsch angebrachte oder mörtelüberkrustete Anker wirkten als Feuchtigkeitsbrücken und führten zur Durchfeuchtung der Hintermauerung.

Zu bedenken ist:

– Das hohe Eigengewicht von Vormauerschalen muß durch Auflagerflächen (Sockel, Abfangkonsolen o.ä.) abgetragen werden. Die Höhenabstände, in denen Abfangvorrichtungen vorzusehen sind, hängen zum einen von der sich addierenden Längenänderung der Vormauerschale ab (siehe D 1.1.5), zum anderen wird dieser Abstand davon bestimmt, ob die Vormauerschale vollflächig aufsteht oder teilweise über dem Auflager vorkragt.

– Biegt sich die Auflagerfläche von Vormauerschalen durch (z.B. Kriechen quergespannter Deckenplatten) so entstehen in der Vormauerschale Spannungen (z.B. entsprechend einer Stützgewölbewirkung).

– Die schlanke Vormauerschale kann die mit zunehmender Gebäudehöhe größer werdenden horizontal einwirkenden Windkräfte nicht über das Auflager ableiten und neigt zum Ausbeulen. Eine in der Fläche gleichmäßige Verbindung zwischen Vor- und Hintermauerung durch Anker ist daher nötig.

Daraus folgt als
Empfehlung zur Schwachstellenvermeidung:

● Vormauerschalen dürfen nicht durch Deckenplatten belastet werden und müssen bei 11,5 cm Dicke und vollflächiger Auflagerung mindestens alle 12 m, bei maximal 3,5 cm weiter Auskragung über dem Auflager alle 2 Geschosse abgefangen werden.

● 9 cm Vormauerschalen müssen vollflächig aufgelagert sein, sind im Fugenglattstrich zu mauern, dürfen nicht höher als 20 m über Gelände geführt werden und sind in Abständen von etwa 6 m abzufangen. Sie dürfen maximal 15 mm über ihr Auflager vorstehen. Für zweigeschossige Häuser mit Giebeldreieck nennt die DIN 1053, Teil 1, hierzu Erleichterungen.

● Die Abfangkonstruktionen müssen korossionsbeständig (Edelstahl) sein und dürfen keine die Verblendschale schädigenden Verformungen (Durchbiegungen) erwarten lassen. Das unter einer Abfangungskonstruktion liegende Verblendschalenfeld ist durch eine Dehnungsfuge von dieser zu trennen.

● Verblendschalen sind durch mind. 5 Drahtanker pro m² ($\varnothing$ = 3 mm, nichtrostender Stahl) mit der Hintermauerung zu verbinden. Bei einem Schalenabstand > 7 cm oder bei Wandbereichen, die höher als 12 m über Gelände liegen, sind Anker mit $\varnothing$ = 4 mm zu verwenden. Bei einem Schalenabstand >12 cm bis maximal 15 cm sind wahlweise 7 Anker ($\varnothing$ = 4 mm) oder 5 Anker ($\varnothing$ = 5 mm) vorzusehen. Der waagerechte Abstand der Anker soll höchstens 75 cm, der senkrechte Abstand höchstens 50 cm (2 × 25 cm bei versetzter Anordnung) betragen. An allen freien Rändern sind zusätzlich 3 Drahtanker pro m Randlänge anzuordnen. Ausführungsformen der Anker (Tropfscheibe etc.) sind der DIN 1053, Teil 1, zu entnehmen.

Zweischaliges Verblendmauerwerk
Schichtenfolge und Einzelschichten

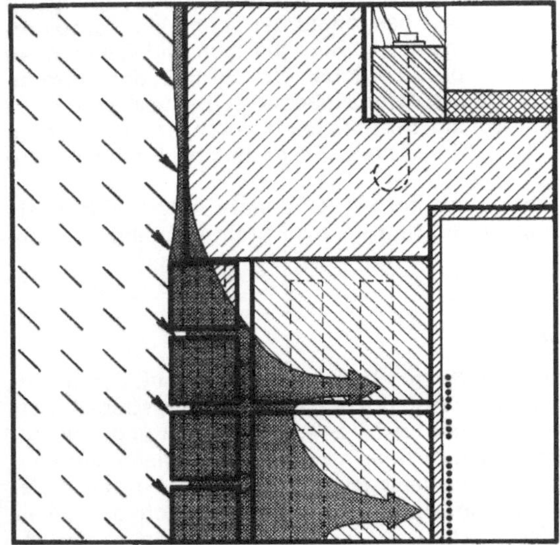

Für die Mehrzahl der Durchfeuchtungsschäden bei zweischaligem Verblendmauerwerk ohne Luftschicht stellten Mängel in der Konzeption und Herstellung der Schalenfuge die Ursache dar.
In den meisten Fällen war die Schalenfuge gar nicht oder nicht vollständig verfüllt, so daß sich Hohlräume bildeten. Die Ursachen für diese Mängel waren häufig eine zu schmale Fuge oder nicht gießfähiges oder sonst ungeeignetes Mörtelmaterial.
War auf der Außenseite der Innenschale ein Sperrputz als Feuchtigkeitsschutzschicht vorgesehen, so führte eine zu geringe Dicke, das teilweise Fehlen oder die Rissigkeit zusammen mit Hohlräumen vor dem Putz zu einer mangelhaften Dichtigkeit, die auch durch einen Bitumenschwarzanstrich des Verputzes oder das Einlegen einer Dichtungsbahn nicht verbessert werden konnte.
Das Niederschlagswasser sammelte sich in den Hohlräumen der Schalenfuge und drang durch Undichtigkeiten im Sperrputz und in der Hintermauerung bis in den Innenraum ein.

Zu bedenken ist:

– Die Schalenfuge wurde bisher bei zweischaligem Mauerwerk ohne Luftschicht mit Mörtel ausgegossen, um durchgehende Hohlräume im Fugennetz der Mauerschalen und im Schalenzwischenraum zu schließen und das ungleichmäßige Aufstauen von Wasser in den Hohlräumen zu verhindern. Weiterhin hatte sie die Aufgabe, als zusätzliche Speicherschicht bei Schlagregenbeanspruchung das Wasser gleichmäßig zu speichern und in Trocknungsperioden wieder abzugeben. Diese Art der Ausführung ist in der Neufassung der DIN 1053 nicht mehr vorgesehen.

– Da gießfähiger Mörtel bis zu seinem Erhärten einen hydrostatischen Druck ausübt, kann er nur schichtenweise vergossen werden. Ein weiteres Hochziehen der Vormauerung muß darauf abgestimmt sein, wie schnell der eingebrachte Gießmörtel abbindet. Um zügig weitermauern zu können, wird daher häufig zu trockener Mörtel eingebracht. Dabei entstehen Hohlräume in der Schalenfuge, ohne daß dies nachträglich kontrolliert werden kann.

– Die Ausführung einer durchgehenden Putzschicht auf der tragenden Wand, wie sie die Neufassung der DIN 1053, Teil 1, vorsieht, wird durch die Drahtanker erschwert. Zudem besteht die Gefahr, daß durch Mörtelbrücken vor der Putzschicht unkontrollierbare Hohlräume entstehen, in denen sich Wasser sammeln kann, welches dann über Fehlstellen der Putzschicht (z. B. im Bereich der Drahtanker, Putzrisse) in den Querschnitt gelangt.

– Wird der Schalenzwischenraum völlig mit Wärmedämmung ausgefüllt (Kerndämmung), so ist bei Schlagregenbeanspruchung die Funktionsfähigkeit des Wandquerschnitts nur sichergestellt, wenn hinter die Vormauerschale gelangendes Wasser nicht über den Dämmstoff in die Hintermauerung geleitet wird und den Dämmstoff selbst nicht schädigt. Es dürfen daher nur Dämmstoffe verwendet werden, deren Brauchbarkeit im Rahmen einer bauaufsichtlichen Zulassung geprüft wurde.

Daraus folgt als
Empfehlung zur Schwachstellenvermeidung:

● Wird das nicht hinterlüftete, zweischalige Verblendmauerwerk mit einer Putzschicht auf der Innenschale ausgeführt, ist dieser Putz als zusammenhängende Fläche sorgfältig und frei von Rissen herzustellen. Die Verblendschale ist davor so dicht wie möglich (Fingerspalt) vollfugig zu errichten.

● Bei starker Schlagregenbeanspruchung sollten zweischalige Wandkonstruktionen mit Luftschicht oder zumindest mit einem bewährten Kerndämmsystem ausgeführt werden.

Zweischaliges Verblendmauerwerk
Schichtenfolge und Einzelschichten

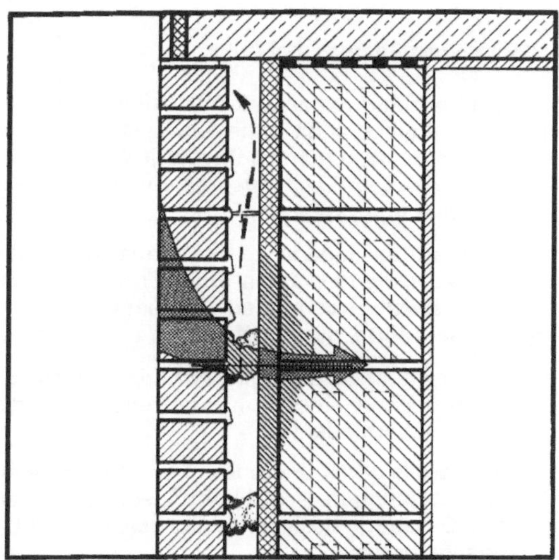

Die gute Funktionsfähigkeit zweischaligen Verblendmauerwerkes mit Luftschicht bei Feuchtigkeitsbeanspruchungen drückt sich in der geringen Zahl der Durchfeuchtungsschäden bei diesen Wandkonstruktionen aus. Ausgenommen davon sind eine größere Zahl von schadhaften Querschnitten, bei denen der unbelüftete Hohlraum zwischen den Schalen nur 1–2 cm breit und mehr oder weniger stark mit Mörtel zugesetzt war, so daß es sich eher um zweischaliges Mauerwerk mit schlecht verfüllter Schalenfuge handelte.

Feuchtigkeitsschäden an zweischaligen Wänden mit ausgeprägter Luftschicht von mehr als 4 cm Breite entstanden hauptsächlich durch Mörtelbrücken und fehlerhafte Fußpunktabdichtungen, so daß Niederschlagsfeuchtigkeit an die Innenschale gelangen konnte. Durch fehlende Belüftung trocknete einmal eingedrungene Feuchtigkeit langsamer aus.

Zu bedenken ist:

– Eine wesentliche Aufgabe der Luftschicht von zweischaligem Mauerwerk besteht in der Trennung von Vor- und Hintermauerung. Die Vormauerschale durchdringendes Niederschlagswasser kann dann nicht die Wärmedämmung und Innenschale durchfeuchten. Um diese Aufgabe sicher zu erfüllen, muß zum ersten die Luftschicht so breit sein, daß die selbst bei sorgfältiger Maurerarbeit unvermeidlichen Mörtelunebenheiten nicht die Luftschicht zusetzen. Zum zweiten muß durch besondere Maßnahmen das Herabfallen von Mörtelresten in die Fuge verhindert werden oder diese Reste müssen entfernt werden können und zum dritten muß verhindert werden, daß Feuchtigkeit über die Maueranker zum Innenmauerwerk gelangen kann.

– Bei Schlagregen die Verblendung durchdringendes Wasser rinnt auf der Rückseite der Vormauerschale hinab und wird dabei von dieser zu großen Teilen wieder aufgesaugt. Dadurch wird statt übermäßiger Durchfeuchtungskonzentration an einigen Fehlstellen eine gleichmäßige Feuchteverteilung in der Vormauerschale erreicht.

– Durch die Belüftung trocknet die Vormauerschale nicht nur von der Vorderseite, sondern auch von der Rückseite her aus. Evtl. Ausblühungen in der Folge von Austrocknungsvorgängen treten daher auf der Sichtfläche der Verblendung weniger konzentriert auf, da die ausblühfähigen Salze sich auf Vorderseite und Rückseite verteilen.

– Messungen haben gezeigt, daß die Bedeutung dieser Belüftungswirkung wegen der in der Regel nur geringen erzielbaren Strömungsgeschwindigkeiten nicht überschätzt werden darf. Eine Unterschreitung der in DIN 1053, Teil 1, freien Lüftungsöffnungsfläche von jeweils unten und oben 1/1.500 der Gesamtfläche ist daher ohne Schadensfolgen möglich. Die genannten Werte sind daher nur als Richtwerte anzusehen.

Zweischaliges Verblendmauerwerk
Schichtenfolge und Einzelschichten

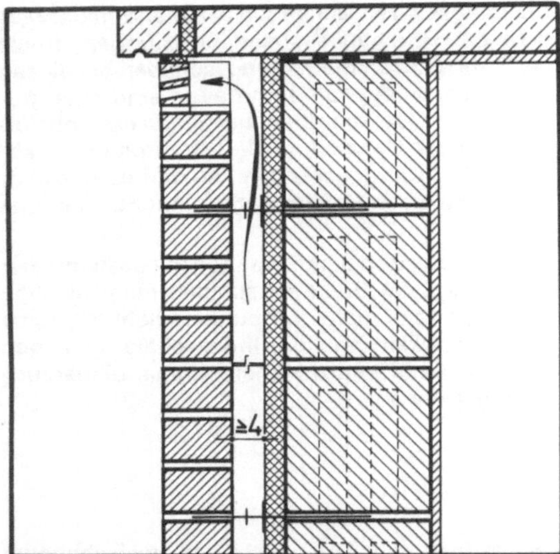

Daraus folgt als
Empfehlung zur Schwachstellenvermeidung:

● Bei zweischaligem Verblendmauerwerk mit Luftschicht muß der freie Luftraum bei Querschnitten ohne zusätzliche Wärmedämmung mindestens 6 cm, bei Querschnitten mit Wärmedämmung mindestens 4 cm breit sein. Der lichte Abstand der Schalen darf insgesamt 15 cm nicht überschreiten.

● Beim Aufmauern ist auf der Innenseite der Vormauerung herausquellender Mörtel abzustreifen, durch Einlegen einer Bohle das Herabfallen der Mörtelreste zu verhindern und, am Verblenderfußpunkt, herabgefallener Mörtel durch Öffnungen zu entfernen.

● Die Maueranker (Edelstahl) sind möglichst horizontal einzusetzen und durch Aufschieben einer Kunststoffscheibe ist die Überleitung von Wasser zu verhindern.

● Die Luftschicht ist jeweils unten und oben – auch im Bereich zwischen den Bauwerksöffnungen – mit Lüftungsöffnungen zu versehen. Der freie Gesamtquerschnitt sollte ca. 1/3.000– 1/1.500 der Gesamtfläche betragen.

Zweischaliges Verblendmauerwerk
Schichtenfolge und Einzelschichten

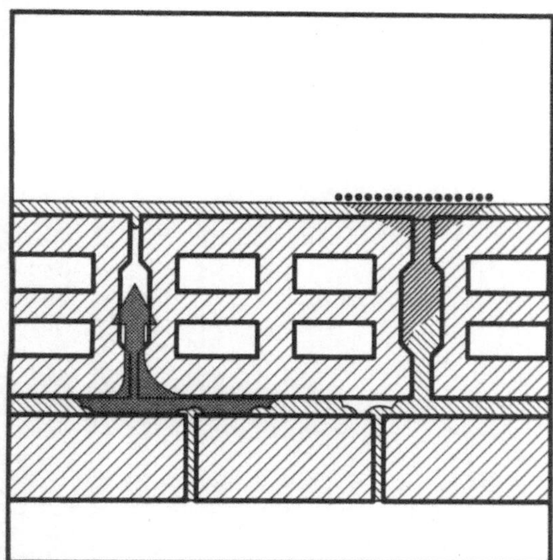

Schäden, die auch auf Fehler in der inneren Mauerwerksschale zurückzuführen sind, beziehen sich alle auf mangelhafte Mörtelfugen. In einigen Fällen waren die Leichtbetonstein-Hintermauerungen von zweischaligem Mauerwerk ohne Luftschicht sehr hohlfugig gemauert, so daß durch die Vormauerschale dringendes Wasser ungehindert in den Innenraum gelangen konnte. Bei hinterlüfteten zweischaligen Verblendmauerwerksquerschnitten, deren innere Schale aus gut dämmenden Holzspanbetonschalungssteinen oder aus Gasbetonsteinen bestand, zeichneten sich die sehr breiten Fugen als dunkle Streifen auf der Innenseite ab.

Zu bedenken ist:

– Bei zweischaligem Verblendmauerwerk ohne Luftschicht stellt die innere Mauerwerksschale die letzte Speicherschicht für eindringendes Regenwasser dar. Hohlfugiges Mauerwerk kann diese Aufgabe nicht erfüllen.
– Übernimmt das Innenmauerwerk den wesentlichen Anteil der Wärmeschutzaufgaben der Außenwand, so können breite Mörtelfugen aus üblichem Mauermörtel als ausgeprägte Wärmebrücken wirken. Ebenso besitzt der Innenputz über den Fugen eine geringere Saugfähigkeit. Aufgrund der niedrigen Temperaturen und der abweichenden Feuchtigkeitsspeicherung kommt es über dem Fugennetz zu starker Staubablagerung.

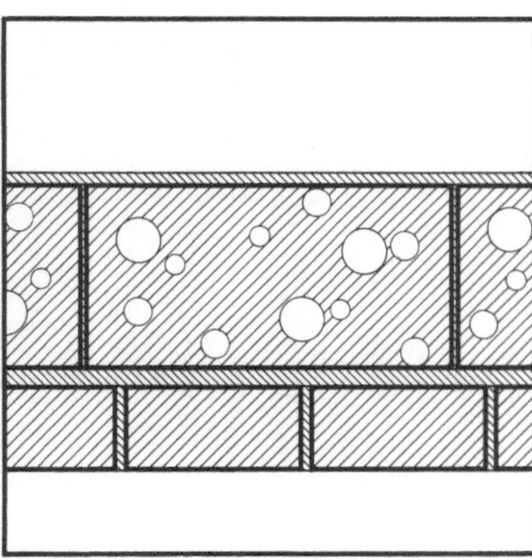

Daraus folgt als
Empfehlung zur Schwachstellenvermeidung:

● Besonders auf Schlagregenseiten von zweischaligem Mauerwerk ohne Luftschicht ist auf die Vollfugigkeit (insbesondere auch der Stoßfugen) der Innenmauerwerksschale des zweischaligen Mauerquerschnittes zu achten.

● Wird die Wärmeschutzwirkung der Außenwand nicht durch zusätzliche Dämmschichten, sondern im wesentlichen durch die innere Wandschale erziehlt, so ist besonders bei großformatigen Steinen mit durchgehender Fuge auf die Ausführung schmaler Mörtelfugen zu achten, gegebenenfalls sollte im Dünnbettverfahren oder mit besser wärmedämmenden Spezialmörteln gemauert werden.

Problempunkt: Sockel und Dachanschluß

Im Übergangsbereich horinzontaler oder schwach geneigter Außenflächen zu Außenwänden werden Sockelausbildungen notwendig, die den unterschiedlichen Belastungen Rechnung tragen müssen. Dies ist besonders der Fall in der Zone unmittelbar oberhalb des Geländes. Im Anschlußbereich zu Dächern, Dachterrassen und Balkonen liegen ähnliche Bedingungen vor, so daß auch dort besondere Maßnahmen getroffen werden müssen.

Sockelzonen erfahren durch die Einwirkung von Wasser von den horizontalen Flächen stärkere Feuchtigkeitsbelastungen als der übrige Regelquerschnitt der aufgehenden Wand. Meist wird die Außenwand, vor allem auch die Verblendschale, auf die Dach- oder Kellerdeckenplatten aufgesetzt, so daß am Fußpunkt auch Vorkehrungen gegen möglicherweise im Wandquerschnitt absickerndes Wasser getroffen werden müssen.

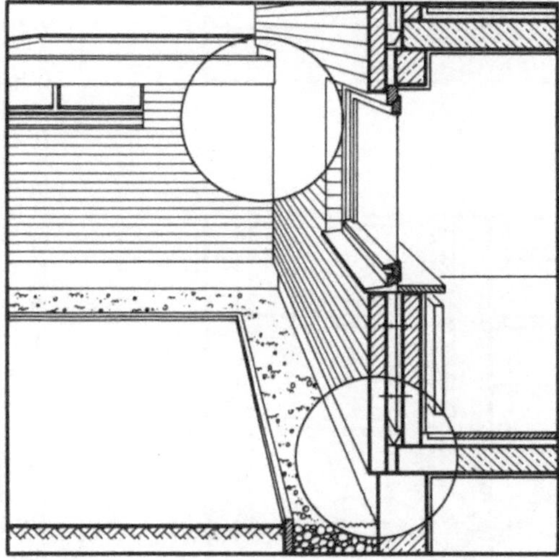

Bei zweischaligem Verblendmauerwerk ist eine Anzahl von Schäden in den Sockelzonen oberhalb des Geländes und im Anschluß an Dachflächen festgestellt worden. Deren zusammenfassende Analyse ergab, daß Sockelausbildungen sowohl bei zweischaligem Verblendmauerwerk mit Luftschicht bzw. solchem mit Kerndämmung als auch bei Verblendmauerwerk mit Schalenfuge einen wesentlichen Problempunkt dieser Außenwandkonstruktionen darstellen.

An dieser Stelle werden nur die schadensbetroffenen Sockelkonstruktionen behandelt, die einen dem Regelquerschnitt entsprechenden Schichtenaufbau aufweisen. Andere von dieser Konstruktion abweichende Sockelausbildungen sind aufzufinden unter den entsprechenden Abschnitten A – Sichtmauerwerk und Sichtbeton, B – Außenputz, C – Bekleidungen.

Die einzelnen Schwachstellen werden nachfolgend in den typischen Schäden und ihren Ursachen dargestellt und daraus Empfehlungen zur nachhaltigen Vermeidung dieser Schäden erarbeitet.

Zweischaliges Verblendmauerwerk

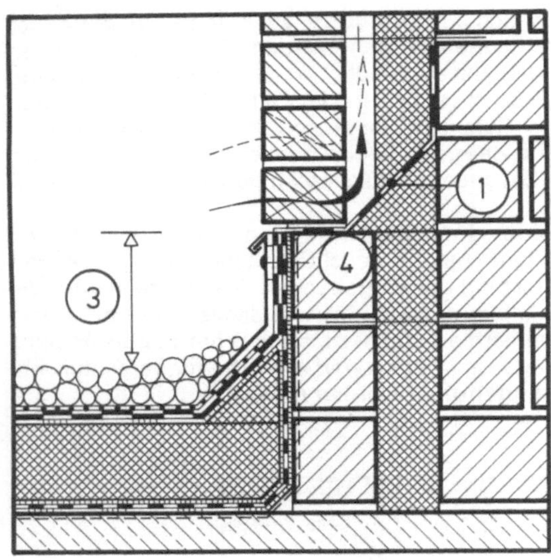

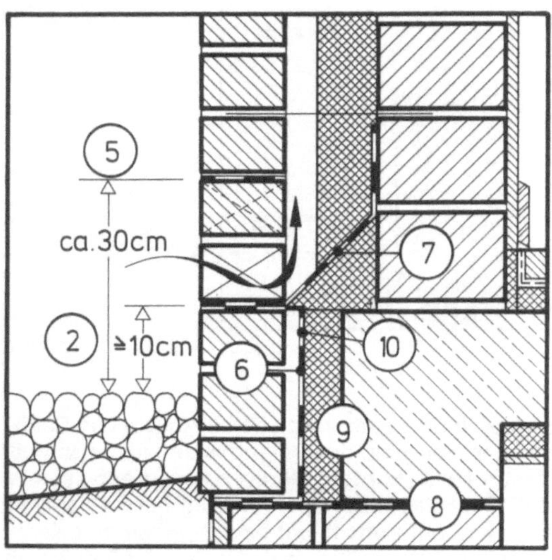

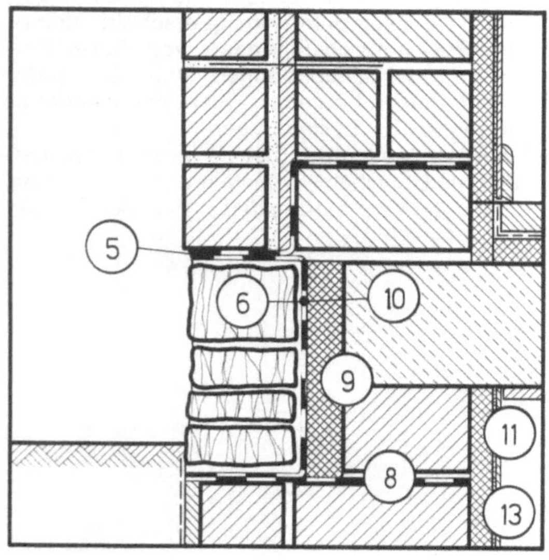

① An den Aufsetzpunkten zweischaliger Außenwände mit Luftschicht muß eine Sperrschicht, z. B. eine Lage Bitumendachbahn R 500 vorgesehen werden. Diese Abdichtung ist unterhalb der Außenschale horizontal, dahinter im Gefälle nach außen zu verlegen und vor der Innenschale mind. 15 cm aufzukanten und dort zu befestigen. Die Stöße der Abdichtungsbahn sollten verklebt werden. Zur Wasserableitung und zur Belüftung sind Öffnungen, z. B. durch offene Stoßfugen, abwechselnd in der ersten und der zweiten Schicht oberhalb der Sperrschicht anzulegen (siehe D 2.1.2).

② Die Luftschicht darf erst 10 cm über Erdgleiche beginnen. Muß eine horizontale Gebäudeaußenfläche (z. B. Dachfläche) an die aufgehende Wand angeschlossen werden, dann muß die horizontale Sperrschicht oberhalb des Randes der aufgekanteten Dachabdichtung angeordnet sein und diese z. B. durch einen eingelegten Kappstreifen übergreifen (siehe D 2.1.2).

③ Im Anschluß horizontaler Gebäudeaußenflächen an Außenwände muß die Dichtungsschicht über den in der speziellen Situation ungünstigstenfalls zu erwartenden Wasserandrang hochgeführt werden. Die Aufkantung muß mindestens 15 cm höher sein als die Oberfläche des Daches — Dachhaut, Kiesschüttung, Belag (siehe D 2.1.3).

④ Die Fußpunktabdichtung (untere Sperrschicht) von Verblendschalen muß oberhalb der Aufkantung angeordnet werden. Sie sollte die Randaufkantung übergreifen, z. B. mit einem eingelegten Kappstreifen (siehe D 2.1.3).

⑤ In Spritzwasserhöhe, ca. 30 cm über dem Gelände sollte eine horizontale Sperrschicht eingebaut werden, die möglichst gleichzeitig als Sperrschicht am Aufsetzpunkt der Verblendschale auszubilden ist (siehe D 2.1.4).

⑥ In der Sockelzone ist außen entweder ein mehrlagiger vertikaler Sperranstrich entsprechend DIN 18195, Teil 4, vorzusehen, oder in die Schalenfuge ist eine Sperrschicht (z. B. eine Lage 500er Bitumendachbahn) einzulegen. Diese muß dicht an die horizontalen Sperrschichten der Wand anschließen (siehe D 2.1.4).

⑦ Soll die Luftschicht bis in die Sockelzone hinuntergeführt werden, so muß am Aufsetzpunkt eine Sperrschicht, z. B. aus einer Lage Bitumendachbahn R 500, vorgesehen werden, die über eine Kehle mindestens 15 cm gegen die Innenschale aufzukanten und dort zu befestigen ist. In ca. 30 cm Höhe über dem Gelände sollte (nach DIN 18195, Teil 4) in der Verblendschale eine horizontale Sperrschicht angeordnet werden (siehe D 2.1.4).

⑧ Der Wärmedurchlaßwiderstand der Kelleraußenwände muß entsprechend der Nutzung der Kellerräume bemessen werden. Bei beheizten Kellerräumen sollte ein Wärmedurchlaßwiderstand von mindestens 1,3 m²K/W ($k \leq$ 0,68 W/m²K) vorgesehen werden (siehe D 2.1.5).

⑨ Die Stirnseiten der Kellerdecken im Auflagerbereich auf den Kellerwänden sind durch Wärmedämmschichten mit einem Wärmedurchlaßwiderstand von ca. 1,3 m²K/W zu schützen. Unabhängig vom Dämmwert sollte die Dicke der Dämmung mind. 5 cm betragen (siehe D 2.1.5).

⑩ Liegt die Kellerdecke innerhalb der Spritzwasserzone, so ist die vertikale Sperrschicht zwischen Wärmedämmschicht und Vormauerung zu legen (siehe D 2.1.5).

⑪ Bei Kelleraußenwänden sollte die Wärmedämmschicht aus feuchtigkeitsbeständigen Stoffen mit hohem Wasserdampfdiffusionswiderstand (z. B. Polystyrolhartschaumplatten) bestehen und auf der Innenseite angeordnet werden (siehe D 2.1.5).

⑫ Wird im Kellerwand- und Sockelbereich die Dämmschicht außerhalb der Abdichtung angeordnet, so sind extrudierte Polystyrolhartschaum- bzw. Schaumglasplatten mit entsprechender bauaufsichtlicher Zulassung zu verwenden (siehe D 2.1.5).

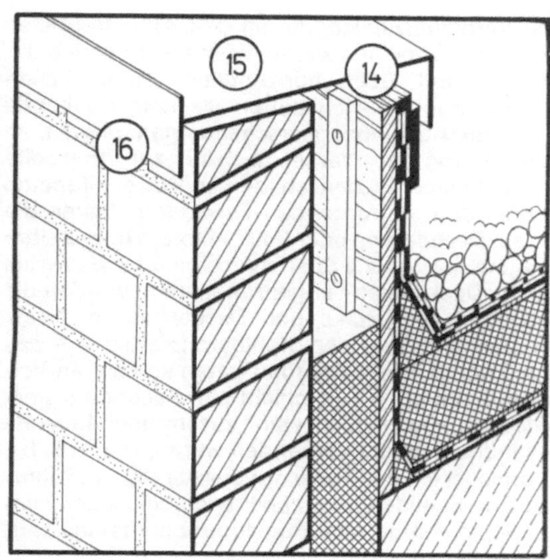

⑬ Wird im Kellerbereich eine Innendämmung eingebaut, so sollte diese aus feuchtigkeitsbeständigen Stoffen mit hohem Wasserdampfdiffusionswiderstand (z. B. Polystyrolhartschaumplatten) bestehen (siehe D 2.1.5).

⑭ Verblendschalen sind an den oberen Rändern (Attiken, Brüstungen) mit völlig dichten, korrosionsbeständigen Materialien wie z. B. Blechen, Werkstein abzudecken. Es wird empfohlen, zumindest in allen Situationen mit starker Schlagregenbeanspruchung (exponierte Lage, große auf die Fensterbank entwässernde Fensterflächen) von Abdeckungen mit Rollschichten abzusehen (siehe D 2.1.6).

⑮ Die Abdeckungen müssen ein Gefälle aufweisen und sollten auf der Entwässerungsseite möglichst 5 cm weit auskragen. Es ist eine Tropfkante auszubilden. Abdeckungen von Attiken sollten zum Dach und nicht auf die Fassaden entwässern (siehe D 2.1.6).

⑯ Der vordere Anschluß der Abdeckung ist so zu gestalten, daß vom Wind kein Wasser unter die Überdeckung zurückgetrieben werden kann, es sind je nach Gebäudehöhe in vertikaler Richtung Überdeckungen von 50 bis 100 mm erforderlich, wenn nicht auf andere Weise für eine Abdichtung des Anschlusses gesorgt wird (siehe D 2.1.6).

Zweischaliges Verblendmauerwerk
Sockel und Dachanschluß

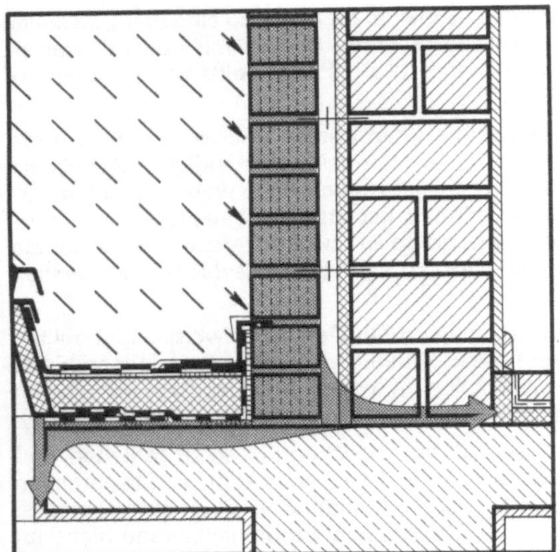

Außenwände mit Verblendschalen, die an den Aufsetzpunkten nicht mit Sperrschichten versehen waren, wiesen im Bereich der Kellerdeckenauflager und über horizontalen Außenflächen Feuchtigkeitsschäden auf, die sich außen als langanhaltende Durchfeuchtungen mit Ausblühungserscheinungen zeigten. In den meisten Fällen drang das Wasser auch bis zur Innenseite durch und verursachte Oberflächenschäden an Putzen, Tapeten und Anstrichen oder den angrenzenden Fußböden. Waren die Verblendschalen auf Dachdecken oder Balkonplatten unmittelbar aufgesetzt und fehlten horizontale Sperrschichten oder waren sie unmittelbar über der Deckenplatte angeordnet, dann wurden die Wärmedämmschichten der Dächer und Dachterrassen durchfeuchtet und an Durchbrüchen der Stahlbetonplatten trat das Wasser nach unten durch. Diese Schäden traten sowohl an Verblendmauerwerk mit und ohne Luftschicht auf. Besonders stark waren die Durchfeuchtungen jedoch, wenn zusammenhängende Hohlräume im Wandquerschnitt vorhanden waren, also z. B. bei hinterlüfteten Vormauerschalen oder unvollständig verfüllten Schalenfugen. Solche Schäden traten aber auch bei Außenwänden auf, die in der Schichtenfolge des Regelquerschnitts einwandfrei hergestellt waren.

Zu bedenken ist:

– Verblendschalen sind auch bei einwandfreier Herstellung und bei Verwendung weitgehend wasserdichter Materialien (Klinker und Zementmörtel) nicht vollkommen wasserdicht. Das Regenwasser dringt durch den Fugmörtel und durch das Steinmaterial auf kapillarem Wege ein. Bei Rissen und Fehlstellen in den Vormauerschalen wird die eindringende Wassermenge wesentlich erhöht.

– Das in den Wandquerschnitt eingedrungene Wasser sickert nach unten ab, wobei zusammenhängende Hohlräume, z. B. eine Luftschicht, diesen Vorgang beschleunigen. An Aufsetzpunkten der Außenwand, vor allem der Verblendschalen, auf z. B. Stahlbetonplatten, wird dieses Wasser gestaut und kann in benachbarte Bauteile eindringen.

– Vor der Verblendschale hochgeführte Dichtungsschichten von angrenzenden Dachflächen und in die Lagerfugen eingesetzte Kappstreifen sichern den Dachrand nur gegen das auf der Wandoberfläche ablaufende Wasser.

Daraus folgt als
Empfehlung zur Schwachstellenvermeidung:

● An den Aufsetzpunkten zweischaliger Außenwände mit Luftschicht muß eine Sperrschicht, z. B. eine Lage Bitumendachbahn R 500 vorgesehen werden. Diese Abdichtung ist unterhalb der Außenschale horizontal, dahinter im Gefälle nach außen zu verlegen und vor der Innenschale mind. 15 cm aufzukanten und dort zu befestigen. Die Stöße der Abdichtungsbahn sollten verklebt werden. Zur Wasserableitung und zur Belüftung sind Öffnungen, z. B. durch offene Stoßfugen, abwechselnd in der ersten und der zweiten Schicht oberhalb der Sperrschicht anzulegen.

● Die Luftschicht darf erst 10 cm über Erdgleiche beginnen. Muß eine horizontale Gebäudeaußenfläche (z. B. Dachfläche) an die aufgehende Wand angeschlossen werden, dann muß die horizontale Sperrschicht oberhalb des Randes der aufgekanteten Dachabdichtung angeordnet sein und diese z. B. durch einen eingelegten Kappstreifen übergreifen.

● Bei dem zweischaligen Mauerwerk ohne Luftschicht, ob mit Kerndämmung oder mit Putz auf der Innenschale, ist die Wasserableitung am Fußpunkt im Prinzip wie oben beschrieben auszuführen.

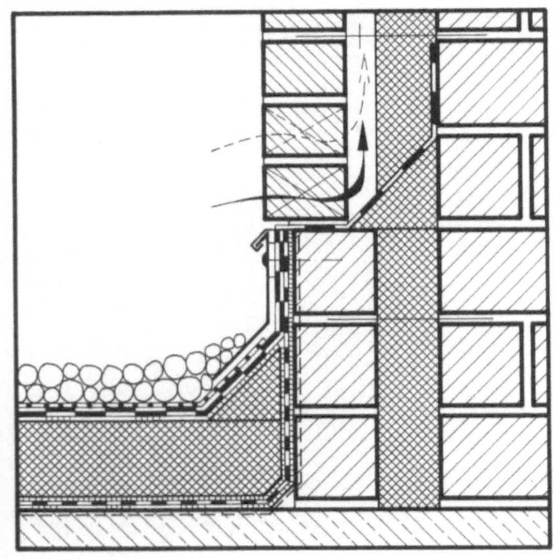

Zweischaliges Verblendmauerwerk
Sockel und Dachanschluß

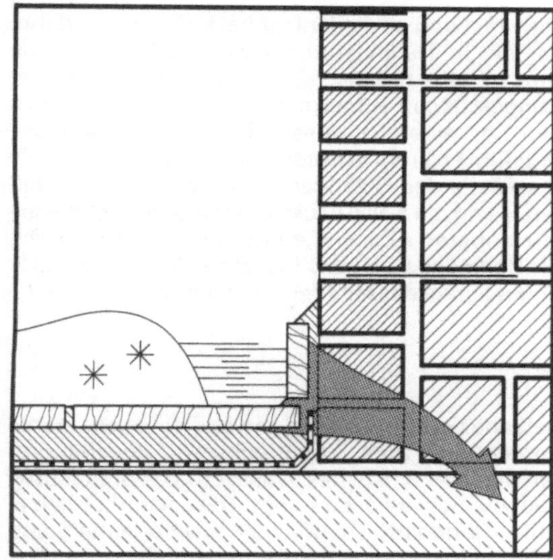

Zu Feuchtigkeitsschäden im Anschluß an horizontale Außenflächen, die sich vor allem als aufsteigende Durchfeuchtungen der inneren Wandschalen und Putzschichten mit Verfärbungen der Anstriche und Tapeten, in einigen Fällen auch als Durchfeuchtungen der schwimmenden Estriche und der Wärmedämmschichten der Dächer selbst zeigten, war es gekommen, wenn die Dichtungsschichten der Dach- oder Balkonflächen im Anschluß an die Verblendschalen nicht hochgeführt waren. Wiesen die Dachdecken Durchbrüche oder wasserdurchlässige Stellen (z. B. Risse, Kiesnester) auf, dann drang das Wasser von den Außenflächen auch in die darunterliegenden Räume.

In den unteren Zonen der Verblendschalen traten in einigen Fällen Auswaschungen aus den Fugen auf, vereinzelt auch Ausbrechen des Fugmörtels.

Zu bedenken ist:

– Im Anschluß an horizontale Gebäudeaußenflächen erfahren Außenwände neben der direkten Regenbeanspruchung noch zusätzlich die Belastung durch Spritzwasser. Diese ist besonders stark über glatten Oberflächen und über Wasserpfützen.

– Durch fehlerhaftes Gefälle, mangelhafte Entwässerung, bei Schneeschmelze und durch Windeinwirkung kann Wasser am Rand der Dachfläche in Pfützenform anstehen. Ist die Dichtungsschicht im Übergang zur Wand nicht genügend hochgeführt, dann wird die Außenwand unmittelbar von dem Oberflächenwasser angegriffen.

– Anstehendes Wasser dringt in großen Mengen in den Wandquerschnitt und in alle Hohlräume ein, auf kapillarem Wege auch nach oben, so daß es zu ausgedehnten Feuchtigkeitsschäden kommen kann.

– Weitere Einzelheiten zu diesem Problempunkt sind »Schwachstellen, Band I – Flachdächer, Dachterrassen, Balkone« zu entnehmen.

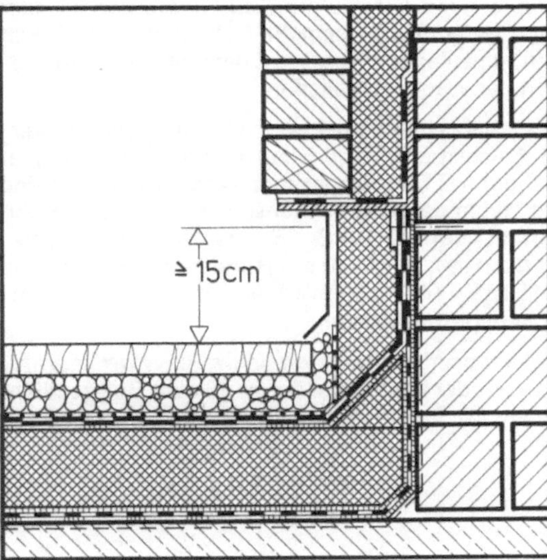

Daraus folgt als
Empfehlung zur Schwachstellenvermeidung:

● Im Anschluß horizontaler Gebäudeaußenflächen an Außenwände muß die Dichtungsschicht über den in der speziellen Situation ungünstigstenfalls zu erwartenden Wasserandrang hochgeführt werden. Die Aufkantung muß mindestens 15 cm höher sein als die Oberfläche des Daches – Dachhaut, Kiesschüttung, Belag.

● Die Fußpunktabdichtung (untere Sperrschicht) von Verblendschalen muß oberhalb der Aufkantung angeordnet werden. Sie sollte die Randaufkantung übergreifen, z. B. mit einem eingelegten Kappstreifen.

Zweischaliges Verblendmauerwerk
Sockel und Dachanschluß

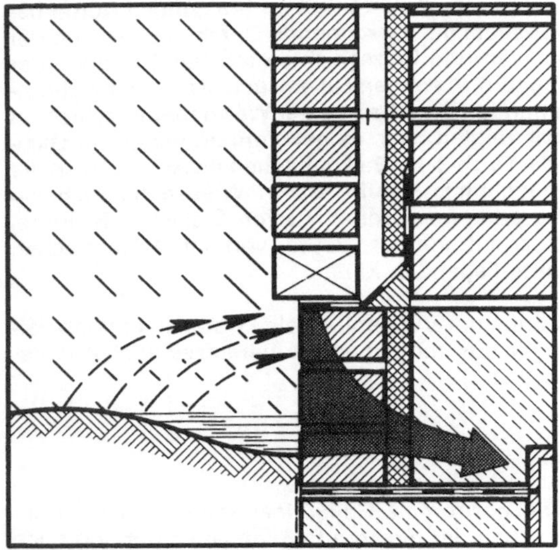

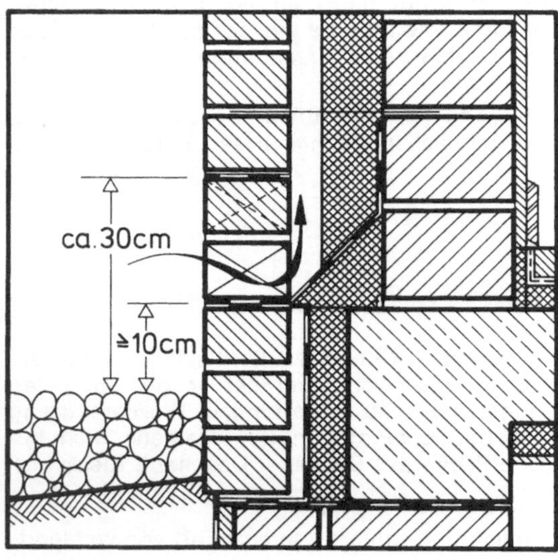

Bei Außenwänden mit und vor allem ohne Luftschicht, deren Vormauerschalen bis in Geländehöhe heruntergeführt waren bzw. die später eine zu hohe Erdanschüttung erhalten hatten, waren Durchfeuchtungsschäden aufgetreten, wenn keine vertikalen Sperrschichten im Sockelbereich vorgesehen oder wenn diese ungenügend ausgeführt waren. Wasser drang aus dem Erdreich oder von der Oberfläche des Geländes in den Wandquerschnitt ein und es wurden, wenn die Kellerdecke oberhalb der Spritzwasserhöhe lag, in den oberen Abschnitten der Kellerwände, wenn die Kellerdecke in Höhe des Geländes lag, zusätzlich an den Erdgeschoßwänden, Feuchtigkeitsschäden beobachtet.

Zu bedenken ist:

– In Höhe des Geländes erfährt die Außenwand eine sehr starke Wasserbeanspruchung. Zum unmittelbaren Regenangriff kommt das Spritzwasser hinzu, das Wasser und Erdreich bzw. Schmutzteile auf die Sockelfläche bringt. Dazu kommt noch je nach Topografie, Bodenart, Oberflächenbeschaffenheit und Gefälle möglicherweise auf der Oberfläche abfließendes Wasser, das unmittelbar die Wand beanspruchen kann. Im Erdreich treten die Belastungen durch die Bodenfeuchtigkeit und das Sickerwasser hinzu.

– Mauerwerksschalen, auch aus Klinkersteinen, sind bei diesen Beanspruchungen nicht als Sperrschicht anzusehen, vor allem nicht, wenn dahinter Wärmedämmschichten angeordnet sind.

Daraus folgt als
Empfehlung zur Schwachstellenvermeidung:

● In Spritzwasserhöhe, ca. 30 cm über dem Gelände sollte eine horizontale Sperrschicht eingebaut werden, die möglichst gleichzeitig als Sperrschicht am Aufsetzpunkt der Verblendschale auszubilden ist (siehe D 2.1.2 – Sperrschicht am Aufsetzpunkt der Verblendschale).

● In der Sockelzone ist außen entweder ein mehrlagiger vertikaler Sperranstrich entsprechend DIN 18195, Teil 4, vorzusehen, oder in die Schalenfuge ist eine Sperrschicht (z. B. eine Lage 500er Bitumendachbahn) einzulegen. Diese muß dicht an die horizontalen Sperrschichten der Wand anschließen.

● Soll die Luftschicht bis in die Sockelzone hinuntergeführt werden, so muß am Aufsetzpunkt eine Sperrschicht, z. B. aus einer Lage Bitumendachbahn R 500, vorgesehen werden, die über eine Kehle mindestens 15 cm gegen die Innenschale aufzukanten und dort zu befestigen ist (siehe D 2.1.2 – Sperrschicht am Aufsetzpunkt der Verblendschale). In ca. 30 cm Höhe über dem Gelände sollte (nach DIN 18195, Teil 4) in der Verblendschale eine horizontale Sperrschicht angeordnet werden.

● Nicht feuchtigkeitsbeständige Bauteile (z. B. Wärmedämmschichten) müssen auf der Innenseite der vertikalen Sperrschicht liegen.

Zweischaliges Verblendmauerwerk
Sockel und Dachanschluß

Oberflächenschäden an Kellerdecken und im oberen Bereich der Kelleraußenwände, wie z. B. Eindunkelung durch Staubablagerung, teilweise auch Schwärzepilzbildung und Verrottung von Anstrichen und Tapeten waren aufgetreten, wenn die Kellerräume als Wohn- und Aufenthaltsräume benutzt wurden. Die Kellerwände waren in der Sockelzone ohne Wärmedämmschichten und sogar aus formalen Gründen aus Natursteinmauerwerk ausgeführt, die Kellerdecken waren an den Stirnseiten nicht mit Wärmedämmstoffen versehen. Oft waren gleichzeitig Durchfeuchtungsschäden durch äußere Wassereinwirkung zu verzeichnen.

Zu bedenken ist:

- Kelleraußenwände oberhalb des Erdreichs und bis in den Boden hinein sind den gleichen Temperaturwechseln ausgesetzt wie die aufgehenden Außenwände.

- Werden Keller als Aufenthaltsräume benutzt und beheizt bzw. wird durch die Nutzung eine hohe Luftfeuchtigkeit erzeugt, dann steigt die Taupunkttemperatur der Innenluft. Zur Vermeidung von Tauwasserausfall müssen vor allem die Außenbauteile höhere Oberflächentemperaturen aufweisen.

- Kellerdecken bilden aufgrund der hohen Wärmeleitfähigkeit des Stahlbetons im Auflagerbereich auf den Außenwänden materialbedingte Wärmebrücken mit entsprechend niedrigen Oberflächentemperaturen. Hier werden besondere Wärmedämmaßnahmen notwendig.

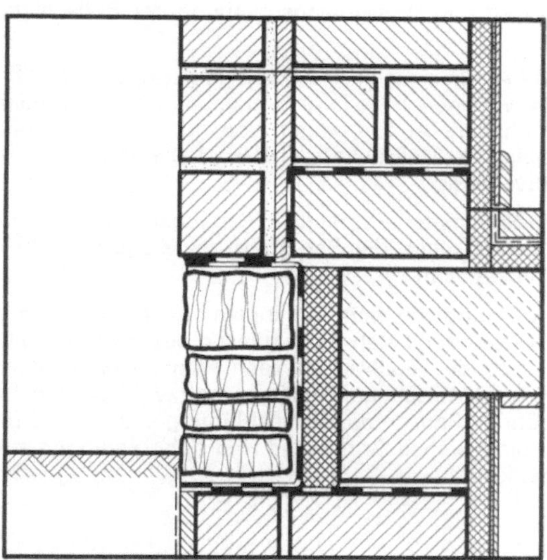

Daraus folgt als
Empfehlung zur Schwachstellenvermeidung:

● Der Wärmedurchlaßwiderstand der Kelleraußenwände muß entsprechend der Nutzung der Kellerräume bemessen werden. Bei beheizten Kellerräumen sollte ein Wärmedurchlaßwiderstand von mindestens 1,3 m²K/W ($k \leq 0,68$ W/m²K) vorgesehen werden.

● Die Stirnseiten der Kellerdecken im Auflagerbereich auf den Kellerwänden sind durch Wärmedämmschichten mit einem Wärmedurchlaßwiderstand von ca. 1,3 m²K/W zu schützen. Unabhängig vom Dämmwert sollte die Dicke der Dämmung mind. 5 cm betragen.

● Liegt die Kellerdecke innerhalb der Spritzwasserzone, so ist die vertikale Sperrschicht zwischen Wärmedämmschicht und Vormauerung zu legen.

● Wird im Kellerwand- und Sockelbereich die Dämmschicht außerhalb der Abdichtung angeordnet, so sind extrudierte Polystyrolhartschaum- bzw. Schaumglasplatten mit entsprechender bauaufsichtlicher Zulassung zu verwenden.

● Wird im Kellerbereich eine Innendämmung eingebaut, so sollte diese aus feuchtigkeitsbeständigen Stoffen mit hohem Wasserdampfdiffusionswiderstand (z. B. Polystyrolhartschaumplatten) bestehen.

Zweischaliges Verblendmauerwerk
Sockel und Dachanschluß

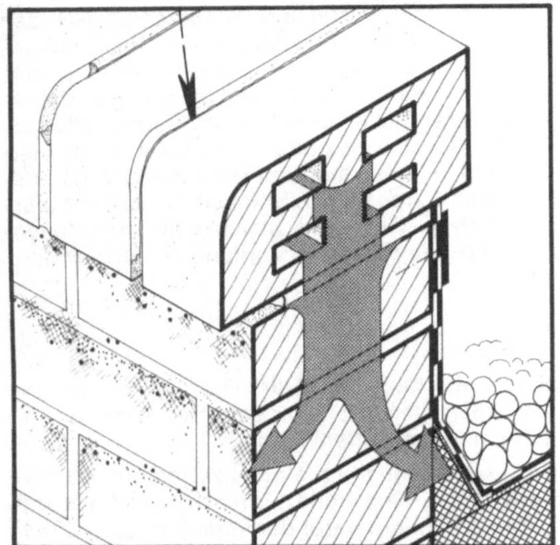

Wurde der obere Abschluß von Verblendschalen, z. B. im Bereich von Brüstungen, Attiken, Rinnenanschlüssen oder Fensterbänken mit Rollschichten abgedeckt, so waren diese im Bereich der Fugen häufig gerissen. Teilweise fiel der Mörtel aus der Fuge und Ecksteine lösten sich völlig ab. Starke Durchfeuchtungen der darunter liegenden Steinschichten und das Gesamterscheinungsbild stark beeinträchtigende Ausblühungen waren die weiteren Folgen. Die Schäden sind sowohl an Vormauerziegeln als auch an Klinkern aufgetreten.

Zu bedenken ist:

– Rollschichten unterliegen als obere Mauerabdeckung einer besonders starken Niederschlagsbeanspruchung, einer erhöhten Sonnenbestrahlung und Frosteinwirkung. Da die durch die extremen Außenklimabeanspruchungen hervorgerufenen Längenänderungsbestrebungen aufgrund des fehlenden Verbandes und der fehlenden Auflast nicht als Zwängungsspannungen schadensfrei aufgenommen werden können, sind feine Rißbildungen im Fugenbereich selbst bei sorgfältigster handwerklicher Ausführung nicht mit Sicherheit vermeidbar.

– Wegen des großen Fugenanteils und der starken Beanspruchung der horizontalen Fläche dringt durch die Abrisse an den Fugenflanken Niederschlagswasser schnell und in großen Mengen in den darunterliegenden Verblendschalenbereich ein. Die oben beschriebenen Schäden sind die Folge.

– Wird die Rollschicht auf einer Dichtungsbahn aufgemauert, so kann zwar der Wasserdurchtritt in die darunterliegenden Verblendschalenschichten verhindert werden, zugleich nimmt aber die Rißanfälligkeit und Wasserbeanspruchung der Rollschicht selbst zu.

– Je knapper die Abdeckung auskragt und je geringer ihre Neigung ist, desto weniger ist sie in der Lage, das Wasser von der Fassade fernzuhalten. Auskragungen von nur 2 cm schützen wegen der üblichen Maßtoleranzen der Mauerwerksoberflächen nur unzuverlässig.

– Lochungen im Steinmaterial wirken sich ungünstig aus, da sich in den Hohlräumen nach der Sättigung des Ziegelscherbens Wasser ansammeln kann.

– Auch die Verwendung von dichten Klinkern oder Fugmörtel mit Dichtmittelzusätzen wirkt sich nicht günstig aus. Über Rißbildungen eindringende Feuchtigkeit kann nämlich dann nicht mehr im Stein- und Mörtelmaterial gespeichert werden. Es staut sich auf und führt zu konzentrierten Ausblühungen und Ausblutungen. Aus dem gleichen Grund sind Hydrophobierungen auf Dauer nicht wirksam.

Daraus folgt als
Empfehlung zur Schwachstellenvermeidung:

● Verblendschalen sind an den oberen Rändern (Attiken, Brüstungen) mit völlig dichten, korrosionsbeständigen Materialien wie z. B. Blechen, Werkstein abzudecken. Es wird empfohlen, zumindest in allen Situationen mit starker Schlagregenbeanspruchung (exponierte Lage, große auf die Fensterbank entwässernde Fensterflächen) von Abdeckungen mit Rollschichten abzusehen.

● Die Abdeckungen müssen ein Gefälle aufweisen und sollten auf der Entwässerungsseite möglichst 5 cm weit auskragen. Es ist eine Tropfkante auszubilden. Abdeckungen von Attiken sollten zum Dach und nicht auf die Fassaden entwässern.

● Der vordere Anschluß der Abdeckung ist so zu gestalten, daß vom Wind kein Wasser unter die Überdeckung zurückgetrieben werden kann, es sind je nach Gebäudehöhe in vertikaler Richtung Überdeckungen von 50 bis 100 mm erforderlich, wenn nicht auf andere Weise für eine Abdichtung des Anschlusses gesorgt wird.

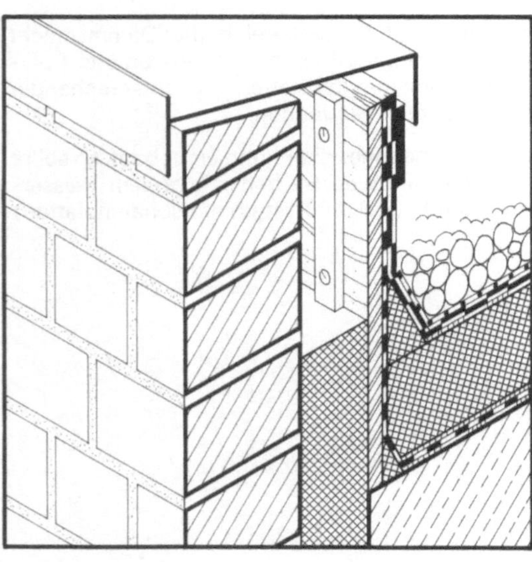

Problempunkt: Dach- und Geschoßdeckenauflager

Im Bereich der Auflager von Dach- und Geschoßdecken auf Außenwänden mit Verblendschalen werden zwei unterschiedliche Tragglieder – in der Regel eine Stahlbetondeckenplatte und eine zweischalige Mauerwerksaußenwand – so miteinander verbunden, daß vor allem die Lastabtragung gewährleistet ist. Durch die Unterschiede in der Tragwerksart, den Materialien, der Lage am Gebäude, in einigen Fällen in Verbindung mit gestalterischen Vorstellungen, z. B. einer Dachrandausbildung mit Attika- oder Gesimskonstruktionen, werden an dieser Verbindungsstelle besondere konstruktive Überlegungen notwendig, die die Funktionstüchtigkeit und Schadensfreiheit der Wand- oder Deckenkonstruktionen sichern. Die Auflagerkonstruktionen von Dachdecken müssen, unabhängig von der Konstruktionsart des Daches – ein- oder zweischaliges Flachdach, geneigtes Dach – die sich aus der Funktion von Decke und Wand als Außenbauteile ergebenden starken klimatischen Belastungen und die meist fehlende Randeinspannung der Dachdecke berücksichtigen. Die Geschoßdeckenauflager stellen vor allem Unterbrechungen der homogenen Außenwandkonstruktion dar. Daraus sich ergebende unerwünschte Folgen müssen mit konstruktiven Mitteln verhindert werden.

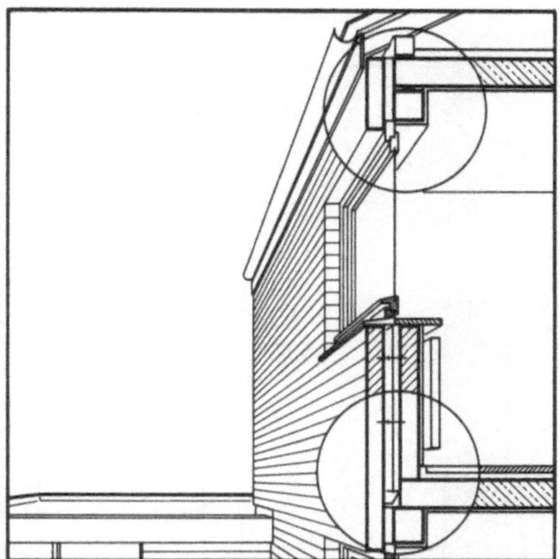

Die Auflager von Dach- und Geschoßdecken auf Außenwänden mit Verblendschalen waren in vielen Fällen ohne Berücksichtigung der genannten Gesichtspunkte konzipiert bzw. ausgeführt worden. Risse und Zerstörungen im Bereich von Deckenplatten oder Stahlbetonringankern waren aufgetreten, wenn starke Form- und Längenänderungen der Stahlbetonbauteile sich aufgrund unmittelbarer Verbindung auf die Vormauerschalen auswirken konnten, vor allem bei verblendeten Außenwänden ohne Luftschicht. Durchfeuchtungen durch Niederschlag betrafen etwa in gleichem Maße Wandkonstruktionen mit und ohne Luftschicht, ebenso Feuchtigkeitsschäden durch Niederschlag von Oberflächentauwasser an den Rauminnenseiten.
Nachfolgend werden diese Schadensgruppen eingehend dargestellt und analysiert und daraus Empfehlungen zur nachhaltigen Vermeidung dieser Schäden formuliert.

Zweischaliges Verblendmauerwerk

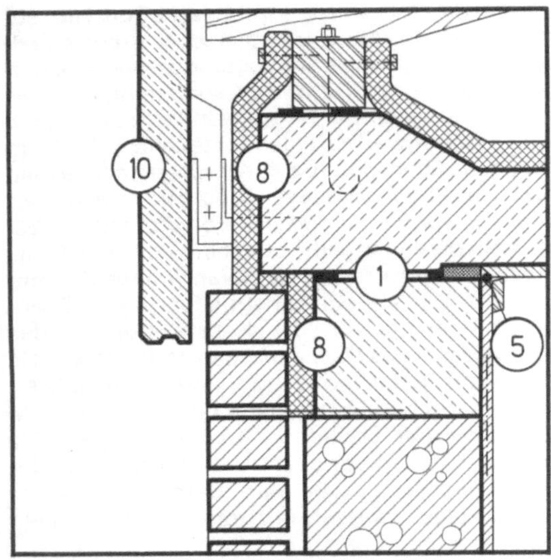

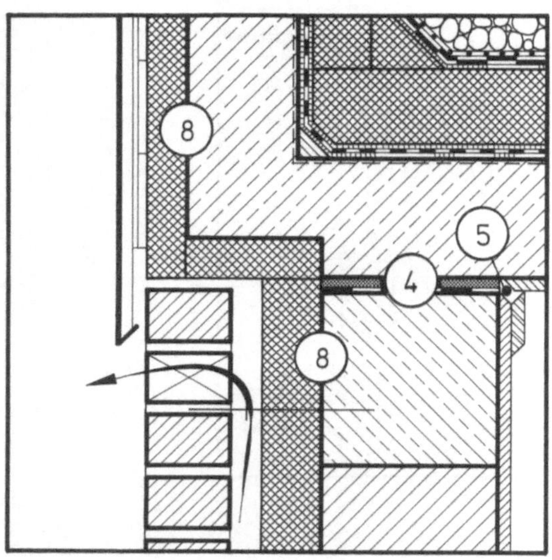

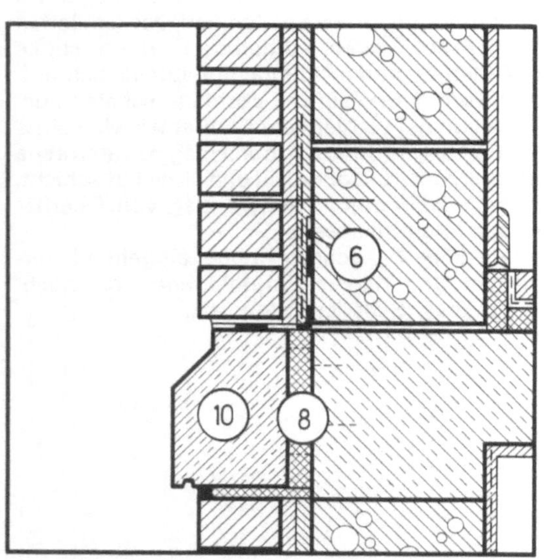

① Können Dachdeckenplatten unverschiebbar auf Außenwände aufgelagert werden, so sollen in der Auflagerfuge vor dem Betonieren eine Trennfolie und im inneren Drittel der Auflagerfläche ein weiches Material — z. B. ein Wärmedämmstoffstreifen — von ca. 1 cm Dicke eingelegt werden (siehe D 2.2.2).

② Die Geschoßdeckenplatte, die auf zweischaligem Mauerwerk mit Luftschicht aufgelagert wird, ist möglichst nur bis zur Außenseite der tragenden Wandschale zu führen, die Wärmedämmung und die Luftschicht sind darüber hinweg zu führen (siehe D 2.2.2).

③ Die Geschoßdeckenplatte, die auf zweischaligem Mauerwerk ohne Luftschicht aufgelagert wird, soll durch Einlegen weicher Wärmedämmstoffstreifen von der Vormauerschale und der Schalenfuge getrennt werden (siehe D 2.2.2).

④ Sollen die zu erwartenden Längenänderungen durch verschiebbare Auflagerung aufgenommen werden, so sind neben der Ringankerbewehrung der Deckenplatte ein Ringbalken über allen tragenden Wänden und funktionsfähige Gleitlager in der Gleitfuge anzuordnen. Nichttragende Wände müssen von der Decke getrennt werden. Die Flächen der Gleitfuge müssen mit besonderer Sorgfalt geglättet werden. Bei der Verwendung von Gleitfolien sollten durch zusätzliche Elastomerlagerstreifen die verbleibenden Unebenheiten ausgeglichen werden können (siehe D 2.2.3).

⑤ Der Innenputz der Wände und der verschieblichen Dachdecke ist zu trennen. Die Verschiebungen der Decke sind bei der Konstruktion der Verblendung und der Dachrandverkleidung zu berücksichtigen (siehe D 2.2.3).

⑥ Am Aufsetzpunkt zweischaliger Außenwände ohne Luftschicht auf Deckenplatten muß eine Sperrschicht (z. B. eine Lage 500er Bitumendachbahn) vorgesehen werden, die vor der inneren Wandschale ca. 10 cm hoch und bis zur Wandinnenseite durchgeführt wird (siehe D 2.2.3).

⑦ Am Aufsetzpunkt zweischaliger Außenwände mit Luftschicht auf Deckenplatten und auf Abfangkonstruktionen muß eine Sperrschicht (z. B. eine Lage Bitumendachbahn R 500) vorgesehen werden, die über eine Kehle mindestens 15 cm gegen die innere Wandschale aufzukanten und dort zu befestigen ist. Im Bereich der Luftschicht bzw. der Wärmedämmung soll die Bitumenbahn ein Gefälle nach außen haben (siehe D 2.2.4).

⑧ Dach- und Geschoßdecken, ebenso Stahlbetonringanker, müssen an ihren äußeren Stirnseiten im Auflagerbereich auf Außenwänden durch eine Wärmedämmschicht mit einem Wärmedurchlaßwiderstand von 1,3 m²K/W geschützt werden (siehe D 2.2.5).

⑨ Ist eine außenliegende Wärmedämmung der Dach- oder Geschoßdecken nicht möglich, so müssen die Deckenplatten innen an ihren Unterseiten mit einem 0,5 m breiten und 2 cm dicken Streifen Wärmedämmung der Wärmeleitfähigkeitsgruppe 040 oder besser versehen werden (siehe D 2.2.5).

⑩ Soll außen in der Fassade Beton in Erscheinung treten, so sind z. B. im Geschoßdeckenbereich bandartige Fertigteile vor einer Wärmedämmschicht zu versetzen; Attiken sind als auf der Dachdeckenplatte verschiebbar gelagerte (Trennfolie) und verankerte Stahlbetonfertigteile auszuführen. Von solchen mit dem Rohbau verbundenen Teilen sind die darunterliegenden Verblendschalenfelder durch Anschlußfugen zu trennen (siehe D 2.2.5).

⑪ Ist eine monolithische Ausbildung von Attiken und Gesimsen als auskragende Teile der Deckenplatten nicht zu vermeiden, dann müssen diese in maximal 5 m Abstand durch Dehnungsfugen bis zum Auflagerbereich unterteilt werden oder es muß durch eine entsprechende zusätzliche Bewehrung die Rißbreite auf ein unschädliches Maß begrenzt werden. Auf der Rauminnenseite der zugehörigen Deckenplatte muß ein 0,5 m breiter Streifen Wärmedämmschicht (2 cm dick, Wärmeleitfähigkeitsgruppe 040) angeordnet werden (siehe D 2.2.5).

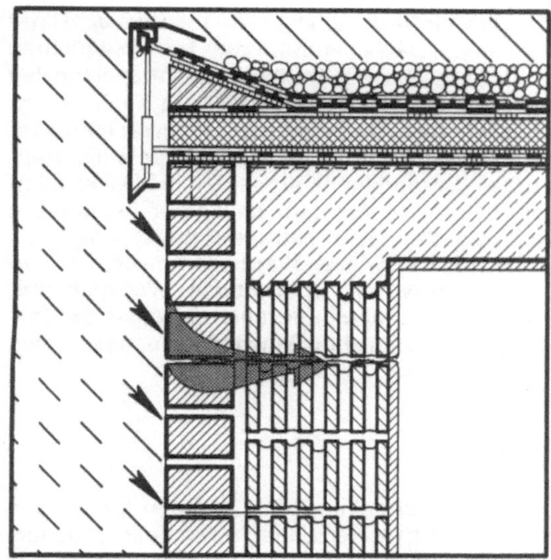

Zweischaliges Verblendmauerwerk
Dach- und Geschoßdeckenauflager

An Auflagern von Deckenplatten flacher und flachgeneigter Dächer auf verblendeten Mauerwerkswänden ohne Luftschicht waren klaffende Risse und bei Schlagregenbeanspruchung der Fassaden nachfolgende Feuchtigkeitsschäden an den Innenseiten festgestellt worden, auch wenn die Dachdecken an ihren Oberseiten mit Wärmedämmschichten entsprechend den Forderungen der DIN 4108 versehen waren und deren zusammenhängende Bauteillänge gering war (meist unter 12 m). Die Risse verliefen vornehmlich horizontal in den Lagerfugen der Verblendschalen bis in den Wandquerschnitt hinein und bildeten die dahinter liegenden Stahlbetonplatten ab. Oft nahm die Breite der Risse zu den Gebäudeecken hin zu, oder Risse waren nur im Eckbereich festgestellt worden. In einigen Fällen waren horizontale Risse auch im Bereich von Geschoßdeckenauflagern aufgetreten. Waren die Stahlbetondeckenplatten bis außen geführt, so traten Abrisse und Zerstörungen der Mörtelfugen im Übergang zu den darunterliegenden Verblendschalen auf.

Zu bedenken ist:

– Stahlbetondeckenplatten erfahren durch Eigen- und Nutzlasten unmittelbar Durchbiegungen. Daneben treten noch, besonders innerhalb der ersten 2 Jahre der Standzeit, Durchbiegungen durch Kriech- und Schwindvorgänge auf. Das Maß der Durchbiegung ist u. a. von der Schlankheit der Deckenplatte, von der Art der Lastabtragung (ein- oder zweiachsig), dem Zeitpunkt des Ausschalens und der Erstbelastung abhängig.

– Die Deckenplatte erfährt aufgrund ihrer Durchbiegung im Auflager eine Verdrehung, die zu Kantenpressung innen, zu Zerstörungen am Innenputz und außen zum Abheben der Decke von der Wand führt, wenn diese Verdrehung nicht durch Verankerung oder Auflast eines Geschosses behindert wird.

– Bei zweischaligem Verblendmauerwerk ohne Luftschicht wirken sich die Form- und Längenänderungen der inneren Schale auf die Verblendschale aus. Dies ist nicht der Fall, sobald die beiden Schalen durch eine Luftschicht voneinander getrennt sind. Mögliche Risse in der tragenden Schale bleiben auf diese beschränkt.

– Bis zur Außenseite geführte Geschoßdecken, zwischen denen die Verblendschalen preß gesetzt sind, weisen u. U. gegenüber den Verblendschalen aufgrund von Schwind- und Kriechvorgängen der Tragstruktur Längenänderungen auf, so daß es entweder zu Zwängungen der Verblendschale oder zum Absetzen (Abriß) in der oberen Anschlußfuge kommt.

– Weitere Einzelheiten zu diesem Problempunkt siehe »Schwachstellen, Band I – Flachdächer, Dachterrassen, Balkone«.

Daraus folgt als
Empfehlung zur Schwachstellenvermeidung:

● Können Dachdeckenplatten unverschiebbar auf Außenwände aufgelagert werden, so sollen in der Auflagerfuge vor dem Betonieren eine Trennfolie und im inneren Drittel der Auflagerfläche ein weiches Material – z. B. ein Wärmedämmstoffstreifen – von ca. 1 cm Dicke eingelegt werden.

● Die Geschoßdeckenplatte, die auf zweischaligem Mauerwerk mit Luftschicht aufgelagert wird, ist möglichst nur bis zur Außenseite der tragenden Wandschale zu führen, die Wärmedämmung und die Luftschicht sind darüber hinweg zu führen.

● Die Geschoßdeckenplatte, die auf zweischaligem Mauerwerk ohne Luftschicht aufgelagert wird, soll durch Einlegen weicher Wärmedämmstoffstreifen von der Vormauerschale und der Schalenfuge getrennt werden.

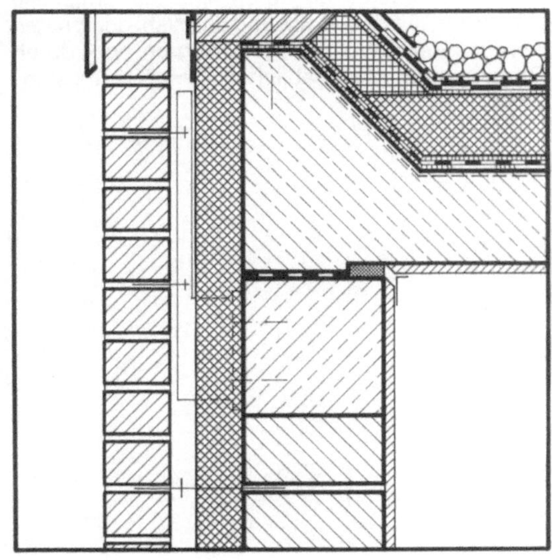

Zweischaliges Verblendmauerwerk
Dach- und Geschoßdeckenauflager

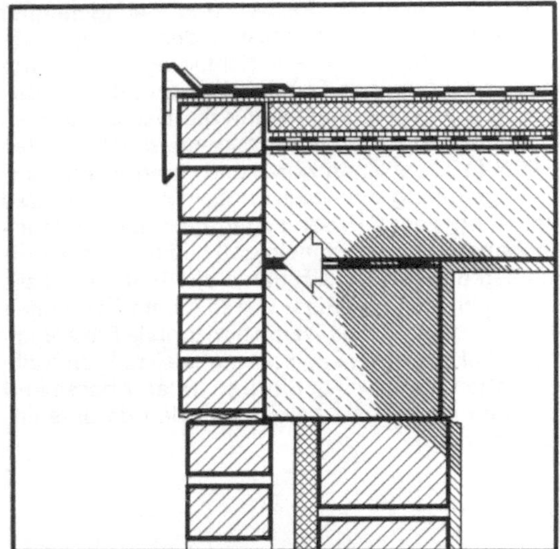

An den Auflagern massiver Deckenplatten ein- und zweischaliger Flachdächer und geneigter Dächer wurden zum Teil ausgedehnte Risseschäden festgestellt. Diese betrafen die Vormauerschalen und den tragenden Wandquerschnitt, die vielfach auch Durchfeuchtungsschäden in den Innenräumen verursachten. Im Bereich der Gebäudeaußenecken verliefen die Risse meist treppenförmig nach unten. Besonders häufig ragten die Deckenplatten als Attiken oder Gesimse aus dem Baukörper hinaus. Die Abmessungen der Massivplatten betrugen meist mehr als 10–12 m oder die Dachdecken wiesen Wärmedämmschichten an ihren Unterseiten auf, bzw. die oberseitigen Wärmedämmschichten entsprachen nicht den Mindestanforderungen der DIN 4108. Waren Ringanker außen nicht wärmegedämmt, dann traten auch darunter Risse auf.

Zu bedenken ist:

– Zwischen Dachdeckenplatten und den Wänden treten aufgrund der Unterschiede im Material und in den Beanspruchungen unterschiedliche Längenänderungen auf. Es handelt sich dabei um die unmittelbar an die Erstellung anschließenden Schwind- und Kriechvorgänge und um die wiederkehrenden temperaturbedingten Längenänderungen.

– Bei unmittelbarer Auflagerung auf der Wand ruft die Stahlbetondecke bzw. der Stahlbetonringanker in der Mauerwerkswand Dehnungen bzw. Spannungen hervor, die zu Rissen im Mauerwerk führen können. In der Vergangenheit ging man davon aus, daß bei maßgeblichen Verschiebelängen > 6 m (dies entspricht bei mittiger Festpunktlage einer Bauteillänge von 12 m) die Dehnungsdifferenzen zwischen Dachdecke und darunterliegender Decke ein kritisches Maß überschreiten und so zu Risseschäden in der Wand unter der Betondecke führen können. Die DIN 18530 – Massive Deckenkonstruktionen für Dächer – fordert daher ab dieser Länge einen rechnerischen Nachweis der Unschädlichkeit der Verformungen. Ein solcher Nachweis ergibt in der Regel größere zulässige Verschiebelängen als 12 m, wenn eine Wärmedämmung entsprechend den Anforderungen der Wärmeschutzverordnung von 1982 auf der Oberseite der Dachdecke angeordnet ist.

– Durch Anordnung der Dachdecke auf Gleit- und Verformungslagern kann verhindert werden, daß Dehnungsdifferenzen zu schädlichen Zwängungsspannungen führen. Allerdings haben einfache Gleitlager, z. B. mit dünnen Gleitfolien, vielfach nicht die versprochene Wirkung, sind also nicht funktionsfähig. Hochwertige Lösungen sind dagegen u. U. unverhältnismäßig aufwendig. Als einfachere Lösung bietet sich statt dessen oft an, entweder die Dehnungsdifferenzen durch eine wirkungsvolle äußere Wärmedämmung auf dem Dach und die Wahl geeigneter, z. B. wenig schwindender Baustoffe zu verringern oder durch Gebäudedehnungsfugen die maßgeblichen Verschiebungslängen herabzusetzen.

Zweischaliges Verblendmauerwerk
Dach- und Geschoßdeckenauflager

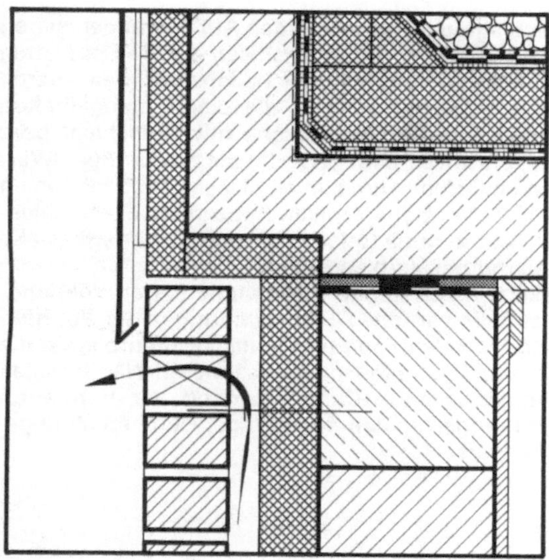

Daraus folgt als
Empfehlung zur Schwachstellenvermeidung:

● Sollen die zu erwartenden Längenänderungen durch verschiebbare Auflagerung aufgenommen werden, so sind neben der Ringankerbewehrung der Deckenplatte ein Ringbalken über allen tragenden Wänden und funktionsfähige Gleitlager in der Gleitfuge anzuordnen. Nichttragende Wände müssen von der Decke getrennt werden.

● Die Flächen der Gleitfuge müssen mit besonderer Sorgfalt geglättet werden. Bei der Verwendung von Gleitfolien sollten durch zusätzliche Elastomerlagerstreifen die verbleibenden Unebenheiten ausgeglichen werden können.

● Punktförmige, hochwertige Gleitlager sollten Gleitfolien vorgezogen werden.

● Der Innenputz der Wände und der verschieblichen Dachdecke ist zu trennen. Die Verschiebungen der Decke sind bei der Konstruktion der Verblendung und der Dachrandverkleidung zu berücksichtigen.

Zweischaliges Verblendmauerwerk
Dach- und Geschoßdeckenauflager

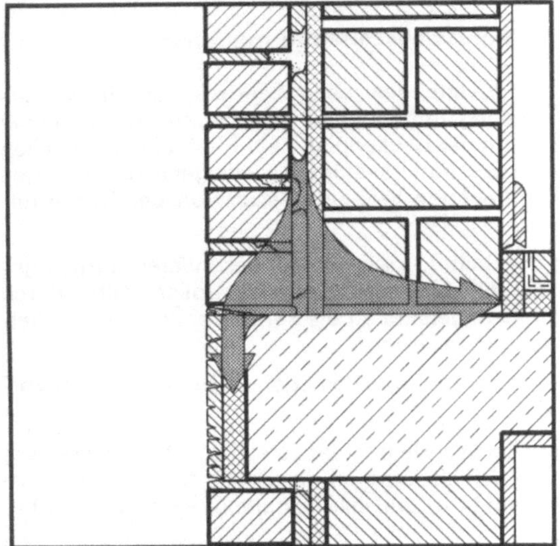

Besonders bei schlagregenbeanspruchten Außenwänden waren an den Aufsetzpunkten der Verblendschalen auf Deckenplatten Feuchtigkeitsschäden aufgetreten. Schadensbetroffen waren Wandquerschnitte ohne Luftschicht, die einen mangelhaften Regenschutz aufwiesen und auch solche mit Luftschicht bzw. Verblendschalen, die mit schüttbaren oder plattenförmigen Wärmedämmstoffen hinterfüllt waren. In all diesen Fällen fehlten an den Fußpunkten der Vormauerschalen horizontale Sperrschichten ganz oder sie waren ohne Gefälle nach außen verlegt. (siehe D 1.1.6 – Herstellung der Verblendschale).
Das Wasser sickerte innerhalb der Hohlräume in den Verblendschalen (unvollständig verfüllte Fugen, Lochungen der Vormauersteine) oder den Schalenfugen bzw. Luftschichten bis auf die Stahlbetondecken und durchfeuchtete die inneren Wandschalen oder trat als langanhaltende Durchfeuchtung der Vormauerschale mit Ausblühungen an den Rändern der Durchfeuchtungszonen nach außen aus.

Zu bedenken ist:

– Verblendschalen müssen in bestimmten Abständen abgefangen werden (siehe D 1.1.7). Vielfach werden dazu die Geschoßdecken benutzt, die dann bis zur Außenseite der Verblendschalen geführt werden.

– Vormauerschalen sind nicht vollkommen wasserdicht, vielmehr sollen sie bei Regenbeanspruchung in begrenzten Mengen kapillar Wasser aufnehmen und in ihrem Querschnitt speichern, um es dann wieder abzugeben. Gibt es Fehlstellen in den Steinen oder der Verfugung – z. B. bei Hohlfugigkeit, Rissen – dringt mehr Wasser ein, als gespeichert werden kann. Auf der Rückseite von Verblendschalen vor Luftschichten muß mit abrinnendem Wasser gerechnet werden.

– Zusammenhängende Hohlräume in den Vormauerschalen – z. B. offene Fugen, Lochungen der Steine – oder unvollständig verfüllte Schalenfugen bzw. dort eingebaute Wärmedämmstoffschichten verhindern die gleichmäßige Speicherung des eingedrungenen Regenwassers. Aufgrund der Schwerkraft sickert es nach unten, wo es durch undurchlässige Schichten – z. B. Stahlbetonteile – gestaut und unkontrolliert nach innen und außen geleitet wird.

Daraus folgt als
Empfehlung zur Schwachstellenvermeidung:

● Am Aufsetzpunkt zweischaliger Außenwände ohne Luftschicht auf Deckenplatten muß eine Sperrschicht (z. B. eine Lage 500er Bitumendachbahn) vorgesehen werden, die vor der inneren Wandschale ca. 10 cm hoch und bis zur Wandinnenseite durchgeführt wird.

● Am Aufsetzpunkt zweischaliger Außenwände mit Luftschicht auf Deckenplatten und auf Abfangkonstruktionen muß eine Sperrschicht (z. B. eine Lage Bitumendachbahn R 500) vorgesehen werden, die über eine Kehle mindestens 15 cm gegen die innere Wandschale aufzukanten und dort zu befestigen ist. Im Bereich der Luftschicht bzw. der Wärmedämmung soll die Bitumenbahn ein Gefälle nach außen haben. Die notwendigen Belüftungs-/Entwässerungsöffnungen sind in den Stoßfugen der Verblendschale abwechselnd in der 1. und 2. Schicht oberhalb der Sperrschicht anzuordnen.

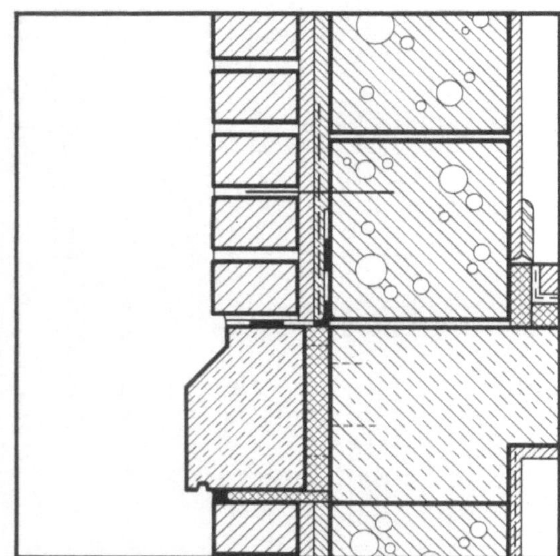

Zweischaliges Verblendmauerwerk
Dach- und Geschoßdeckenauflager

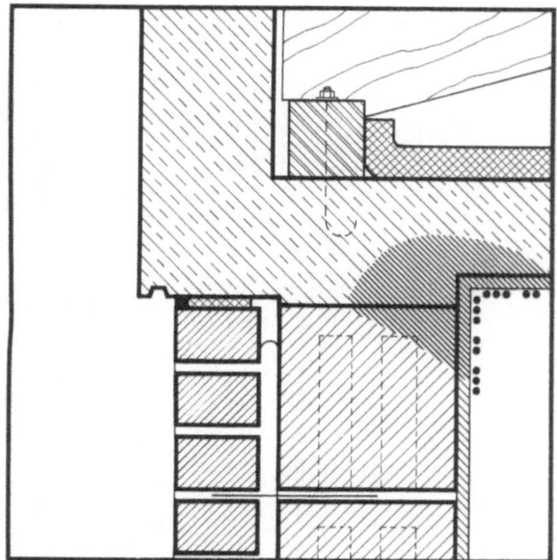

Waren Geschoß- oder Dachdecken und Stahlbetonringanker an ihren äußeren Stirnseiten nicht wärmegedämmt, dann wurden an den Deckenunterseiten Verfärbungen und Schwärzepilzbildung beobachtet, oder auch Zerstörungen von Anstrichen, Tapeten und Innenputzen. In den Fällen, wo die Dachdeckenplatten aus dem Baukörper hinausragten, als Gesimse, Attiken oder Brüstungen, waren solche Durchfeuchtungsschäden besonders stark. Gleichzeitig waren außen meist Auflagerschäden anzutreffen (siehe D 2.2.3 – Verschiebbare Auflagerung von Dachdecken). In den vorkragenden Stahlbetonteilen waren Risse senkrecht zur Hausfront aufgetreten, die an den Unterseiten zum Teil deutliche Spuren von auslaufendem Wasser zeigten.

Zu bedenken ist:

– Im Übergang der Außenwand zur Decke liegen die Oberflächentemperaturen niedriger als in der Fläche der Wand. Dies ist auf die verminderte Luftbewegung an dieser Stelle und auf die hohe Wärmeleitfähigkeit von Stahlbeton zurückzuführen. Verschlechtert wird die Situation, wenn die äußere »kalte« Oberfläche der Stahlbetonteile (Attiken oder Abkantungen) noch vergrößert wird.

– Aus dem Baukörper hinausragende Bauteile sind mit ihrem gesamten Querschnitt den Temperaturschwankungen des Außenklimas ausgesetzt. Eine richtig ausgeführte Dämmung auf der Außenseite unterbindet die Wärmebrückenwirkung, verhindert aber bei großen Auskragungen oder Attiken nicht, daß diese in den vom Innenraum weit entfernten Abschnitten großen Temperaturschwankungen ausgesetzt sind. Durch die »warmen« Teile der Deckenplatten über den Innenräumen werden die Längenänderungen behindert und es entstehen Eigenspannungen in der Deckenplatte, die zu Rissen im Beton führen. Die allseitige Ummantelung solcher Bauteile mit Wärmedämmstoffen hat nur geringen Einfluß auf die Temperaturschwankungen.

– Durch eine entsprechende zusätzliche Bewehrung kann die Rißbreite auf ein unschädliches Maß verringert werden.

Daraus folgt als
Empfehlung zur Schwachstellenvermeidung:

● Dach- und Geschoßdecken, ebenso Stahlbetonringanker, müssen an ihren äußeren Stirnseiten im Auflagerbereich auf Außenwänden durch eine Wärmedämmschicht mit einem Wärmedurchlaßwiderstand von 1,3 m²K/W geschützt werden.

● Ist eine außenliegende Wärmedämmung der Dach- oder Geschoßdecken nicht möglich, so müssen die Deckenplatten innen an ihren Unterseiten mit einem 0,5 m breiten und 2 cm dicken Streifen Wärmedämmung der Wärmeleitfähigkeitsgruppe 040 oder besser versehen werden.

● Soll außen in der Fassade Beton in Erscheinung treten, so sind z. B. im Geschoßdeckenbereich bandartige Fertigteile vor einer Wärmedämmschicht zu versetzen; Attiken sind als auf der Dachdeckenplatte verschiebbar gelagerte (Trennfolie) und verankerte Stahlbetonfertigteile auszuführen. Von solchen mit dem Rohbau verbundenen Teilen sind die darunterliegenden Verblendschalenfelder durch Anschlußfugen zu trennen.

● Ist eine monolithische Ausbildung von Attiken und Gesimsen als auskragende Teile der Deckenplatten nicht zu vermeiden, dann müssen diese in maximal 5 m Abstand durch Dehnungsfugen bis zum Auflagerbereich unterteilt werden oder es muß durch eine entsprechende zusätzliche Bewehrung die Rißbreite auf ein unschädliches Maß begrenzt werden. Auf der Rauminnenseite der zugehörigen Deckenplatte muß ein 0,5 m breiter Streifen Wärmedämmschicht (2 cm dick, Wärmeleitfähigkeitsgruppe 040) angeordnet werden.

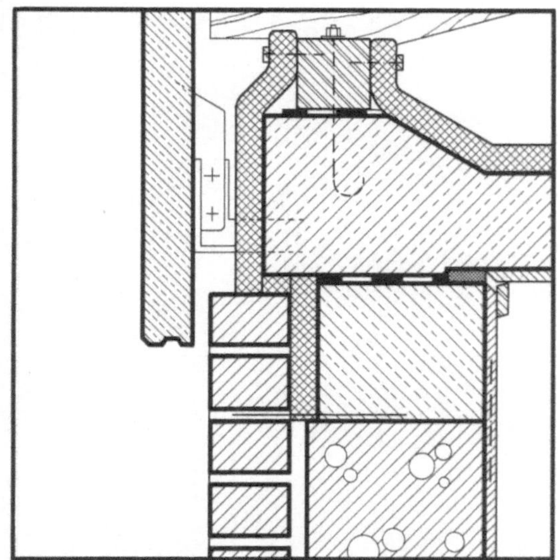

Problempunkt: Bereich der Bauwerksöffnungen

Bei zweischaligen Außenwänden mit Verblendmauerwerksschalen weist die Verknüpfung von Außenwand, Blendrahmen, Sohlbank, Brüstung und gegebenenfalls Rolladen im Vergleich mit den anderen Querschnittstypen eine geringere Vielfalt an Problemen auf. Dies ist darauf zurückzuführen, daß die Fugendichtungsprobleme bei den meist mit Innenanschlag ausgeführten Rohbauöffnungen einfacher zu lösen sind. Die zweischalige Konzeption mit der relativ gut wärmedämmenden, schweren äußeren Schale wirft zudem selbst bei den geschwächten Querschnittsbereichen keine extremen Wärmebrückenprobleme auf. Darüber hinaus läßt sich die Verkleidung des aus unterschiedlichen Materialien hergestellten Untergrunds, wie er z. B. häufig im Bereich von Sturz – Brüstung – tragenden Wandquerschnitten vorkommt, durch eine unabhängige Verblendschale meist einfach vornehmen.

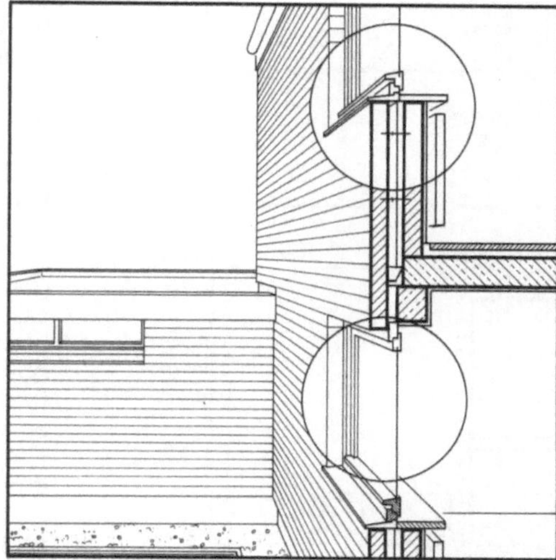

Wenn im Bereich der Bauwerksöffnungen von zweischaligem Verblendmauerwerk trotzdem eine sehr große Zahl von Feuchtigkeitsschäden aufgetreten ist, so ist dies vor allem auf Detailkonzeptionen zurückzuführen, die fälschlich von der Regendichtigkeit der Vormauerschalen ausgehen, so daß das Wasser auf dem Umweg über die durchfeuchtete Vormauerung eindringt – eine Schadensursache, die auch in den anderen Detailbereichen zweischaliger Mauerwerkskonstruktionen sehr häufig anzutreffen ist.

Ohne auf die bereits behandelten Probleme der Schwellenausbildung bei Balkon- und Terrassentüren (siehe »Schwachstellen, Band I – Flachdächer, Dachterrassen, Balkone«) noch einmal einzugehen, werden im folgenden die auf der Grundlage von Bauschadenserhebungen ermittelten Schwachstellen dargestellt und daraus Empfehlungen zur Schadensvermeidung abgeleitet.

Zweischaliges Verblendmauerwerk

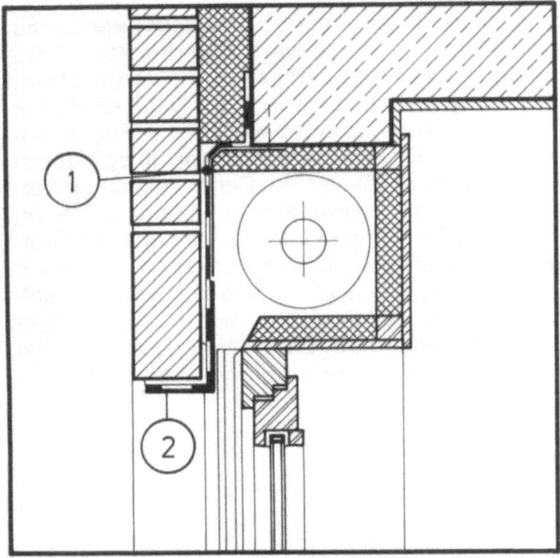

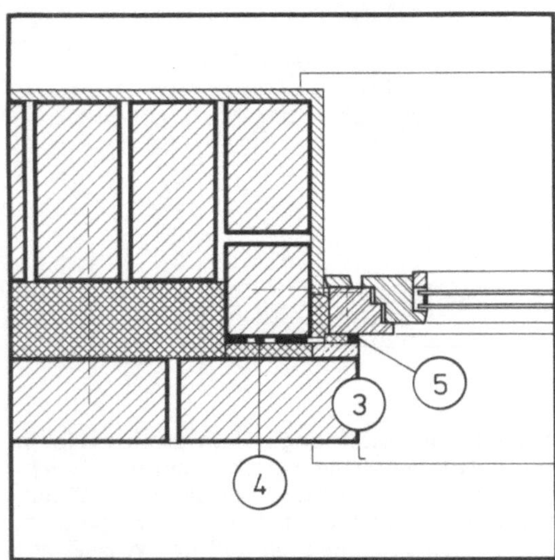

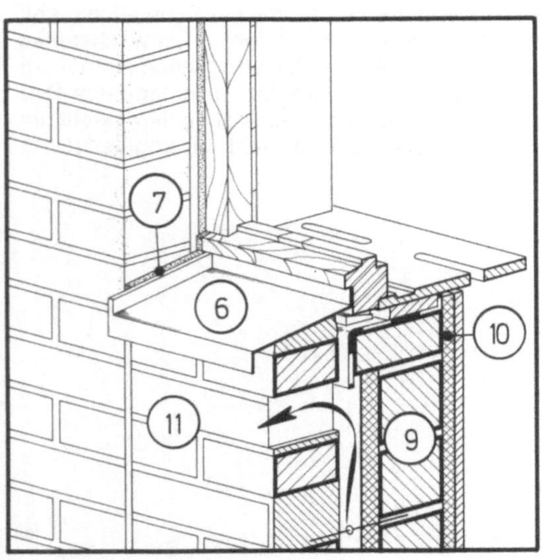

① Bei Verblendmauerwerk mit und ohne Luftschicht ist über dem Sturz oder dem Rolladenkasten eine horizontale nach innen aufgekantete Sperrschicht so anzuordnen, daß eingedrungenes Wasser sicher nach außen abgeleitet wird (siehe D 2.3.2).

② Metallabfangkonstruktionen der Verblendung sind vor Durchfeuchtung zu schützen und aus korrosionsbeständigem Material (Edelstahl, Stahl mit Korrosionsschutz I) herzustellen (siehe D 2.3.2).

③ Sturz und Laibung sollten so mit einem Anschlag versehen werden, daß das Fenster möglichst nach Abschluß der Putzarbeiten von innen angeschlagen werden kann (Innenanschlag) (siehe D 2.3.3).

④ Wird die äußere Verblendschale als Innenanschlag benutzt, so ist die Anschlagsfläche mit einem ebenen, fluchtgerechten Sperrputz zu versehen. Es ist darauf zu achten, daß hinter die Verblendung gedrungenes Niederschlagswasser durch die Anordnung von Sperrschichten den Rahmen nicht hinterlaufen kann. Ein direkter Kontakt zwischen dem Innenputz und der vermörtelten Schalenfuge ist zu vermeiden (siehe D 2.3.3).

⑤ Der Blendrahmen ist an der inneren Mauerwerksschale zu befestigen und die mindestens 1 cm breite Anschlußfuge ist mit Dichtungsmassen fachgerecht zu schließen (siehe D 2.3.3).

⑥ Die Oberfläche der äußeren Sohlbank sollte eine Neigung von ca. 10° erhalten und das Wasser ca. 5 cm vor der Außenwandoberfläche abtropfen lassen (Tropfnase). Am seitlichen Laibungsanschluß und am Blendrahmen sollte die Sohlbankoberfläche aufgekantet werden. Die Abdeckungen sollten – besonders an den seitlichen Laibungsanschlüssen und bei Stoßfugen in der Fläche – ausreichendes Spiel für die zu erwartenden Längenänderungen erhalten (siehe D 2.3.4).

⑦ Ist bei hinterlüftetem Verblendmauerwerk sichergestellt, daß am seitlichen Abdeckungsanschluß gegebenenfalls eindringendes Regenwasser nicht auf den inneren Wandquerschnitt übertreten kann, so kann bei dieser Ausführungsform auf das Einlassen der seitlichen Aufkantung in das Mauerwerk verzichtet werden. Bei allen anderen Ausführungsformen sollte die Sohlbank die Laibungsoberfläche hinterfahren. Unter Sohlbänken oder Sohlbankabdeckungen aus Sichtbeton, Werkstein, Keramikplatten und Ziegelrollschichten sollte eine seitlich und auf der Hinterseite aufgekantete Sperrschicht in Form einer Pappe oder eines Bleches angeordnet werden (siehe D 2.3.4).

⑧ Der innere und äußere Bereich der Sohlbankabdeckungen sollte durch eine Wärmedämmung voneinander getrennt werden (siehe D 2.3.4).

⑨ Soll bei zweischaligem Verblendmauerwerk die Fensterbrüstung als Heizkörpernische ausgeführt werden, so sollte sich die Querschnittsschwächung nur auf eine Minderung der Dicke der Hintermauerung beziehen. Schalenfuge bzw. Luftschicht sollten entsprechend dem Regelquerschnitt ausgeführt werden (siehe D 2.3.5).

⑩ Im Bereich der Heizkörpernischen muß der Wandquerschnitt durch zusätzliche Wärmedämmschichten mindestens den gleichen Wärmedämmwert wie der Regelquerschnitt besitzen. Deutlich höhere Werte sind wirtschaftlich sinnvoll (siehe D 2.3.5).

⑪ Müssen Vormauerschalen mit Dehnungsfugen versehen werden, so sind diese vorzugsweise an den senkrechten Rändern der Fensterbrüstungen anzuordnen (siehe D 2.3.5).

Zweischaliges Verblendmauerwerk
Bereich der Bauwerksöffnungen

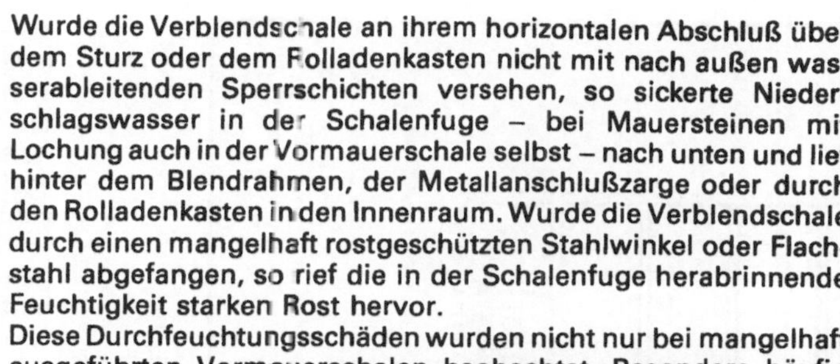

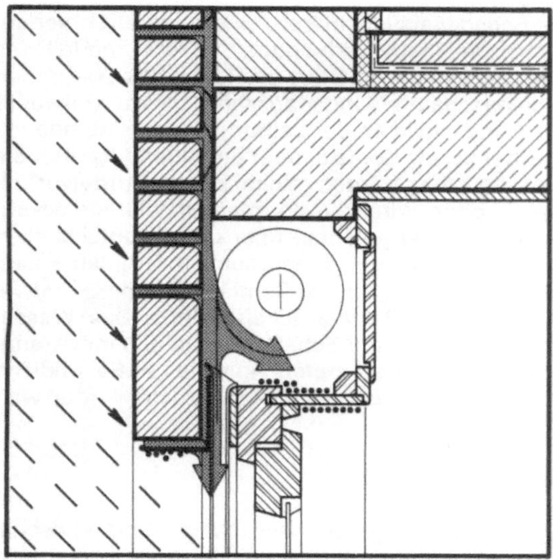

Wurde die Verblendschale an ihrem horizontalen Abschluß über dem Sturz oder dem Rolladenkasten nicht mit nach außen wasserableitenden Sperrschichten versehen, so sickerte Niederschlagswasser in der Schalenfuge – bei Mauersteinen mit Lochung auch in der Vormauerschale selbst – nach unten und lief hinter dem Blendrahmen, der Metallanschlußzarge oder durch den Rolladenkasten in den Innenraum. Wurde die Verblendschale durch einen mangelhaft rostgeschützten Stahlwinkel oder Flachstahl abgefangen, so rief die in der Schalenfuge herabrinnende Feuchtigkeit starken Rost hervor.

Diese Durchfeuchtungsschäden wurden nicht nur bei mangelhaft ausgeführten Vormauerschalen beobachtet. Besonders häufig waren stark schlagregenbeanspruchte Hausgiebel betroffen.

Zu bedenken ist:

– Bei Verblendmauerwerk dringt Niederschlagswasser durch die Mörtelfugen, bei saugfähigen Mauersteinen auch durch das Steinmaterial kapillar in das Mauerwerk ein. Durch Fugen und Risse (besonders an den Mörtelflanken), die selbst bei sorgfältigsten Maurerarbeiten nicht vollständig vermeidbar sind, wird Schlagregen auch durch Windkräfte, Schwerkraft und die kinetische Energie des auftreffenden Regens in das Mauerwerk geführt.

– Auch Stürze stellen Verblenderfußpunkte dar, die analog zur Fußpunktausbildung am Sockel und bei Geschoßdecken einer nach innen aufgekanteten Sperrschicht z. B. durch eine Dachdichtungsbahn bedürfen, damit das eingedrungene Wasser nach außen abgeleitet werden kann (siehe D 2.1.0 – Problempunkt: Sockel und Dachanschluß).

– Bei der Anordnung einer Sperrschicht ist durch Gefällegebung im Bereich der Luftschicht sicherzustellen, daß evtl. eingedrungenes Wasser sicher nach außen durch offene Stoßfugen oder Formsteine abgeleitet wird und nicht an den seitlichen Enden des Sturzes in den Wandquerschnitt eindringt.

– Liegt eine große, stark durch Schlagregen beanspruchte Wandfläche (z. B. Giebeldreieck) über dem Fenstersturz , ist hier eine sorgfältige Anordnung von Sperrschichten besonders wichtig.

– Tragefunktionen übernehmende Stahlwinkel und Flachstähle im Sturzbereich müssen ihre Funktionsfähigkeit über die gesamte Standzeit des Gebäudes mit Sicherheit erhalten. Da sie der Feuchtigkeit und der Außenluft ausgesetzt sind, können sie diese Anforderungen nur bei wartungsfreier, korrosionsbeständiger Ausführung erfüllen.

Daraus folgt als
Empfehlung zur Schwachstellenvermeidung:

● Bei Verblendmauerwerk mit und ohne Luftschicht ist über dem Sturz oder dem Rolladenkasten eine horizontale nach innen aufgekantete Sperrschicht so anzuordnen, daß eingedrungenes Wasser sicher nach außen abgeleitet wird.

● Metallabfangkonstruktionen der Verblendung sind vor Durchfeuchtung zu schützen und aus korrosionsbeständigem Material (Edelstahl, Stahl mit Korrosionsschutz I) herzustellen.

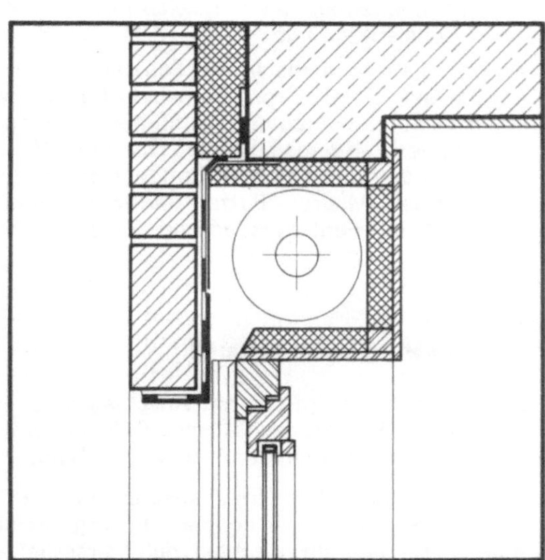

Zweischaliges Verblendmauerwerk
Bereich der Bauwerksöffnungen

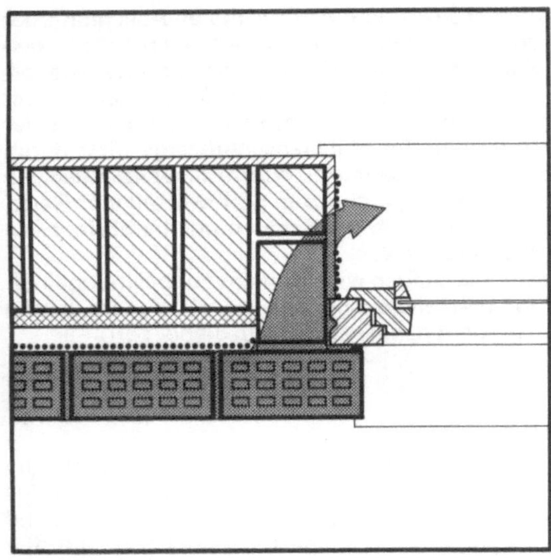

Bei den meisten Schadensfällen im Bereich des Blendrahmenanschlusses an zweischaligem Verblendmauerwerk handelte es sich um Feuchtigkeitsschäden an Sturz und Laibungen, bei denen die äußere Verblendschale als Innenanschlag diente. Entweder hatte die innere Wandschale an der Laibung durch einbindende Steine mit der Außenschale Kontakt, oder der Innenputz bzw. die Hinterfüllung von Anschlagszargen reichte bis zur mörtelverfüllten Schalenfuge. In oder hinter die Vormauerschale eingedrungenes Niederschlagswasser gelangte über diese Kontaktstellen hinter den Blendrahmen in den Innenraum. In einigen Fällen waren die Fenster anschlaglos, außenflächenbündig entweder direkt oder über eine Blockzarge eingesetzt. Das Wasser konnte dann unmittelbar aus der Schalenfuge in den Innenraum fließen. Zugleich waren die stumpfen Anschlußstöße undicht, obwohl eine Abdichtung mit Fugenmassen versucht worden war.

Zu bedenken ist:

- Besonders bei schlagregenbeanspruchten Verblendschalen ist auch bei sorgfältiger handwerklicher Ausführung zeitweise mit einer Durchfeuchtung der Verblendschale und der mörtelverfüllten Schalenfuge zu rechnen. Bei Kontakt mit dem Innenputz kann dieses Wasser den Blendrahmen hinterlaufen.

- Besonders anschlaglos, außenflächenbündig eingesetzte Fenster sind schadensanfällig, da hier der Schlagregen bereits bei geringer Eindringtiefe in die Verblendung den Blendrahmen hinterläuft und zudem eine dauerhaft dichte Ausbildung des stumpf gestoßenen, stark durch Oberflächenwasser beanspruchten Anschlusses schwierig ist.

- Durch die Ausbildung eines Innenanschlages können sowohl die Feuchtigkeitsbeanspruchungen der Anschlußfuge des Blendrahmens als auch die Schwierigkeiten einer dichten Fugenausführung vermindert werden. Bei problemlosem Toleranzausgleich kann die Blendrahmenfuge für einen Verschluß mit Dichtungsmassen ausreichend breit ausgelegt werden.

- Wird die äußere Verblendschale als Innenanschlag ausgebildet, so besteht die Gefahr, daß bei fehlender sperrender Zwischenschicht der Blendrahmen und der Innenputz direkten Kontakt mit der gegebenenfalls feuchtigkeitsführenden Verblendschale oder Schalenfuge hat.

- Das Einputzen des Blendrahmens in die Fensteröffnung ist nicht nur wegen der Gefahr von Schwindschäden und Anstrichmängeln bei durchfeuchteten Holzrahmen und wegen der Beanspruchung des Rahmens durch die laufenden Bauarbeiten ungünstig, sondern die damit verbundene starke Verflechtung von Schreiner-, Maurer-, Putzer- und Malerarbeiten an der Baustelle birgt viele Fehlerquellen und Verzögerungen.

Daraus folgt als
Empfehlung zur Schwachstellenvermeidung:

● Sturz und Laibung sollten so mit einem Anschlag versehen werden, daß das Fenster möglichst nach Abschluß der Putzarbeiten von innen angeschlagen werden kann (Innenanschlag).

● Wird die äußere Verblendschale als Innenanschlag benutzt, so ist die Anschlagsfläche mit einem ebenen, fluchtgerechten Sperrputz zu versehen. Es ist darauf zu achten, daß hinter die Verblendung gedrungenes Niederschlagswasser durch die Anordnung von Sperrschichten den Rahmen nicht hinterlaufen kann. Ein direkter Kontakt zwischen dem Innenputz und der vermörtelten Schalenfuge ist zu vermeiden.
Der Blendrahmen ist an der inneren Mauerwerksschale zu befestigen und die mindestens 1 cm breite Anschlußfuge ist mit Dichtungsmassen fachgerecht zu schließen.

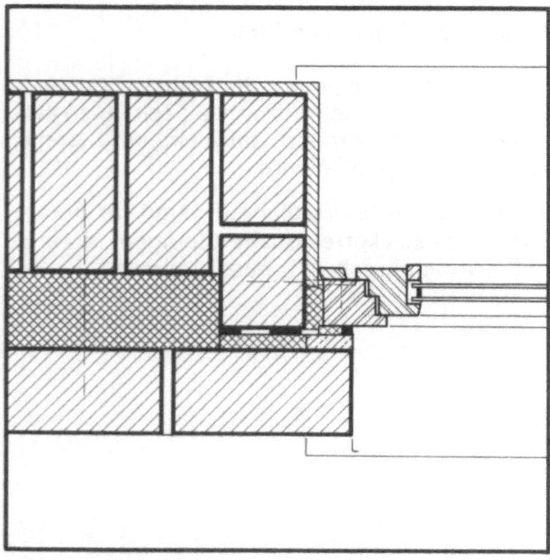

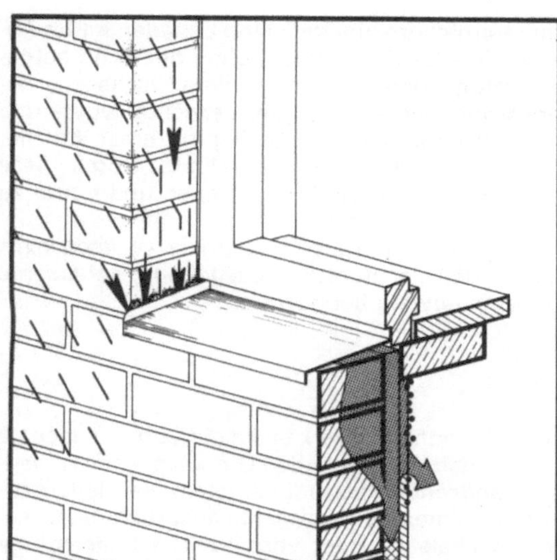

Durchfeuchtungen im Bereich der Heizkörpernischen haben sich in vielen Fällen aus Undichtigkeiten in den seitlichen Laibungsanschlüssen von Alumirium-, Zink-, Faserzement- und Werksteinsohlbankabdeckungen an das Verblendmauerwerk ergeben. Die Abdeckungen endeten mit oder ohne Aufkantung stumpf vor der Laibungsfläche und waren gar nicht oder nur unzureichend mit Mörtel oder Dichtungsmassen geschlossen. Erschwerend kam in einigen Fällen hinzu, daß die Abdeckungen kein Gefälle besaßen, so daß stehendes Wasser die Anschlußfugen beanspruchte.

Zu bedenken ist:

– Die durch das an der Fassade herabrinnende Regenwasser stark beanspruchten äußeren Fenstersohlbänke können ihre Funktion nur dann erfüllen, wenn sie das Wasser durch ausreichendes Gefälle von den Anschlüssen zügig abführen und von der Fassadenfläche so weit entfernt abtropfen lassen, daß keine Schmutzfahnen entstehen.

– Durch aufgekantete Sohlbankränder, die die wasserführenden Laibungs- und Blendrahmenflächen hinterfahren, wird mit größerer Sicherheit eine Dichtigkeit erreicht, als durch stumpf gestoßene Ränder, die mit Dichtungsmassen verfüllt sind. Diese sind stark der Feuchtigkeit ausgesetzt, stärker von der schwer kontrollierbaren handwerklichen Sorgfalt abhängig, nicht wartungsfrei und werden besonders bei Asbestzement- und Metallabdeckungen durch die auftretenden thermisch bedingten Längenänderungen leicht überbeansprucht. Zudem wird bei Verblendmauerwerksoberflächen wegen der unebenen Fugenflanken das Abdichten erschwert.

– Bei Verblendmauerwerk ohne Luftschicht oder gar bei Ausführungsformen, bei denen im Heizkörpernischenbereich nur die Vormauerschale als innen wärmegedämmte Brüstung dient, können Undichtigkeiten im seitlichen Anschluß der Abdeckungen starke Durchfeuchtungen im Rauminneren hervorrufen. Beim Aufmauern eingesetzte Sichtbeton- oder Werksteinsohlbänke mit eingearbeiteter seitlicher und hinterer Aufkantung bieten sich hierfür als sicherste Ausführungsform an (siehe A 2.3.4 – Sohlbank).

– Unter dem Blendrahmen durchlaufende Stahlbetonsohlbänke stellen eine Wärmebrücke dar, die bei normalem Heizbetrieb zu hohen Wärmeverlusten, bei schwachem Heizbetrieb in den Räumen mit hoher relativer Luftfeuchtigkeit zu Oberflächentauwasser und Pilzbildung führen kann.

Daraus folgt als
Empfehlung zur Schwachstellenvermeidung:

● Die Oberfläche der äußeren Sohlbank sollte eine Neigung von ca. 10° erhalten und das Wasser ca. 5 cm vor der Außenwandoberfläche abtropfen lassen (Tropfnase). Am seitlichen Laibungsanschluß und am Blendrahmen sollte die Sohlbankoberfläche aufgekantet werden. Die Abdeckungen sollten an den Rändern und Stoßfugen ausreichendes Spiel für Längenänderungen erhalten.

● Ist bei hinterlüftetem Verblendmauerwerk sichergestellt, daß am seitlichen Abdeckungsanschluß gegebenenfalls eindringendes Regenwasser nicht auf den inneren Wandquerschnitt übertreten kann, so kann auf das Einlassen der seitlichen Aufkantung verzichtet werden. Bei allen anderen Ausführungsformen sollte die Sohlbank die Laibungsoberfläche hinterfahren. Unter Sohlbänken aus Sichtbeton, Werkstein, Keramikplatten und Ziegelrollschichten sollte eine seitlich und auf der Hinterseite aufgekantete Sperrschicht in Form einer Pappe oder eines Bleches angeordnet werden.

● Der innere und äußere Bereich der Sohlbankabdeckungen sollte durch eine Wärmedämmung getrennt werden.

Zweischaliges Verblendmauerwerk
Bereich der Bauwerksöffnungen

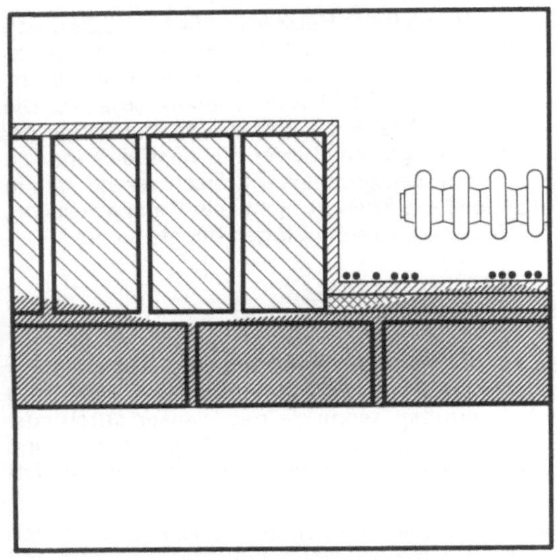

Bei zweischaligem Verblendmauerwerk sind Schäden im Rauminneren und im Bereich der Heizkörpernischen nur dann aufgetreten, wenn im Brüstungsbereich, um eine tiefe Nische zu erzielen, auf die innere Mauerwerksschale ganz verzichtet wurde und damit allein die Vormauerschale – rückseitig mit einer Wärmedämmung versehen – die Nischenwand bildete. Durch diese dünne Schale drang der Regen direkt nach innen und führte zu Putzschäden und Schwärzepilzflecken.
In bis zu 30 m langen Verblendschalen vor einer Wärmedämmschicht wurden, von den Fensterecken ausgehend, senkrechte Risse im Brüstungsmauerwerk beobachtet.

Zu bedenken ist:

– Bei belüftetem Verblendmauerwerk bildet die Vormauerschale gemeinsam mit der dahinter liegenden Luftschicht den schlagregensicheren Wandschutz; bei unbelüftetem Verblendmauerwerk kann bei extremen Schlagregenbeanspruchungen neben der Verblendschale und der vermörtelten Schalenfuge auch die Hintermauerung als regenspeichernde Schutzschicht notwendig werden. Wird im Bereich der Fensterbrüstung auf die Hintermauerung und die Luftschicht bzw. Schalenfuge verzichtet, so ist die Schlagregendichtigkeit in diesem Bereich wesentlich herabgesetzt.

– Verblendschalen vor Luftschichten oder Kerndämmungen führen, da sie auch keinerlei Haftverbund zur tragenden Wand haben, große thermisch bedingte Längenänderungen aus, die bei fehlenden Dehnungsfugen am ehesten im Bereich der Fensterbrüstungen (Querschnittsschwächung), ausgehend von den Fensterecken (Kerbwirkung), zu Rissen führen.

– Die bei Heizbetrieb höheren Temperaturen an der Wand hinter dem Heizkörper ergeben einen erhöhten Wärmestrom im Bereich der Fensterbrüstung. Der Wärmedämmwert sollte in diesem Bereich nicht nur – wie es die Wärmeschutzverordnung (1982) fordert – dem des Regelquerschnitts entsprechen, sondern diesen möglichst übersteigen.

Daraus folgt als
Empfehlung zur Schwachstellenvermeidung:

● Soll bei zweischaligem Verblendmauerwerk die Fensterbrüstung als Heizkörpernische ausgeführt werden, so sollte sich die Querschnittsschwächung nur auf eine Minderung der Dicke der Hintermauerung beziehen. Schalenfuge bzw. Luftschicht sollten entsprechend dem Regelquerschnitt ausgeführt werden.

● Im Bereich der Heizkörpernischen muß der Wandquerschnitt durch zusätzliche Wärmedämmschichten mindestens den gleichen Wärmedämmwert wie der Regelquerschnitt besitzen. Deutlich höhere Werte sind wirtschaftlich sinnvoll.

● Müssen Vormauerschalen mit Dehnungsfugen versehen werden, so sind diese vorzugsweise an den senkrechten Rändern der Fensterbrüstungen anzuordnen.

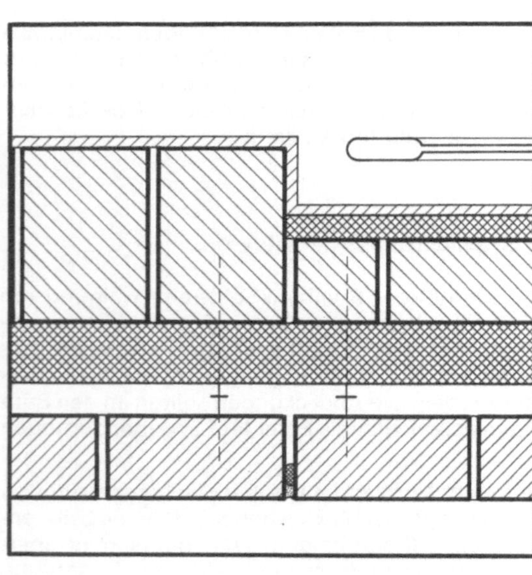

Literaturhinweise

Fachbücher und Forschungsberichte

Aachener Bausachverständigentage 1976; Außenwände und Öffnungsanschlüsse. Hrsg.: Schild, E., Forum Verlag, Stuttgart, 1976.

Aachener Bausachverständigentage 1980; Probleme beim erhöhten Wärmeschutz von Außenwänden. Hrsg.: Schild, E., Bauverlag, Wiesbaden und Berlin, 1980.

Aachener Bausachverständigentage 1982; Bauschadensverhütung unter Anwendung neuer Regelwerke. Hrsg.: Schild, E., Bauverlag, Wiesbaden und Berlin, 1982.

Aachener Bausachverständigentage 1983; Feuchtigkeitsschutz und Feuchtigkeitsschäden an Außenwänden und erdberührten Bauteilen. Hrsg.: Schild, E., Bauverlag, Wiesbaden und Berlin, 1983.

Aachener Bausachverständigentage 1984; Wärme- und Feuchtigkeitsschutz von Dach und Wand. Hrsg.: Schild, E., Bauverlag, Wiesbaden und Berlin, 1984.

Aachener Bausachverständigentage 1985; Rißbildungen und andere Zerstörungen der Bauteiloberfläche. Hrsg.: Schild, E., Bauverlag, Wiesbaden und Berlin, 1985.

Aachener Bausachverständigentage 1987; Leichte Dächer und Fassaden. Hrsg.: Schild, E.; Oswald R., Bauverlag, Wiesbaden und Berlin, 1987.

Aus Bauschäden lernen — Analysen typischer Bauschäden aus der Praxis. Hrsg.: Institut für Baustoff-Forschung, Verlagsgesellschaft Rudolf Müller, Köln-Braunsfeld, seit 1981 diverse Bände.

Bauphysik-Taschenbuch 1983; Tabellen, Diagramme, Begriffserläuterungen, Produktübersichten; Beiträge zum Schwerpunktthema Fassaden. Hrsg.: Sälzer, E.; Grothe, M., Bauverlag, Wiesbaden und Berlin, 1983.

Bauschädensammlung. Hrsg.: Zimmermann, G., Forum-Verlag, Stuttgart, seit 1974 diverse Bände.

Bayer, E.; Kampen, R.; Moritz, H.: Beton-Praxis — Ein Leitfaden für die Baustelle. Hrsg.: Bundesverband der Deutschen Zementindustrie, Köln, Beton-Verlag, Düsseldorf, 1986.

Belz, W.; Gösele, K.; Jenisch, R.; Pohl, R.; Reichert, H.: Mauerwerk-Atlas. Hrsg.: Deutsche Gesellschaft für Mauerwerksbau e.V. (DGfM), Essen und Institut für Internationale Architektur-Dokumentation, München, Kösel GmbH & Co., Kempten, 1984.

Betonkorrosion im Hochbau; Bewehrungsschäden, Analyse, Behebung — Technische und rechtliche Abwicklung. Hrsg.: Verband Berliner Wohnungsbaugenossenschaften und Gesellschaften e.V., Bauverlag, Wiesbaden und Berlin, 1986.

Bobran, H. W.: Handbuch der Bauphysik — Schallschutz, Raumakustik, Wärmeschutz, Feuchtigkeitsschutz. 5. Auflage, Vieweg, Braunschweig, 1982.

Brasholz, A.: Der Fassadenanstrich; Untergründe, Werkstoffe, Ausführungen. Callwey Verlag, München, 1984.

Eichler, F.; Arndt, H.: Bautechnischer Wärme- und Feuchtigkeitsschutz — Bauphysikalische Entwurfslehre. 1. Auflage, Verlagsgesellschaft Rudolf Müller, Köln-Braunsfeld, 1982.

Glitza, H.: Mauerwerk — Planung, Statik, Ausführung, Bauphysik. 2. Auflage, Verlagsgesellschaft Rudolf Müller, Köln-Braunsfeld, 1984.

Gösele, K.; Schüle, W.: Schall — Wärme — Feuchte — Grundlagen, Erfahrungen und praktische Hinweise für den Hochbau. 8. Auflage, Bauverlag, Wiesbaden und Berlin, 1985.

Grassnick, A.; Holzapfel, W.: Der schadenfreie Hochbau. Verlagsgesellschaft Rudolf Müller, Köln-Braunsfeld, 1976.

Grassnick, A.; Holzapfel, W.: Der schadenfreie Hochbau; Bd. 2: Allgemeiner Ausbau. Verlagsgesellschaft Rudolf Müller, Köln-Braunsfeld, 1981.

Grassnick, A.; Grün, E.; Holzapfel, W.; Rother, H.: Der schadenfreie Hochbau; Bd. 4: Schutzmaßnahmen am Bau. Verlagsgesellschaft Rudolf Müller, Köln-Braunsfeld, 1986.

Grunau, E. B.: Die Außenwand — Fassade, Wasserhaushalt, bauphysikalische Funktionen. Verlagsgesellschaft Rudolf Müller, Köln-Braunsfeld, 1975.

Grunau, E. B.; Isink, M.: Stahlbeton — Oberflächenschutz und Lebenserwartung. Bauverlag, Wiesbaden und Berlin, 1979.

Haferland, F.: Bauschäden an Außenwänden und Dächern; Schadensanalysen, Sanierungsmaßnahmen und konstruktive Alternativvorschläge. Deutsche Verlags-Anstalt, Stuttgart, 1985.

Haferland, F.: Das wärmetechnische Verhalten mehrschichtiger Außenwände. Bauverlag, Wiesbaden und Berlin, 1970.

Hauser, G.; Stiege, H: Wärmebrücken-Atlas für den Mauerwerksbau. Bauverlag, Wiesbaden und Berlin, 1990.

Heindl, W.; Kreč, K.; Panzhauser, E.; Sigmund, A.: Wärmebrücken — Grundlagen, Einfache Formeln, Wärmeverluste, Kondensation, 100 durchgerechnete Baudetails. Springer-Verlag, Wien, 1987.

Huberty, J. M.: Fassaden in der Witterung; Regen, Staub und Patina auf Beton und Stein. Beton-Verlag, Düsseldorf, 1983.

Institut für Fenstertechnik e.V.: Konstruktionsmerkmale für Fenster; Forschungsbericht. Auftraggeber: Bundesministerium für Raumordnung, Bauwesen und Städtebau, Rosenheim, 1986.

Klopfer, H.: Feuchte. In: Lutz, Jenisch, Klopfer, Freymuth, Krampf: Lehrbuch der Bauphysik. B. G. Teubner, Stuttgart, 1985.

Knöfel, D.: Bautenschutz mineralischer Baustoffe. Bauverlag, Wiesbaden und Berlin, 1979.

Kordina, K.; Neidsecke, I.; Landwehrs, K.: Instandsetzen und Schützen von Betonoberflächen mit Anstrichen und kunstharzmodifizierten Mörteln. Amtliche Materialprüfanstalt für das Bauwesen. Forschungsbericht, Braunschweig, 1986.

Krischer, D.; Kast, W.: Die wissenschaftlichen Grundlagen der Trocknungstechnik. 3. Auflage, Springer-Verlag, Berlin, 1978.

Künzel, H.; Böhm, H.: Außenseitige Wärmedämmung von Außenwänden in Verbindung mit mineralischen Putzen. Fraunhofer-Institut für Bauphysik, Stuttgart und Holzkirchen, 1986.

Lampe, J.: Außen- und Innenwände — Bauphysikalische Kennwerte. Verlagsgesellschaft Rudolf Müller, Köln-Braunsfeld, 1981.

Liersch, K.: Belüftete Dach- und Wandkonstruktionen; Bd. 1: Vorhangfassaden; Bauphysikalische Grundlagen des Wärme- und Feuchteschutzes. Bauverlag, Wiesbaden und Berlin, 1981.

Liersch, K.: Belüftete Dach- und Wandkonstruktionen; Bd. 2: Vorhangfassaden; Anwendungstechnische Grundlagen. Bauverlag, Wiesbaden und Berlin, 1984.

Mainka, G.-W.; Paschen, H.: Wärmebrückenkatalog — Tafeln mit Temperaturverläufen, Isothermen und Angaben über zusätzliche Wärmeverluste. B. G. Teubner, Stuttgart, 1986.

Mauerwerk-Kalender 1990; Taschenbuch für Mauerwerk, Wandbaustoffe, Schall-, Wärme- und Feuchtigkeitsschutz. Schriftleitung Funk, P., Verlag Ernst & Sohn, Berlin, 1990.

Meier, C.: Wärmeschutzverordnung und sinnvoller Gebäudewärmeschutz — Ein Leitfaden für Anwender. Bauverlag, Wiesbaden und Berlin, 1987.

Meinert, S.: Normengerechter und wirtschaftlicher Wärmeschutz. 1. Auflage, Verlagsgesellschaft Rudolf Müller, Köln-Braunsfeld, 1978.

Neunast, A.; Theiner, J.: Bims-Bauen mit Bimsbaustoffen, Verlagsgesellschaft Rudolf Müller, Köln-Braunsfeld, 1981.

Niemer, E. U.: Mit keramischen Fliesen und Platten planen und bauen; Material, Planung, Konstruktion, Verarbeitung. 2. Auflage, Verlagsgesellschaft Rudolf Müller, Köln-Braunsfeld, 1986.

Opitz, U.; Stannat, W.; Pohl, W.: KS — Außenwand mit Innendämmung. Hrsg.: Kalksandstein — Information GmbH + CO KG, Hannover, Beton-Verlag, Düsseldorf, 1979.

Oswald, R.; Leven, Th.: Gebäudeschäden durch Luftverschmutzung. Querschnittsbericht zum Stand der Erkenntnisse. Schriftenreihe 04 des Bundesministers für Raumordnung, Bauwesen und Städtebau, Heft Nr. 04.112, 1985.

Oswald, R.; Rogier, D.; Lamers, R.; Schnapauff, V.: Außenwände und Fensteranschlüsse; Konstruktionsempfehlungen zur Altbausanierung. Bauverlag, Wiesbaden und Berlin, 1985.

Pfefferkorn, W.: Dachdecken und Mauerwerk. Verlagsgesellschaft Rudolf Müller, Köln-Braunsfeld, 1980.

Pieper, K.: Sicherung historischer Bauten. Verlag Ernst & Sohn, Berlin, 1983.

Pilny, F.: Risse und Fugen in Bauwerken. Springer-Verlag, Wien, New York, 1981.

Pohl; Schneider; Wormuth: Mauerwerksbau; Konstruktion, Berechnung, Ausführung. Werner Verlag, Düsseldorf, 1984.

Pohlenz, R.: Der schadenfreie Hochbau; Bd. 3: Wärmeschutz, Tauwasserschutz, Schallschutz. Hrsg.: Grassnick, A., Verlagsgesellschaft Rudolf Müller, Köln-Braunsfeld, 1987.

Reeh, H.; Reeh, S.; Schulz, W.; Zuber, E.: Kalksandstein: Statik und Bemessung; DIN 1053 Teil 2. Hrsg.: Kalksandstein Information GmbH + Co KG, 2. Auflage, Beton-Verlag, Düsseldorf, 1986.

Reichert, H.: Konstruktiver Mauerwerksbau — Bildkommentar zur DIN 1053. 3. Auflage, Verlagsgesellschaft Rudolf Müller, Köln-Braunsfeld, 1980.

Rogier, D; Dahmen, G.; Oswald, R.: Schwachstellen beim Wärmeschutz. Problemstellung — Ursachen — Planungs- und Ausführungshinweise. Unveröffentlichter Forschungsbericht, 1985.

Ruffert, G.: Schäden an Betonbauwerken; Ursachen — Analysen — Beispiele. Verlagsgesellschaft Rudolf Müller, Köln-Braunsfeld, 1982.

Schild, E.; Casselmann, H.; Dahmen, G.; Pohlenz, R.: Bauphysik — Planung und Anwendung. 3. Auflage, Vieweg, Braunschweig, 1982.

Schild, E.; Casselmann, H.; Dahmen, G.; Rogier, D.: Wärme- und Feuchtigkeitsschutz im Hochbau; Neue Planungsaufgaben durch die DIN 4108. Verlag für Wirtschaft und Verwaltung Hubert Wingen, Essen, 1981.

Schild, E.; Oswald, R.; Rogier, D; Schnapauff, V.; Schweikert, H.; Lamers, R.: Schwachstellen Bd. I, Flachdächer, Dachterrassen, Balkone. 4. Auflage, Bauverlag, Wiesbaden und Berlin, 1987.

Schild, E.; Oswald, R.; Rogier, D.; Schnapauff, V.; Schweikert, H.: Schwachstellen Bd. III, Keller und Dränagen. 3. Auflage, Bauverlag, Wiesbaden und Berlin, 1982.

Schild, E.; Oswald, R.; Rogier, D.; Schnapauff, V.; Schweikert, H.: Schwachstellen Bd. IV, Innenwände, Decken, Fußböden. 2. Auflage, Bauverlag, Wiesbaden und Berlin, 1980.

Schild, E.; Oswald, R.; Rogier, D.; Schnapauff, V.; Schweikert, H.: Schwachstellen Bd. V, Fenster und Außentüren. 2. Auflage, Bauverlag, Wiesbaden und Berlin, 1984.

Schild, E.; Oswald, R.; Rogier, D.; Schweikert, H.: Bauschäden an Außenwänden und Öffnungsanschlüssen; Ergebnisse einer Umfrage unter Bausachverständigen. Hrsg.: ILS Dortmund, ILS Band 3.005, 2. Auflage, 1979.

Schild, E.; Oswald, R.; Rogier, D.; Schweikert, H.: Bauschäden an Fenstern und Türen; Ergebnisse einer Umfrage unter Bausachverständigen. Hrsg.: ILS Dortmund, ILS Band 3.025, 1980.

Schweikert, H.: Langzeitbewährung und Schadensanfälligkeit von neuartigen Baukonstruktionen mit erhöhtem Wärmeschutz — Grundlagenuntersuchung. Forschungsauftrag II B 5 — FA 8176 und IV B 5 — FA 8856 des Ministers für Wissenschaft und Forschung des Landes NW, 1982 (unveröffentlicht).

Schweikert, H.: Schäden an ausgeführten Außenwänden mit Kerndämmung. Forschungsbericht T 83 — 255. Hrsg.: Bundesministerium für Forschung und Technologie, Bonn, 1983.

Schweikert, H.: Wärmedämmverbundsysteme — Außenwärmedämmsysteme für Fassaden mit gewebebewehrten Oberflächenbeschichtungen. Forschungsauftrag II B 5 — FA 8176 des Ministers für Wissenschaft und Forschung des Landes NW, Aachen, 1981, (unveröffentlicht).

Vierl, P.: Putz und Stuck; Herstellen, Restaurieren. Callwey Verlag, München, 1984.

Weber, H. (Hrsg.): Fassadenschutz und Bausanierung. 4. Auflage, Expert Verlag, Ehningen, 1988.

Wesche, K.: Baustoffe für tragende Bauteile — Beton; Bd. 2, 2. Auflage, Bauverlag, Wiesbaden und Berlin, 1981.

Normen, Richtlinien und Merkblätter

DIN 1045: Beton und Stahlbeton; Bemessung und Ausführung. Juli 1988.

DIN 1053, Teil 1: Mauerwerk; Rezeptmauerwerk, Berechnung und Ausführung. Februar 1990.

DIN 1053, Teil 2: Mauerwerk; Mauerwerk nach Eignungsprüfung, Berechnung und Ausführung. Juli 1984.

DIN 1053, Teil 3: Mauerwerk; Bewehrtes Mauerwerk, Berechnung und Ausführung. Februar 1990.

DIN 1053, Teil 4: Mauerwerk; Bauten aus Ziegelfertigbauteilen. September 1978.

DIN 1102: Holzwolle-Leichtbauplatten nach DIN 1101; Verarbeitung. März 1980.

DIN 1102 (Entwurf): Holzwolle-Leichtbauplatten und Mehrschicht-Leichtbauplatten aus Hartschaum oder Mineralfaser und Holzwolle nach DIN 1101 als Dämmstoffe für den Wärmeschutz, Schallschutz und Brandschutz im Bauwesen; Verwendung, Verarbeitung. August 1988.

DIN 1104, Teil 1: Mehrschicht-Leichtbauplatten aus Schaumkunststoffen und Holzwolle; Maße, Anforderungen, Prüfung. März 1980.

DIN 1104, Teil 2: Mehrschicht-Leichtbauplatten aus Schaumkunststoffen und Holzwolle; Maße, Anforderungen, Prüfung, Verarbeitung. März 1980.

DIN 4108, Teil 1: Wärmeschutz im Hochbau; Größen und Einheiten. August 1981. Beiblatt 1: Wärmeschutz im Hochbau; Inhaltsverzeichnisse: Stichwortverzeichnis. April 1982.

DIN 4108, Teil 2: Wärmeschutz im Hochbau; Wärmedämmung und Wärmespeicherung, Anforderungen und Hinweise für Planung und Ausführung. August 1981.

DIN 4108, Teil 3: Wärmeschutz im Hochbau; klimabedingter Feuchteschutz, Anforderungen und Hinweise für Planung und Ausführung. August 1981.

DIN 4108, Teil 4: Wärmeschutz im Hochbau; Wärme- und feuchteschutztechnische Kennwerte. Dezember 1985.

DIN 4108, Teil 5: Wärmeschutz im Hochbau; Berechnungsverfahren. August 1981.

DIN 4232: Wände aus Leichtbeton mit haufwerksporigem Gefüge. Bemessung und Ausführung. September 1987.

DIN 4242: Glasbaustein-Wände; Ausführung und Bemessung. Januar 1979.

DIN 18156, Teil 2: Stoffe für keramische Bekleidungen im Dünnbettverfahren; Hydraulisch erhärtende Dünnbettmörtel. März 1978.

DIN 18157, Teil 1: Ausführung keramischer Bekleidungen im Dünnbettverfahren; Hydraulisch erhärtende Dünnbettmörtel. Juli 1979.

DIN 18164, Teil 1: Schaumkunststoffe als Dämmstoffe für das Bauwesen, Dämmstoffe für die Wärmedämmung. Juni 1979.

DIN 18165, Teil 1: Faserdämmstoffe für das Bauwesen, Dämmstoffe für die Wärmedämmung. März 1987.

DIN 18195, Teil 4: Bauwerksabdichtungen; Abdichtungen gegen Bodenfeuchtigkeit. Bemessung und Ausführung. August 1983.

DIN 18195, Teil 5; Bauwerksabdichtungen; Abdichtungen gegen nichtdrückendes Wasser, Bemessung und Ausführung. Februar 1984.

DIN 18195, Teil 6: Bauwerksabdichtungen; Abdichtungen gegen von außen drückendes Wasser, Bemessung und Ausführung. August 1983.

DIN 18330: VOB, Teil C: Mauerarbeiten. September 1988.

DIN 18331: VOB, Teil C: Beton- und Stahlbetonarbeiten. September 1988.

DIN 18332: VOB, Teil C: Naturwerksteinarbeiten. September 1988.

DIN 18333: VOB, Teil C: Betonwerksteinarbeiten. September 1988.

DIN 18338: VOB, Teil C: Dachdeckungs- und Dachabdichtungsarbeiten. September 1988.

DIN 18350: VOB, Teil C: Putz- und Stuckarbeiten. September 1988.

DIN 18352: VOB, Teil C: Fliesen- und Plattenarbeiten. September 1988.

DIN 18515: Fassadenbekleidungen aus Naturstein, Betonwerkstein und keramischen Baustoffen; Richtlinien für die Ausführung. Juli 1970. Beiblatt Erläuterungen. Dezember 1973.

DIN 18516, Teil 1: Außenwandbekleidungen, hinterlüftet; Anforderungen, Grundsätze. Januar 1990.

DIN 18516, Teil 2 (Entwurf): Außenwandbekleidungen; hinterlüftet; keramische Platten, Anforderungen, Bemessung, Prüfung. September 1986.

DIN 18516, Teil 3: Außenwandbekleidungen; hinterlüftet; Naturwerkstein, Anforderungen, Bemessung, Prüfung. Januar 1990.

DIN 18516, Teil 6 (Entwurf): Außenwandbekleidungen; hinterlüftet; Einscheiben-Sicherheitsglas, Anforderungen, Bemessung. September 1987.

DIN 18517, Teil 1: Außenwandbekleidungen aus kleinformatigen Fassadenplatten; Asbestzementplatten. November 1985.

DIN 18530: Massive Deckenkonstruktionen für Dächer; Planung und Ausführung. März 1987.

DIN 18540: Abdichten von Außenwandfugen im Hochbau mit Fugendichtstoffen. Oktober 1988.

DIN 18550, Teil 1: Putz; Begriffe und Anforderungen. Januar 1985.

DIN 18550, Teil 2: Putz; Putze aus Mörteln mit mineralischen Bindemitteln, Ausführung. Januar 1985.

DIN 18550, Teil 3 (Entwurf): Putze; Wärmedämmputzsysteme aus Mörteln mit mineralischen Bindemitteln und expandiertem Polystyrol (EPS) als Zuschlag; Begriff, Anforderungen, Prüfung, Ausführung, Überwachung. Juni 1988.

DIN 18558: Kunstharzputze; Begriffe, Anforderungen, Ausführung. Januar 1985.

Wärmedämmverbundsysteme für Fassaden; UEAtc-Richtlinien für die Beurteilung ihrer Eignung. Bundesanstalt für Materialprüfung, Berlin, 1989.

Merkblatt: Außenputz auf Leichtziegel; Außenputze nach DIN 18550, Teil 1 und 2, Januar 1985. Hrsg.: Hauptgemeinschaft der Deutschen Werkmörtelindustrie u.a., Dezember 1988.

Merkblatt: Wärmedämmung im Verbund-System auf Fassaden und anderen Bauteilen. Hrsg.: Bundesausschuß Farbe und Sachwertschutz, Frankfurt a. M., September 1982.

Merkblatt: Sichtbeton. Merkblatt für Ausschreibung, Herstellung und Abnahme von Beton mit gestalteten Ansichtsflächen. Beton Verlag, Düsseldorf, 1982.

Merkblatt: Bewegungsfugen in Bekleidungen und Belägen aus Fliesen und Platten. Hrsg.: Fachverband des Deutschen Fliesengewerbes im Zentralverband des Deutschen Baugewerbes, Bonn, Oktober 1983.

Merkblatt: Beschichtungen und Imprägnierungen auf Kalksandstein-Sichtmauerwerk. Hrsg.: Bundesausschuß Farbe und Sachwertschutz, Oktober 1982.

Merkblatt: Mauerwerksbau aktuell: Wärmebrücken vermeiden. Lösungsvorschläge für den Mauerwerksbau. Hrsg.: Deutsche Gesellschaft für Mauerwerksbau e.V., Bonn, Dezember 1987.

Flachdachrichtlinien — Richtlinien für die Planung und Ausführung von Dächern mit Abdichtungen. Hrsg.: Zentralverband des Deutschen Dachdeckerhandwerks e.V. u.a., Helmut Gros Fachverlag, Berlin, Januar 1982.

Flachdachrichtlinien — Richtlinien für die Planung und Ausführung von Dächern mit Abdichtungen. Hrsg.: Zentralverband des Deutschen Dachdeckerhandwerks e.V. u.a.; 2. Entwurfsausgabe, Mai 1989.

Fachregeln des Dachdeckerhandwerks — Regeln für Deckungen mit Asbestzement. Hrsg.: Zentralverband des Deutschen Dachdeckerhandwerks e.V., Helmut Gros Fachverlag, Berlin, Januar 1974, Nachdruck 1982.

Fachregeln des Dachdeckerhandwerks — Regeln für Deckungen mit Schiefer. Hrsg.: Zentralverband des Deutschen Dachdeckerhandwerks e.V., Helmut Gros Fachverlag, Berlin, Juli 1977, Nachdruck 1982.

Wärmeschutzverordnung — Verordnung über einen energiesparenden Wärmeschutz bei Gebäuden, Bundesgesetzblatt, Bonn, 27. Februar 1982.

Merkblatt: Mauerwerk in modularer Ausführung. Deutsche Gesellschaft für Mauerwerksbau e.V., Essen 1981.

Merkblatt: Beurteilung des Untergrundes für Putzarbeiten — Maßnahmen zur Beseitigung von Schäden. Hrsg.: Bundesausschuß für Farbe und Sachwertschutz. August 1986.

Merkblatt: Risse in Außenputzen und ihre Überbrückung mit Beschichtungssystemen und Armierungen. Hrsg.: Bundesausschuß für Farbe und Sachwertschutz. Juli 1978.

Merkblatt: Außenputz auf Holzwolle-Leichtbauplatten nach DIN 1101 und Mehrschicht-Leichtbauplatten nach DIN 1104. Hrsg.: Bundesverband der Leichtbauplattenindustrie e.V., München.

Merkblatt: Zur Standsicherheit von Wärmedämm-Verbundsystemen mit Mineralfaserdämmstoffen und mineralischem Putz. Mitteilungen des IfBt, Heft 6/1984.

Merkblatt: Fassaden-Vollwärmeschutz-System. Fachverband Fassaden-Vollwärmeschutz e.V., März 1981.

Richtlinien für die Ausführung von Metall-Dächern, -Außenwandbekleidungen und Bauklempner-Arbeiten (Fachregeln des Klempnerhandwerks). Zentralverband Sanitär, Heizung, Klima; St. Augustin, September 1985.

Zusätzliche Technische Vorschriften und Richtlinien für das Füllen von Rissen in Betonbauteilen (ZTV-Riss 88). Hrsg.: Bundesminister für Verkehr, Arbeitskreis ZTV-Riss; Verkehrsblatt-Verlag, März 1988.

Richtlinien für das Versetzen und Verlegen von Naturwerksteinen. Hrsg.: Deutscher Naturwerkstein-Verband, Januar 1973.

Richtlinien für das Versetzen und Verlegen von Naturwerksteinen, Teil II: Anleitung für den statischen Nachweis von Fassadenplatten aus Naturwerkstein; 2. Auflage 1979.

Fachaufsätze

Bagda, E.: Schäden bei Wärmedämmverbundsystemen. In: Das Deutsche Malerblatt, Heft 4/1984.

Cammerer, W. F.: Wärmedämmstoffe für Außenwände, Eigenschaften und Anforderungen. In: Aachener Bausachverständigentage 1980; Hrsg.: Schild, E., Bauverlag, Wiesbaden und Berlin, 1980.

Cammerer, W. F.: Der Feuchtigkeitseinfluß auf die Wärmeleitfähigkeit von Bau- und Wärmedämmstoffen. In: Bauphysik Heft 6/1987, S. 259—266.

Casselmann, H.: Feuchtigkeitsgehalt von Wandbauteilen. In: Aachener Bausachverständigentage 1983; Hrsg.: Schild, E., Bauverlag, Wiesbaden und Berlin, 1983.

Cziesielski, E.: Bauphysikalische Grundlagen zur Fugenabdichtung im Außenwandbereich. In: Bauphysik, Heft 5/1987, S. 188—195.

Cziesielski, E.: Außenwände — Witterungsschutz im Fugenbereich. In: Aachener Bausachverständigentage 1983; Hrsg.: Schild, E., Bauverlag, Wiesbaden und Berlin, 1983.

Cziesielski, E.: Mineralische Wärmedämmverbundsysteme. In: Aachener Bausachverständigentage 1989; Hrsg.: Schild, E.; Oswald, R., Bauverlag, Wiesbaden und Berlin, 1989.

Dahmen, G.: Entwurf der neuen Putznorm DIN 18550. In: Aachener Bausachverständigentage 1985; Hrsg.: Schild, E., Bauverlag, Wiesbaden und Berlin, 1985.

Dahmen, G.: Wasseraufnahme von Sichtmauerwerk. In: Aachener Bausachverständigentage 1989; Hrsg.: Schild, E.; Oswald, R., Bauverlag, Wiesbaden und Berlin, 1989.

Erhorn, H.: Schäden durch Schimmelpilzbildung im modernisierten Wohnungsbau — Umfang, Analyse und Abhilfemaßnahmen. In: Bauphysik, Heft 5/1988, S. 129—134.

Franke, L.; Kittl, R.; Witt, S.: Hydrophobierung von Fassaden — eine sinnvolle Maßnahme? In: Bauphysik, Heft 5/1987, S. 181—187.

Gertis, K.: Speichern oder Dämmen? — Beitrag zur k-Wert-Diskussion. In: Aachener Bausachverständigentage 1987; Hrsg.: Schild, E., Oswald, R., Bauverlag, Wiesbaden und Berlin, 1987.

Gertis, K.: Bauphysikalische Grundlagen der Wohnungslüftung. In: Deutsche Bauzeitschrift, Heft 2/1984, S. 231—234.

Gertis, K.: Auswirkung zusätzlicher Wärmedämmschichten auf das bauphysikalische Verhalten von Außenwänden. In: Aachener Bausachverständigentage 1980; Hrsg.: Schild, E., Bauverlag, Wiesbaden und Berlin, 1980.

Glitza, H.: Mauerwerk aus Leichtbetonsteinen. In: Deutsche Bauzeitschrift, Heft 4/1988, S. 543—548.

Grunau, E. B.: Fugen- und Dichtstoffe; Stand der Fugendichtungstechnik 1988. In: Baugewerbe, Heft 20/1988, S. 23—26.

Grunau, E. B.: Durchfeuchtung von Außenwänden. In: Aachener Bausachverständigentage 1976; Hrsg.: Schild, E., Forum Verlag Stuttgart, 1976.

Güldenpfennig, R.: Fachgerechte Planung und Ausführung von Fassaden-Vollwärmeschutz-Systemen. In: Das Stuckgewerbe, Heft 8/1979.

Güldenpfennig, R.; Kauerz, A.: Wärmedämmverbundsysteme. In: Bauphysik, Heft 5/1987, S. 209—212.

Haferland, F.: Wärmeschutz an Außenwänden; Innen-, Kern- und Außendämmung/k-Wert/Speicherfähigkeit. In: Aachener Bausachverständigentage 1984; Hrsg.: Schild, E., Bauverlag, Wiesbaden und Berlin, 1984.

Hauser, G.: Wärmebrückenprobleme bei Gebäuden mit hoher Wärmedämmung. In: Deutsche Bauzeitschrift, Heft 2/1989, S. 193—196.

Hauser, G.: Passive Sonnenenergienutzung durch Fenster, Außenwände und temporäre Wärmeschutzmaßnahmen — Eine einfache Methode zur Quantifizierung durch k-Werte. In: Heizung — Lüftung — Haustechnik 1983, Heft 3, S. 111—112; Heft 4, S. 144—153; Heft 5, S. 200—204; Heft 6, S. 259—265.

Hauser, G.: Der k-Wert im Kreuzfeuer — Ist der Wärmedurchgangskoeffizient ein Maß für Transmissionswärmeverluste? In: Bauphysik, Heft 1/1981.

Heck, F.: Außenwand-Dämmsysteme; Materialien, Ausführung, Bewährung. In: Aachener Bausachverständigentage 1980; Hrsg.: Schild, E., Bauverlag, Wiesbaden und Berlin, 1980.

Heck, F.: Energieeinsparung durch hochwärmedämmende Außenwandkonstruktionen. In: DBZ, Heft 2/1982.

Jeran, A.: Außenputz auf hochdämmendem Mauerwerk. In: Aachener Bausachverständigentage 1989; Hrsg.: Schild, E.; Oswald, R., Bauverlag, Wiesbaden und Berlin, 1989.

Kasten, D.; Schubert, P.: Verblendschale aus Kalksandsteinen; Beanspruchung, rißfreie Wandlänge, Hinweise zur Ausführung. In: Bautechnik, Heft 3/1985, S. 86—94.

Kießl, K.: Kapillarer und dampfförmiger Feuchtetransport in mehrschichtigen Bauteilen. Dissertation, Essen, 1983.

Kilian, A.: Warum blüht der Ziegel aus? In: Der Architekt, Heft 5/1982.

Kirtschig, K.: Zur Funktionsweise und Bewährung von zweischaligem Mauerwerk mit Kerndämmung. In: Aachener Bausachverständigentage 1989; Hrsg.: Schild, E.; Oswald, R., Bauverlag, Wiesbaden und Berlin, 1989.

Klopfer, H.: Bauphysikalische Betrachtungen zum Wassertransport und Wassergehalt in Außenwänden. In: Aachener Bausachverständigentage 1983; Hrsg.: Schild, E., Bauverlag, Wiesbaden und Berlin, 1983.

Knöfel, D.: Schäden und Oberflächenschutz an Fassaden. In: Aachener Bausachverständigentage 1983; Hrsg.: Schild, E., Bauverlag, Wiesbaden und Berlin, 1983.

Köneke, R.: Mauerwerk mit Schalenfuge — noch aktuell? In: Baugewerbe, Heft 19/1984, S. 32—34.

König, N.: Bauphysikalische Probleme der Innendämmung. In: Aachener Bausachverständigentage 1984; Hrsg.: Schild, E., Bauverlag, Wiesbaden und Berlin, 1984.

Künzel, H.: Wärmestau und Feuchtestau als Ursache von Putzschäden bei Wärmedämmverbundsystemen. In: Aachener Bausachverständigentage 1989; Hrsg.: Schild, E.; Oswald, R., Bauverlag, Wiesbaden und Berlin, 1989.

Künzel, H.: Müssen Außenwände „atmungsfähig" sein? In: WKSB, (Zeitschrift der Fa. Grünzweig und Hartmann) Heft 11/1987.

Künzel, H.: Anforderungen an die thermo-mechanischen Eigenschaften von Außenputzen zur Vermeidung von Putzschäden. In: Aachener Bausachverständigentage 1985; Hrsg.: Schild, E., Bauverlag, Wiesbaden und Berlin, 1985.

Künzel, H.: Technologische Anforderungen an mineralische Einschichtputze geringer Dicke. In: Bauphysik, Heft 1/1985, S. 12–15.

Künzel, H.: Beurteilung der thermo-mechanischen Eigenschaften von Außenputzen. In: Bauphysik, Heft 3/1984, S. 98–102.

Künzel, H.: Schlagregenschutz von Außenwänden, Neufassung in DIN 4108. In: Aachener Bausachverständigentage 1982; Hrsg.: Schild, E., Bauverlag, Wiesbaden und Berlin, 1982.

Künzel, H.: Beurteilung des Regenschutzes von Außenbeschichtungen. Mitteilungen des IBP der Fraunhofer-Gesellschaft, Heft 4/1976.

Kupke, C.: Temperatur und Wärmestromverhältnisse bei Eckausbildungen und auskragenden Bauteilen. In: Gesundheitsingenieur, Heft 4/1980, S. 88–95.

Leifeld, G.: Schäden an Außenputzen. In: Baugewerbe, Heft 6/1988, S. 25–28; Heft 9/1988, S. 31–33.

Liersch, K. W.: Leichte Außenwandbekleidungen. In: Aachener Bausachverständigentage 1987; Hrsg.: Schild, E.; Oswald, R., Bauverlag, Wiesbaden und Berlin, 1987.

Lühr, H. P.: Kerndämmung – Probleme des Schlagregens, der Diffusion, der Ausführungstechnik. In: Aachener Bausachverständigentage 1984; Hrsg.: Schild, E., Bauverlag, Wiesbaden und Berlin, 1984.

Meier, C.: Die wirtschaftliche Gebäudedämmkonzeption. In: Bauphysik 1986, Heft 1, S. 14–19; Heft 3, S. 80–84; Heft 5, S. 156–161.

Nannen, D.; Gertis, K.: Thermische Spannungen in Wärmedämmverbundsystemen – Hohlstellen, Versprünge, Rand- und Eckbereiche. In: Bauphysik Heft 5/1985, S. 150–157.

Niemer, U.: Keramische Fassadenbekleidungen nach DIN 18515. In: Deutsche Bauzeitung (db), Heft 2/1989, S. 60–75.

Oswald, R.: Schwachstellen – Beispiel Rollschichten. In: Deutsche Bauzeitung (db), Heft 5/90, S. 82–88.

Oswald, R.: Die Beurteilung von Außenputzen. In: Aachener Bausachverständigentage 1989; Hrsg.: Schild, E.; Oswald R., Bauverlag, Wiesbaden und Berlin, 1989.

Oswald, R.: Querschnittsabdichtung bei erdberührten Bauteilen. In: Deutsches Architektenblatt, Heft 11/1988, S. 1607–1610.

Oswald, R.: Fassadenverschmutzung. In: Aachener Bausachverständigentage 1987; Hrsg.: Schild, E.; Oswald, R., Bauverlag, Wiesbaden und Berlin, 1987.

Oswald, R.: Rißbildungen in Oberflächenschichten, Beeinflussung durch Dehnungsfugen und Haftverbund. In: Aachener Bausachverständigentage 1985; Hrsg.: Schild, E., Bauverlag, Wiesbaden und Berlin, 1985.

Oswald, R.: Schäden am Öffnungsbereich als Schadensschwerpunkt bei Außenwänden. In: Aachener Bausachverständigentage 1976; Hrsg.: Schild, E., Forum Verlag Stuttgart, 1976.

Pauls, N.: Ausblühungen von Sichtmauerwerk. In: Aachener Bausachverständigentage 1989; Hrsg.: Schild, E.; Oswald, R., Bauverlag, Wiesbaden und Berlin, 1989.

Pfefferkorn, W.: Dachdecken- und Geschoßdeckenauflager bei leichten Mauerwerkskonstruktionen. In: Aachener Bausachverständigentage 1989; Hrsg.: Schild, E.; Oswald, R., Bauverlag, Wiesbaden und Berlin, 1989.

Pfefferkorn, W.: Wandscheiben aus Ziegelmauerwerk. Rißbildung durch schwindenden Stahlbetongurt. Bauschäden-Sammlung, Band 7, Forum Verlag GmbH, Stuttgart, 1988.

Pfefferkorn, W.: Außenwandmauerwerk mit Leichtziegeln. Rißbildung durch Stahlbeton-Ringgurt. Bauschäden-Sammlung, Band 6, Forum Verlag GmbH, Stuttgart, 1986.

Pfefferkorn, W.: Dachdecken und Mauerwerk. Entwurf, Bemessung und Beurteilung von Tragkonstruktionen aus Dachdecken und Mauerwerk. Verlagsgesellschaft Rudolf Müller GmbH, Köln, 1980.

Pfefferkorn, W.: Längenänderungen von Mauerwerk und Stahlbeton infolge von Schwinden und Temperaturveränderungen. In: Aachener Bausachverständigentage 1976; Hrsg.: Schild, E., Forum Verlag Stuttgart, 1976.

Pfefferkorn, W.: Konstruktive Planungsgrundsätze für Dachdecken und ihre Unterkonstruktionen. In: Das Baugewerbe, Hefte 18–21/1973.

Pilny, F.: Mechanismus und Erfassung der Rißbildungen. In: Aachener Bausachverständigentage 1985; Hrsg.: Schild, E., Bauverlag, Wiesbaden und Berlin, 1985.

Reichert, H.: Konstruktionen – Details. In: Mauerwerk-Atlas. Hrsg.: Institut für internationale Architektur-Dokumentation, München; Deutsche Gesellschaft für Mauerwerksbau, Essen, 1984.

Rogier, D.: Rissebewertung und Sanierung. In: Aachener Bausachverständigentage 1985; Hrsg.: Schild, E., Bauverlag, Wiesbaden und Berlin, 1985.

Rogier, D.: Untersuchung der Bauschäden an Fenstern; Darstellung spezieller Schadensschwerpunkte. In: Aachener Bausachverständigentage 1980; Hrsg.: Schild, E., Bauverlag, Wiesbaden und Berlin, 1980.

Ruffert, G.: Ursachen, Vorbeugung und Sanierung von Sichtbetonschäden. In: Aachener Bausachverständigentage 1985; Hrsg.: Schild, E., Bauverlag, Wiesbaden und Berlin, 1985.

Schaupp, M.: Außenwandbekleidungen – Einschlägige DIN-Normen und bauaufsichtliche Regelungen. In: Aachener Bausachverständigentage 1987; Hrsg.: Schild, E.; Oswald, R., Bauverlag, Wiesbaden und Berlin, 1987.

Schellbach, G.; Schmidt, H.: Einfluß des Rohmaterials und der Produktionstechnik auf das Verformungsverhalten von Ziegeln – Auswirkungen dieser Verformungen auf Baukonstruktionen. In: Ziegelindustrie International, Nr. 10/1980, S. 651–663.

Schießl, P.; Wölfel, E.: Konstruktionsregeln zur Beschränkung der Rißbreite – Grundlage zur Neufassung DIN 1045, Abschnitt 17.6 (Entwurf 1985). In: Beton- und Stahlbetonbau 1/1986, S. 129–136.

Schießl, P.: Zur Frage der zulässigen Rißbreite und der erforderlichen Betondeckung unter besonderer Berücksichtigung der Karbonatisierung des Betons. Schriftenreihe des Deutschen Ausschusses für Stahlbeton, Heft 255, W. Ernst & Sohn, Berlin, 1976.

Schild, E.: Mauerwerksbau im Spannungsfeld zwischen architektonischer Gestaltung und Bauphysik. In: Aachener Bausachverständigentage 1989; Hrsg.: Schild, E.; Oswald, R., Bauverlag, Wiesbaden und Berlin, 1989.

Schild, E.: Zum Problem der Wärmebrücken. In: Aachener Bausachverständigentage 1982; Hrsg.: Schild, E., Bauverlag, Wiesbaden und Berlin, 1982.

Schild, E.: Untersuchung der Bauschäden an Außenwänden und Öffnungsanschlüssen. In: Aachener Bausachverständigentage 1976; Hrsg.: Schild, E., Forum Verlag Stuttgart, 1976.

Schubert, P.: Aussagefähigkeit von Putzprüfungen an ausgeführten Gebäuden. In: Aachener Bausachverständigentage 1989; Hrsg.: Schild, E.; Oswald, R., Bauverlag, Wiesbaden und Berlin, 1989.

Schubert, P.: Rißbildung im Leichtmauerwerk. In: Bauzentrum, Heft 6/1986, S. 14–18.

Schubert, P.: Rißbildung im Leichtmauerwerk; Ursachen und Planungshinweise zur Vermeidung. Aachener Bausachverständigentage 1985; Hrsg.: Schild, E., Bauverlag, Wiesbaden und Berlin, 1985.

Schubert, P.: Zur Feuchtedehnung von Mauerwerk. In: Mauerwerk-Kalender 1984, Verlag Ernst & Sohn, Berlin, 1984.

Schubert, P.; Glitza, H.: Rißsicherheit bei überwiegend horizontalen Formänderungen. In: Mauerwerk-Kalender 1983, S. 653f.

Schubert, P.; Wesche, K.; Wilmes, K.: Verformungseigenschaften und Rißsicherheit von Mauerwerk aus Naturbimsbetonsteinen. In: Bautechnik, Heft 5/1985, S. 145–155.

Schulze, M.: Putz auf vorgehängter Schale. In: DBZ, Heft 3/1990, S. 407–408.

Schweikert, H.: Wärmedämmverbundsysteme. In: DBZ, Heft 9/1982, S. 1241–1245.

Usemann, K. W.: Die baugeschichtliche Entwicklung der Außenwand. In: Bauphysik, Heft 5/1987, S. 133–154.

Weber, H.: Anstriche und rißüberbrückende Beschichtungssysteme auf Putz. In: Aachener Bausachverständigentage 1989; Hrsg.: Schild, E.; Oswald, R., Bauverlag, Wiesbaden und Berlin, 1989.

Weinmann, K.: Modernisierung von Altbaufassaden unter besonderer Berücksichtigung der Wärmedämmung. In: Süddeutsche Bauwirtschaft, Heft 1–3, 1979.

Welscher, A.: Fassadenschutz durch Silikone. In: Bundesbaublatt, Heft 1/69.

Wesche, K.; Schubert, P.: Risse im Mauerwerk – Ursachen, Kriterien, Messungen. In: Aachener Bausachverständigentage 1976; Hrsg.: Schild, E., Forum Verlag Stuttgart, 1976.

Zumbroich, H.: Unterschiedliche Beanspruchung von Verblendziegeln in kerngedämmtem Mauerwerk mit und ohne Belüftung. In: Ziegelindustrie, Heft 5/1982, S. 333–340.

Symbole und Sinnbilder zu den Abbildungen

**Anmerkung: Die Abbildungen stellen Prinzipzeichnungen dar und sind nicht in jedem Fall maßstäblich!
In sämtlichen Abbildungen ist außen immer in Richtung der linken (Schnitte) bzw. der unteren (Grundrisse) Bildkante!**

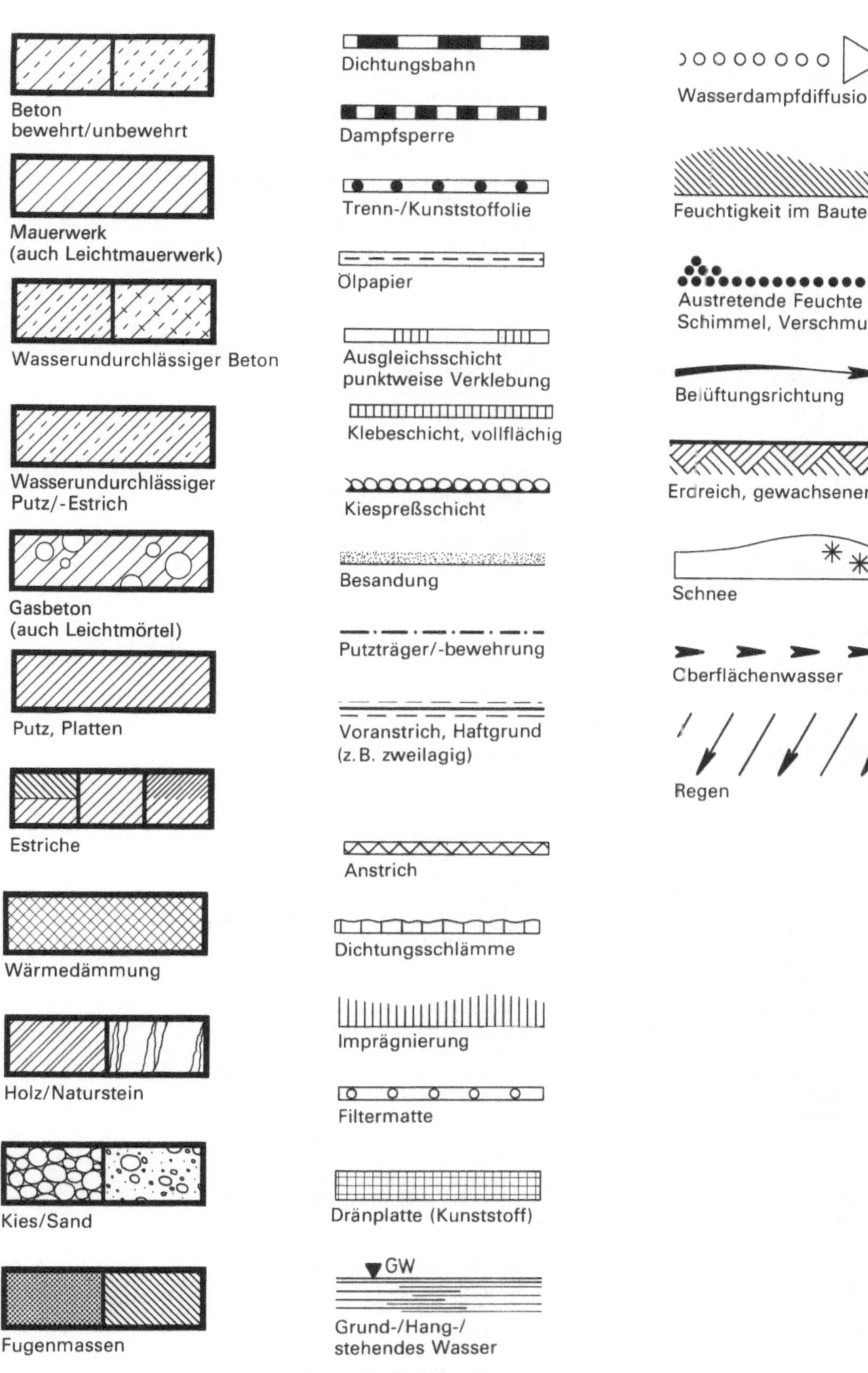

Sachwortregister

Abdeckungen von Mauerwerk 35, 48, 95, 125, 142, 170, 183
Abfangung 112, 157
Alkalität 22, 26
Aluminiumfolie s. Dampfsperre
Anker 112, 157
Anschlag 46, 94, 141, 182
Anschluß von horizontalen Flächen 32, 78, 122, 167
Anschlußfugen 51 ff
Ansetzmörtel 110
Anstriche 25, 27
Armierung s. Bewehrung
Asbestzementabdeckungen s. Abdeckungen
Attiken 41, 87, 134, 177
Aufkantung der Dichtungsschicht 32, 78, 122, 167
Auflagerung
— unverschiebbare 39, 83, 129, 173
— verschiebbare 40, 85, 131, 174
Aufsetzpunkt 31, 121, 133, 166, 176
Ausblühungen 21, 149
Auskragungen 41, 87, 134, 177
Außenputz 59 ff

Balkone s. Anschluß von horizontalen Flächen
Bauteilflanken 53
Bekleidungen 99 ff
Belüftungsöffnung 114, 116, 159, 176
Bemörtelungsrahmen 110
Betonkorrosion 22
Bewegungsfugen s. Dehnungsfugen
Bewehrung
— von Bekleidungen 107, 113
— von Kragplatten 41, 87, 135, 177
— von Mauerwerk 96
— von Putz 66, 71, 86, 92, 96, 133
Blendrahmen 46, 94, 141, 182
Brüstungen s. Fensterbrüstungen
Bauwerksöffnungen s. Öffnungsanschlüsse
Beschichtungen 23

Dachanschluß
— bei Putzbauten 75 ff
— bei Sichtmauerwerk und Sichtbeton 29 ff
— bei Wänden mit Bekleidung 119 ff
— bei zweischaligem Verblendmauerwerk 163 ff
Dachdeckenauflager
— bei Putzbauten 81 ff
— bei Sichtmauerwerk und Sichtbeton 37 ff
— bei Wänden mit Bekleidungen 127 ff
— bei zweischaligem Verblendmauerwerk 171 ff
Dachflächen s. Anschluß von horizontalen Flächen
Dachpappen s. Sperrschicht
Dachterrassen s. Anschluß von horizontalen Flächen
Dämmaterial 19, 66, 106, 152
Dampfsperre 20, 69, 106, 124, 152
Dehnungsfugen 51 ff
— bei Attiken 41, 177
— bei Bekleidungen 107, 109, 130
— bei Glasbausteinfenstern 50
— in Vormauerschalen 153, 184
Dichtung
— einstufige 55
— zweistufige 55
Dichtungsmassen 46, 53
— Materialwahl 53
— Verarbeitung 46, 57

Dichtungsmittelzusätze
— im Ansetzmörtel 111
— im Mauermörtel 155
— im Putz 72
Drahtanker 112, 157, 159
Drahtnetzeinlage s. Bewehrung von Putz
Druckausgleichsraum 55
Dünnbettverfahren 161
Durchbiegung
— der Deckenplatte 39, 83, 129, 173
— von Stürzen 92

Ecken s. Gebäudeecken
Einbauschränke 105, 151
Einbringtemperatur 57
Elastomerstreifen 40, 85
Elementfugen 53
Erdaufschüttung 168

Farbanstriche 24, 27
Farbgebung bei Putz 72
Farbunterschiede bei Sichtbeton 24
Fehlstellen
— in Dampfsperren 19
— im Putz 62
Feinkornanteil 155
Fensterbank 48, 95, 142, 183
Fensterbrüstung 49, 96, 143, 184
Fensterecken 49, 184
Fensterflächenanteil 151
Fertigmörtel 21, 72
Fertigstürze 92
Festpunktlage 40, 85, 131, 174
Flachheizkörper 49, 96, 143
Flachstahl 181
Frostabsprengungen 26, 110, 125
Führungsschiene 97
Fugen 51 ff
Fugenausbildung 55
Fugenglattstrich 21, 155
Fugenquerschnitt — Dimensionierung 53
Fugmörtel 155

Gebäudeecken 39, 64, 108, 151
Gerüstabstand 73
Geschoßdeckenauflager
— bei Putzbauten 81 ff
— bei Sichtmauerwerk und Sichtbeton 37 ff
— bei Wänden mit Bekleidungen 127 ff
— bei zweischaligem Verblendmauerwerk 171 ff
Gesimse 41, 87, 134, 177
Gesteinsmehl 156
Glasbausteinfenster 50
Gleitlager, -folien 40, 85, 131, 174

Haftverbund 109, 111, 112
Heizkörpernische 49, 96, 143, 184
Herstellung
— des Putzes 72
— der Schalenfuge 158
— der Verblendschale 155
— von Bekleidungen 110
— von Sichtbeton 24
— von Sichtmauerwerk 21
Hinterfüllmaterial 54, 57
Hinterlüftung 114 f, 159

Holzspanbeton s. Schalungssteine
Holzunterkonstruktion 114
Holzwolleleichtbauplatten 67, 86, 92, 123
Hydrophobierung s. Imprägnierung

Imprägnierung 26, 62, 150
Innenanschlag 46, 94, 141, 182

Kalksandstein 153
Kantenpressung 39, 83, 129, 173
Kapillarität 16, 26
Kappstreifen 31, 121, 166
Karbonatisation 22
Kelleraußenwände 34, 80, 124, 169
Kellerdecken 34, 80, 124, 169
Kellerräume, beheizte 34, 80, 124, 169
Kerndämmung 19, 150, 152
Kiesnester 24
Klinker 35, 155, 170
Konsolen 113, 153, 157
Kragplatten 41, 87, 134, 177
Kratzputz 73
Kriechen 39, 83, 108, 129, 153, 173
Kunstharzbeschichtungen auf Wärmedämmungen 66

Längenänderung
— der Bekleidung 108, 116
— von Deckenplatten 40, 85, 131, 174
— bei Putzen 66, 92
— der Verblendschale 153
Längsfuge 17, 21
Laibung 45, 93, 140, 182
Lebensdauer
— von Imprägnierungen 27
Leichtmauerwerk 64, 83, 129
Leistenabdeckung 46
Lochsteine 156, 170
Luftporenmörtel 73
Luftschicht 114, 159, 166

Maßtoleranzen 46, 94, 141
Materialwechsel im Untergrund 71
Maueranker s. Drahtanker
Mauerkrone 35, 170
Mauerwerksschale, innere 118, 161
Metallabdeckungen s. Abdeckungen v. Mauerwerk
Mineralfaserplatten s. Dämmaterial
Mörtelbett 110, 112
Mörtelmaterial
— bei Bekleidungen 111
— bei Putz 63, 73
— bei Sichtmauerwerk 21
— bei Verblendmauerwerk 155

Natursteinmauerwerk 169
Neigung von Fensterbänken 48, 95, 142, 183

Oberflächen von Putzen 72
Oberflächenimprägnierung s. Imprägnierung
Oberflächentemperatur s. auch Wärmedämmung 18, 64,
   105, 151
Öffnungsanschlüsse
— bei Bekleidungen 137 ff
— bei Putzbauten 89 ff
— bei Sichtmauerwerk und Sichtbeton 43 ff
— bei zweischaligem Verblendmauerwerk 179 ff

Perliteschüttung 152
pH-Wert 22
Plattenbekleidungen 99 ff

Polystyrolschaumplatten s. Dämmaterial
Polysulfide 53
Primer 58
Putz 59 ff
Putzgrund 70, 79
— am Deckenauflager 86
— am Sturz 92
Putzträger 71. 86, 92

Randhalteprofile 50
Regendichtigkeit
— von Bekleidungen 103
— von Putzbauten 62
— von Sichtmauerwerk 16
— von zweischaligem Verblendmauerwerk 149
Riemchenbekleidungen 99 ff
Ringanker 40, 41, 85, 87, 129, 131, 134, 174, 177
Rißweite bei Imprägnierungen 26
Rolladenkästen 97, 181
Rollschichten 35, 170
Rückstellvermögen 53

Sichtbeton 13 ff
Sichtbetonbrüstungen 49, 143
Sichtmauerwerk 13 ff
Silan 26
Silikonharze 27
Silikonkautschuke 54
Sohlbank 48. 95, 142, 183
Sockel
— bei Putzbauten 75 ff
— bei Sichtmauerwerk 29 ff
— bei Wänden mit Bekleidung 119 ff
— bei zweischaligem Verblendmauerwerk 163 ff
Sockelputz 79
Spaltplatten 99 ff
Sparverblender 99 ff
Speicherfähigkeit 16, 62, 103, 149
Sperrmittelzusätze s. Dichtungsmittelzusätze
Sperranstrich 33, 77, 168
Sperrputze 77, 79, 158, 182
Sperrschicht
— am Aufsatzpunkt der Bekleidung 121, 133
— am Aufsatzpunkt der Verblendschale 166, 176
— in der Außenwand 31
— in der Sockelzone 33, 77, 123, 168
Spritzbewurf 70
Spritzwasser 33, 77, 123, 168
Schalenabstand 114, 160
Schalenfuge 110, 158
Schalenverguß 158
Schalöle 57, 86, 111
Schalungssteine 71, 118
Schlagregen 16, 21, 62, 103, 149
Schlankheit der Deckenplatte 39, 83, 129, 173
Schwarzanstrich s. Sperranstrich
Schwinden 39, 83, 108, 129, 153, 173
Schwindrisse im Putz 72
Stahlwinkel 181
Stahlbetonringanker s. Ringanker
Standvermögen 53
Steinmaterial
— für Sichtmauerwerk 21
— für Verblendmauerwerk 155
Sturz 45 ff, 92 ff, 139 ff, 181 f
Sturzsteine 92

Tauwasser s. auch Wärmedämmung 18, 64, 105, 151
Trägergewebe s. Putzträger
Traß 156

Trennfolie 39, 57, 84, 129, 173
Trockenmörtel s. Fertigmörtel
Tropfnase 48, 95, 142, 183

Überdeckung der Stahleinlagen 23, 24
Untergrund 70, 111
Unterkonstruktionen 114, 116
Unterputze 72, 109, 111

Verankerung 112, 157
Verarbeitbarkeit des Putzmörtels 70
Verblendfußpunkte 166f, 181
Verblendmauerwerk, zweischaliges 145ff
Verbundbelag 99ff
Verfugung 21, 111, 155
Vornässen 71, 156

Wärmebrücke
— am Außenwandsockel 34, 80, 124, 169
— an Dach- und Geschoßdeckenauflagern 41, 87, 134, 177
— an der Sohlbank 48, 95, 142, 183

— an Sturz und Laibung 45, 93, 140
Wärmedämmung
— am Außenwandsockel 34, 80, 124, 169
— Anordnung 19, 66, 106, 152
— an Sturz und Laibung 45, 93, 140
— bei Deckenstirnflächen 41, 87, 134, 177
— bei Kragplatten 87, 134, 177
— bei Putzbauten 64
— bei Sichtmauerwerk und Sichtbeton 18
— bei Wänden mit Bekleidungen 105
— bei zweischaligem Verblendmauerwerk 151
— Dimensionierung 18, 64, 105, 151
— innenliegende 68
— von Heizkörpernischen 49, 96, 143, 184
— von Rolladenkästen 97
Wärmespeicherfähigkeit 106
Waschbeton 53, 55
Werksteinsohlbänke 48, 125, 183
Winddichtigkeit 118
Werkmörtel s. Fertigmörtel

Zarge 46, 94, 182